Die Gesamtplanung von Dampfkraftwerken

Dritte neubearbeitete Auflage von L. Musil und K. Knizia

Erster Band

Die Thermodynamik des Dampfkraftprozesses

Von

Dr.-Ing. K. Knizia

Geschäftsführer der L. & C. Steinmüller GmbH, Gummersbach

Mit 210 Abbildungen

Springer-Verlag Berlin Heidelberg GmbH

ISBN 978-3-642-51888-1 ISBN 978-3-642-51887-4 (eBook)
DOI 10.1007/978-3-642-51887-4

Ursprünglich erschienen bei Spinger-Verlag, Berlin/Heidelberg 1966.
Softcover reprint of the hardcover 3rd edition 1966
Library of Congress Catalog Card Number: 65-28645

Titel Nr. 1309

Vorwort zur dritten Auflage des Gesamtwerkes

Die erste Auflage der „Gesamtplanung von Dampfkraftwerken" entstand in den Jahren 1942/43. Die Erkenntnis, daß wohl eine ganze Reihe von Veröffentlichungen Einzelfragen der Kraftwerksplanung behandelten, seit dem klassischen Buch von KLINGENBERG „Bau großer Kraftwerke" jedoch eine zusammenfassende Darstellung der Gesichtspunkte fehlte, die bei der Auslegung und beim baulichen Entwurf von Dampfkraftwerken in technischer und wirtschaftlicher Hinsicht beachtet werden müssen, führte zum Entschluß, ein solches Werk zu schreiben. Dabei war ich bestrebt, den Umfang möglichst zu begrenzen und im wesentlichen die Zusammenhänge herauszustellen, die beachtet werden müssen, um bei gegebenen Voraussetzungen der wirtschaftlich optimalen Auslegung, d. h. der Anlage mit den niedrigsten Gestehungskosten, nahezukommen. Das umfangreiche Erfahrungsmaterial, das mir aus den Planungen der damaligen Elektrowerke AG, Berlin, in den Jahren vor dem zweiten Weltkrieg als Leiter der maschinentechnischen Abteilung zur Verfügung stand, erleichterte die Durchführung.

Das Buch fand erfreulicherweise Anklang in der Fachwelt, so daß der Verlag nach Kriegsende an mich mit dem Wunsche herantrat, eine zweite Auflage herauszubringen; sie ist 1948 erschienen. Der Zweck des Buches blieb erhalten, die in der Zwischenzeit eingetretene technische Entwicklung machte aber eine weitgehende Neubearbeitung notwendig, wobei neben eigenen Studien die großen Erfahrungen, die in dem während des Krieges geschaffenen Arbeitskreis „Einheitskraftwerke" von den damals führenden deutschen Kraftwerksfachleuten zusammengetragen worden sind, ausgewertet und einer breiteren Fachwelt zugänglich gemacht werden konnten. Die zweite Auflage stellte somit einen Querschnitt durch den Stand des deutschen Dampfkraftwerksbaues und der damals herrschenden Tendenzen nach Kriegsende dar.

Inzwischen sind zwei Jahrzehnte vergangen, und der Wärmekraftwerksbau hat eine ungeahnte Aufwärtsentwicklung durchgemacht, obwohl immer wieder Stimmen laut wurden, daß die Grenzen des konventionellen Dampfkraftprozesses erreicht wären. Die Literatur über Dampfkraftwerke wurde immer umfangreicher; im Bestreben, in der wirtschaftlichen Stromerzeugung eine neue Stufe zu erklimmen, beschäftigte man sich auch mit kombinierten Prozessen, neuestens mit solchen mit vorgeschaltetem MPD-Generator, und schließlich fällt auch das Kernkraftwerk in seiner heutigen Gestalt unter die Typen des Dampfkraftwerkes.

Diese technische Entwicklung wird vor allem durch die außerordentliche Steigerung des Stromverbrauches vorangetrieben, wobei mehr die Forderung in den Vordergrund tritt, durch optimale Auslegung der Einrichtungen für die Stromversorgung dem Preisauftrieb entgegenzuwirken und dem Verbraucher den elektrischen Strom so billig wie möglich zur Verfügung zu stellen. So gewinnt die wirtschaftliche Gestaltung von Dampfkraftwerken als den heute und voraussichtlich in naher Zukunft hauptsächlichsten Stützen der Stromerzeugung mehr denn je an Bedeutung. Von seiten meiner deutschen Fachkollegen wurde mir verschiedentlich die Frage gestellt, ob ich gerade in Anbetracht dieser Entwicklung mein Buch neu bearbeiten möchte, da ein Werk, das auf knappstem Raum die Grundsatzfragen behandelt, nach wie vor fehle.

So habe ich mich mit dem Gedanken einer dritten Auflage vertraut gemacht und auch beim Springer-Verlag dafür Interesse gefunden. Ich mußte aber bald erkennen, daß die thermodynamische Seite in der technischen Entwicklung, nicht zuletzt durch die Optimierungsmöglichkeiten mit modernen Rechengeräten, eine Ausweitung angenommen hat, die den bisherigen Rahmen des Buches zu sprengen drohte. Dazu kam, daß meine gegenwärtigen beruflichen Obliegenheiten mir nicht mehr die notwendige Zeit lassen, mich mit der theoretischen Seite so zu beschäftigen, wie dies für ein wissenschaftliches Werk Voraussetzung sein muß. Ich habe daher einen Mitautor gesucht und in der Person von Herrn Dr.-Ing. KLAUS KNIZIA gefunden, der sich in seiner früheren Stellung bei der Vereinigte Elektrizitätswerke Westfalen AG gerade mit der thermodynamischen Auslegung der neuesten Kraftwerke dieser Gesellschaft verantwortlich befaßte. Der Springer-Verlag war damit einverstanden, das Werk in zwei Bände zu teilen, wobei der erste, von Herrn Dr. KNIZIA verfaßt, den thermodynamischen Prozeß des Dampfkraftwerkes behandelt, der zweite unter Wegfall der in den bisherigen Auflagen dem Arbeitsprozeß gewidmeten Kapitel sich mit den übrigen Fragen der Auslegung und mit dem grundsätzlichen Problem des baulichen Entwurfes befassen soll und von mir bearbeitet wird. Es wurde dabei darauf Bedacht genommen, daß jeder Band ein in sich geschlossenes Werk bildet, um auch den Leser anzusprechen, der sich vornehmlich nur für das eine oder andere Gebiet der Kraftwerksplanung interessiert.

So sei die dritte Auflage, die nicht eine Darstellung des gegenwärtigen Standes des Dampfkraftwerksbaues, sondern möglichst zeitlos eine solche der Grundsatzfragen der Planung und des Entwurfes geben soll, der Fachwelt übergeben. Es ist mir ein Bedürfnis, dem Springer-Verlag für das gezeigte Verständnis und für die gewohnt ausgezeichnete Ausstattung des Werkes den Dank auszusprechen.

Graz, im Januar 1966 **Ludwig Musil**

Vorwort zum ersten Band

Das vorliegende Buch ist als erster Band der Neubearbeitung des Werkes „Die Gesamtplanung von Dampfkraftwerken“ geschrieben worden. Bei der schnellen technischen Entwicklung auf diesem Gebiet wurde versucht, eine Darstellung zu finden, die dem planenden Ingenieur über einen längeren Zeitraum behilflich sein kann, auch wenn die Auslegungsdaten sich in der Zwischenzeit erheblich verändern. Die dabei versuchte Einordnung dieses speziellen Zweiges der Thermodynamik in bekannte Gesetzmäßigkeiten und ihre Verbindung mit wirtschaftlichen Kenngrößen sollte dem Buch die Möglichkeit geben, sowohl bei grundsätzlichen Überlegungen wie auch bei einzelnen praktischen Entscheidungen in der Kraftwerksplanung nützlich sein zu können.

Ausgang des Buches war die Dissertation des Verfassers „Die Ermittlung des optimalen Wirkungsgrades von Hochdruck-Hochtemperatur-Dampfkraftprozessen“ und die jahrelange Beschäftigung mit der Auslegung und dem Bau von Dampfkraftwerken. Dementsprechend ist der Hauptteil des Buches mit den Kapiteln 4 bis 6 der Thermodynamik des Dampfkraftprozesses gewidmet, während die ersten Kapitel des Buches sich mit den von außen kommenden Einflüssen auf den Prozeß beschäftigen.

Dem kombinierten Dampf- und Gasturbinenprozeß, den Dampfkraftprozessen in Kernkraftwerken und dem Prozeß mit vorgeschaltetem MPD-Generator wurden schließlich einige besondere Kapitel gewidmet, da diesen Verfahren sicherlich schon in der nahen Zukunft erhebliche Bedeutung innerhalb der Stromerzeugung zukommen wird. Ihre Entwicklung wird zudem durch die Forschung, die in vielen Ländern auf den Gebieten der Raumfahrttechnik und der Kernenergie betrieben wird, gefördert werden.

Das Buch ist in erster Linie für den Kraftwerksplaner geschrieben, es wird sicherlich auch dem Studierenden, der sich auf den Kraftwerksbau verlegen will, eine Hilfe sein.

Gummersbach, im Januar 1966

Klaus Knizia

Inhaltsverzeichnis

Seite

1. Technische und wirtschaftliche Grundfragen bei der Planung von Dampfkraftwerken . . . 1
- 1.1 Die Entwicklung des Verbrauchs und der Erzeugung von elektrischer Energie . . . 1
- 1.2 Die Ermittlung der Erzeugungskosten . . . 5
- 1.3 Die Entwicklung zu großen Kraftwerksblöcken, ihre Investitionskosten und ihr spezifischer Wärmeverbrauch . . . 15

2. Betrachtungen über die Einsatzweise von Kraftwerken . . . 24

3. Die betriebsstoffbedingten Einflüsse auf die Planung . . . 30
- 3.1 Die Einflüsse von der Brennstoffseite . . . 30
  - 3.1.1 Die Auswirkung der Brennstoffeigenschaften auf den Entwurf der Bekohlung . . . 32
  - 3.1.2 Der Einfluß der Brennstoffeigenschaften auf den Kessel . . . 35
  - 3.1.3 Die Reinigung und die Abfuhr der Rauchgase . . . 40
- 3.2 Der Kühlwasserbedarf und die Kühlwasserbeschaffung . . . 43
  - 3.2.1 Die Flußwasserkühlung . . . 43

4. Grundsätzliches zur Thermodynamik der Kreisprozesse . . . 54
- 4.1 Der erste und der zweite Hauptsatz der Thermodynamik . . . 54
  - 4.1.1 Die Verknüpfung beider Hauptsätze miteinander. Die Exergie 64
  - 4.1.2 Kreisprozesse mit homogenen Arbeitsmedien . . . 69
  - 4.1.3 Kreisprozesse mit heterogenen Arbeitsmedien . . . 74

5. Die thermodynamische Auslegung des Dampfkraftprozesses . . . 87
- 5.1 Die Definition des Prozeßwirkungsgrades . . . 87
- 5.2 Die Regenerativ-Vorwärmung . . . 96
  - 5.2.1 Die „Carnotisierung" des Clausius-Rankine-Prozesses . . . 96
  - 5.2.2 Die Verbesserung des Prozeßwirkungsgrades durch die vielstufige Regenerativ-Vorwärmung . . . 98
  - 5.2.3 Die Berechnung der Regenerativ-Vorwärmung bei gleichartigen Vorwärmern . . . 102
  - 5.2.4 Die Aufteilung der Vorwärmspanne auf die einzelnen Stufen 111
  - 5.2.5 Der Einfluß der Grädigkeit der Vorwärmer und von Druckverlusten in den Entnahmeleitungen . . . 113
  - 5.2.6 Die Auslegung der Regenerativ-Vorwärmung bei zwischenüberhitzten Prozessen . . . 118
  - 5.2.7 Enthitzerschaltungen . . . 124
- 5.3 Die ein- und zweifache Zwischenüberhitzung . . . 126
- 5.4 Die optimalen Auslegungsgrößen für den Prozeß mit Regenerativ-Vorwärmung und Zwischenüberhitzung . . . 134
  - 5.4.1 Der funktionsmäßige Zusammenhang zwischen den thermodynamischen Auslegungsgrößen und dem spezifischen Wärmeverbrauch bei einfacher Zwischenüberhitzung . . . 134
  - 5.4.2 Aufstellen des mathematischen Modells für Serienrechnungen an dem untersuchten Dampfkraftprozeß . . . 138
  - 5.4.3 Der optimale spezifische Wärmeverbrauch als Funktion des Trenndrucks und der Speisewasser-Endenthalpie . . . 147
  - 5.4.4 Der spezifische Wärmeverbrauch bei optimalen Werten für den Trenndruck und die Speisewasser-Endenthalpie . . . 153

Seite

5.5 Die optimalen Auslegungsgrößen für den Prozeß mit Regenerativ-Vorwärmung und zweifacher Zwischenüberhitzung 166
5.5.1 Der spezifische Wärmeverbrauch bei dem Prozeß mit zweifacher Zwischenüberhitzung 166
5.5.2 Der spezifische Wärmeverbrauch als Funktion der Trenndrücke bei der ersten und zweiten Zwischenüberhitzung 171
5.5.3 Kennfelder für die variierten Parameter, abhängig vom Frischdampfzustand oder den Zwischenüberhitzertemperaturen . . 180

6. Das Wärmeschaltbild und die Berechnung des Wärmekreislaufs. Der Einsatz digitaler Rechner 187

7. Der Zusammenhang zwischen dem spezifischen Wärmeverbrauch und dem Materialaufwand 195
7.1 Der Einfluß der thermodynamischen Auslegungswerte auf die leistungs- und die arbeitsabhängigen Kosten 195
7.2 Die Auswahl wirtschaftlicher Parameter 198
7.3 Exergieverluste und ihr Zusammenhang mit dem Werkstoffaufwand 206
7.4 Die Hilfsmaschinen des Dampfkraftprozesses 210

8. Der kombinierte Dampf- und Gasturbinenprozeß 214
8.1 Der Prozeß mit aufgeladenem Kessel 215
8.2 Der Prozeß mit vorgeschalteter Gasturbine 216
8.3 Der Prozeß mit vorgeschalteter Heißluftturbine 217
8.4 Der Wirkungsgrad des Koppelprozesses 218

9. Dampfkraftprozesse in Kernkraftwerken 226
9.1 Allgemeine Beschreibung der Kernreaktoren 226
9.2 Die Arten der möglichen Dampfkraftprozesse 231
9.3 Einige Grundschaltungen bei Kernkraftwerken 239
9.3.1 Direkter Kreislauf 239
9.3.2 Indirekter Kreislauf 240
9.3.3 Indirekter Kreislauf mit fossiler Dampfüberhitzung 240
9.3.4 Der Zweidruck-Kreislauf 242
9.3.5 Kaskadenüberhitzer-Kreislauf 242

10. Der Dampfkraftprozeß mit vorgeschaltetem MPD-Generator 243
10.1 Ein neuer Vorschaltprozeß 243
10.2 Der MPD-Grundprozeß 244
10.3 Die physikalischen Grundlagen der Direktumwandlung im MPD-Generator 246
10.4 Der Einfluß der Stoffwerte auf die Ausbildung des MPD-Generators 251
10.5 Grundschaltungen bei Kraftwerken mit MPD-Generatoren 255

11. Sonderformen des Dampfkraftprozesses 260
11.1 Besondere Dampfkraftprozesse mit Wasser als Arbeitsmedium . . . 260
11.2 Regenerativ-Vorwärmung mit Sekundärdampferzeugung 264
11.3 Besondere Dampfkraftprozesse mit Wasser und/oder anderen Stoffen als Arbeitsmedien 266

12. Ausblick 269

Schrifttum 271

Namen- und Sachverzeichnis 274

Inhalt des zweiten Bandes

Allgemeine Gesichtspunkte für die Auslegung und den baulichen Entwurf

Wirtschaftliche Grundlagen. — Der Einfluß der Belastungsverhältnisse und der Netzstruktur auf die Gesamtplanung. — Die betriebsstoffbedingten Einflüsse auf die Gesamtplanung. — Auslegung des Kraftwerkes. — Die bauliche Gestaltung des Kraftwerkes.

1. Technische und wirtschaftliche Grundfragen bei der Planung von Dampfkraftwerken

1.1 Die Entwicklung des Verbrauchs und der Erzeugung von elektrischer Energie

Die industrielle Fertigung wurde in großem Rahmen mit den Erfindungen seit dem Ende des 18. Jahrhunderts möglich. Der seither anhaltende technische Fortschritt schuf immer neue Produktionsmittel. Es wurden neue Erzeugnisse auf den Markt gebracht, und eine neue weitgehende Bedarfsweckung erforderte zu ihrer Erfüllung neue Einkommensquellen. Neben der Herstellung von Konsumgütern und der wachsenden Nachfrage nach ihnen stieg auch der Anteil der Investitionsgüter und trug seinerseits wieder zu einer Expansion der Wirtschaft bei. Wir sind heute mitten in dieser dynamischen Entwicklung, die ursächlich mit dem technischen Fortschritt verbunden ist.

Prognosen über den zukünftigen Verlauf des Wirtschaftslebens werden zumeist mit Funktionen gemacht, die den Verlauf des zu untersuchenden Parameters in der Vergangenheit wiedergeben. Weil die beiden Weltkriege, die Krise zu Beginn der 30er Jahre und die dazwischenliegenden Prosperitätsepochen zu Kurven mit vielen Wendepunkten und vielen Bergen und Tälern führten, werden sie meistens durch die gewählten Näherungsfunktionen nur ungenau wiedergegeben. Da die irrationalen Einflüsse aus der Politik oder aus Bedarfsänderungen oder anderen Gründen auch den Verlauf in der Wirtschaft in der Zukunft mitbestimmen werden, wird sich an Hand von Näherungsfunktionen immer nur ein ungenaues Zukunftsbild ergeben können.

Bei Überlegungen über den Verbrauch an Rohenergie wird häufig das Sozialprodukt als Vergleichsgröße gewählt, weil es letztlich die Summe der getanen Arbeit widerspiegelt und, da der Mensch sich dazu der mit chemischer Energie betriebenen Maschinen in zunehmendem Maß bedient, auch ein Maß für den Verbrauch an Rohenergie ist.

Wird die Automatisierung der Produktionsvorgänge als das Ziel der Industrialisierung angesehen, wobei ein Maximum an Gütern unter Einsatz eines Minimums an menschlicher Arbeitskraft erzeugt wird, so stehen auch die industrialisierten Länder erst am Anfang einer Entwicklung, die den Bedarf an Rohenergie noch auf Jahrzehnte hinaus wachsen läßt. Der Anteil an elektrischer Energie, die aus irgendeiner Form der Rohenergie gewonnen wird, steigt dabei besonders, da sie die für die Automatisierung am besten zu steuernde und zu verteilende Energieform darstellt.

Der langjährige Trend dieser Entwicklung des Verbrauchs an elektrischer Energie ergibt bei ungestörtem Verlauf eine jährliche Steigerung von 7,17%, entsprechend einer Verdoppelung des Verbrauchs in jeweils 10 Jahren.

In der Bundesrepublik Deutschland hat in dem Jahrzehnt von 1951 bis 1960 die Stromerzeugung im Mittel um 8,8% zugenommen. Das ergibt entsprechend der Gl. (1)

$$1 + z - 2^{\frac{1}{n}} = 0, \tag{1}$$

worin z die Zuwachsrate (als Vielfaches von 1, nicht in %) und n die Anzahl der Jahre ist, eine Verdoppelung in etwa 8,2 Jahren für den genannten Zeitraum. Den Zusammenhang zwischen z und n zeigt das Bild 1. Der Anstieg betrug in Amerika im gleichen Zeitraum 8% und in der UdSSR 12,9%.

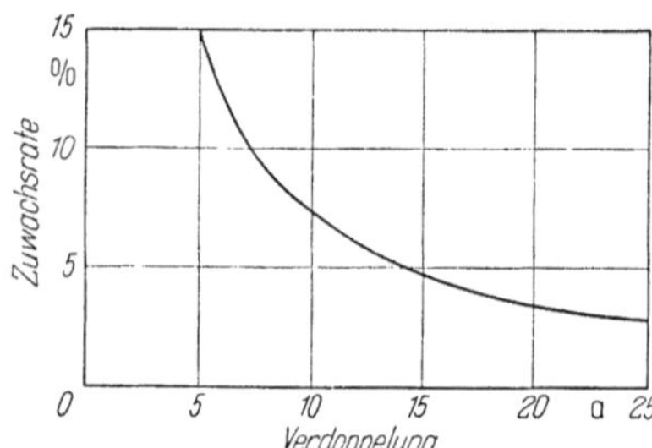

Bild 1. Zusammenhang zwischen der Zuwachsrate und der Anzahl der Jahre, in denen jeweils eine Verdoppelung des Energieverbrauchs stattfindet.

Das Bild 2 zeigt, wie sich nach Vorausschätzungen die Stromerzeugung der beiden Länder mit dem größten Energieverbrauch in den nächsten Jahren möglicherweise entwickeln wird.

Von der in der Bundesrepublik im Jahre 1963 verbrauchten elektrischen Arbeit von 147,3 TWh wurden 12,3 TWh, also 8,3%, aus Wasserkraft und die restlichen aus Wärmekraft erzeugt, auf Braun- und Steinkohle und Öl als Primär-Energieträger verteilt. Eine Umrechnung der in Wärmekraftwerken erzeugten elektrischen Arbeit in die für solche Rechnungen üblichen Steinkohleeinheiten (1 kg SKE = 1 kg Steinkohle mit H_u = 7000 kcal/kg) mit einem mittleren Einsatz von 0,43 SKE/kWh ergibt dann für 1963 einen Verbrauch von 58 Mio t SKE. Mandel [*1*] kommt in einer Untersuchung der möglichen Strombedarfsentwicklung in der Bundesrepublik Deutschland bis zum Jahre 1980 bei Zuwachsraten von 6 bzw. 8% zu den in den Bildern 3a und 3b dargestellten Werten, die gleichzeitig die Aufteilung der Stromerzeugung auf die Primär-Energieträger angeben. Zu ähnlichen Ergebnissen kommt Bund [*2*] in seiner Vorausschätzung.

Alle Verfahren der Stromerzeugung in thermischen Kraftwerken, unabhängig von der Rohenergie, sei es Kohle, Öl oder Kernenergie, sind in dem spezifischen Wärmebedarf bei der Umwandlung von Rohenergie in Strom abhängig von den möglichen maximalen Temperaturdifferenzen

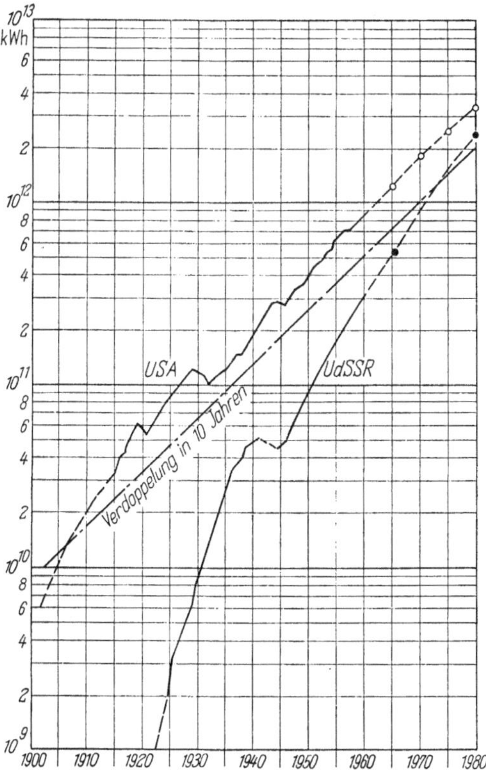

Bild 2. Gesamterzeugung in den USA (netto) und der UdSSR (brutto). Prognosewerte (○) und Planziele (●).

des Arbeitsmediums. Die untere Temperatur wird durch die Umgebungstemperatur bestimmt, während die Höhe der oberen Temperatur sich nach den metallurgischen Möglichkeiten des jeweiligen Standes der Technik richtet. In Dampfkraftwerken liegen diese oberen Temperaturen heute bei etwa 650 °C. Anlagen, die mit den bei diesen Temperaturen erforderlichen hochlegierten Stählen ausgerüstet sind, erfordern jedoch auch hohe Investitionskosten.

Ob in den nächsten Jahren neue Verfahren, bei denen die Höhe der oberen Temperatur gegenüber heutigen Verfahren wesentlich gesteigert wird, im Großmaßstab zur Stromerzeugung verwendbar werden, bleibt abzuwarten.

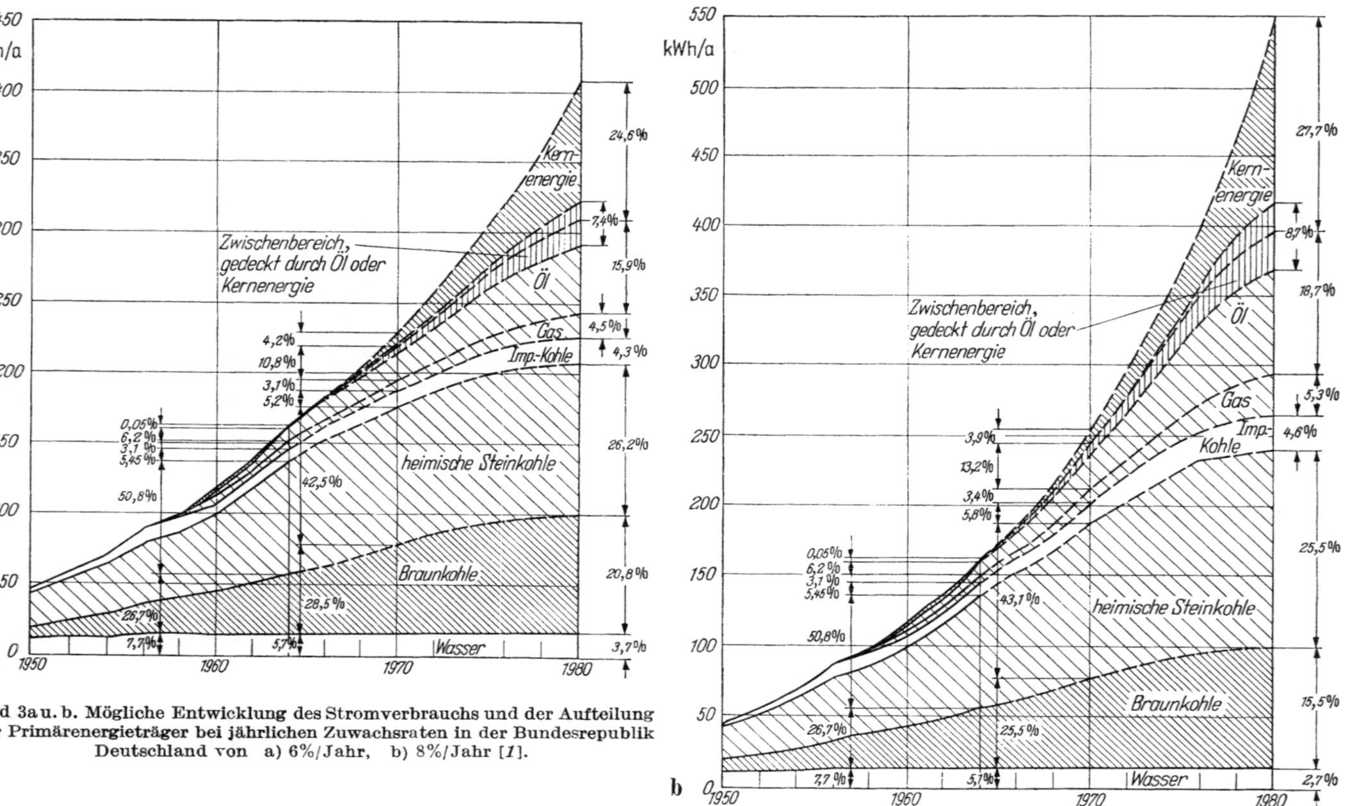

Bild 3a u. b. Mögliche Entwicklung des Stromverbrauchs und der Aufteilung der Primärenergieträger bei jährlichen Zuwachsraten in der Bundesrepublik Deutschland von a) 6%/Jahr, b) 8%/Jahr [1].

Vor einigen Jahren schien eine heraufkommende Lücke bei fossilen Brennstoffen den Einsatz der Kernenergie in unmittelbarer Zukunft in großem Umfang erforderlich zu machen. Wenn auch grundlegende Änderungen der Verhältnisse auf dem Rohenergiemarkt diese Lücke nicht mehr erkennen lassen, so hat sich an der immensen Bedeutung der Kernenergie für die Zukunft nichts geändert, zumal die Entwicklung auf diesem Sektor bald wirtschaftlich interessante Strompreise ermöglichen wird. Während in Deutschland noch kein wesentlicher Anteil an elektrischer Arbeit aus Kernenergie gewonnen wird und ein größeres Programm zum Bau von Kernkraftwerken erst anzulaufen beginnt, ist Großbritannien dabei, umfangreiche Kernkraftanlagen zu errichten.

Nach dem Bericht des Central Electricity Generating Board für das Betriebsjahr vom 1. 4. 1963 bis zum 31. 3. 1964 betrug die Kraftwerks-Engpaßleistung in Großbritannien am Ende des Berichtzeitraums 33157 MW. Die Entwicklung, wie sie für die nächsten Jahre geplant worden ist bzw. erwartet wird, gibt die Tabelle 1 wieder.

Tabelle 1

	1964	1965	1966	1967	1968
Konvent. Anlagen	1 936 (2 088)	1 856 (3 107)	3 964 (3 425)	5 720 (6 500)	6 000 (5 000)
Kernkraftanlagen	525 (1 025)	565 (815)	565 (570)	280 (280)	590 (590)
Insgesamt	2 461 (3 113)	2 421 (3 922)	4 529 (3 995)	6 000 (6 780)	6 590 (5 590)

Dabei ist die Zuwachsleistung auf konventionelle Anlagen und Kernkraftwerke aufgeteilt. Die Inbetriebnahme neuer Leistung (Zahlen in Klammern) weicht durch Terminverschiebungen vom Plan ab. Von den innerhalb der aufgeführten 5 Jahre in Betrieb gehenden Anlagen mit einer Gesamtleistung von 23400 MW macht der Anteil der Kernkraftwerke demnach 14% aus.

1.2 Die Ermittlung der Erzeugungskosten

Bei der Planung jedes neuen Kraftwerksblocks ergeben sich durch geänderte äußere Einflüsse veränderte Möglichkeiten, die gleichbleibende Aufgabe einer wirtschaftlichen und betriebssicheren Stromerzeugung zu lösen. Die Art des zu verwendenden Brennstoffs, die Höhe der Brennstoff- und der Investitionskosten, die erwartete Ausnutzungsstundenzahl, die Form des Belastungsgebirges, der jeweilige Stand der Kraftwerkstechnik und schließlich die Verschiedenartigkeit der Unternehmen ergeben eine Vielzahl von Varianten für die Auslegungsgrößen.

Die für die Wirtschaftlichkeit maßgebenden Erzeugungskosten teilen sich in die leistungs- und die arbeitsabhängigen Kosten auf.

Die leistungsabhängigen Kosten bestehen aus:
den kapitalabhängigen Kosten (Verzinsung, Abschreibung und Tilgung des Anlagekapitals, Steuern und Versicherungen) und
den betriebsbedingten Kosten (allgemeine Unkosten für die Verwaltung usw. und leistungsabhängiger Kostenanteil für die Bedienung und den Unterhalt).

Die arbeitsabhängigen Kosten bestehen aus:
den Brennstoffkosten und
dem arbeitsabhängigen Anteil für Bedienung und Unterhalt.

Beide Kostenanteile sind so miteinander verknüpft, daß im allgemeinen thermodynamisch hochwertige Anlagen mit niedrigem spezifischem Wärmeverbrauch, also auch niedrigem Brennstoffverbrauch, hohe Investitionskosten erfordern und umgekehrt.

Für die Wirtschaftlichkeit eines Kraftwerks oder eines Kraftwerksblocks sind die Erzeugungskosten, bezogen auf die abgegebene Energie maßgebend, gemessen an der Unterspannungsseite des Maschinentransformators. Für die Aufstellung der Kostenformel werden folgende Bezeichnungen verwendet:

N_E [kW] = Engpaßleistung, das ist die Leistung eines Kraftwerks, die durch den leistungsschwächsten Anlageteil als höchste ausfahrbare Leistung begrenzt ist. Sie ist bei Kraftwerksblöcken zumeist gleich der installierten Leistung N_{inst} des Kraftwerksblocks, wobei in Kostenrechnungen diese installierte Leistung eingesetzt wird.

N_{max} [kW] = Höchstlast, das ist die höchste in einer bestimmten Zeitspanne (Tag, Monat, Jahr) an einer bestimmten Stelle tatsächlich aufgetretene Belastung.

t [h/a] = Ausnutzungsdauer, bezogen auf das Jahr, das ist die in einem Jahr erzeugte Gesamtarbeit, dividiert durch die Engpaßleistung.

$r = N_E/N_{max}$ = Reservefaktor.

ε = verhältnismäßiger Anteil des elektrischen Eigenbedarfs zur Zeit der Höchstlast.

$\frac{N_{max}}{1+\varepsilon} = \frac{N_E}{r(1+\varepsilon)}$ = abgebbare Höchstleistung [kW].

$A = \frac{N_E t}{r(1+\varepsilon)}$ = jährliche Abgabe an elektrischer Arbeit [kWh].

Bezeichnet man noch mit a die spezifischen Anlagekosten des Kraftwerks, bezogen auf die installierte Leistung [DM/kW] und mit $\alpha\, a$ die spezifischen kapitalabhängigen Jahreskosten, so ergeben sich die kapitalabhängigen Kosten je Kilowattstunde zu

$$\frac{100\alpha a N_E}{A} = \frac{100\alpha a N_E\, r(1+\varepsilon)}{N_E t} = \frac{100\alpha a r(1+\varepsilon)}{t}\ \text{[Pf/kWh]} \qquad (2)$$

Für die betriebsbedingten leistungsabhängigen Kosten ergibt sich folgender Ausdruck

$$\frac{100\, c_b N_E}{A} = \frac{100\, c_b r (1+\varepsilon)}{t} \text{ [Pf/kWh]}, \tag{3}$$

worin c_b [DM/kWa] die betriebsbedingten leistungsabhängigen Jahreskosten, bezogen auf 1 kW installierte Leistung, bedeuten.

Unter den arbeitsabhängigen Kosten stehen die Brennstoffkosten an erster Stelle.

Mit

$\overline{w}$ = spezifischer Wärmeverbrauch im Jahresmittel, bezogen auf die abgegebene kWh [kcal/kWh] und

p_w = Wärmepreis frei Kraftwerk [DM/10^6kcal]

ergibt sich für den Anteil der Brennstoffkosten an den Erzeugungskosten

$$\overline{w}\, p_w \cdot 10^{-4} \text{ [Pf/kWh]} .$$

Wird noch der arbeitsabhängige Anteil der Bedienungs- und Unterhaltungskosten mit b [Pf/kWh] angesetzt, so ergibt sich mit den einzelnen Kostengliedern ein Ausdruck für die gesamten Erzeugungskosten

$$k = \frac{100(\alpha a + c_b) r (1+\varepsilon)}{t} + \overline{w}\, p_w \cdot 10^{-4} + b \text{ [Pf/kWh]}. \tag{4}$$

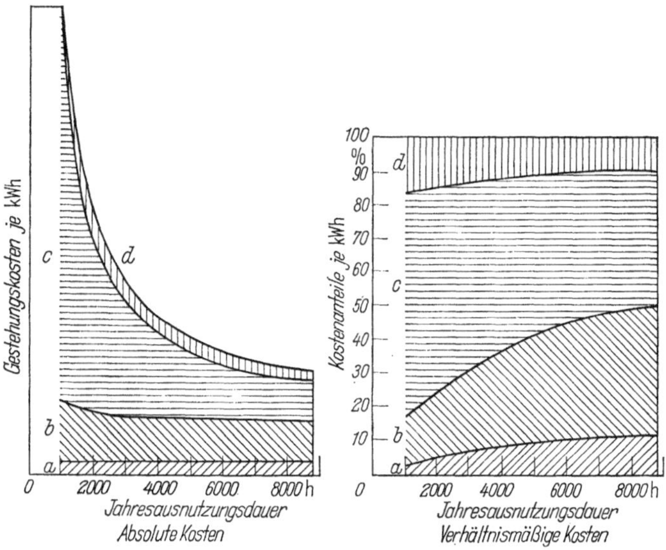

Bild 4. Abhängigkeit der Gestehungskosten je abgegebene kWh von der Ausnutzungsdauer bei einem für Grundlastbetrieb ausgelegten Braunkohlekraftwerk.
a Arbeitsabhängiger Anteil für Bedienung und Unterhalt; *b* Brennstoffkosten; *c* kapitalabhängige Kosten; *d* betriebsbedingte leistungsabhängige Kosten (Bedienung, Unterhaltung, Verwaltung).

Dem planenden Ingenieur fällt die Aufgabe zu, diese Erzeugungskosten bei den gegebenen Bedingungen zu einem Minimum zu machen, wobei immer berücksichtigt werden muß, daß der erzielbare mittlere spezifische Wärmeverbrauch $\overline{w}$ und die erforderlichen spezifischen Anlagekosten a voneinander abhängen.

Zu einem Verständnis dieses Zusammenhangs kommt man dann, wenn das zum Bau einer Anlage benötigte Kapital als vorgetane Arbeit angesehen wird. Diese vorgetane Arbeit und das dem Brennstoff innewohnende Arbeitsvermögen sind im Dampfkraftprozeß mit möglichst hohem Wirkungsgrad, also niedrigen Kosten in elektrische Arbeit umzuwandeln.

Welchen Einfluß die einzelnen Kostenglieder auf die genannten Gestehungskosten ausüben, zeigen die Bilder 4, in denen ihre Abhängigkeit von der Ausnutzungsdauer für ein Braunkohle-Kraftwerk wiedergegeben ist, das für Grundlastbetrieb ausgelegt wurde. Im linken Bild wurde versucht, die Zusammensetzung der Gestehungskosten in absoluten Beträgen, im rechten dagegen den verhältnismäßigen Anteil der verschiedenen Kostenelemente an den Gesamtkosten der nutzbar abgegebenen kWh qualitativ darzustellen. Es ist zu erkennen, daß die kapitalabhängigen und die Brennstoffkosten den Hauptanteil ausmachen. Die ersten steigen mit abnehmender Ausnutzungsdauer rasch an und überwiegen bei kleinen Ausnutzungsdauern die anderen Kostenglieder um ein Mehrfaches.

Es kommt daher, wie später noch näher erörtert wird, bei kleinen Ausnutzungsdauern darauf an, die kapitalabhängigen Kosten, also in der Gl. (4) die spezifischen Investitions- oder Anlagekosten a [DM/kW] möglichst niedrig zu halten. Ihnen gegenüber treten die anderen Kostenglieder, auch die Brennstoffkosten zurück, wenngleich bei Steinkohle oder Öl das Bild nicht so kraß ist. Bei der Auslegung eines Grundlastwerkes muß dagegen auf einen niedrigen Brennstoffverbrauch, der durch einen hohen Wirkungsgrad erzielt wird, geachtet werden.

Die Kosten des Brennstoffs sind abhängig vom Brennstoffpreis am Erzeugungsort, von den Transportkosten und, falls durchgeführt, von besonderen Aufbereitungsarbeiten. Die Kosten des Kapitals hängen von der Abschreibungszeit, der Abschreibungsart und dem Kalkulationszinsfuß ab. Dieser Kalkulationszinsfuß muß gewährleisten, daß die Ausgaben durch die Einnahmen mit hinreichender Verzinsung zurückgewonnen werden.

Die Reihe der Beträge, die in den einzelnen Jahren als Kapitaldienst aufgebracht werden, müssen dann diskontiert auf den Investitionszeitpunkt die Baukosten der Anlage ergeben. Beträgt der Kalkulationszinsfuß p % und ist der Verzinsungsfaktor

$$q = \left(1 + \frac{p}{100}\right),$$

so ergibt sich der Diskontierungsfaktor als reziproker Wert zu

$$v = \left(1 + \frac{p}{100}\right)^{-1},$$

und der Gegenwartswert der Zahlungsreihe, der also bei dem gewählten Kalkulationszinsfuß das Investitionskapital ergeben muß, wird

$$K = g_1 v_1^1 + g_2 v_2^2 + \ldots + g_n v_n^n = \sum_{k=1}^{n} g_k v_k^k, \tag{5}$$

worin g_k verschieden große Zahlungen in den einzelnen Jahren sind. Ist der Kapitaldienst in den einzelnen Jahren gleich groß und werden ebenfalls die Zinsen nicht verändert, so ergibt sich

$$K = \sum_{k=1}^{n} g v^k \text{ oder } K = \sum_{k=1}^{n} \frac{g}{q^k}. \tag{6}$$

Multipliziert man beide Seiten der Gl. (6) mit q^n, so wird der Betrag, auf den das Investitionskapital nach n Jahren angewachsen ist:

$$K q^n = g\,(q^{n-1} + q^{n-2} + \ldots + 1). \tag{7}$$

Die Summe der Reihe auf der rechten Seite ist

$$s = g\,\frac{q^n - 1}{q - 1},$$

und es ergibt sich

$$K = g\,\frac{q^n - 1}{q^n\,(q - 1)} \tag{8}$$

oder

$$g = K\,\frac{q^n (q - 1)}{q^n - 1} = K\alpha. \tag{9}$$

Der Betrag g, den man durch Multiplikation des Investitionskapitals K mit dem Wiedergewinnungsfaktor α erhält, wird als Kapitaldienst bezeichnet.

Werden mit K das gesamte Investitionskapital und mit a die spezifischen Investitionskosten bezeichnet, so ergibt sich mit $\alpha\, a$ der in die Gl. (4) einzusetzende Betrag. In praktischen Fällen enthält dieser Betrag jedoch auch noch den prozentualen Anteil der Steuern.

Nach der Gl. (4) ergibt sich der Strompreis unter Einrechnung aller Faktoren, d. h. es werden die Einnahmen den Ausgaben gleichgesetzt. Das Verfahren, die durchschnittlichen jährlichen Ausgaben mit den durchschnittlichen jährlichen Einnahmen zu vergleichen, wird als Annuitätsmethode bezeichnet. Die Kosten des Kapitals sind von der Art der Finanzierung, also davon, ob Eigen- oder Fremdkapital verwendet wird, unabhängig, sie werden allein vom Kalkulationszinsfuß bestimmt.

Wie aus der Gl. (4) zu erkennen ist, sind die beiden hauptsächlichen Kostenelemente, die den Erzeugungspreis der elektrischen Arbeit beeinflussen, die kapitalabhängigen und die brennstoffabhängigen Kosten.

Wird nun angenommen, daß sich die Anlagekosten um Δa [DM/kW] und der mittlere spezifische Wärmeverbrauch um Δw [kcal/kWh] ändern, so verändert sich der ursprüngliche Gestehungspreis von

$$k = \frac{100\alpha a r(1+\varepsilon)}{t} + \frac{100 c_b r(1+\varepsilon)}{t} + \overline{w}\, p_w \cdot 10^{-4} + b \text{ [Pf/kWh]} \tag{10}$$

in

$$k' = \frac{100\alpha(a+\Delta a) r(1+\varepsilon)}{t} + \frac{100 c_b r(1+\varepsilon)}{t} + (\overline{w} + \Delta w)\, p_w \cdot 10^{-4} + b \text{ [Pf/kWh]}. \tag{11}$$

Die Erzeugungskosten bleiben gleich, wenn $k = k'$, also

$$\frac{100\alpha \Delta a r(1+\varepsilon)}{t} = -\,\Delta w\, p_w \cdot 10^{-4} \text{ [Pf/kWh]}.$$

Wird diese Beziehung nach $\Delta w/\Delta a$ aufgelöst, so ergibt sich

$$\frac{\Delta w}{\Delta a} = -\,\frac{\alpha r(1+\varepsilon)\cdot 10^6}{p_w t} \text{ [kcal/h DM]}. \tag{12}$$

Dieses Verhältnis $\Delta w/\Delta a$ gibt an, welche mittlere Wärmeersparnis eintreten muß, um eine Erhöhung der Anlagekosten um 1 DM/kW zu rechtfertigen oder welche Wärmeverbrauchsänderung auf die Erzeugungskosten den gleichen Einfluß ausübt wie die Änderung der Anlagekosten um 1 DM/kW. Es wird daher der Quotient $\Delta w/\Delta a$ als kalorisches Kostenäquivalent bezeichnet und mit dem Symbol $\varkappa$ versehen. Dieses kalorische Kostenäquivalent ist umgekehrt proportional dem Wärmepreis und der Ausnutzungsdauer und direkt proportional dem Wiedergewinnungs- und dem Reservefaktor. Je niedriger die Ausnutzungsdauer ist, um so größer muß die Wärmeersparnis sein, um die Erhöhung der Anlagekosten zu rechtfertigen. Hohe Ausnutzungsdauern und Wärmepreise führen dagegen zu niedrigen Werten für $\varkappa$. Eine Erhöhung der Anlagekosten um 1 DM/kW wird bereits durch eine verhältnismäßig geringe Verbesserung des Wärmeverbrauchs ausgeglichen; der Einfluß der Anlagekosten nimmt ab. Von den im Zähler der Gl. (12) stehenden Größen ist der Kapitaldienst in erster Linie durch die Art der Finanzierung, die mögliche Höhe und Art der Abschreibung und durch Steuern bestimmt. Er bewegt sich innerhalb verhältnismäßig enger Grenzen. Der Reservefaktor ergibt sich aus der Betriebsweise des Kraftwerksblocks innerhalb des versorgten Netzes und aus der Art des Verbundbetriebes mit Nachbarnetzen.

In Verfolg eines einzelnen Projektes, dessen Größe festliegt, ist es auch üblich, mit dem reziproken Wert der Gl. (12), multipliziert mit der installierten Leistung, zu rechnen und so bei jeder einzelnen Anlage festzulegen, bis zu welchem Aufwand jeweils eine Verbesserung des spezifischen Wärmeverbrauchs erkauft werden kann, soll diese Verbesserung die Wirtschaftlichkeit erhöhen.

$$\beta = \frac{N_i}{\varkappa} = \frac{p_w t N_i}{\alpha r(1+\varepsilon)} \cdot 10^{-6} \left[\frac{\text{DMkWh}}{\text{kcal}}\right]. \tag{13}$$

Mit $p_w = 9$ DM/10^6 kcal, $r = 1{,}1$; $\alpha = 0{,}14$; $(1+\varepsilon) = 1{,}07$; $t = 5000$ h/a ergibt sich beispielsweise für einen 150-MW-Block $\beta_{150} = 41\,000$ DM kWh/kcal, und da dieser Wert proportional mit der Leistung steigt, für einen 300-MW-Block dementsprechend $\beta_{300} = 82\,000$ DM kWh/kcal.

Man kann β als effektives Kostenäquivalent bezeichnen.

Wie schon erwähnt, sind die spezifischen Anlagekosten a [DM/kW] und der mittlere spezifische Wärmeverbrauch $\overline{w}$ [kcal/kWh] voneinander abhängige Größen. Eine wesentliche Senkung der spezifischen Anlagekosten a, wie sie bei niedrigen Ausnutzungsdauern anzustreben ist, bedingt eine einfachere Kessel- und Turbinenkonstruktion, die Wahl niedrigerer Dampfzustandsgrößen, eine Vereinfachung der Regenerativ-Vorwärmung und ähnliche Maßnahmen. Sie haben zwangsläufig ein Verschlechtern des thermischen Wirkungsgrades, der Maschinen- und Kesselwirkungsgrade und damit ein Erhöhen des mittleren spezifischen Wärmeverbrauchs zur Folge.

Das Senken der Anlagekosten mit geringerer Ausnutzungsdauer, d. h. zunehmendem Spitzenlastcharakter, bedingt also auf der anderen Seite ein Verschlechtern des mittleren spezifischen Wärmeverbrauchs. Dieser Verschlechterung von $\overline{w}$ von der Auslegung her muß noch ein Glied hinzuaddiert werden, das den mittleren spezifischen Wärmeverbrauch bei kleineren Ausnutzungsdauern anhebt, da sich in diesem Fall Teillastzuschläge, Verluste durch häufiges An- und Abfahren usw. stärker auswirken. Unter Ausnutzungsdauer wird der Quotient aus der Gesamtarbeit in einem Zeitraum, dividiert durch die Engpaßleistung, verstanden. Die Benutzungsdauer ist dagegen der Quotient aus der Gesamtarbeit in einem Zeitraum, dividiert durch die gefahrene Höchstlast in dem gleichen Zeitraum.

Der erzielbare mittlere spezifische Wärmeverbrauch ist also eine Funktion der Anlagekosten und der Ausnutzungsstundenzahl $\overline{w} = f(a, t)$. Bezieht man den Wärmepreis in diese Untersuchungen ein und läßt für den Überblick über die wesentlichen Zusammenhänge die leistungs- und arbeitsabhängigen Nebenkosten c_b und b außer Betracht, so ergibt sich mit der Gl. (10), bezogen auf die abgegebene Energie, das Nomogramm des Bildes 5, aus dem die Summe der Brennstoff- und der Kapitalkosten, abhängig von den sonstigen Parametern abzulesen ist. Von den leistungs- und den arbeitsabhängigen Kosten sollen in diesem Zusammenhang nur die kapitalabhängigen Kosten auf der einen und die Brennstoffkosten auf der anderen Seite untersucht werden, da ihre Anteile im wesentlichen die Erzeugungskosten bestimmen.

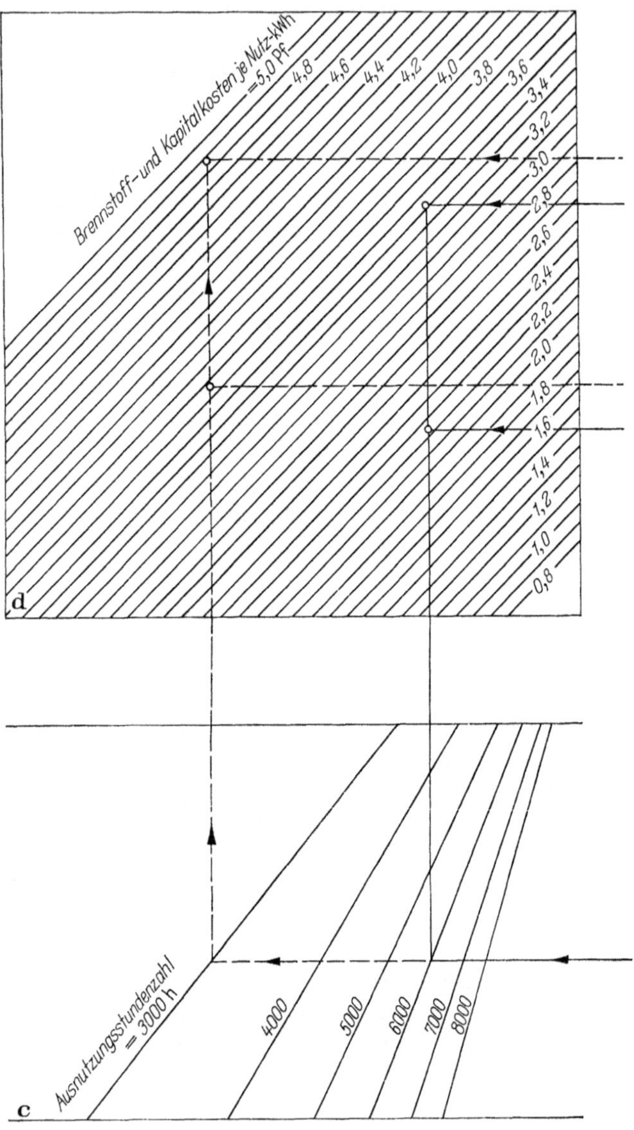

Bild 5 a – d. Brennstoff- und Kapitalkosten abhängig von der

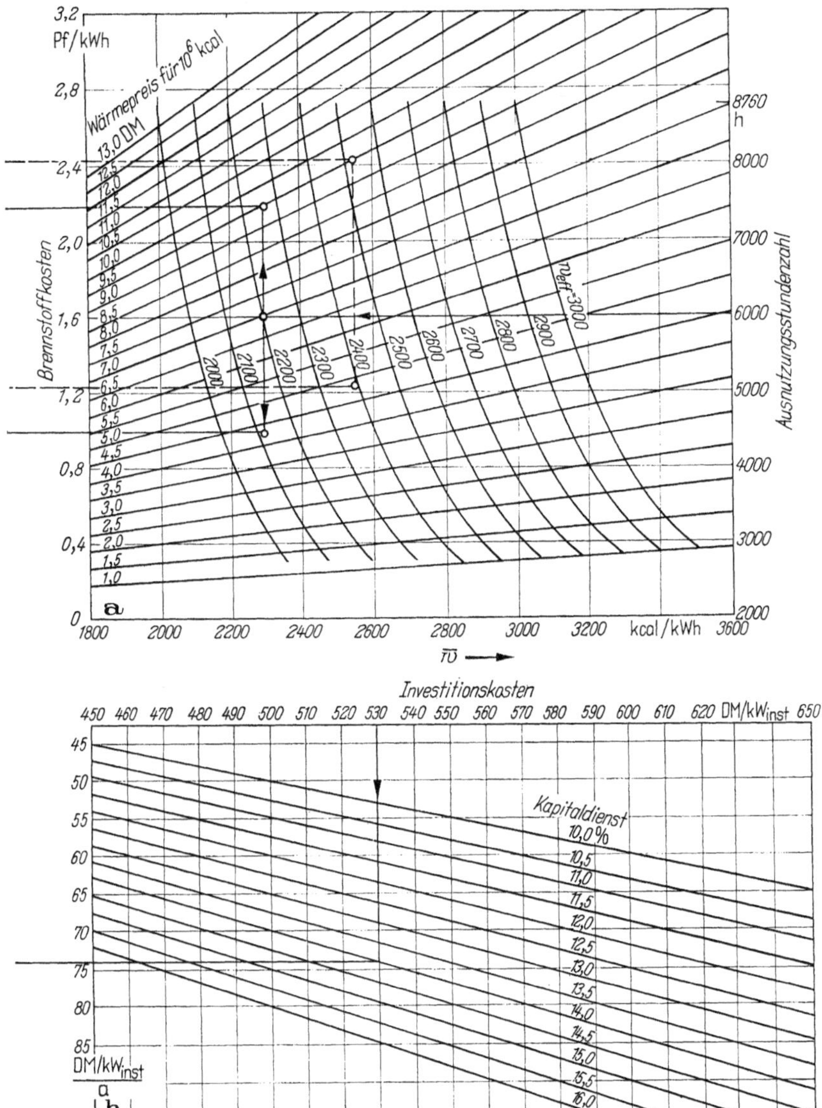

Ausnutzungsstundenzahl und vom spezifischen Wärmeverbrauch.

In dem Quadranten a des Bildes 5 sind die Brennstoffkosten in Abhängigkeit von dem spezifischen Wärmeverbrauch im Bestlastpunkt w_{eff} unter Einschluß aller Verluste, der Ausnutzungsstundenzahl und dem Wärmepreis zu ermitteln. $\overline{w}$ gibt außerdem den spezifischen Wärmeverbrauch unter Berücksichtigung der jeweiligen Ausnutzungsstundenzahl, also mit den Zuschlägen für den Teillastbetrieb und das An- und Abfahren, an.

Im Quadranten b werden abhängig von den Investitionskosten und dem Kapitaldienst die Kapitalkosten je installiertes kW und Jahr ermittelt. Umgelegt auf die Ausnutzungsstundenzahl ergibt sich damit aus dem Quadranten c der Anteil der kapitalabhängigen Kosten, soweit sie aus den Investitionskosten resultieren, je kWh. Im Quadranten d wird schließlich die Summe aus den Brennstoff- und den Kapitalkosten gebildet.

Zur Erläuterung sind zwei Beispiele eingezeichnet. Dabei wird für den durchgezogenen Streckenzug bei einer Ausnutzungsstundenzahl von 6000 h/a, einem spezifischen Wärmeverbrauch im Bestpunkt von 2200 kcal/kWh und einem Wärmepreis von 9,50 DM/10^6 kcal, wie er etwa für Steinkohle revierfern gilt, ein Brennstoffkostenanteil von 2,18 Pf/kWh ermittelt. Für einen Wärmepreis von 4,30 DM/10^6 kcal, der als Wärmepreis für Braunkohle angenommen wurde, ergibt sich dagegen ein Betrag für die Brennstoffkosten von 1,0 Pf/kWh. Bei spezifischen Investitionskosten von 530 DM/kW und einem Kapitaldienst von 14% sind den Brennstoffkosten noch 1,24 Pf/kWh zuzuschlagen, womit sich für Steinkohle an Brennstoff- und Kapitalkosten für diesen Fall der Betrag von 3,42 Pf/kWh ergibt, während der Wert bei Braunkohle bei 2,24 Pf/kWh liegt. Bei dem gestrichelten Streckenzug ist gegenüber dem ersten Beispiel nur die Ausnutzungsstundenzahl auf 3000 h/a gesenkt. Dabei ergibt sich für Steinkohle als Brennstoff und gleichen Wärmepreis wie oben ein Betrag von 4,89 Pf/kWh, während für Braunkohle 3,68 Pf/kWh ermittelt werden.

Der Zusammenhang zwischen den Anlagekosten, dem spezifischen Wärmeverbrauch und den Ausnutzungsstunden läßt sich nicht immer leicht überblicken, da die beiden Größen von einer erheblichen Zahl verschiedener Parameter bestimmt werden, wie Größe des Kraftwerks, Größe und Anzahl der Turbinen, Sammelschienen- oder Blockbauweise, Art des Brennstoffs, Breite des Brennstoffbandes, Kühlwasserart und -Beschaffenheit usw. Gegenüber der früher üblichen Bauart von Sammelschienen-Kraftwerken hat sich heute wegen der einfacheren Betriebsführung und der sinkenden Investitionskosten die Blockbauweise durchgesetzt. Da der Verfügbarkeitsgrad der Kessel und Turbinen bei dem heutigen Stand der Technik in etwa gleich groß ist, wird jeweils ein Kessel einer Turbine zugeordnet.

1.3 Die Entwicklung zu großen Kraftwerksblöcken, ihre Investitionskosten und ihr spezifischer Wärmeverbrauch

Mit Rücksicht auf die Sicherheit des Netzes bei Ausfall eines Kraftwerksblocks werden Turbosätze mit max. je 10% der in dem betreffenden Netz verfügbaren Maschinenleistung aufgestellt. Dabei ist es nach KIRCHMAYER und anderen [*3*] die wirtschaftlich beste Lösung, Einheiten gleicher Leistung solange zu verwenden, bis durch weiteres Anwachsen der Gesamtkapazität des Netzes ihr Leistungsanteil auf 7% abgefallen ist. Entsprechend der Größe der europäischen Unternehmen werden demnach in den nächsten Jahren Turbosätze mit zunehmender Leistung etwa in den Stufen 320, 400, 500, 600 MW und darüber hinaus gebaut werden, wie z. B. in England bei den über 50 je 500 MW-Einwellen-Turbosätzen oder den für das Kraftwerk Drax geplanten 6 Einheiten für je 660/700 MW Leistung der CEGB. In den USA wird bei der Consolidated Edison Co. im Kraftwerk Ravenswood ein Zweiwellen-Turbosatz betrieben, dessen Leistung etwa 1000 MW beträgt. Die Zunahme thermischer Kraftwerke in den USA ist aus einer Prognose zu ersehen, die von der Federal Power Commission in „The 1964 National Power Survey" gemacht wurde. Danach sollen bis 1980 in Auftrag gegeben werden:

54 Einheiten von 600—799 MW,
56 Einheiten von 800—999 MW,
76 Einheiten von 1 000 MW,
33 Einheiten von 1 200 MW,
28 Einheiten von 1 500 MW.

Einwellenturbosätze in der Größe von 500 MW werden demnach heute häufig bestellt und schon jetzt in den USA auch häufiger betrieben, wobei für die Ständer der Generatoren Hohlleiterkühlung mit direktem Wasserdurchfluß angewendet wird. Die Flüssigkeitskühlung im Ständer sowie die direkte Gaskühlung im Induktor gestatten den Bau von Maschinen dieser Leistungen. Möglicherweise wird der Einsatz der Flüssigkeitskühlung auch beim Induktor in den nächsten Jahren diese Grenze bis in den Bereich von 1000 MVA hinaufdrücken. Der Einsatz von Mehrwellenmaschinen bringt grundsätzlich keine neuen technischen Probleme. Der Übergang von der Einwellen- auf die Zweiwellenanordnung wird mit steigender Größe der Turbosätze davon abhängen, welche Leistungen in den entsprechenden Generatoren noch unterzubringen sind und wie die Turbosätze bei zunehmender Gesamtbaulänge schwingungstechnisch beherrscht werden können, wenn die Anzahl der Abdampffluten steigt. Möglicherweise wird die Entwicklung längerer Endschaufeln bei guter strömungstechnischer Lösung die für große Turbinen erforderlichen Abdampfquerschnitte bringen, wodurch die Anzahl der Abdampffluten in einfacher zu beherrschendem Umfang gehalten werden kann. In den

USA laufen Planungs- und Entwicklungsarbeiten für Mehrwellensätze sehr großer Leistung, wobei allerdings die mittlere Einheitsgröße, die erwartet wird, beträchtlich niedriger liegt (Bild 6).

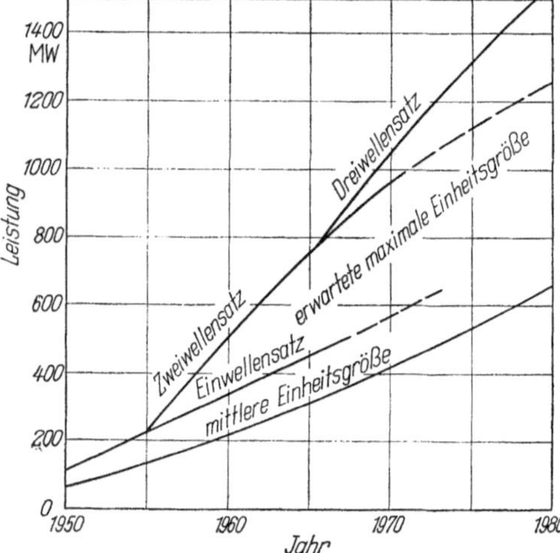

Bild 6. Vermutlicher Anstieg der Einheitsgröße von Turbosätzen in den USA in der Zukunft [4].

Der Einsatz von Turbosätzen großer Leistung bringt ein Absinken der leistungsabhängigen und der arbeitsabhängigen Kosten. Die Verringerung der leistungsabhängigen Kosten, in diesem Fall der spezifischen

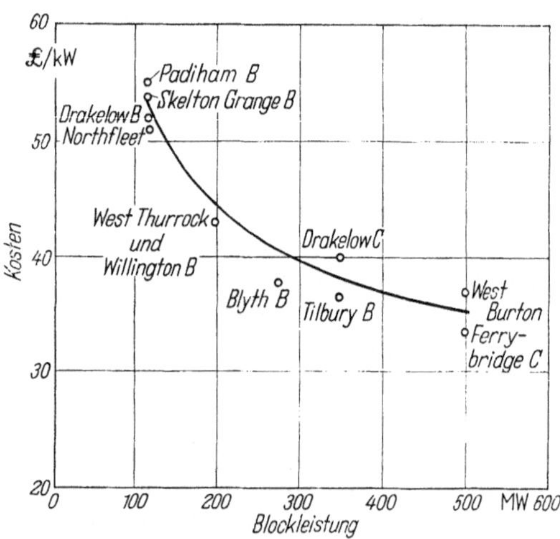

Bild 7. Kostendegression mit zunehmender Blockleistung in englischen Kraftwerken [5].

Baukosten, ist darauf zurückzuführen, daß der Material- und Bearbeitungsaufwand nicht proportional mit der Größe der Einheiten steigt und daß eine Anzahl von Anlageteilen bei einem großen Block nur einmal vorhanden zu sein braucht, gegenüber der doppelten Ausführung bei 2 Blöcken halber Größe. Der Verlauf der spezifischen Baukosten, abhängig von der Größe des installierten Turbosatzes, ist in dem Bild 7 für in England errichtete Anlagen dargestellt.

Die eingezeichnete Kurve ist jedoch nur als Tendenzlinie zu werten, da die Investitionskosten einer Einheit von gegebener Größe auch von ihrer wärmetechnischen Auslegung, der Art des verfeuerten Brennstoffs und dem Standort des Kraftwerks mitbeeinflußt werden, so daß die tatsächlichen Kosten von Kraftwerken in einem breiten Band diese Tendenzlinie begleiten. Von KRIESE [*6*] wurde für deutsche Verhältnisse die Abhängigkeit der Kosten von der Größe der Turbosätze in diesem breiten Tendenzband angegeben, wie sie in dem Bild 8 dargestellt ist.

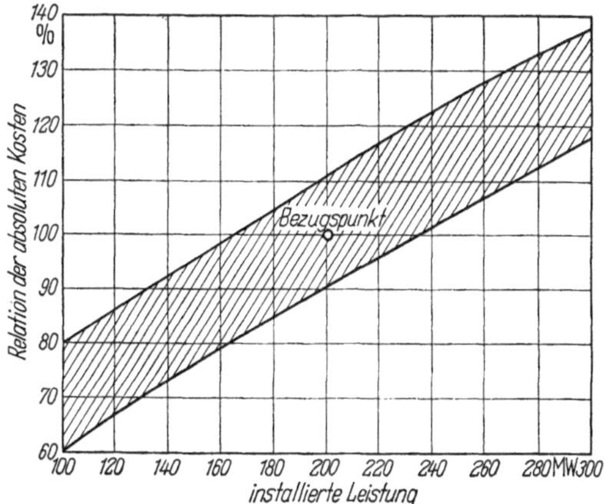

Bild 8. Mittlerer Streubereich der Relation der absoluten Kraftwerkskosten bei Kondensationsanlagen in Blockschaltung mit 2 Turbinen und 2 Kesseln [*6*].

Die arbeitsabhängigen Kosten sinken mit zunehmender Einheitsleistung durch ein Verbessern des spezifischen Wärmeverbrauchs und damit der spezifischen Brennstoffkosten. Dieser bessere spezifische Wärmeverbrauch ist darauf zurückzuführen, daß mit dem Durchsatz größerer Dampfmengen bei größeren Einheiten die Leck- und Randverluste in der Turbine absinken und die Wirkungsgrade der Hilfsaggregate aus ähnlichen Gründen erhöht werden können.

Das Bild 9 zeigt für einen Beispielsfall nach einer Durchrechnung von FRANCK [*7*] die Verbesserung des spezifischen Wärmeverbrauchs, abhängig von der Auslegungsleistung über dem Frischdampfdruck aufgetragen für einen in seinen sonstigen Parametern festgehaltenen Prozeß.

Nach dieser Darstellung ist für diesen Prozeß mit einfacher Zwischenüberhitzung und 6-stufiger Regenerativ-Vorwärmung eine Verbesserung des spezifischen Wärmeverbrauchs bei einem 200-MW-Block gegenüber einem 100-MW-Block um etwa 50 kcal/kWh zu erwarten, die sich bei einem 300-MW-Block auf etwa 70 kcal/kWh erhöht. Das entspricht einer Verminderung im Brennstoffverbrauch um 2—3%.

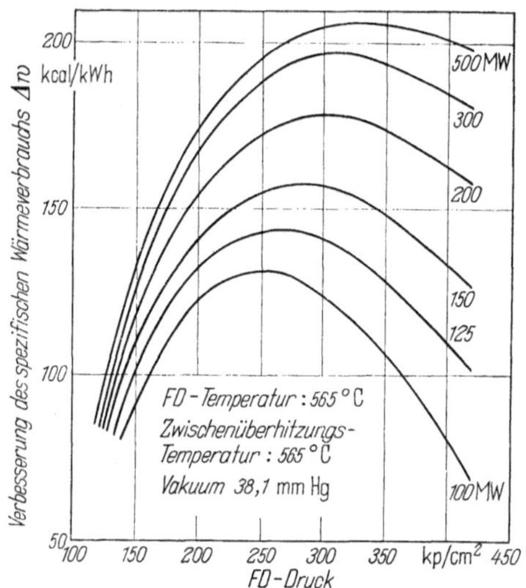

Bild 9. Verbesserung des spezifischen Wärmeverbrauchs bei einem in seinen sonstigen Parametern festgehaltenen Prozeß mit steigender Größe des Turbosatzes [7].

Im Hinblick auf die Reservehaltung besteht kein Grund, einen größeren Kraftwerksblock für anfälliger zu halten als einen kleineren. Die Störungshäufigkeit wird im Gegenteil bei 2 Blöcken halber Leistung größer sein. Allerdings ist auch dann nur der Ausfall etwa der halben Leistung zu befürchten.

Neben den Schritten zu höheren Einheitsleistungen wird die Verbesserung des spezifischen Wärmeverbrauchs einhergehen. Die wesentlichen Maßnahmen dazu sind beim Dampfkraftprozeß das Steigern des Frischdampfzustandes, das Einschalten der ein- und zweifachen Zwischenüberhitzung und die Regenerativ-Vorwärmung des Speisewassers.

Dem Erhöhen der Temperatur des Frischdampfes sind jeweils durch den Stand der Technik Grenzen gesetzt. Zur Zeit sind bei den üblichen Dampfdrücken Temperaturen bis 650 °C erprobt.

Das Steigern des Frischdampfdruckes ist nur gemeinsam mit dem Anwenden der ein- und mehrfachen Zwischenüberhitzung sinnvoll, da sonst das Ende der Dampfexpansion im Niederdruckteil der Turbine in ein Gebiet hoher Dampfnässe rückt, wobei der Turbinenwirkungsgrad verschlechtert und damit der Vorteil des gesteigerten Druckes wieder aufgezehrt wird.

Die einfache Zwischenüberhitzung wird heute weitgehend angewendet, während die zweifache erst in einigen Fällen in Betrieb ist. Das Bild 10 zeigt, welche Verbesserungsmöglichkeiten, für einen speziellen Fall gerechnet, die mehrfache Zwischenüberhitzung bringt.

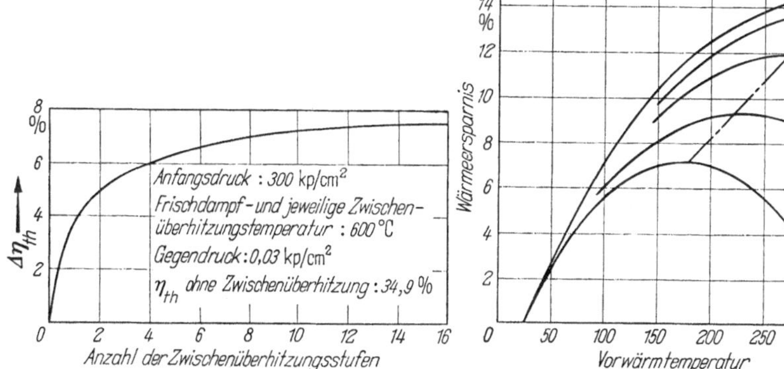

Bild 10. Verbesserung des spezifischen Wärmeverbrauchs abhängig von der Anzahl der Zwischenüberhitzungsstufen bei sonst fest vorgegebenen Parametern nach DANGL [8].

Bild 11. Verbesserung des spezifischen Wärmeverbrauchs abhängig von der Stufenzahl der Regenerativ-Vorwärmung nach SCHÄFF [9, 10].

Mit zunehmender Anzahl der Zwischenüberhitzungen wird die zusätzliche Verbesserung immer geringer, wobei der gleichzeitig steigende Mehraufwand an Investitionskosten wohl kaum noch die dreifache Zwischenüberhitzung nach der herkömmlichen Bauweise rechtfertigt.

Die Regenerativ-Vorwärmung wird dagegen schon häufig voll ausgenutzt. Bei 8 bis 10 Vorwärmstufen und der Vorschaltung von Enthitzern wird dabei die Vorwärmung des Speisewassers bis auf den zu dem jeweiligen Prozeß gehörenden optimalen Wert durchgeführt. Wie das Bild 11 zeigt, wird mit zunehmender Stufenzahl der erzielbare Gewinn immer geringer.

Allgemein läßt sich sagen, daß entsprechend den jeweiligen technischen und wirtschaftlichen Gegebenheiten in gewissen Zeitabständen Schritte zu höheren Auslegungswerten getan werden. Dabei wird die große Anzahl der Kraftwerke so lange nach den dem zugehörigen Schritt entsprechenden technischen Daten gebaut, bis an wenigen die Entwicklung vorwärts treibenden Anlagen ausreichende Betriebserfahrungen vorliegen und dann die große Anzahl neuer Anlagen wiederum mit technischen Daten des nächsten Schrittes gebaut wird. Im nächsten Jahrzehnt wird sich bei steigender Blockleistung vermutlich ein Prozeß durchsetzen, der bei überkritischem Druck des Frischdampfes eine Dampftemperatur von 650 °C ermöglicht. Bei zweimaliger Zwischenüberhitzung des Dampfes in diesem Prozeß auf 560 °C sowie bei hoher Regenerativ-Vorwärmung sind dann spezifische Wärmeverbrauchszahlen von 2000 kcal/kWh erreichbar. Das Kraftwerk Eddystone der Philadelphia Electric Company in den USA wird bei ähnlichen technischen Daten mit einem spezifischen Wärmeverbrauch von 2020 kcal/kWh im Bestpunkt gefahren.

Von welchem Zeitpunkt an sich Auslegungswerte des letztgenannten Beispiels auf breiter Ebene durchsetzen werden, hängt nicht nur von der technischen Entwicklung des Kraftwerksbaus, sondern auch in starkem Maße von der Entwicklung der Werkstoff- und der Brennstoffpreise ab, d. h. davon, wann die Verringerung des spezifischen Wärmeverbrauchs die höheren Investitionskosten aufwiegt. Bei den mit Braunkohle betriebenen Kraftwerken liegen die Brennstoffkosten gegenüber denen bei Steinkohlekraftwerken niedrig, so daß dort diese komplizierten Prozesse in naher Zukunft nicht angewendet werden, wie auch in der Vergangenheit die Schaltung und die technischen Auslegungsdaten bei diesen Kraftwerken aus wirtschaftlichen Gründen im allgemeinen einfacher waren als bei steinkohle- oder ölgefeuerten Kraftwerken.

Das Steigern der Auslegungsdaten zum Verbessern des spezifischen Wärmeverbrauchs bringt einen Anstieg der erforderlichen Investitionskosten mit sich. Das Bild 12 gibt die Werte für verschiedene Anlagen wieder, die in Amerika durchgerechnet wurden. Als Bezugsgröße läßt sich dabei für eine mittlere Anlage ein Satz von 130 $/kW für die Investitionskosten ansetzen. Diese Werte sind jedoch nur in einem großen Streubereich zu ermitteln und gelten deshalb auch nur angenähert.

Will man schließlich einen Aufschluß darüber gewinnen, mit welchen Jahresmittelwerten des spezifischen Wärmeverbrauchs in der BRD in den einzelnen Zeitabschnitten unter Hinzunahme der Verbesserung des Standes der Technik gerechnet werden kann, dann sind die entsprechenden Werte aus dem Bild 13 abzulesen. Da der Kohleverbrauch je erzeugter kWh dem spezifischen Wärmeverbrauch proportional ist, läßt sich ebenso der Bedarf an Brennstoff in kg SKE je kWh ablesen.

Durch die Vergrößerung der Maschineneinheiten und die kompliziertere Bauweise der hochwertigen Anlagen ergibt sich eine Reihe von notwendigen Überlegungen hinsichtlich der Reservehaltung und des Spitzenlastbetriebes. Bei einer angenommenen Reservehaltung von 25% der Kapazität eines Netzes und einer Verdoppelung der erforderlichen Leistung in jeweils 10 Jahren ist nach diesem Zeitraum die Reserve so groß, wie es die gesamte Kapazität dieses Netzes vor 20 Jahren war, wenn die zwischenzeitlich erfolgten Abgänge nicht berücksichtigt werden.

Das bedeutet, daß Kraftwerkseinheiten, die vor nicht allzu langer Zeit in Betrieb gegangen sind, in etwa 15 bis 20 Jahren als Reserve eingesetzt werden. Entsprechend ihrer komplizierten Schaltung haben diese

Anlagen jedoch erhebliche Anfahrzeiten. Möglicherweise wird aus diesem Grund die laufende Reserve in der Zukunft erhöht werden müssen.

Ähnlich liegt das Problem bei der Spitzendeckung. Je nach der Lage und der Art des zu versorgenden Netzes wird die Spitzendeckung durch alte Dampfkraftanlagen, durch eigens zu diesem Zweck errichtete Kraftwerksblöcke, durch Gasturbinenanlagen, durch Pumpspeicher- oder

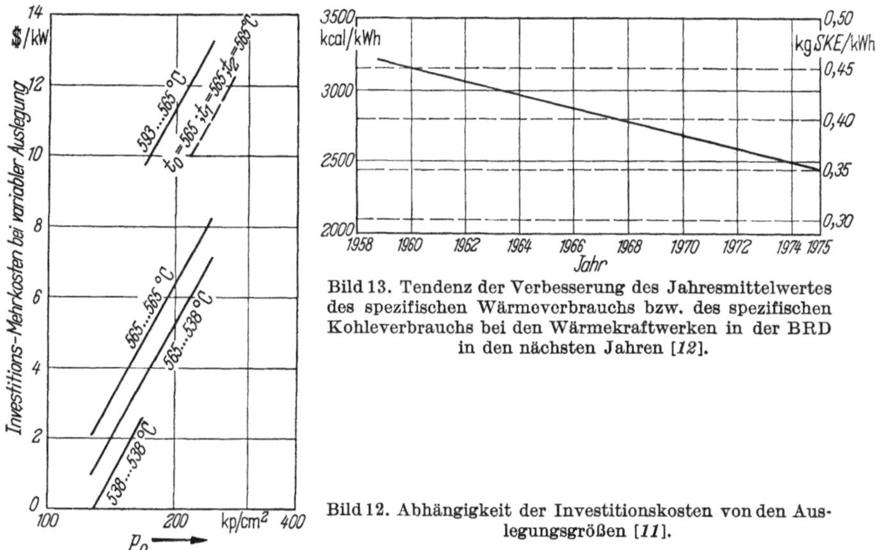

Bild 13. Tendenz der Verbesserung des Jahresmittelwertes des spezifischen Wärmeverbrauchs bzw. des spezifischen Kohleverbrauchs bei den Wärmekraftwerken in der BRD in den nächsten Jahren [12].

Bild 12. Abhängigkeit der Investitionskosten von den Auslegungsgrößen [11].

Speicherkraftwerke oder schließlich durch den Schwallbetrieb bei Laufwasserkraftwerken erfolgen.

Wird also in 10 bis 15 Jahren die Spitzendeckung zu einem großen Teil durch Dampfkraftwerke übernommen werden, die in den letzten Jahren gebaut worden sind und als komplizierte Anlagen lange und damit verlustreiche oder für die Spitzendeckung zu lange Anfahrzeiten haben, so gilt es, diesem Problem jetzt schon Überlegungen zu widmen. Nachträgliche Vereinfachungen der Schaltung, Vermindern der Anzahl der Vorwärmer, Herabsetzen der Zustandsgrößen des Dampfes auf der Frischdampf- und der Zwischenüberhitzerseite werden unter Umständen verbunden mit betrieblichen Maßnahmen, wie beispielsweise dem Warmhalten der Turbinen, Induktoren usw., erlauben, diese Anlagen bei gesteigertem spezifischem Wärmeverbrauch für die Spitzendeckung ausreichend schnell anzufahren.

Eine zweite Möglichkeit könnte eigens den Bau von Dampfturbosätzen zur Spitzendeckung vorsehen. Dabei könnten Kraftwerksblöcke mit hoher Wärmebeweglichkeit gebaut werden, bei denen nicht sehr hohe

Zustandsgrößen für den Frischdampf verwendet werden. Die Zwischenüberhitzung entfällt, und die Vorwärmung des Speisewassers wird auf einige wenige Stufen beschränkt. Die Turbinen dieser Kraftwerksblöcke erhalten verhältnismäßig große Spiele und eine geringe Stufenzahl, damit sie wärmebeweglich sind. Die geringen Frischdampfzustandsgrößen werden gewählt, damit bei den dadurch möglichen geringeren Wandstärken der Turbinen und der Rohrleitungen Temperatur-Ausgleichsvorgänge schneller abklingen, ohne daß bei diesen Vorgängen unzulässig hohe Spannungsspitzen auftreten.

Die in diesem Fall geringe Stufenzahl der Vorwärmung des Speisewassers oder gar der vollständige Verzicht auf die Vorwärmung des Speisewassers bei einer Entgasung im Kondensator verringert neben der Anfahrzeit auch die im Kreisprozeß strömenden Mengen flüssigen und dampfförmigen Wassers, wodurch ebenfalls der Bauaufwand vermindert wird. Zur weiteren Einsparung von Investitionskosten werden die Feuerungen dieser Kraftwerksblöcke mit Öl oder Erdgas betrieben. Bei dem heutigen Stand der Technik ist es möglich, solche Anlagen automatisch an- und abzufahren. Gegenüber Gasturbinen haben sie den Vorteil, daß sie in Einheiten größerer Leistung gebaut werden können und dadurch niedrigere spezifische Kosten haben werden als Gasturbinenanlagen. Die erzielbaren spezifischen Wärmeverbrauchszahlen werden etwa zwischen 3000 und 3500 kcal/kWh liegen.

Es soll nicht darüber hinweggesehen werden, daß der Entschluß, besondere Spitzenkraftwerke zu bauen, stark von der technischen Entwicklung abhängt. In den 20er Jahren glaubte man, bei den damals als Höchstdrücken und Höchsttemperaturen angesehenen Betriebsdaten nicht ohne besondere Spitzenkraftwerke auskommen zu können. In Wirklichkeit sind jedoch ausgesprochene Spitzenkraftwerke nur in verhältnismäßig wenigen Fällen gebaut worden, da es gelang, die vorhandenen Anlagen zum Spitzenausgleich heranzuziehen. Der Zusammenschluß größerer Netze ergab außerdem eine ausgeglichenere Belastung. Ebenso wurde durch zweckentsprechende Stromtarife das Ausgleichen der Belastung gefördert. Falls sich in der Zukunft jedoch der spezifische Wärmeverbrauch über einen längeren Zeitraum in der Nähe eines unteren Grenzwertes bewegen wird, bevor möglicherweise neue Konversionsverfahren etwa mit dem magnetoplasmadynamischen Prozeß erneut wesentliche Verbesserungen bringen, ergibt sich aus der nachfolgenden Begründung und dem Bild 14 möglicherweise ein gesteigertes Interesse an besonders zur Spitzendeckung gebauten Kraftwerken.

Alle von einem bestimmten Zeitpunkt an errichteten Kraftwerksblöcke haben nach diesem Bild angenähert den gleichen spezifischen Wärmeverbrauch und werden bei einem großen Aufwand an Investitionskosten für eine optimale Wirtschaftlichkeit bei höheren Ausnutzungsstundenzahlen gebaut. Wird nun Spitzenleistung mit geringer Ausnutzungsstundenzahl gebraucht, so erscheint es zweckmäßig, sie entsprechend dieser geringeren Ausnutzungsstundenzahl billig, dann aber

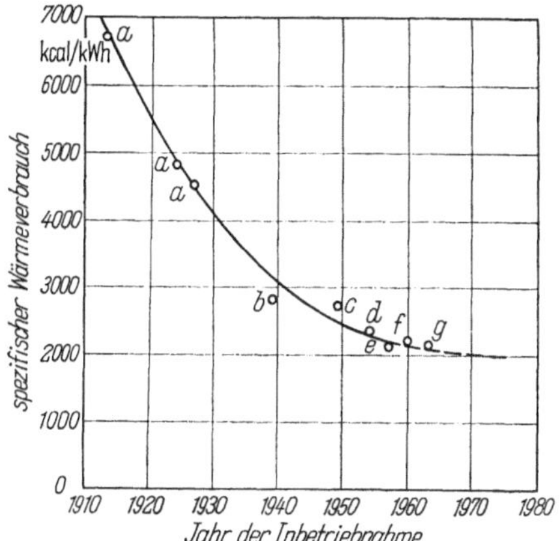

Bild 14. Auslegungswerte für den spezifischen Wärmeverbrauch, abhängig von dem Jahr der Fertigstellung verschiedener Anlagen [12].

mit höherem spezifischem Wärmeverbrauch neu zu installieren, als Leistung mit hoher Wirtschaftlichkeit und hohem Kostenaufwand für hohe Ausnutzungsstundenzahlen zu bauen und dafür vorhandene Anlagen, die ohnehin einen ähnlichen spezifischen Wärmeverbrauch und eine ähnliche Kostencharakteristik haben, in die Spitze zu drängen.

Zur Anwendung der Gasturbinen für die Spitzendeckung ist zu sagen, daß sie den Vorzug schneller Startbereitschaft haben und mit einer verhältnismäßig einfachen Schaltung auskommen. Die heute mögliche Einheitsgröße geht jedoch nur bis zu etwa 30 MW. Ein Steigern dieses Wertes hängt wesentlich von der Entwicklung neuer warmfester Stähle ab.

Das Pumpspeicherwerk ist in erster Linie an die geographischen Möglichkeiten des Baues solcher Anlagen gebunden. Es hat den Vorzug sofortiger Startbereitschaft und wirkt in doppelter Hinsicht auf den Ausgleich des Netzes, einmal um Spitzen aufzufangen und zum anderen um Täler auszugleichen, da während dieser Zeiten gepumpt wird.

Anders als beim Pumpspeicherwerk sind Wasserkraftspeicherwerke und Laufwasserkraftwerke von der Wasserdarbietung und von den klimatischen Verhältnissen abhängig. Christaller gibt an, daß Wasserkraftspeicherwerke in den 20er Jahren für eine Ausnutzungsdauer von 2500 h/a ausgebaut wurden, während heute Werte von 1500 h/a eingesetzt werden.

Innerhalb dieses kurz abgesteckten Rahmens wird also möglicherweise in den nächsten Jahren eine verstärkte Bereitschaft zum Bau von Spitzenkraftwerken entstehen.

2. Betrachtungen über die Einsatzweise von Kraftwerken

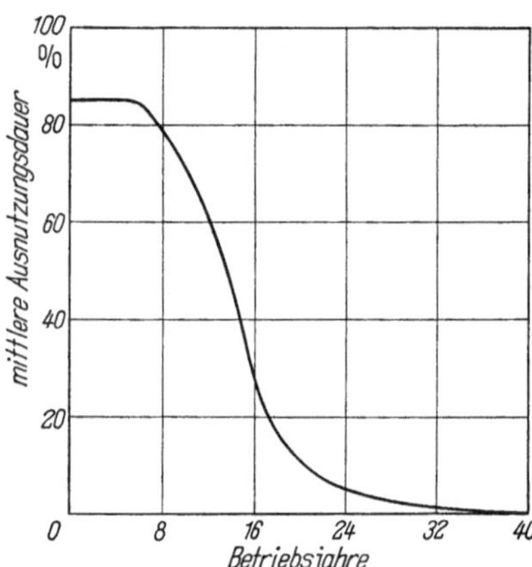

Bild 15. Verlauf der Ausnutzungsdauer über den Jahren der Betriebszeit.

Bei Beginn der Entwurfsarbeiten müssen zunächst Unterlagen über die Einsatzweise des Werkes und die zu erwartende Ausnutzungsdauer gesammelt werden. Bei dem heute praktisch wenig vorkommenden Fall eines isoliert arbeitenden Kraftwerks entspricht die Kraftwerksausnutzungsdauer der Benutzungsdauer der Netzbelastung. Im Verbundbetrieb mit anderen Kraftwerken ist jedoch die Frage der Einsatzweise des geplanten Werkes einem näheren Studium zu unterziehen. Das neue Werk ist so in das Belastungsdiagramm einzuordnen, daß sich für das gesamte Versorgungssystem die geringsten Gestehungskosten, bezogen auf die Verbrauchsschwerpunkte, ergeben.

Dabei ist allerdings zu berücksichtigen, daß in der Regel ein neu erbauter Kraftwerksblock zunächst mit hoher Ausnutzungsdauer betrieben wird, um nach einigen Jahren durch dann neuere Anlagen mehr und mehr in die Spitze gedrängt zu werden. Das Bild 15 gibt qualitativ das Absinken der Ausnutzungsdauer mit zunehmendem Alter des Kraftwerksblocks wieder.

Aus dieser Veränderung der Ausnutzungsdauer, dem gleichzeitigen Anwachsen der Kapazität jedes Netzes und der Veränderung des spezifischen Wärmeverbrauchs jedes neu gebauten Kraftwerksblocks gegenüber den vorhandenen Anlagen ergibt sich ein fortwährend in Bewegung befindliches Bild der Beschaffenheit eines Versorgungsnetzes.

Wird die Belastung des Kraftwerksblocks in einem geordneten Jahresbelastungsdiagramm aufgetragen, so ergeben sich, wie das Bild 16 zeigt, für hohe Ausnutzungsdauern geschwungene Kurven, die im Bereich niedriger Ausnutzungsdauern zu Hyperbeln werden. Es ist nicht möglich, aus diesen Kurven auf den mittleren spezifischen Wärmeverbrauch der Anlage als Funktion der Ausnutzungsdauer zu schließen, wenn der Verlauf des spezifischen Wärmeverbrauchs über der Last vorliegt, da die Häufigkeit des An- und Abfahrens und die Höhe der dabei unterschiedlichen Verluste, Stillstandsverluste, Verluste durch Schwankungen in der Belastung, also instationären Betrieb, sowie Verluste durch Alterung der Anlage, Verschmutzung des Kessels usw. nicht mit eingehen. In praktischen Fällen wird häufig ein Näherungswert ermittelt, in den die mittlere

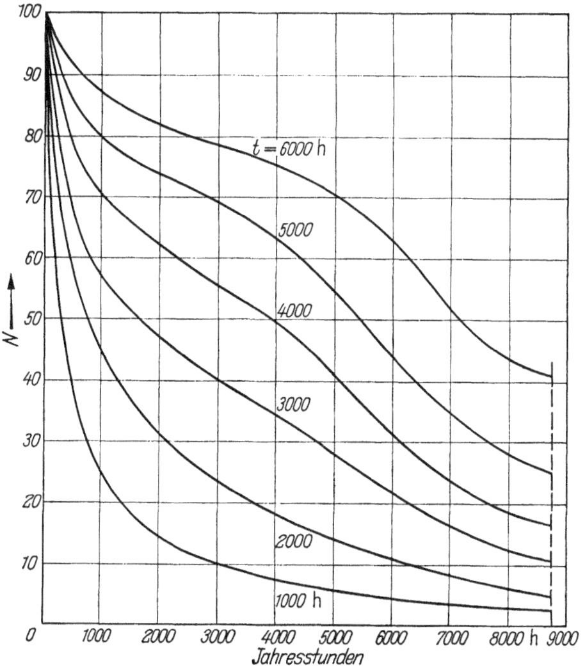

Bild 16. Geordnete Jahresbelastungskurven.

Last eingeht, die sich aus der abgegebenen elektrischen Arbeit in der Betriebszeit dividiert durch diese Betriebszeit errechnet. Auf den aus der Kurve des spezifischen Wärmeverbrauchs über der Last nach dieser mittleren Last abzulesenden Wert werden dann noch Zuschläge gemacht, die die vorerwähnten Verluste in etwa erfassen sollen, und zwar als prozentuale Verschlechterung.

Von der zentralen Lastverteilung wird jeder Kraftwerksblock nach seinem spezifischen Wärmeverbrauch und nach den ihm eigenen Zuwachskosten im spezifischen Wärmeverbrauch eingesetzt.

Der spezifische Wärmeverbrauch wird durch das Verhältnis

$$w = \frac{Q_{Zu}}{N}$$

ausgedrückt, wobei Q_{Zu} die stündlich zugeführte Wärmemenge und N die nach außen abgegebene elektrische Leistung sind. Dabei ist als Grenze zwischen dem Kraftwerk und dem Netz die Oberspannungsseite des Maschinenumspanners anzusehen.

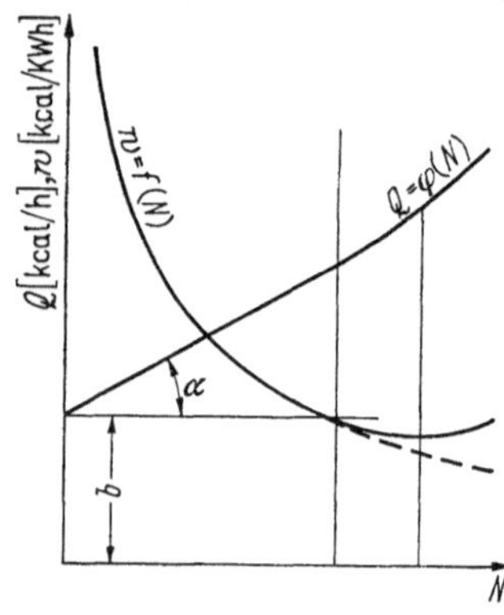

Tabelle 2

Ausnutzungsdauer	Verschlechterung
8000 h/a	1%
7000 h/a	2%
6000 h/a	3%
5000 h/a	4%
4000 h/a	5%

Bild 17. Verlauf des spezifischen Wärmeverbrauchs und der zugeführten Wärmemenge über der Leistung.

Der Verlauf des spezifischen Wärmeverbrauchs über der Last aufgetragen ist über einen großen Lastbereich eine Hyperbel. Das ist zu erkennen, wenn die zugeführte Wärmemenge ebenfalls über der Last aufgetragen wird. Sie verläuft über einen weiten Bereich der Last als Gerade (Bild 17).

Somit ist $Q = aN + b$, und es ergibt sich für diesen Bereich im spezifischen Wärmeverbrauch der Ausdruck für eine Hyperbel

$$w = a + \frac{b}{N}. \tag{14}$$

Die Krümmung dieser Hyperbel ist

$$k = \frac{\frac{d^2w}{dN^2}}{\left[1 + \left(\frac{dw}{dN}\right)^2\right]^{3/2}} = \frac{2bN^{-3}}{[1 + b^2N^{-4}]^{3/2}}. \tag{15}$$

Ist der Ordinatenabschnitt b im Diagramm $Q = \varphi(N)$ groß, so ist die Krümmung der Hyperbel im Diagramm $w = f(N)$ klein und umgekehrt.

Ergibt das Auftragen der stündlich zugeführten Wärmemenge über der Last für verschiedene Einheiten in gewissen Lastbereichen Geraden mit unterschiedlichen Neigungen, die den gleichen Ordinatenabschnitt b abschneiden, so haben die Kurven der spezifischen Wärmeverbrauchszahlen bei gleichen Lasten gleiche Krümmung (Bild 18a u. b).

Verlaufen dagegen die Geraden $Q = \varphi(N)$ verschiedener Kraftwerksblöcke mit gleicher Neigung und schneiden lediglich Ordinatenabschnitte unterschiedlicher Größe ab, so verlaufen die zugehörigen Hyperbeln des spezifischen Wärmeverbrauchs über der Last mit unterschiedlicher Krümmung (Bild 19a u. b).

Physikalisch bedeutet die Neigung $\tan \alpha = a$ der Geraden $Q = \varphi(N)$ den spezifischen Zuwachswärmeverbrauch, der angibt, wieviel Wärme für

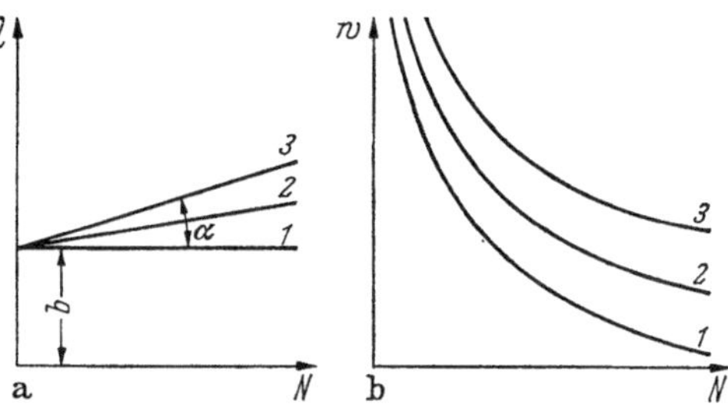

Bild 18a u. b. Die Geraden $Q = \varphi(N)$ mit verschiedener Neigung bei gleichem Ordinatenabschnitt (Bild a) ergeben im Diagramm $w = f(N)$ Kurven mit gleicher Krümmung bei gleichen Lasten.

die zusätzliche Abgabe an elektrischer Arbeit bei einer ohnehin in Betrieb befindlichen Anlage aufgewendet werden muß.

Verläuft die stündlich zugeführte Wärmemenge über der Leistung aufgetragen nicht als Gerade, sondern gekrümmt, so gilt allgemein

$$a = \frac{dQ}{dN}.$$

Bild 19a u. b. Die Geraden $Q = \varphi(N)$ gleicher Neigung, aber verschiedener Ordinatenabschnitte (Bild a) ergeben Hyperbeln des spezifischen Wärmeverbrauchs über der Last mit unterschiedlicher Krümmung (Bild b).

Wie in dem Bild 17 schon angedeutet, verläuft der spezifische Wärmeverbrauch nicht über dem ganzen Lastbereich als Hyperbel und damit asymptotisch zur N-Achse, sondern er weicht im Bereich der Bestlast von der Hyperbel ab, um nach Durchlaufen eines Minimums wieder anzusteigen. Ist somit der wirkliche spezifische Wärmeverbrauch oberhalb der Bestlast schlechter als er sich bei Fortführen der Hyperbel ergeben würde, so bedeutet das, daß mehr Wärme aufgewendet werden muß; die Kurve $Q = \varphi(N)$ krümmt sich also, wie ebenfalls in dem Bild 17 angedeutet, nach oben durch. Dieses Abbiegen der Kurve $Q = \varphi(N)$ entsteht letztlich durch das Verhalten der Wirkungsgrade der einzelnen Anlageteile, die von einem gewissen Lastbereich ab einen flacheren Anstieg haben, um im Bereich der Bestlast ihr Maximum zu überschreiten. Anlagen, die im Gleitdruckbetrieb gefahren werden, haben einen Verlauf des spezifischen Wärmeverbrauchs über der Last, der sich auch im Bereich hoher Lasten der Hyperbel annähert. Bei ihnen ist die Bestlast gleich der Höchstlast. Anlagen, die im Festdruckbetrieb fahren, haben dagegen meistens neben der Bestlast noch eine Überlast, die durch Öffnen eines Überlastventils ermöglicht wird, das die Regelstufe umgeht. Durch den so auftretenden Gefälleverlust verschlechtert sich der spezifische Wärmeverbrauch jenseits des Bestlastpunktes wieder (Bild 20).

Die Ordinatenabschnitte b werden gemeinhin als Leerlaufverbrauch bezeichnet, sie sind jedoch mit dem tatsächlichen Leerlaufbedarf eines Kraftwerksblocks nicht identisch, da dem Kessel aus Stabilitätsgründen im untersten Lastbereich eine größere Wärmemenge zugeführt werden muß, als sie bei der Extrapolation der Geraden für eine gegen Null gehende Last erforderlich wäre. Dieses Verhalten läßt sich auch erklären, wenn zwei Kraftwerksblöcke mit gleichem spezifischem Wärmeverbrauch im Bestpunkt betrachtet werden, wobei durch Maßnahmen bewirkt wird, daß der Verlauf von w mit größerem Krümmungsradius über der Leistung, also flacher und gestreckter bei dem einen Block als bei dem anderen ist.

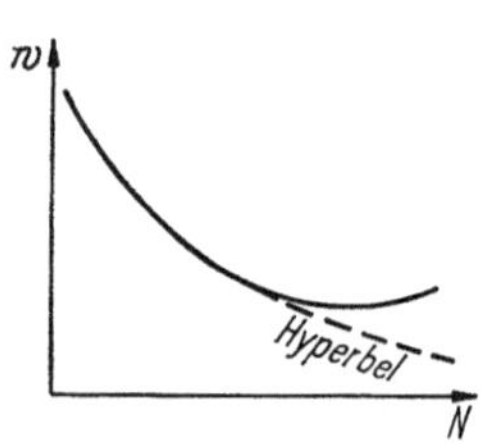

Bild 20. Der Verlauf des spezifischen Wärmeverbrauchs über der Last weicht im Bereich der Bestlast von der Hyperbel ab.

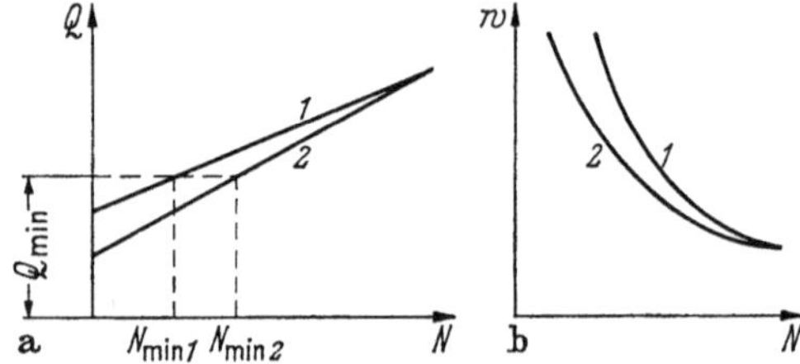

Bild 21a u. b. Die zugeführte Mindestwärmemenge ist größer als die Ordinatenabschnitte der Geraden $Q = \varphi(N)$.

Dann ergeben sich zwar unterschiedliche Ordinatenabschnitte b, ohne daß der wirkliche Leerlaufverbrauch bei beiden Blöcken unterschiedlich sein muß. Tatsächlich wird, wie in dem Bild 21 dargestellt ist, beiden Kesseln für den Betrieb bei Kleinstlast die Wärmemenge Q_{min} zugeführt werden müssen, wodurch der spezifische Zuwachswärmeverbrauch von der Nullast bis zum Erreichen der Mindestlast gleich 0 ist.

Werden in ein Diagramm (Bild 22) der stündliche Wärmeverbrauch, der spezifische Wärmeverbrauch und der spezifische Zuwachswärmeverbrauch eingetragen, dann zeigt sich, daß der spezifische Zuwachswärmeverbrauch entsprechend seiner Definition über dem Bereich, in dem $Q = \varphi(N)$ eine Gerade ist, konstant verläuft, um dann anzusteigen und die Kurve des spezifischen Wärmeverbrauchs in ihrem Bestpunkt zu schneiden. Für das Optimum der Kurve $w = f(N)$ gilt nämlich

$$dw = d\left(\frac{Q}{N}\right) = \frac{N\,dQ - Q\,dN}{N^2} = 0, \tag{16}$$

und daraus

$$\frac{dQ}{dN} = \frac{Q}{N}, \tag{17}$$

d. h. im Minimum von $w = f(N)$

$$a = \frac{dQ}{dN} = w_{opt},$$

wie auch aus dem Bild 22 zu erkennen ist.

Da die Lastveränderungen nur den leistungsabhängigen Verbrauch beeinflussen, ist bei der Lastaufteilung der Kennwert a von entscheidender Bedeutung, zeigt er doch bei mehreren in Betrieb befindlichen Anlagen, welche von ihnen mit dem geringsten zusätzlichen Wärmeaufwand höher belastet werden kann.

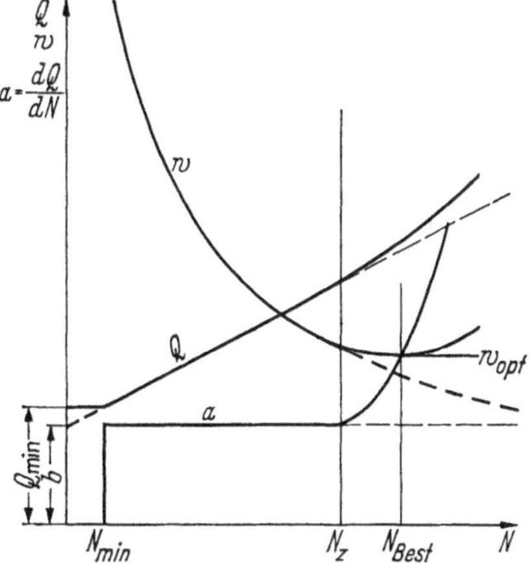

Bild 22. Verlauf der zugeführten Wärmemenge, des spezifischen Wärmeverbrauchs und des spezifischen Zuwachswärmeverbrauchs über der Last.

In den Beispielen der Bilder 23 und 24 sind zwei unterschiedliche Fälle dargestellt. In dem ersten Fall weist bei dem Parallelbetrieb zweier Kraftwerksblöcke der Block *1* die Gerade $Q_1 = \varphi_1(N)$ mit der geringeren Steigung a_1, also dem geringeren spezifischen Zuwachswärmeverbrauch und dem geringeren Leerlaufverbrauch b_1 auf. Der Block *1* hat also insgesamt einen besseren spezifischen Wärmeverbrauch und einen besseren spezifischen Zuwachswärmeverbrauch und muß demzufolge bei einem Lastanstieg den Lastzuwachs übernehmen.

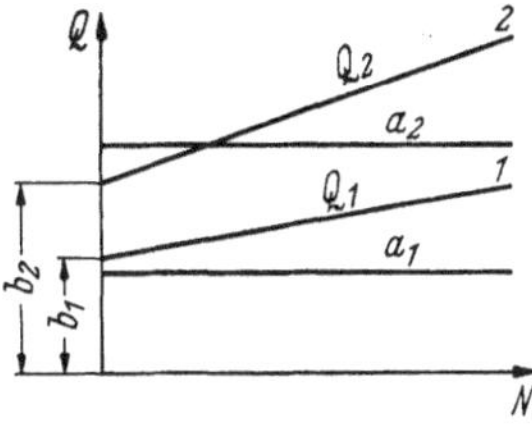

Bild 23. Der Block *1* hat den geringeren Wärme- und den geringeren spezifischen Zuwachswärmeverbrauch.

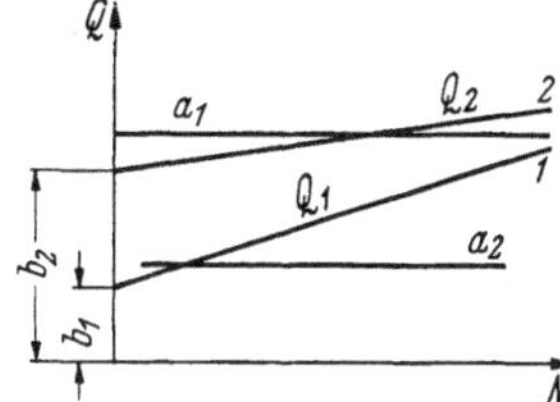

Bild 24. Der Block *1* hat den geringeren Wärmeverbrauch, aber einen höheren spezifischen Zuwachswärmeverbrauch als der Block *2*.

Im zweiten Fall (Bild 24) ist der spezifische Wärmeverbrauch des Blockes *2* zwar schlechter; da seine Gerade $Q_2 = \varphi_2(N)$ jedoch flacher verläuft als bei dem besseren Block *1*, ist sein spezifischer Zuwachswärmeverbrauch geringer, und so muß er weitere Lastanstiege zuerst übernehmen.

Die Lastverteilung nach dem günstigsten spezifischen Zuwachswärmeverbrauch ist das exakte Verfahren zur Ermittlung der Lastaufteilung bei einer Vielzahl auf ein Netz arbeitender Maschinen (s. a. [*13*]).

3. Die betriebsstoffbedingten Einflüsse auf die Planung

3.1 Die Einflüsse von der Brennstoffseite

Die Einflüsse von der Brennstoffseite her auf die Planung können wie folgt umrissen werden:

1. Abhängigkeit der Ausbauleistung von der Brennstoffmenge bei Werken an der Grube bzw. von der Länge und Beschaffenheit des Transportweges,

2. Auswirkung des Heizwertes auf die Auslegung der Kraftwerksteile,

3. Beeinflussung der Planung durch den Aschengehalt und die chemische Zusammensetzung der Asche,

4. die schädliche Auswirkung des SO_2-Gehaltes in den Abgasen bei stark schwefelhaltigen Brennstoffen.

Die Abhängigkeit der Ausbauleistung von der verfügbaren Brennstoffmenge ist vor allem bei Braunkohlekraftwerken, die nur aus einer bestimmten Grube mit Brennstoff versorgt werden, aber auch bei Anlagen in Steinkohlerevieren, die Abfallkohle verwerten sollen, zu berücksichtigen.

Die wirtschaftlichste Jahresförderleistung einer Braunkohlengrube ist von dem Kohlenvorrat und der Art der Lagerung abhängig. Sie ergibt sich aus der Abstimmung zwischen dem bei den gegebenen Ablagerungsverhältnissen und verschiedener Förderleistung notwendigen Aufwand für die Gerätebeschaffung einerseits und dem Kohlenvorrat andererseits. Stärkeres Abweichen von dieser wirtschaftlichen Förderleistung nach oben oder unten führt zu einem Steigen der Gestehungskosten bei der Kohle. Bei sehr umfangreichen Lagerstätten ist die obere Grenze durch den Entwicklungsstand der Gerätekonstruktion bedingt. Die Kraftwerksleistung muß sich also weitgehend der wirtschaftlichen Förderleistung der Grube anpassen, wenn die Eigenschaften der Kohle ihre Verwendung für andere Zwecke nicht zulassen. Die Förderleistung bleibt vielfach wegen der Veränderung der Abraumverhältnisse im Laufe des Abbaus nicht konstant. Sie wird im allgemeinen mit zunehmendem Abbau mehr oder weniger zurückgehen. Normalerweise wird dieser Zeitpunkt eintreten, wenn das Kraftwerk weitgehend abgeschrieben ist und infolge seines Alters ohnehin mit geringer Ausnutzungsdauer betrieben wird.

Das rheinische Braunkohlenrevier ist in der Bundesrepublik das größte. In ihm liegen von der geschätzten Braunkohlenreserve von 9 Milliarden t allein 8,7 Milliarden t. Der untere Heizwert dieser Braunkohle liegt zwischen 1800 und 1900 kcal/kg. Etwa $^1/_4$ der Förderung stammt aus dem Südteil des Reviers, wo besonders günstige Abbaubedingungen vorliegen. Das 10 bis 50 m mächtige Braunkohlenflöz liegt so oberflächennah, daß je t Braunkohle nur $^1/_2$ m^3 Abraum bewegt werden muß. Die Vorräte dieser besonders günstigen Tagebaue gehen jedoch voraussichtlich um 1970 zur Neige. Daher sind inzwischen im nördlichen Teil Tieftagebaue aufgeschlossen worden. Hier erreicht die Abraumdecke bei einer Flözstärke bis zu 50 m eine Mächtigkeit von maximal etwa 200 m. Das Abraum-Kohle-Verhältnis liegt durchschnittlich bei etwa 3 : 1.

Im Vergleich zur Steinkohle wird die Braunkohle gegenwärtig in der Bundesrepublik zu relativ niedrigen Kosten gewonnen. Auf SKE umgerechnet ergeben sich Preise zwischen etwa 25,— DM/t SKE und 33,— DM/t SKE in den verschiedenen Abbaugebieten. Die rheinische Braunkohle liegt etwas über 30,— DM/t SKE. Das entspricht einem Wärmepreis von etwa 4,30 DM/10^6kcal. Dem stehen bei der Steinkohle je nach dem Frachtweg Wärmepreise um und über 8,50 bis 10,— DM/10^6kcal gegenüber.

Von der in der Bundesrepublik geförderten Steinkohle entfallen 80% auf das Ruhrrevier. Die mittlere Teufe betrug im Jahre 1959 725 m. Die Abbauverhältnisse liegen in Deutschland ungünstiger als in den Ländern mit den großen Steinkohlevorkommen, wie den USA, der UdSSR und China. So geht man in den USA im Tagebau bis zu Teufen von 100 m.

Im letzten Jahrzehnt hat ein starker Wettbewerb zwischen den beiden fossilen Brennstoffen, der Steinkohle und dem Erdöl, eingesetzt. Dieser Konkurrenzkampf muß in erster Linie als Förderproblem verstanden werden, und zwar als Förderproblem von vor Ort oder vom Bohrloch ab bis zum Verbraucher. Wegen der großen Teufen, aus denen die Ruhrkohle gefördert werden muß, geht ihr Vorteil eines kurzen Transportweges zu den deutschen Verbrauchern gegenüber dem Erdöl und auch dem Erdgas verloren. Hinzu kommt, daß sich nicht nur für die Bundesrepublik, sondern für ganz Europa in naher Zukunft die Pipelines als Massentransportmittel für Erdöl einführen werden. Außerdem wird auch in Europa das Erdgas als Rohenergie in größerem Umfang auf den Markt kommen. Sowjetische, holländische, französische und deutsche Funde versprechen ergiebig zu sein. In den USA hat die einfachere Handhabung von Öl oder Erdgas und die Einsparung an Investitionskosten die Aufteilung der Energieerzeugung auf die einzelnen Brennstoffe in den letzten Jahren in Richtung auf das Erdgas verschoben. So hatte 1959 das Erdgas bereits einen Anteil von 20,6%, das Erdöl 6,6% an der Energieerzeugung, während der Anteil der Kohle 53,4% ausmachte.

Trotz aller dieser Tendenzen ist jedoch nicht zu bezweifeln, daß gefördert durch Rationalisierungsbemühungen, durch Konzentration der Unternehmen, durch Stillegung alter und wirtschaftlich ungünstiger Anlagen sowie durch Verbessern der Transportmöglichkeiten die Ruhrkohle auch in den nächsten Jahren den Hauptanteil an der für die Energieerzeugung eingesetzten Rohenergie stellen wird.

Der arbeitsabhängige Anteil der Stromerzeugungskosten wird hauptsächlich durch den Wärmepreis und damit von der Art und den Transportkosten des verwendeten Brennstoffs beeinflußt. Der Brennstoff bestimmt jedoch darüber hinaus zu einem Teil auch die leistungsabhängigen Kosten, da beispielsweise die erforderlichen Einrichtungen zur Kohlestapelung und Aufbereitung im Kraftwerk mit dem Bunkertrakt, den Mühlen und außerdem den Umschlaganlagen, wie sie bei Einsatz von Braun- oder Steinkohle erforderlich sind, bei Verwendung von Öl oder Gas entfallen oder zumindest sehr viel einfacher ausgeführt werden können. Nach einem Hinweis von Kroms [*14*] sind im Schnitt in den USA öl- oder gasgefeuerte Anlagen um etwa 22% billiger als kohlegefeuerte Kraftwerke.

3.1.1 Die Auswirkung der Brennstoffeigenschaften auf den Entwurf der Bekohlung

Die Größe des unteren Heizwertes H_u des Brennstoffes ist für die Auslegung des Dampfkraftwerkes von wesentlicher Bedeutung. Dieser Heizwert bestimmt maßgeblich die Abmessungen aller der Dampferzeugung dienenden Anlageteile, von den Einrichtungen zum Transport und zur Vorratshaltung des Brennstoffs angefangen bis zum Austritt der Abgase aus dem Schornstein.

Der Weg des Brennstoffs ist durch folgende Stufen gekennzeichnet:

1. Transport des Brennstoffs vom Werksanschluß zu den Dampferzeugern,
2. Umsetzung der Brennstoffenergie in den Dampferzeugern,
3. Abfuhr der anfallenden Aschemengen und Rauchgase und Reinigung der Rauchgase.

Die Einrichtungen für den Brennstofftransport schließen auch Vorkehrungen für eine gewisse Vorratshaltung ein. Auf diese kann bei Werken, die von den Gruben weiter entfernt liegen, nicht verzichtet werden, um die Versorgung der Kessel bei Unterbrechung der Brennstoffanlieferung sicherzustellen. Aber auch bei Kraftwerken in Grubennähe wird eine gewisse Vorratshaltung angestrebt, um Störungen in der Brennstoffversorgung überbrücken zu können.

Auf eine genügende Brennstofflagerung wird bei isoliert arbeitenden Kraftwerken oder Industriekraftanlagen mit Dampfabgabe noch größerer Wert gelegt.

Bezeichnet

t_T die Ausnutzungsdauer bezogen auf den Tag [h/d],

z die Anzahl der Tage, für die ein Vorrat anzulegen ist,

$\frac{\overline{w}}{H_u}$ den mittleren spezifischen Kohleverbrauch [kg/kWh],

so sind insgesamt zu lagern

$$k = z t_T \frac{\overline{w}}{H_u} N \cdot 10^{-3} \text{ [t]}. \tag{18}$$

Mit dem Schüttgewicht γ [t/m³] ergibt sich ein erforderlicher spezifischer Nutzinhalt des Brennstofflagers von

$$L = \frac{z t_T \overline{w} N}{H_u \gamma} 10^{-3} \text{ [m}^3\text{]}. \tag{19}$$

Das Schüttgewicht kann bei Braunkohle mit etwa 0,7 bis 0,75 t/m³ und bei Steinkohle mit 0,8 bis 0,9 t/m³ angesetzt werden. Durch das Fahren mit Planiergeräten auf der Kohlenhalde wird die Kohle verdichtet, und zwar bis auf 1,2 t/m³. Das bedeutet, daß bei gleicher Grundfläche und gleicher Stapelhöhe rund 50% mehr Kohle eingelagert werden kann. Es werden Stapelhöhen bis zu 25 m verwendet. Die Verdichtung der Kohle durch Transportgeräte vermeidet gleichzeitig Lufteinschlüsse und setzt die Selbstentzündungsgefahr herab.

Der wirtschaftliche Einsatz der Planierraupen oder gummibereifter Schaufellader richtet sich nach den mittleren Förderwegen, die sie zurücklegen müssen. Überschreiten diese mittleren Förderwege 60 m, so ist den gummibereiften Schaufelladern vor den Planierraupen der Vorzug zu geben.

Aus der für den Lagerinhalt abgeleiteten Formel ist zu erkennen, daß der geringere Heizwert zusammen mit dem geringeren Schüttgewicht bei Braunkohlekraftwerken, wollte man auch bei ihnen einen gleichwertigen Kohlevorrat wie bei Steinkohlekraftwerken lagern, einen 3- bis 4-fach größeren Lagerraum erfordern würde.

In noch stärkerem Maß als auf die Vorratshaltung wirkt sich der Einfluß des Heizwertes auf die Auslegung der Fördereinrichtungen und der Kesselbunker aus. Für die Berechnung der erforderlichen Transportleistung werden folgende Bezeichnungen eingeführt:

t_B Bekohlungszeit je Tag [h/d],

b_F spezifische Förderleistung [t/MWh],

ferner von früher übernommen:

t_T Tagesausnutzungsdauer [h/d],

N_{max} höchste Leistungsabgabe [MW],

N_i installierte Leistung [MW],

$\frac{\overline{w}}{H_u}$ spezifischer Brennstoffverbrauch [t/MWh],
r Reservefaktor,
ε Eigenbedarfsanteil,
δ Verlustfaktor.

Dann läßt sich folgende Beziehung aufstellen:

$$t_B b_F N_i = t_T N_{max} \frac{\overline{w}}{H_u} \delta = t_T \frac{N_i}{r(1+\varepsilon)} \frac{\overline{w}}{H_u} \delta \tag{20}$$

und daraus

$$b_F = \frac{t_T}{t_B} \frac{\overline{w}}{H_u} \frac{1}{r} \text{ [t/MWh]}, \tag{21}$$

wenn vereinfachend der Verlustfaktor δ und das Glied $(1 + \varepsilon)$ gegeneinander herausgekürzt werden.

Bei Werken mit hohen Ausnutzungsdauern ist es üblich, die Transportleistung auf das im Dauerbetrieb voll ausgefahrene Werk zu beziehen, so daß hierfür $r = 1$ und $t_T = 24$ h/d zu setzen ist. Die Gl. (21) vereinfacht sich für diesen Fall zu

$$b_F = \frac{24}{t_B} \frac{\overline{w}}{H_u} \text{ [t/MWh]} . \tag{22}$$

Die Gl. (22) ist in dem Bild 25 graphisch ausgewertet. Für die Bekohlungszeit wurde Einschicht-, Zweischicht- und Dreischichtbetrieb ange-

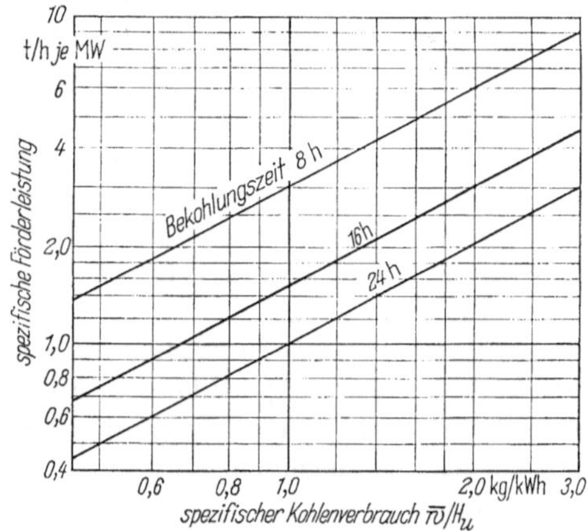

Bild 25. Notwendige spezifische Leistung der Kohlenförderanlage in Abhängigkeit von der Bekohlungszeit und dem spezifischen Kohlenverbrauch $\overline{w}/H_u$. (Gilt nicht für ausgesprochene Spitzenkraftwerke.)

nommen. Das Schaubild zeigt deutlich den Einfluß des spezifischen Kohleverbrauchs und damit des Heizwertes auf die spezifische Förderleistung. Im allgemeinen wird die Bekohlung in einer Schicht, oftmals jedoch auch in zwei Schichten durchgeführt. Bei niedrigen Heizwerten des Brennstoffs kann es wegen der Unausführbarkeit hinreichend großer Bunker notwendig sein, die Bekohlung in drei Schichten durchzuführen.

Die Bemessung des Inhalts der Kesselbunker geschieht u. a. abhängig von der Leistung der Förderanlagen, da sie, abgesehen von ihrer Funktion als Reserve bei Störungen auch die Kohlezufuhr bei ein- und zweischichtigem Betrieb ausgleichen müssen.

Die Entwicklung der Fördereinrichtungen in Richtung auf zunehmende Automatisierung vermindert den Einsatz von Personal, wodurch zugleich mit zunehmender Sicherheit für die Bekohlung die erforderlichen Bekohlungszeiten verlängert und damit die Bunkergrößen vermindert werden können.

Bei Braunkohlekraftwerken werden die Kesselbunker selten mehr als den Vollastbedarf für 4 bis 6 Stunden aufnehmen können. Bei Steinkohlekraftwerken fassen die Kesselbunker den Bedarf von 8 bis 12 Vollaststunden oder mehr.

3.1.2 Der Einfluß der Brennstoffeigenschaften auf den Kessel

Abhängig vom Heizwert des Brennstoffs verändern sich die Brennstoffmengen, die dem Kessel zugeführt werden müssen, und damit auch die Asche-, Luft- und Rauchgasmengen. SCHRÖDER hat die Luft- und Rauchgasdurchsätze über dem Heizwert dargestellt [*15*]. Dabei wurden die Mengen unter vereinfachenden Annahmen für eine Wärmeleistung, die einer Generatorleistung von 10 MW entspricht, ausgerechnet (Bild 26).

Der Einfluß der verschiedenen Brennstoffe auf den Kesselwirkungsgrad bzw. die Kesselverluste geht über den größten Verlustanteil, nämlich die Abgastemperaturen, ein.

Diese Abgastemperaturen werden durch den Schwefelsäure- oder den Wassertaupunkt begrenzt. Anhaltswerte über die Lage des Schwefelsäuretaupunktes sind aus dem Bild 27 zu entnehmen. Für den Betrieb ist anzustreben, mit den Oberflächentemperaturen der Heizflächen einen angemessenen Abstand von den Taupunkten zu wahren. Dabei muß beachtet werden, daß die Kesselabgastemperatur bei Teillasten wesentlich niedriger liegt als bei Maximallast. Als Richtwert für eine mittlere Auslegung kann gelten: Senkung der Abgastemperatur zwischen der Maximallast und $^1/_3$ Last etwa 40 bis 45 °C. Hinzu kommt, daß ein Sicherheitsabstand von den Taupunkttemperaturen auch bei Teillasten vorhanden sein muß.

Als für die Praxis übliche Abgastemperaturen gelten:

bei Steinkohle	120 °C,
bei Braunkohle	140 °C,
bei schwerem Heizöl	150 °C und mehr.

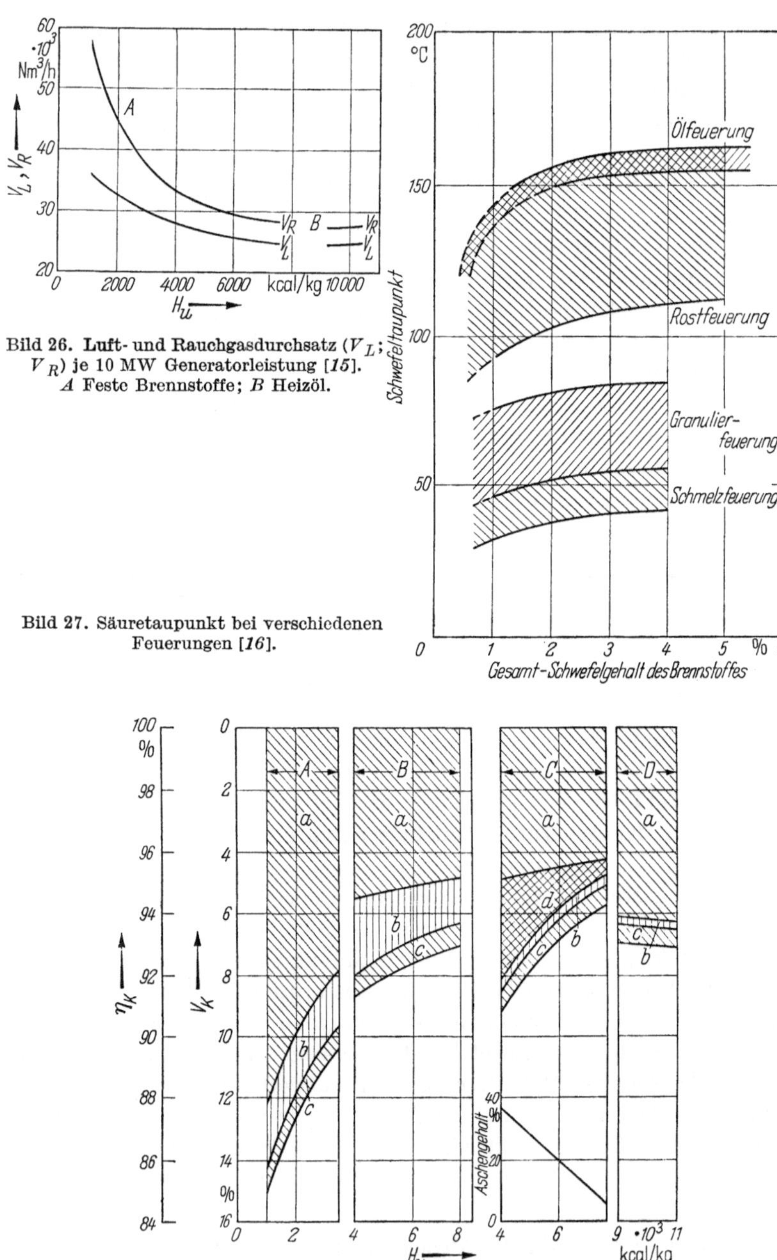

Bild 26. **Luft- und Rauchgasdurchsatz** (V_L; V_R) je 10 MW Generatorleistung [*15*]. *A* Feste Brennstoffe; *B* Heizöl.

Bild 27. Säuretaupunkt bei verschiedenen Feuerungen [*16*].

Bild 28. Verluste V_K und Wirkungsgrad η_K des Dampferzeugers [*15*]. *A* Braunkohle; *B* Steinkohle, trockene Entaschung; *C* Steinkohle, Schmelzfeuerung; *D* Heizöl. *a* Abgasverlust; *b* Feuerungsverlust; *c* Verlust durch Leitung und Strahlung; *d* Verlust durch Schlackenwärme.

Schröder unterscheidet, wie auch aus dem Bild 28 zu erkennen ist, zwischen Schmelzkammerfeuerungen mit Abgastemperaturen von 110 bis 120 °C und trockenentaschten Kesseln mit Abgastemperaturen von 120 bis 130 °C. Er gibt für einen Beispielsfall die Verluste für vier Varianten, abhängig vom Heizwert des Brennstoffs an. Es ist zu erkennen, daß der Wirkungsgrad des Kessels mit Schmelzkammerfeuerung dem des trockenentaschten Kessels in einem weiten Bereich des Heizwertes überlegen ist. Lediglich bei sehr hohem Aschegehalt steigen die Schlackenwärmeverluste so stark an, daß die Gesamtverluste bei einem Schmelzkammerkessel überwiegen.

Zu den Einflüssen, die das Teillastverhalten des Kessels und damit des Blocks bestimmen, kommt bei Schmelzfeuerungen noch der Aschefließpunkt bzw. das Schmelzverhalten der Kohlenasche hinzu. Es hängt im wesentlichen von den flüchtigen Bestandteilen, dem Wasser- und Aschegehalt und dem Aschefließpunkt der Kohle sowie von der konstruktiven Ausbildung der Schmelzkammer ab.

Neben den bei den einzelnen Brennstoffen unterschiedlichen Verlusten geht auch ein brennstoffabhängiger Eigenbedarfsanteil unterschiedlich in die Ermittlung des spezifischen Wärmeverbrauchs ein. Dieser Eigenbedarfsanteil ist stark von der Kesselkonstruktion, der Art der Feuerung und der Mühlen abhängig.

Das Bild 29 zeigt für einen Beispielsfall den Eigenbedarfsanteil für einen braunkohle-, einen steinkohle- sowie einen ölgefeuerten Kessel. Bezogen

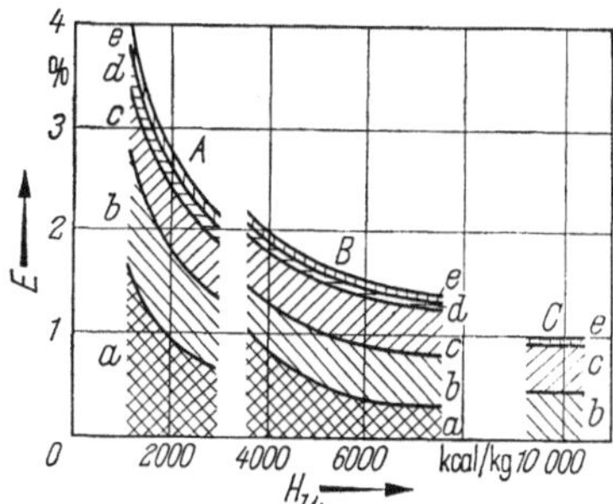

Bild 29. Eigenbedarf E der brennstoffabhängigen Hilfseinrichtungen in Prozent der Generatorleistung [*15*].
A Braunkohle; *B* Steinkohle; *C* Heizöl.
a Kohlenmühlen; *b* Saugzug; *c* Frischlüfter; *d* Bekohlung, Zuteiler; *e* Sonstiges.

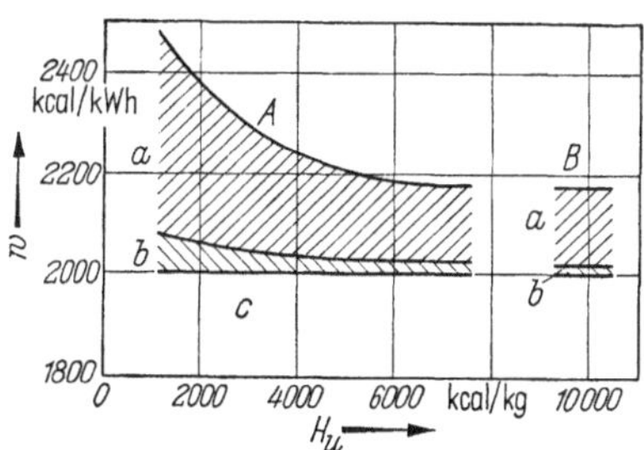

Bild 30. Spezifischer Wärmeverbrauch w [*15*].
A Feste Brennstoffe; *B* Heizöl. *a* Kesselverluste; *b* Eigenbedarf; *c* Wärmeverbrauch des Turbosatzes.

auf einen Prozeß, der einen spezifischen Wärmeverbrauch für den Dampfkreislauf von 2000 kcal/kWh hat, ergibt sich dann nach dem Bild 30 die Abhängigkeit des spezifischen Wärmeverbrauchs über dem Heizwert des Brennstoffs.

In dem Bild 31 wurde schließlich versucht, die Abhängigkeit der Kosten des Dampferzeugers und des Gesamtkraftwerkes vom Heizwert des Brennstoffs anzugeben.

Die Herstellungskosten nach den einzelnen Anlageteilen aufgegliedert unterteilen sich dabei für das Gesamtkraftwerk auf die einzelnen Fachsparten wie folgt:

Maschinenbau	60 bis 70%,
Bautechnik	20 bis 25%,
Elektrotechnik	10 bis 15%.

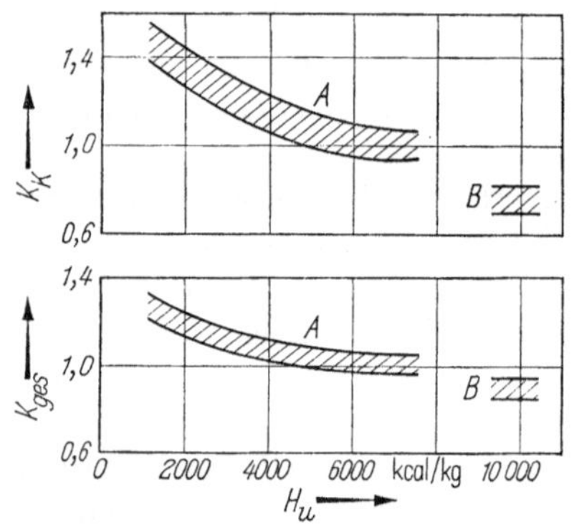

Bild 31. Relative Kosten des Dampferzeugers K_K und des Gesamtkraftwerks K_{ges}, bezogen auf Steinkohle mit $H_u = 7000$ kcal/kg [15].
A Feste Brennstoffe; *B* Heizöl.

Der maschinentechnische Teil kann aufgeteilt werden in einen brennstoffabhängigen Anteil:

a) Kessel einschl. Montage, Feuerung, Entstaubung und Entaschung 35 bis 45%,

b) Bekohlung 1 bis 5% und in einen brennstoffunabhängigen Anteil 50 bis 60%.

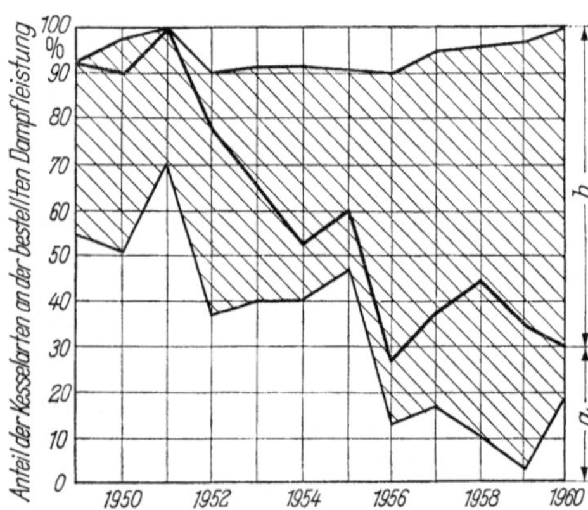

Bild 32. Anteil der Kesselbauarten an der bestellten Dampfleistung in den Jahren 1949 bis 1960 für Kessel über 60 t/h.
a Naturumlauf-Kessel; *b* Zwangsdurchlauf-Kessel; über 150 t/h (schraffiert).

In der Bundesrepublik Deutschland ist ein starker Zug zu Zwangsdurchlaufkesseln zu beobachten. Das Bild 32 veranschaulicht diese Bewegung neben der ein Trend zu höheren Genehmigungsdrücken und höheren Frischdampftemperaturen einhergeht. Der überwiegende Teil der Dampferzeuger wird mit Kohlenstaub gefeuert. Anlagen mit reiner Öl- oder Erdgasfeuerung oder einer Kombination von Kohlenstaub- und Ölfeuerung sind zunächst noch in der Minderheit. Bei den mit Kohlenstaub gefeuerten Kesseln überwiegt wiederum die Schmelzfeuerung. So hatten beispielsweise ca. 80% der im Jahre 1959 bestellten Kessel eine Schmelzfeuerung. In letzter Zeit werden diese Kessel auch so ausgelegt, daß sie bis zu 50% und mehr der Feuerungsleistung mit Heizöl beaufschlagt werden können. Es ist zu hoffen, daß die Schwierigkeiten der Hochtemperaturkorrosion durch Vanadiumpentoxid, denen bei reinen Ölfeuerungen durch Zusatz pulverförmiger Additive auf Kalzium- und Magnesiumbasis (in der einfachsten Form als Dolomitstaub) begegnet wird, bei diesen Feuerungen nicht auftreten. Begründet wird das damit, daß die feingemahlenen Aschebestandteile der Kohle mit ihrem Magnesium- und Kalziumgehalt die Aufgabe des Dolomitstaubes übernehmen. Ehe über diese Zusammenhänge nicht volle Klarheit herrscht, ist es zweckmäßig, die Dampftemperatur so zu begrenzen, daß die Rohrwandtemperaturen nicht über 565 °C ansteigen. Oberhalb dieser Temperatur liegt der Schmelzpunkt eines korrosiven Eutektikums aus Vanadiumpentoxid und Natriumsulfat. Natürlich kann man solche Anlagen für den Betrieb mit Kohlenstaub für höhere Dampftemperaturen planen, muß dann bei Zusatz von Öl aber die Betriebstemperatur senken.

Mit dem Übergang vom Sammelschienenkraftwerk zum Blockkraftwerk, wobei in der Mehrzahl der Fälle ein Kessel einer Turbine zugeordnet wird, und dem Anstieg der Leistung der Turbosätze sind die Leistungen je Kessel in der jüngsten Vergangenheit stark gestiegen. Dementsprechend wird nach dem maximalen Schluckvermögen von Einwellenturbosätzen mit einer maximalen Kesselleistung bis zu etwa 2000 t/h in den nächsten Jahren zu rechnen sein.

Die im Feuerraum des Kessels freiwerdende Wärmemenge überträgt sich an die Heizflächen durch Strahlung und Berührung. Dabei hängt die Stärke der Strahlung von der Flammentemperatur, der Leuchtkraft der Flamme und der Flammendicke ab. Dagegen wächst der Wärmeübergang durch Berührung mit steigender Gastemperatur und höherer Gasgeschwindigkeit. Bei Brennstoffen, die eine große Rauchgasmenge entwickeln, deren Flammentemperatur mithin niedrig liegt, ist infolge dieser Zusammenhänge der Wärmeübergang durch Strahlung gering und der durch Berührung zu übertragende Anteil entsprechend groß. Bei Brennstoffen, die nur eine kleine Rauchgasmenge entwickeln, ist es umgekehrt.

Demzufolge ergibt sich abhängig von dem Brennstoff eine Staffelung nach fallendem Strahlungs- und steigendem Berührungsanteil bei der Heizfläche:

Steinkohle in Schmelzfeuerungen,

Heizöl,

Steinkohle in Staubfeuerungen mit trockenem Ascheabzug,

Braunkohle in Staubfeuerungen mit trockenem Ascheabzug,

Gichtgas.

Neben diese Aufzählung organischer Brennstoffe tritt, wenn auch nur in geringem Umfang, der Müll als weiterer Brennstoff. Die Beseitigung des Mülls ist bei der zunehmenden Besiedlungsdichte zu einer dringenden Aufgabe geworden. Durch das Vordringen der Ölfeuerung in die Heizanlagen der Häuser hat sich die Zusammensetzung des Mülls in den letzten Jahren geändert. Der früher besonders im Winter große Anteil von Koks und Asche im Müll geht mehr und mehr zurück. Dafür steigt der Anteil an Verpackungsmaterial, und es werden Heizwerte von $H_u =$ $= 1800$ kcal/kg erreicht. Trotzdem verursacht die Verfeuerung von reinem Müll Schwierigkeiten, so daß meist eine Zusatzfeuerung erforderlich wird.

Diese Aufzählung soll nicht beendet werden, ohne daß die Kernbrennstoffe erwähnt werden, denen in der Zukunft in steigendem Maß Bedeutung bei der Stromerzeugung zukommen wird. Zur Zeit liegen die bei Kernkraftwerken erreichbaren oberen Temperaturen des Betriebsmittels und davon abhängig des Dampfes unter den oberen Temperaturen konventioneller Dampfkraftprozesse. Dem Wunsch nach höheren oberen Temperaturen in den Reaktoren und damit verbundenem höherem Wirkungsgrad des gekoppelten Dampfkraftprozesses stehen Schwierigkeiten auf der Reaktorseite gegenüber, die durch technologische Probleme, insbesondere die begrenzte Temperaturfestigkeit der Brennelemente und der Werkstoffe im Reaktor-Kühlmittelkreislauf, bedingt sind. Die somit noch geringen Wirkungsgrade führen zu großen Bauvolumen und hohem Kühlwasserbedarf.

Inwieweit die Entwicklung von Hochtemperatur-Reaktoren und der Fortschritt in der Technologie der Brennelemente Dampfzustände zu verwirklichen erlauben, die denen bester konventioneller Anlagen entsprechen, muß abgewartet werden.

3.1.3 Die Reinigung und die Abfuhr der Rauchgase

Neben dem Heizwert des Brennstoffs sind der Anteil und die chemischen Eigenschaften des Ballastes für den Entwurf des Kraftwerks von Bedeutung.

Bei einem spezifischen Wärmeverbrauch w [kcal/kg], einem Aschegehalt von a [%] und einem unteren Heizwert H_u [kcal/kg] ergibt sich die den Kesseln mit dem Brennstoff je kWh zugeführte Aschemenge zu

$$A = \frac{w}{H_u} a \cdot 10^{-2} \text{ [kg/kWh]}. \qquad (23)$$

Die Beeinflussung der Umgebung von Kraftwerken durch Staub und schwefelhaltige Abgase wird beim Staub durch Elektrofilter und hohe Kamine und bei den schwefelhaltigen Abgasen zunächst noch allein durch hohe Kamine auf ein zulässiges Maß vermindert.

Die Ausrüstung der Kessel mit Schmelzkammern hat gegenüber der trockenen Entaschung den Vorteil, daß die in den Elektrofiltern abgeschiedenen Staubmengen in ihnen eingeschmolzen und mit der Schlacke abgezogen werden können. Außerdem wird ein Teil der Asche in der Schmelzkammer sofort eingebunden und flüssig abgezogen. Ist diese Primäreinbindung β und der Gesamtentstaubungsgrad des Elektrofilters η, so ist der gesamte spezifische Staubauswurf

$$\sigma_s = \frac{(1-\eta)(1-\beta)}{1-\eta(1-\beta)} . \tag{24}$$

Wird diese Kennzahl mit dem Aschegehalt multipliziert, dann ergibt sich daraus weiter der Gesamtstaubauswurf.

In vielen Ländern sind Gesetze entstanden, die den zulässigen Auswurf abhängig von der Vorbelastung der Umgebung begrenzen. Mit Elektrofiltern wird heute allgemein eine einwandfreie Rauchgasentstaubung erzielt, da sich mit ihnen Gesamtentstaubungsgrade von 99% und mehr erreichen lassen. Der finanzielle Aufwand zur Reinigung der Abgase ist beträchtlich. Die Filterkosten machen größenordnungsmäßig 10% der Kesselkosten aus.

Beträgt der Rohgasstaubgehalt s_e [g/m³], der Reingasstaubgehalt s_a [g/m³], so ist der Gesamtentstaubungsgrad

$$\eta = \frac{s_e - s_a}{s_e} , \tag{25}$$

wobei

$$s_a = s_e e^{-\frac{w_r l}{v s}} . \tag{26}$$

w_r ist die Wanderungsgeschwindigkeit des Staubteilchens in m/s, l [m] die Länge der Platten des Elektrofilters, v [m/s] die Gasgeschwindigkeit und s [m] der Abstand zwischen der Sprüh- und der Niederschlagselektrode.

Die Gl. (26) zeigt, daß bei gegebener Wanderungsgeschwindigkeit die Abscheideleistungen um so besser werden, je kleiner die Gasgeschwindigkeit v in der Kammer gewählt wird. Das bedeutet also, daß die Abscheideleistung mit dem Kammerquerschnitt ansteigt. Der praktischen Ausführung von Filtern mit höchsten Abscheidegraden stehen jedoch verschiedene Schwierigkeiten entgegen. So wird die elektrische Feldstärke und damit w_r durch die Durchschlagspannung zwischen den Elektroden begrenzt. Feldstärke und Durchschlagspannung sind außer von der Geometrie auch von der Beschaffenheit der Elektrodenoberflächen, an denen sich während des Betriebes Staubteilchen anlagern, sowie von der Raumladung, von der Rauchgaszusammensetzung und dem Rauchgaszustand, von der Rauchgasfeuchte, vom Staubgehalt des Rohgases, von der Art, Größe und Form der Staubteilchen und verschiedenen weiteren Größen abhängig, beispielsweise der Abreinigung der Elektroden. Um den jeweils optimalen Abscheideeffekt zu erreichen, wird die Betriebsspannung so hoch gefahren und durch eine Automatik eingeregelt, daß die Anzahl der Durchschläge eine gegebene Grenze nicht überschreitet.

Die elektrische Entstaubung ist der mechanischen Entstaubung gegenüber dadurch im Vorteil, daß die Wanderungsgeschwindigkeiten bei elektrischen Entstaubungen nur mit der zweiten Potenz des Teilchendurchmessers, bei der mechanischen Entstaubung dagegen mit der dritten Potenz des Teilchendurchmessers abnehmen. Das rührt daher, daß die elektrischen Kräfte von der Oberfläche, die Massenträgheitskräfte dagegen vom Gewicht des Teilchens abhängen. Daher werden die feinen Teilchen leichter im Elektrofilter, die groben Teilchen dagegen in einem mechanischen Filter abzuscheiden sein. Im amerikanischen Kraftwerksbau findet sich aus diesem Grund häufiger die Hintereinanderschaltung von mechanischem und elektrischem Filter.

Bei Elektrofiltern ist der Zugverlust und damit der Eigenbedarfsanteil des Saugzuggebläses geringer als bei mechanischen Filtern.

Die erforderliche Schornsteinhöhe wird in erster Linie von der Beeinträchtigung der Umgebung durch den SO_2-Gehalt der Abgase bestimmt. Dabei muß unter Berücksichtigung der Vorbelastung des Geländes darauf geachtet werden, daß mit dem zusätzlichen Auswurf eine zulässige Schadgaskonzentration im Lee des Schornsteins am Erdboden nicht überschritten wird. Neben der Vorbelastung spielt die Art der Besiedelung, die Form des Geländes, Häufigkeit der Windrichtungen und Windgeschwindigkeiten, der Schwefelgehalt des Brennstoffs, die Art der Feuerung usw. eine Rolle. Da die großen Kesseleinheiten alle mit Saugzuggebläsen betrieben werden, die die Rauchgase durch den Regenerativ-Luftvorwärmer und das Filter aus dem Kessel absaugen und in den Kamin drücken, werden die Kamine allgemein so ausgelegt, daß zum Schutze des Mauerwerks an ihrem Fuß ein leichter Unterdruck in der Größenordnung von 10 mm WS, hervorgerufen durch den natürlichen Auftrieb, herrscht. Die Austrittsgeschwindigkeit der Rauchgase hängt dann vom Kaminaustrittsquerschnitt und den Reibungsverlusten im Kamin ab. Der natürliche Auftrieb ist eine Funktion der Höhe des Kamins, der Außenlufttemperatur und der mittleren Temperatur der Rauchgase im Kamin. Er vermindert sich mit sinkender Abgastemperatur. Abhängig von der Austrittsgeschwindigkeit der Rauchgase und der Temperatur der Luft und der Rauchgase an der Kaminmündung sowie von der Rauchgasmenge, findet noch eine sogenannte Schornsteinüberhöhung statt. Die Abgase werden also noch zusätzlich in die Höhe gefördert, was sich auf die Immission so auswirkt, als läge der Quellpunkt um diese Schornsteinüberhöhung über dem Kaminaustritt. Bei manchen Kaminen wird der Austritt mit einer Düse versehen, um so durch die Umsetzung von Druck in Geschwindigkeit eine besonders große Schornsteinüberhöhung zu erreichen. Besonders ungünstig für den Abtransport der Rauchgase und ihre Verdünnung wirken sich in den industriellen Ballungsräumen Inversionswetterlagen aus. Unter einer Inversion versteht man die Umkehrung des Temperaturgradienten in der Atmosphäre mit zunehmender Höhe. Solche Inversionen werden auch als Sperrzonen bezeichnet, weil sie aus leicht einzusehenden Gründen für die thermische Konvektion eine Bremszone oder bei entsprechender Ausdehnung eine richtige Sperre bedeuten.

3.2 Der Kühlwasserbedarf und die Kühlwasserbeschaffung

Neben der Brennstoffbeschaffung und den Auswirkungen der Brennstoffeigenschaften auf den Entwurf des Kraftwerks bedarf auch die Kühlwasserversorgung eingehender Überlegungen, da sie allgemein wasserwirtschaftliche Fragen von erheblicher Bedeutung aufwirft und bei großen Werken nur im Zusammenhang mit der wasserwirtschaftlichen Planung des betreffenden Gebietes zu lösen ist. Neben der Abfuhr der Verlustwärme durch Flußwasser oder über Kühltürme mit Naturzug oder Ventilatoren findet sich auch bei einigen Anlagen bereits die Luftkondensation, bei der die Abwärme über Wärmetauscher der Umgebungsluft mitgeteilt wird und schließlich die Einspritzkondensation nach dem System HELLER. Bei diesem Verfahren wird der Abdampf durch Wassereinspritzung kondensiert und das gesamte Kondensat in Wärmetauschern mit Luft heruntergekühlt.

Neben der Prüfung der verfügbaren Kühlwassermenge und der jahreszeitlichen Änderung des Wasserdargebotes muß auch die Beschaffenheit des Wassers untersucht werden, um bereits beim Entwurf die erforderlichen baulichen Maßnahmen zur Reinigung des Kühlwassersystems und zu seinem Schutz vor chemischen oder mechanischen Angriffen treffen zu können.

Die Beeinflussung des Standortes durch die Kühlwasserbeschaffung bei Kraftwerken in Grubennähe ist von der Frage des Brennstofftransportes nicht zu trennen. Die Kosten für den Wassertransport müssen den Kosten für den Brennstofftransport gegenübergestellt werden.

3.2.1 Die Flußwasserkühlung

Wie später noch ausführlich dargestellt wird, ist für den Wirkungsgrad, mit dem die Energieumformung im Dampfkraftprozeß geschieht, das Verhältnis der mittleren unteren Temperatur der Wärmeabfuhr der Verlustwärme nach außen T_k zu der mittleren oberen Temperatur der Wärmezufuhr von außen T_{oc} maßgebend. Je niedriger T_k, desto größer ist der erzielbare Wirkungsgrad.

Für die Wärmeabfuhr nach außen ist Wasser ein gutes Arbeitsmedium, da während des Kondensationsvorganges die Wärmeabgabe bei gleichbleibend niedriger Temperatur und bei gleichem Druck, also isotherm-isobar geschieht, wobei die für T_k erreichbaren Werte in erster Linie von der Umgebungstemperatur, also den klimatischen Verhältnissen am Aufstellungsort des Kraftwerkes abhängen.

Die erreichbare untere Temperatur des Dampfkraftprozesses wird demzufolge bei Kraftwerken, die ihr Kühlwasser Flüssen oder Seen entnehmen können, von den jahreszeitlich bedingten Schwankungen der Temperatur dieses Wassers abhängen, sodann jedoch auch mitbestimmt werden von der spezifischen Kühlwassermenge je Einheit niederzuschlagender Abdampfmenge, dem sogenannten Kühlwasservielfachen und schließlich der technischen Ausbildung des Kondensators, also seiner Oberfläche und der erreichbaren Wärmeübergangszahlen, insgesamt also der Grädigkeit.

Ist die Abdampfmenge G_k [t/h] niederzuschlagen und beträgt die bei der Kondensation je Einheit abzuführende Wärmemenge $\Delta i_{Dk} = i_{Dk} - i_{wk}$ [kcal/kg], so wärmt sich die Kühlwassermenge G_w [t/h], an die die Verlustwärme abgeführt wird, um $\Delta t_w = t_2 - t_1$ [°C] auf, es ist also

$$\Delta t_w = \frac{G_k}{G_w} \Delta i_{Dk}. \tag{27}$$

G_k/G_w ist der reziproke Wert des Kühlwasservielfachen. Er variiert zwischen 0,02 und 0,01. Δi_k kann in erster Näherung zu etwa 530 kcal/kg angenommen werden. Somit ergeben sich je nach dem Kühlwasservielfachen Aufwärmungen des Kühlwassers zwischen 5 und 10 °C. Da durch die Aufwärmung des Kühlwassers der vorhandene Sauerstoff zu einem Teil ausgast, dürfen bestimmte obere Grenzen der Kühlwassertemperaturen zur Erhaltung der biologischen Selbstreinigungskraft des Wassers nicht überschritten werden.

Bei der hohen Industriedichte in der Bundesrepublik liegen oftmals die Kraftwerke in nicht allzu großem Abstand hintereinander an den das Kühlwasser liefernden Flüssen. Die durch das Kühlwasser in die Flüsse gebrachten Temperaturspitzen klingen jedoch nach einigen Kilometern im wesentlichen ab, so daß das mittlere Temperaturniveau der Flüsse, die Kraftwerke mit Kühlwasser versorgen, bei weitem nicht in dem Maß angehoben wird, wie es durch die Aufwärmung im Kraftwerk um Δt geschieht. Das Bild 33 zeigt qualitativ diese Überlegungen. Während sich die Temperatur des Flußwassers bei ungestörtem Flußlauf über die Länge des Flusses langsam anhebt, wird sie bei Benutzung des Wassers durch Kraftwerke unstetig angehoben, um dann nach einer Exponentialfunktion wieder abzuklingen.

Rechnerisch und auch experimentell läßt sich die Abkühlung des Flusses nach einer solchen Störung des Gleichgewichts, in dem sich die Wassertemperatur gegenüber den klimatischen Umgebungsverhältnissen befunden hat, nur sehr schwer erfassen. SPANGEMACHER [17] hat für Kühlteiche, worunter auch die praktisch nicht bewegten Oberflächen der Kanäle zu verstehen sind, eine Berechnungsmethode aufgestellt. Er geht dabei von der MERKELschen Hauptgleichung aus:

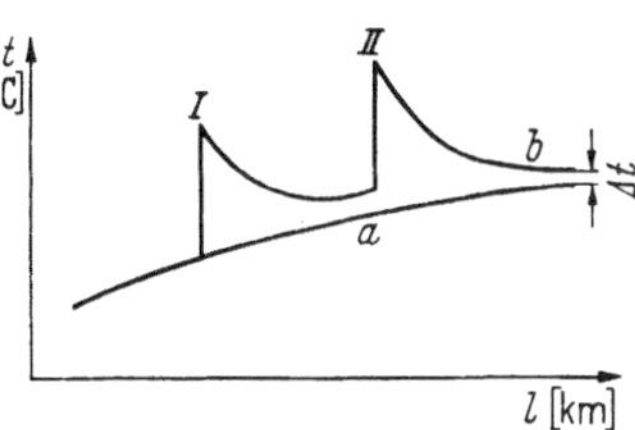

Bild 33. Qualitativer Verlauf der Temperatur des Flußwassers über die Flußlänge mit (b) und ohne (a) Aufwärmung durch Kraftwerke.

$$\sigma \frac{F}{G_w} = \int_{t_{w2}}^{t_{w1}} \frac{c\,dt}{i'' - i} \tag{28}$$

Darin bedeuten

σ [kg/m² h] Verdunstungszahl,

F [m²] Oberfläche des Kühlteiches,

G_w [kg/h] stündlicher Wasserdurchsatz,

i'' [kcal/kg] Enthalpie der gesättigten Luft bei der Wassertemperatur t_w,

i [kcal/kg] Enthalpie der Umgebungsluft,

c [kcal/kg °C] spezifische Wärme des Wassers ($c = 1$),

t_w [°C] Wassertemperatur an der Oberfläche.

Wird nun in einem klein gewählten Bereich die von t_w abhängige Veränderliche $i'' - i$ als konstant betrachtet, so geht die Gl. (28) über in

$$g_w = \frac{G_w}{F} = \frac{(i'' - i)}{c\Delta t_w}\sigma\,. \tag{29}$$

Hierin ist

g_w [kg/m²h] die zulässige Wasserbelastung des Kühlteichs je m² Oberfläche.

Die spezifische Wärmebelastung q [kcal/m²h] wird schließlich

$$q = \frac{G_w \Delta t_w}{F} = (i'' - i)\,\sigma. \tag{30}$$

Die Verdunstungszahl σ ergibt sich aus der LEWISschen Beziehung $\varepsilon = \alpha/\sigma c_p$, wobei α [kcal/m²h °C] die Wärmeübergangszahl und c_p [kcal/kg °C] die spezifische Wärme der Luft sind ($c_p = 0{,}24$).

Für Wasserdampf in Luft ist $\varepsilon = 0{,}95$, damit wird $\sigma = 4{,}4\,\alpha$. Die Wärmeübergangszahl α kann bei erzwungener Strömung nach JÜRGES und SCHACK abhängig von der Windgeschwindigkeit w [m/s] berechnet werden zu

$$\alpha = 4{,}8 + 3{,}4\,w \qquad \text{für } w \leqq 5 \text{ m/s},$$

$$\alpha = 6{,}12\,w^{0{,}78} \qquad \text{für } w > 5 \text{ m/s}$$

und

$$\sigma = 21 + 15\,w \qquad \text{für } w \leqq 5 \text{ m/s},$$

$$\sigma = 27\,w^{0{,}78} \qquad \text{für } w > 5 \text{ m/s}.$$

SPANGEMACHER stellte zu diesen Unterlagen Diagramme auf, aus denen die erforderliche Kühlteichgröße abgelesen werden kann. Die Anwendung ist aus dem in das Bild 34 eingezeichneten Beispiel zu erse-

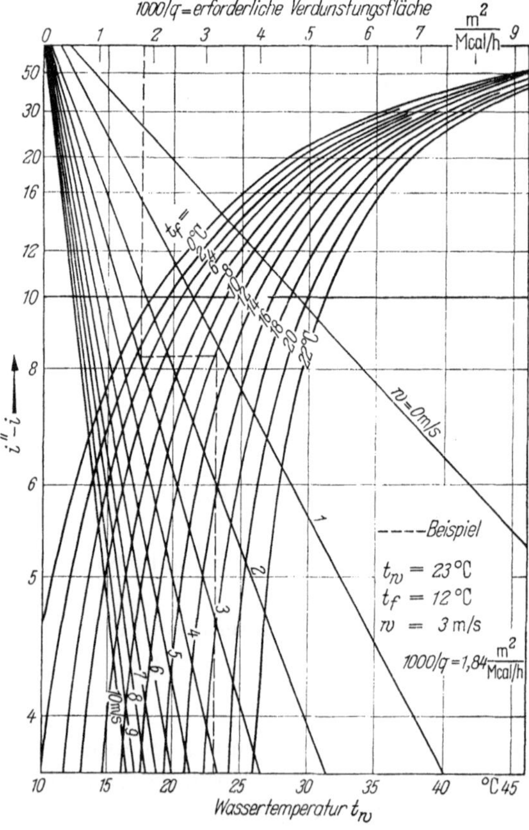

Bild 34. Erforderliche Kühlteichgröße je m³/h Wasserdurchsatz zur Erreichung einer Abkühlung um 1 °C [17].

hen. Die starke Abhängigkeit der Verdunstungszahl von der Windgeschwindigkeit ist beispielsweise aus dem Bild 35 zu erkennen.

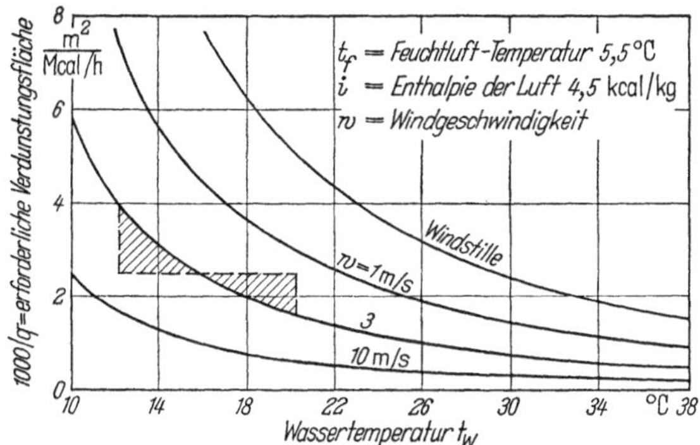

Bild 35. Erforderliche Kühlteichgröße je m³/h Wasserdurchsatz zur Erreichung einer Abkühlung um 1 °C bei einer Feuchtlufttemperatur von 5,5 °C [17].

Bei dem Aufstellen der Diagramme wurde vorausgesetzt, daß keine Sonneneinstrahlung das Wasser aufwärmt. Findet diese Aufwärmung

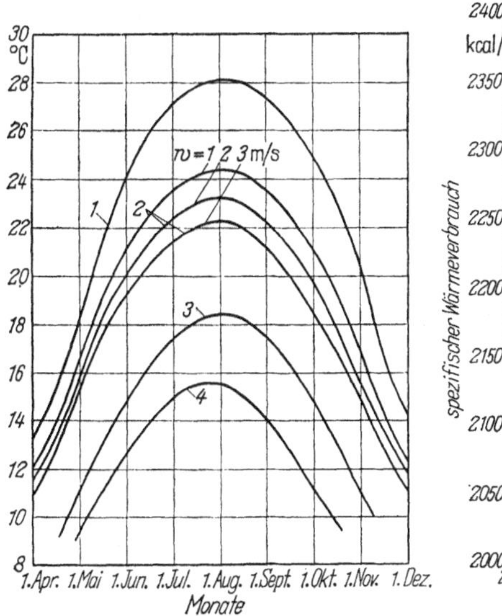

Bild 36. Errechnete Abkühlung eines von der Kurve *3* auf die Kurve *1* aufgewärmten Flusses bei verschiedenen Windgeschwindigkeiten w = 1, 2 und 3 m/s (*2*) abhängig von der Temperatur der feuchten Luft (*4*) an einem entfernten Punkt flußabwärts.

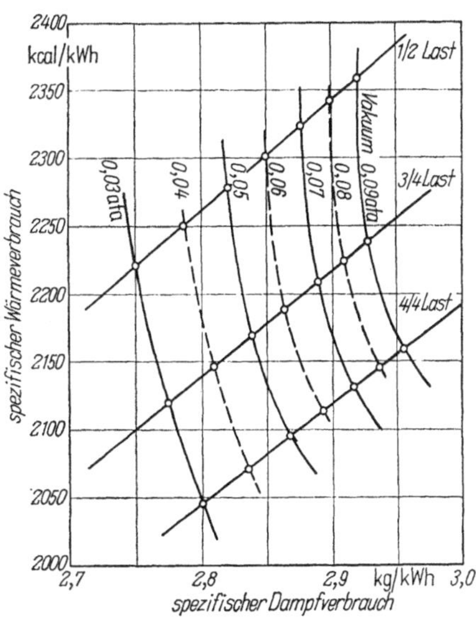

Bild 37. Verlauf des spezifischen Wärmeverbrauchs und des Dampfverbrauchs abhängig vom Vakuum bei verschiedenen Lasten.

jedoch durch die Einstrahlung um die Wärmemenge q_s statt, so ändert sich die Gl. (30) in

$$q = (i'' - i)\,\sigma - q_s, \tag{31}$$

wobei nach SPANGEMACHER bei einer Wasseroberfläche für hellere Wandflächen geltende Reflektionswerte für die Einstrahlung einzusetzen sind. Damit ergeben sich für q_s Werte zwischen 200 und 300 kcal/m²h.

Das Bild 36 zeigt die Ergebnisse für einen durchgerechneten Beispielsfall. Dabei sind in das Diagramm die mittleren Temperaturen der feuchten Luft (*4*), die mittleren Temperaturen des Kühlwassers vor (*3*) und nach der Aufwärmung (*1*) im Kraftwerk und schließlich die zu erwartende Abkühlung des Wassers bei unterschiedlichen Windgeschwindigkeiten nach einer Flußlänge von 12 km (*2*) eingetragen worden.

Bei der Rückkühlung des Kühlwassers in selbstventilierenden und künstlich belüfteten Kühltürmen wird die Abwärme ebenfalls durch Verdunstung abgegeben. Die Abkühlung des Kühlwassers erfolgt dadurch, daß es durch die Kühlturmeinbauten in Tropfen mit insgesamt großer Oberfläche aufgelöst wird, wobei an der Oberfläche der Tropfen durch Verdampfung eines Teiles des Wassers die Verlustwärme abgeführt wird. Die insgesamt abzuführende Verdampfungswärme entspricht der Kondensationswärme des Abdampfes im Turbinenkondensator. Da der Abdampf 8 bis 12% Endnässe enthält, ist die verdampfte Kühlwassermenge auch um diesen Betrag kleiner und somit

$$G_{kwv} \approx 0{,}9\, G_k,$$

worin G_{kwv} der Kühlwasserverlust und G_k die Abdampfmenge ist. Da jedoch auch noch andere Kühlwasserverbraucher zu versorgen sind, gilt in praktischen Fällen, daß stündlich dem Rückkühlkreislauf so viel Wasser verloren geht, wie an Abdampf im Kondensator anfällt.

Die Wirkung der Kühlung hängt also in erster Linie von der Diffusion des Dampfes in die Luft ab. Sie ist um so besser, je größer die erzeugte Flüssigkeitsoberfläche, je länger die Berührzeit zwischen dem Kühlwasser und der Luft und je größer die Relationsgeschwindigkeit zwischen beiden ist, und wird außerdem durch große Luftmengen begünstigt. Die verdampfte Kühlwassermenge ist noch geringer, wenn man annimmt, daß neben der Wärmeabfuhr durch Verdunstung, die etwa 80% ausmacht, im Kühlturm etwa 20% der Wärme durch Konvektion abgegeben wird.

Da der Verdunstungsvorgang zur Abfuhr der Verlustwärme nur während der Zeit, in der der Wassertropfen von der Verteilereinrichtung bis ins Becken zurückfällt, ablaufen kann und diese Zeit zu kurz ist, als daß sich ein Temperaturausgleich bis zur Temperatur des feuchten Thermometers ergeben könnte, läßt sich in Kühltürmen immer nur eine Kaltwassertemperatur erzielen, die über der Temperatur des Flußwassers liegt. Das bedeutet jedoch für den Dampfkreisprozeß ein schlechteres Vakuum im Kondensator und damit über eine höhere Temperatur der Wärmeabfuhr nach außen auch einen schlechteren Prozeßwirkungsgrad. Das Bild 37 zeigt für einen Prozeß mit einem Frischdampfzustand von 300 kp/cm² und 620 °C und zweifacher Zwischenüberhitzung auf 540 °C, wie der spezifische Wärmeverbrauch abhängig vom erreichbaren Vakuum bei verschiedenen Lasten schwankt. Der auf der Abszisse abgetragene spezifische Dampfverbrauch läßt gleichzeitig erkennen, in welchem Maß bei gleicher abgegebener Leistung, aber steigendem Kondensatordruck die umlaufenden Dampfvolumen ebenfalls zunehmen.

Als charakteristische Größe eines Kühlturms gilt seine Kühlzonenbreite. Das ist der Unterschied zwischen den Wassertemperaturen am Eintritt in den Kühlturm und bei Eintritt in das Becken bzw. bei Wiedereintritt in den Kondensator $\Delta t_k = t_{w1} - t_{w2}$. Der Wärmedurchsatz ergibt sich dann als das Produkt aus der Kühlwassermenge und der Kühlzonenbreite. Als Kühlgrenze gilt die am feuchten Thermometer des Psychrometers in der Umgebungsluft gemessene Temperatur t_{f1}.

Die Frage, ob ein selbstventilierender oder ein künstlich belüfteter Kühlturm vorzusehen ist, wird in Deutschland in den meisten Fällen zu Gunsten des Ventilatorkühlturms entschieden, da bei ihm durch die Zwangsbelüftung geringere Kaltwassertemperaturen zu erzielen sind. Die so erreichte Verbesserung des Vakuums im Kondensator der Turbine überwiegt die Verschlechterung durch den höheren Eigenbedarf.

Die Temperaturspanne zwischen der Temperatur des aus dem Kondensator austretenden Kondensats t_k und der Temperatur der feuchten Luft t_{f1} setzt sich nach dem Bild 38 aus den dort angegebenen einzelnen Beträgen zusammen. Die Grädigkeit des Kondensators ist $\Delta t = t_s - t_{w1}$, die Kühlzonenbreite $z = t_{w1} - t_{w2}$, und der Kühlgrenzabstand beträgt $a = t_{w2} - t_{f1}$.

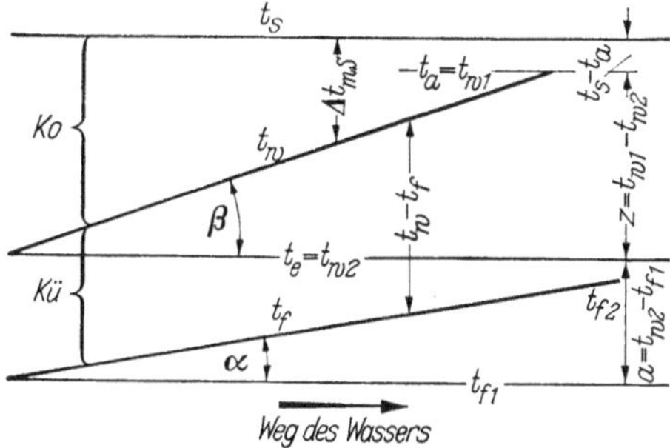

Bild 38. Temperaturverlauf längs des Weges des Wassers im Kondensator und Kühlturm. *Ko* Kondensator, *Kü* Kühlturm.

In dem Bild 38 ist der Verlauf der Temperatur über dem Weg im Kondensator und im Kühlturm dargestellt. Das Ziel, die Sättigungstemperatur des Kondensats der Temperatur des feuchten Thermometers zu nähern, läßt sich durch folgende Maßnahmen erreichen:

1. Verkleinerung von Δt_{ms}, also Verkleinerung der logarithmischen Temperaturdifferenz. Das bedeutet eine Vergrößerung der Kondensatorkühlfläche,

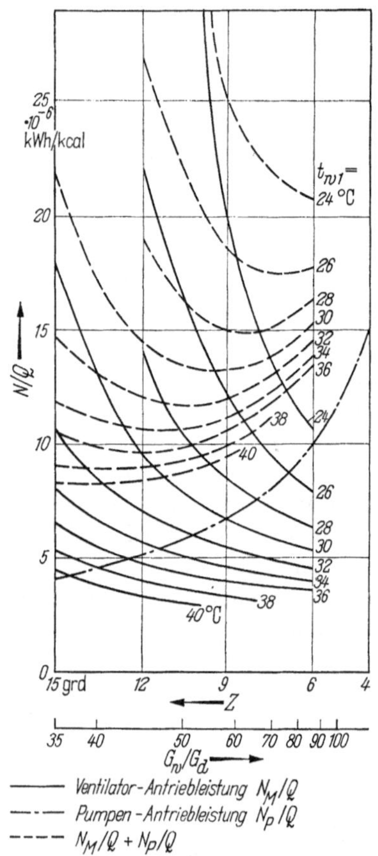

Bild 39. Antriebsleistung von Ventilator und Pumpe. Sämtliche Werte sind bezogen auf die Pumpen-Förderhöhe 16 m WS und die Feuchtlufttemperatur t_{f1} = 12 °C [18].

2. Verkleinerung der Kühlzonenbreite z. Das bedeutet eine Vergrößerung des Wasserumlaufs, eine Vergrößerung der Pumpen und Leitungen sowie erhöhte Pumpenleistung,

3. Verkleinerung von $(t_w - t_f)_m$. Das bedeutet Vergrößerung des Kühlturms (t_{f2} in Bild 38 ist die Temperatur am feuchten Thermometer in der aus dem Kühlturm austretenden Luft),

4. Verkleinerung von tan α. Das bedeutet eine Vergrößerung des Luftdurchsatzes des Kühlturms und damit eine Vergrößerung des Ventilatorantriebs mit erhöhtem Eigenbedarf der Ventilatoren oder eine größere Kühlturmhöhe bei selbstventilierenden Kühltürmen.

Um den Zusammenhang zwischen der Kühlturmgröße, der Antriebsleistung der Ventilatoren und der Kühlzonenbreite zu erläutern, wurde von Odenthal und Spangemacher [18] ein Diagramm für einen Beispielsfall angegeben, aus dem die Minima der Summe von Lüfter- und Kühlwasserpumpenantriebsleistung aufgetragen über dem Kühlwasservielfachen bzw. der Kühlzonenbreite für verschiedene Warmwassertemperaturen zu erkennen sind (Bild 39).

In Deutschland wird meistens als Bezugstemperatur für die Kühlturmauslegung eine Lufttemperatur von 15 °C und eine relative Feuchte φ von 70% gewählt. Das entspricht einer Feuchtlufttemperatur t_{f1} von 12 °C.

Die Auswahl der wirtschaftlichsten Kühlturmgröße wird dann die anderen Gegebenheiten, die die Größe des einzusetzenden Kühlturms mitbestimmen, ergeben müssen. Das sind die Ausnutzungsdauer der Anlage, die Höhe des Brennstoffpreises und der Kapitalkosten usw. Häufiger werden Kühltürme auch als Ergänzung einer Frischwasserkühlung errichtet, nämlich dann, wenn die mit der Abwärme zu beaufschlagenden Flüsse in bestimmten Jahreszeiten nicht ausreichend Wasser führen oder in sehr heißen Jahreszeiten in ihrem Temperaturniveau so hoch liegen, daß eine weitere Aufwärmung das biologische Leben und damit die Selbstreinigungskraft zerstören würde.

In diesem Fall werden, entsprechend der geringen Ausnutzungsdauer, die Kühltürme klein, also mit großem $(t_w - t_f)_m$ und dementsprechend, abhängig von der Umgebungstemperatur, höherer Kondensattemperatur und damit schlechterem Vakuum im Kondensator auch einen verschlechterten Prozeßwirkungsgrad ergeben. Die Variationsmöglichkeiten einer solchen Schaltung sind zahlreich, da bei einer derartigen Kombination von Frischwasser- und Rückkühlung jede Betriebsweise, die zwischen der offenen und der geschlossenen liegt, denkbar ist. Die Größe des kalten Endes der Turbine, also der Abdampfquerschnitte, wird sich jedoch immer nach dem niedrigeren, über den größeren Teil der Betriebszeit erreichbaren Vakuum richten müssen, da Abweichungen von diesem Vakuum zu höheren Werten den Prozeß geringer verschlechtern, als das bei einem zu kleinen Abdampfteil mit schlechterem Vakuum der Fall wäre. Für einen Beispielsfall ist in dem Bild 40 die Verbesserung bzw. Verschlechte-

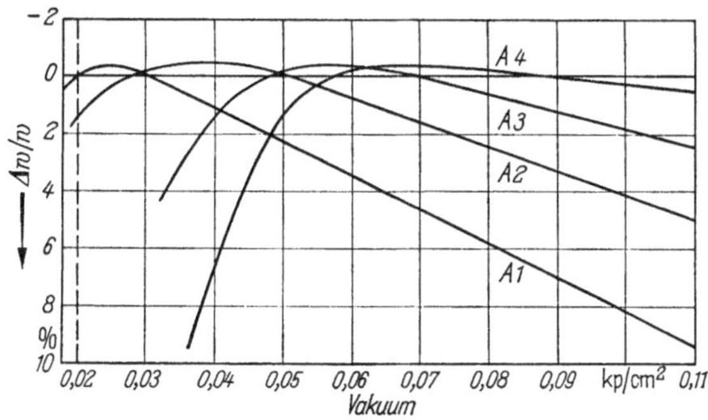

Bild 40. Veränderung des spezifischen Wärmeverbrauchs bei Abweichen des Betriebsvakuums vom Auslegungsvakuum für einen Beispielsfall mit 4 Auslegungsvakua *A 1* (p_k = = 0,03 kp/cm²), *A 2* (p_k = 0,05 kp/cm²), *A 3* (p_k = 0,07 kp/cm²) und *A 4* (p_k = 0,09 kp/cm²).

rung des Prozeßwirkungsgrades bei Abweichen des Vakuums vom Auslegungswert für die vier Auslegungswerte *A1* mit $p_k = 0{,}03$ kp/cm², *A2* mit $p_k = 0{,}05$ kp/cm², *A3* mit $p_k = 0{,}07$ kp/cm² und schließlich *A4* mit $p_k =$ $= 0{,}09$ kp/cm² dargestellt. Es ist aus diesem Bild darüber hinaus zu erkennen, daß bei einer wesentlichen Absenkung des im Betrieb gefahrenen Vakuums gegenüber dem Auslegungsvakuum auch eine Verschlechterung des Prozeßwirkungsgrades hervorgerufen werden kann, weil durch die Vergrößerung des Abdampfvolumens die Auslaßverluste durch die stark anwachsende Geschwindigkeit steigen. Allgemein wird bei einer Kühlwasseroptimierung bei Frischwasserkühlung die Förderleistung der Pumpen und bei Ventilatorkühlern die Ventilatordrehzahl so gefahren, daß im Kondensator ein Vakuum erzielt wird, das dem optimalen Wert für den spezifischen Wärmeverbrauch entspricht, auch wenn die Umweltbedingungen niedrigere Werte erlauben würden. Das gleiche gilt für den Teillastbetrieb der Anlage.

Wird entsprechend den oben angedeuteten Gedanken ein Kühlturmbetrieb bei Teillast des zugehörigen Blocks oder sonst gegenüber der Auslegung anderen Werten, beispielsweise bei anderer Temperatur am feuchten Thermometer durchgeführt, so verändern sich ebenfalls die erzielbaren

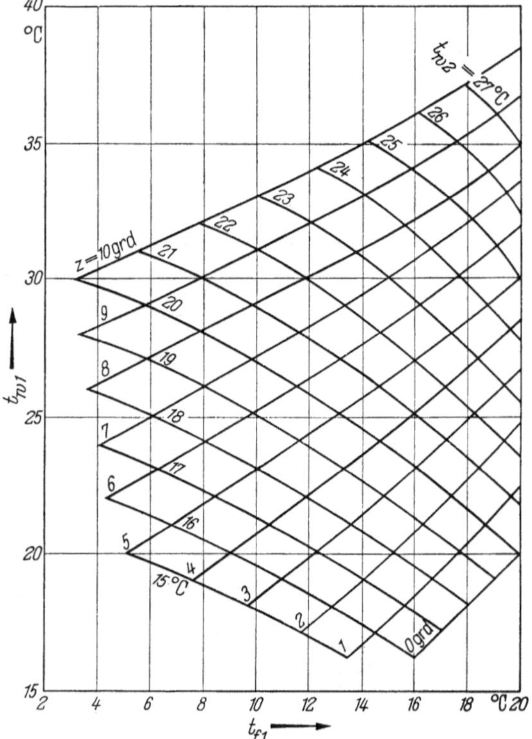

Bild 41. Charakteristik eines Durchlaufkühlers [17].

Kaltwassertemperaturen. Das Bild 41 zeigt die Charakteristik eines solchen Ventilatorkühlturms, der für eine Rückkühlung von 30 auf 22,1 °C bei $t_{f1} = 12$ °C ausgelegt ist.

In neuer Zeit wird neben der Rückkühlung auch die sogenannte Luftkondensation in die Betrachtungen über die Abfuhr der Verlustwärme eingeschaltet. Bei ihr wird der Abdampf über Austrittsleitungen großen Querschnitts Wärmetauschern zugeführt, die direkt mit Luft gekühlt werden. Das Zwischenmedium Kühlwasser, wie es bei der Rückkühlung verwendet wird, entfällt. Um zufriedenstellende Wärmeübergangszahlen zu erreichen, wird die Luft ebenfalls über Gebläse beschleunigt und dann durch den Wärmetauscher gedrückt. Physikalisch betrachtet ist es selbstverständlich, daß der Kühlturm in der Anschaffung und im Betrieb billiger sein muß, da er den Verdunstungseffekt zur Hilfe nimmt, so daß die Wärmeübergangszahlen gegenüber der Luftkondensation etwa auf das Fünffache erhöht werden. Als Wärmeaustauschfläche

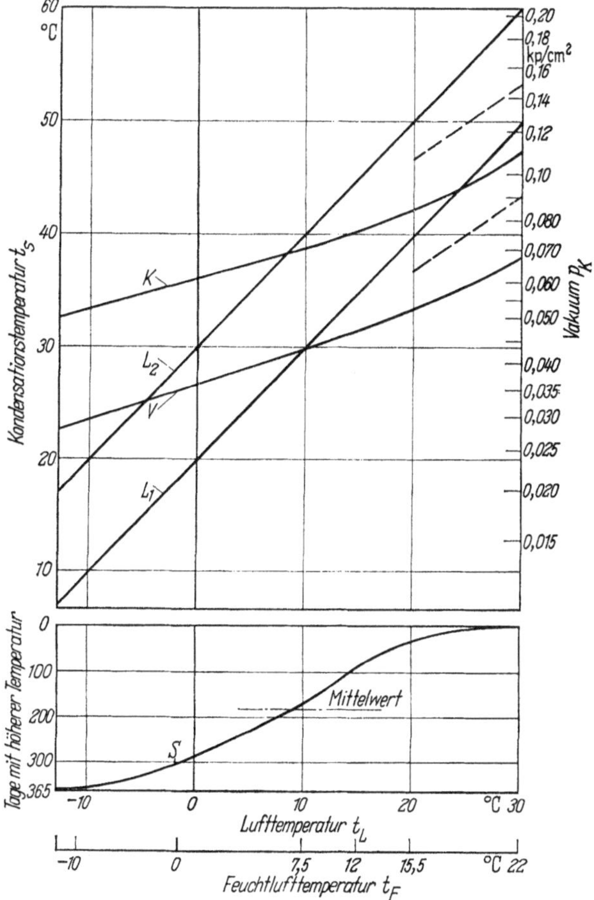

Bild 42. Charakteristik der Kondensationstemperatur bei Luftkondensation und bei Kühlturmbetrieb [18].
K Selbstventilierender Kühlturm; V Ventilatorkühlturm; L_1,L_2 Luftkondensation; – – Luftkondensation mit Luftbefeuchtung; S Summenhäufigkeitskurve der Feucht- und Trockenlufttemperatur.

kann beim Kühlturm jedes beliebige Material verwendet werden, selbst die Wassertropfen sind Austauschfläche. Durch die Sättigung der Luft mit Wasser kann die Luft bei gleicher Temperaturerhöhung wie im Luftkondensator mehr Wärme aufnehmen, so daß der Luftbedarf und damit die Ventilatorleistung für Kühltürme geringer sein muß.

Alle diese Nachteile der Luftkondensation gegenüber der Rückkühlung können jedoch gegebenenfalls durch einen hohen Wasserpreis für das Zusatzwasser im Rückkühlbetrieb, das aus der verdunsteten und versprühten Menge sowie dem Abschlämmverlust besteht, aufgehoben werden.

Ein weiteres Verfahren besteht in dem von HELLER angegebenen System, bei dem Abdampf mit Einspritzwasser niedergeschlagen wird. Das so gewonnene Kondensat wird gemeinsam mit dem Einspritzwasser in einem Wärmetauscher durch Umgebungsluft gekühlt. Damit das gesamte System wasserseitig nicht unter dem Vakuum des Einspritzkondensators steht, wird es mit einer Pumpe auf Druck gebracht und nach dem Durchlauf durch den Kühler in einer Wasserturbine wieder entspannt.

ODENTHAL und SPANGEMACHER [*18*] haben an einem Beispiel die erzielbaren Vakua bei vergleichbaren Rückkühlanlagen und Luftkondensatoren abhängig von der Lufttemperatur bzw. der Feuchtlufttemperatur errechnet. Die Ergebnisse sind in dem Bild 42 dargestellt. Unabhängig von den Details der Auslegung ist zu erkennen, daß die Charakteristik der Luftkondensation wesentlich steiler liegt als die der Rückkühlanlagen. Zu erklären ist dieser Umstand dadurch, daß die Luftenthalpie, die für den Verdunstungsvorgang ausschlaggebend ist, sich nicht linear mit der Temperatur ändert, sondern mit fallender Temperatur einen kleineren Gradienten hat.

4. Grundsätzliches zur Thermodynamik der Kreisprozesse

4.1 Der erste und der zweite Hauptsatz der Thermodynamik

Die Grundlage thermodynamischer Überlegungen und Berechnungen über die Umwandlung von Wärme in irgendeine andere Energieform sind der erste und der zweite Hauptsatz der Thermodynamik, die als Erfahrungssätze in den etwas mehr als hundert Jahren seit ihrer Entdeckung außerordentliche Bedeutung nicht nur in der Physik und der Technik, sondern darüber hinaus in der gesamten Naturwissenschaft gewonnen haben.

Der erste Hauptsatz oder der Satz von der Erhaltung der Energie, wurde in einer Teilfassung, nämlich als Energiesatz der Mechanik bereits von HUYGENS und LEIBNIZ verwendet. Er läßt sich auf die NEWTONschen Grundgesetze zurückführen und lautet für Systeme, die nur konservativen Kräften unterworfen sind (Ausschluß von Reibung, reine Mechanik): Die Summe der kinetischen und der potentiellen Energie ist konstant in Systemen, die nur konservativen Kräften unterworfen sind.

Im Mai 1842 erschien von J. R. MAYER in LIEBIGS und WÖHLERS „Annalen der Chemie und Pharmacie“ der Aufsatz „Bemerkungen über die Kräfte in der unbelebten Natur“. In dieser Arbeit ist die Äquivalenz von Wärme und mechanischer Energie, die Berechnung des mechanischen Wärmeäquivalentes und das allgemeine Gesetz von der Erhaltung der Energie ausgesprochen. Diese Gedanken wurden in der drei Jahre später erscheinenden Schrift „Die organische Bewegung in ihrem Zusammenhang mit dem Stoffwechsel, ein Beitrag zur Naturkunde“ vertieft. Das allgemeine Prinzip von der Erhaltung der Energie wird dabei mit den Worten ausgedrückt: „Es gibt in Wahrheit nur eine einzige Kraft. Im ewigen Wechsel kreist dieselbe in der toten wie in der lebenden Natur; dort und hier kein Vorgang ohne Formänderung der Kraft.“ Der Kraftbegriff wird zu dieser Zeit allgemein noch im Sinne von Arbeitsvermögen gebraucht, obgleich er in der Mechanik schon für die mechanische Wirkung des Produktes aus Masse und Beschleunigung festgelegt war. Wegen dieser doppelten Bedeutung führte RANKINE für das Arbeitsvermögen den Begriff Energie ein. Im Jahre 1847 weitete H. HELMHOLTZ in einem Vortrag vor der physikalischen Gesellschaft in Berlin „Über die Erhaltung der Kraft“ das Energieprinzip auf sämtliche damals bekannte Energieformen aus, wobei er von der Unmöglichkeit des Perpetuum mobile ausging.

In den Jahren 1842 bis 1850 fand J. P. JOULE durch sorgfältige Versuche den Zahlenwert des mechanischen Wärmeäquivalentes, der sich nur geringfügig von dem heute bei praktischen Rechnungen üblichen Wert von 1 kcal = 427 kpm unterscheidet.

In Worten lautet der erste Hauptsatz in einer alle Energieformen umfassenden Darstellung: Die Gesamtenergie eines abgeschlossenen Systems ändert sich nicht. Gibt ein System Energie ab, ohne gleichzeitig andere Energie aufzunehmen, so muß seine Gesamtenergie um den abgegebenen Energiebetrag sinken. Da die verschiedenen Energieformen ihren Anteil an der Gesamtenergie eines abgeschlossenen Systems ändern können, indem sich eine Energieform ganz oder teilweise in andere verwandelt, so muß einer bestimmten Menge der einen Energieform stets eine ganz bestimmte Menge der anderen entsprechen. Zwischen je zwei Energieformen besteht ein festes Zahlenverhältnis.

Durch die Kenntnis dieser Zahlenverhältnisse ist es erst möglich, die Wirkungsgrade zu definieren, mit denen die Umwandlung einer Energieform in eine gewünschte andere gelingt, wobei die nicht in der neuen Energieform erscheinende Energie sich als Wärme wiederfindet.

Wird nun einem System Energie in Form von Wärme zugeführt, so teilt sich diese Wärmemenge auf die Erhöhung der inneren Energie und die Verrichtung physikalischer Arbeit auf, und der erste Hauptsatz lautet

$$q = \Delta u + a_{phys}\,. \tag{32}$$

Ist a_{phys} die Ausdehnungsarbeit eines abgeschlossenen Arbeitsstoffes, so wird

$$q = \Delta u + \int p dv\,. \tag{33}$$

Bei Wärmekraftmaschinen mit strömenden Arbeitsmedien wird statt der inneren Energie u die Enthalpie i verwendet. Beide Größen sind über

$$i = u + pv \tag{34}$$

miteinander verbunden. Über die Differentiation

$$di = du + pdv + vdp \tag{35}$$

ergibt sich schließlich

$$q = \Delta i - \int vdp\,, \tag{36}$$

wobei unter $\int vdp$ die technische Arbeit a zu verstehen ist.

In der differentiellen Form lauten die Gln. (33) und (36)

$$dq = du + p\,dv \tag{37}$$

$$dq = di \quad - v\,dp. \tag{38}$$

Aus diesen Gleichungen können die spezifischen Wärmen c_p bei konstantem Druck und c_v bei konstantem Volumen hergeleitet werden. Sie geben die Wärmemenge an, die zur Erhöhung der Temperatur eines Arbeitsstoffes um 1 grd erforderlich ist:

$$c_p = \left(\frac{\partial q}{\partial T}\right)_p = \left(\frac{\partial i}{\partial T}\right)_p \tag{39}$$

$$c_v = \left(\frac{\partial q}{\partial T}\right)_v = \left(\frac{\partial u}{\partial T}\right)_v. \tag{40}$$

Die innere Energie u und die Enthalpie i sind Zustandsgrößen, deren Charakteristikum es ist, unabhängig vom Wege, auf dem sie erreicht werden, also unabhängig von der Vorgeschichte zu sein. Sie sind demzufolge vollständige Differentiale, was die zugeführte Wärme q und die abgegebene Arbeit a nicht sind.

Mit den Gln. (32) bis (40) und der Zustandsgleichung idealer Gase

$$pv = RT \tag{41}$$

lassen sich die Zustandsänderungen des idealen Gases beschreiben, die als isotherme, isobare, isochore und adiabate Zustandsänderungen bekannt sind. Da reversible adiabate Vorgänge isentrop verlaufen, werden Adiabaten auch Isentropen genannt.

Mit den Gln. (32) und (33) sagt der erste Hauptsatz aus, daß die Umwandlung von Wärme in Arbeit ohne Energieverlust erfolgt, wobei die zugeführte Wärme sich auf die Verrichtung von Arbeit und auf die Zustandsänderung des Arbeitsmediums verteilt. Ob nun aber im Einzelfall eine Umwandlung überhaupt erfolgt, unter welchen Bedingungen ein Prozeß möglich ist und welcher Betrag der zugeführten Wärmemenge sich in Arbeit verwandeln läßt, ist aus diesem Satz jedoch nicht zu ermitteln. Dazu muß der zweite Hauptsatz zur Hilfe genommen werden.

Geschieht die Umwandlung von Wärme in Arbeit nicht durch einmalige Zustandsänderung des Arbeitsmediums, sondern fortwährend in einer periodisch funktionierenden Maschine, so stellt die Folge der Zustandsänderungen, die das Arbeitsmedium dabei durchläuft, in einem Zustandsdiagramm einen geschlossenen Kurvenzug dar, nach dessen Umfahren das Arbeitsmedium seinen Ausgangszustand jeweils wieder erreicht. Eine derartige Folge von Zustandsänderungen ist ein Kreisprozeß. Wird nun bei einem solchen Kreisprozeß Wärme von außen bei der Zustandsänderung von *1* nach *2* zu- und bei der Zustandsänderung von *2* nach *1* abgeführt, so muß, da am Ende der Zustandsänderung von *2* nach *1* wieder der Ausgangswert der inneren Energie erreicht wird, die erzeugte Arbeit gleich der Differenz aus zu- und abgeführter Wärme sein (Bild 43).

$$a_{phys} = \int p\,dv = \int dq. \tag{42}$$

Bei Überlegungen über den maximalen Wirkungsgrad von Dampfmaschinen hat S. CARNOT 1824 einen Kreisprozeß gefunden, der das theoretische Wirkungsgradoptimum für alle denkbaren Kreisprozesse darstellt. Dieser Kreisprozeß besteht aus zwei Isothermen und zwei Adiabaten (Bild 44).

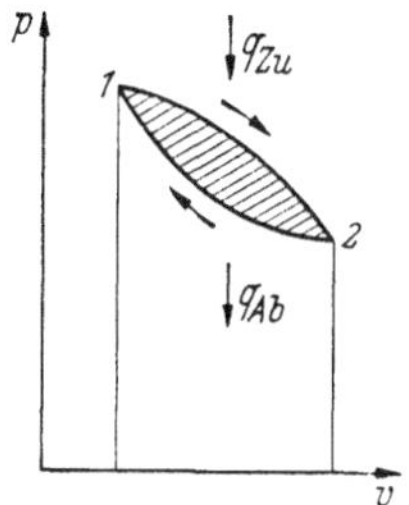

Bild 43. Kreisprozeß zwischen den beiden Zuständen *1* und *2*.

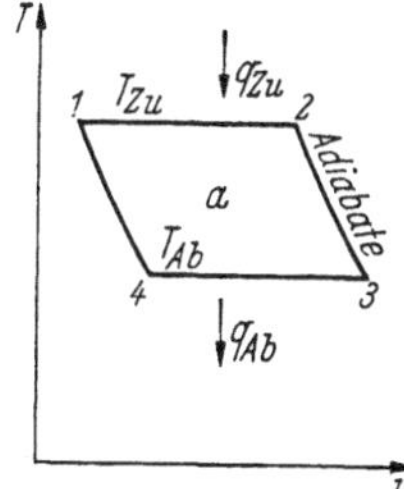

Bild 44. Der CARNOT-Prozeß im T,v-Diagramm.

Bei der Zustandsänderung von *1* nach *2* wird bei der Temperatur T_{Zu} die Wärmemenge q_{Zu} zugeführt. Da nach dem Gesetz von GAY-LUSSAC die innere Energie eines Gases vom Volumen unabhängig und allein eine Funktion der Temperatur ist,

$$\frac{\partial u}{\partial v} = 0,\ u = u\,(T),$$

bleibt bei der Wärmezufuhr entlang der Isothermen die innere Energie konstant, und die zugeführte Wärme wird in Ausdehnungsarbeit umgesetzt. Mit den Gln. (33) und (41) ergibt sich dann

$$q_{Zu} = R\,T_{Zu} \ln \frac{v_2}{v_1}. \tag{43}$$

Bei der adiabaten Expansion von *2* auf *3* sinkt die Temperatur von T_{Zu} auf T_{Ab}. Die Ausdehnungsarbeit wird durch die Abnahme der inneren Energie bewirkt, und es wird mit den Gln. (33) und (40)

$$u_{Zu} - u_{Ab} = c_v\,(T_{Zu} - T_{Ab}). \tag{44}$$

Während der isothermen Kompression von *3* nach *4* wird die Wärmemenge q_{Ab} abgegeben, und es wird analog zu Gl. (43)

$$q_{Ab} = R\,T_{Ab} \ln \frac{v_4}{v_3} = -\,R\,T_{Ab} \ln \frac{v_3}{v_4}. \tag{45}$$

Die adiabate Kompression von *4* nach *1* ergibt schließlich in Anlehnung an die Gl. (44)

$$u_{Ab} - u_{Zu} = c_v\,(T_{Ab} - T_{Zu}). \tag{46}$$

Sie gleicht die bei der Zustandsänderung von *2* nach *3* erfolgte Abnahme der inneren Energie aus und führt das Arbeitsmedium auf seinen Ausgangszustand zurück. Die gesamte gewonnene Arbeit ist somit

$$a = q_{Zu} - q_{Ab} = R\left(T_{Zu} \ln \frac{v_2}{v_1} - T_{Ab} \ln \frac{v_3}{v_4}\right). \tag{47}$$

Zwischen den vier Volumen v_1 bis v_4 besteht nun folgender Zusammenhang, der sich aus dem ersten Hauptsatz nach der Gl. (37) für $dq = 0$ und der Zustandsgleichung idealer Gase ergibt:

$$du = -\,p\,dv = -\,\frac{RT}{v}\,dv. \tag{48}$$

Da u nur von T und nicht von v abhängt, läßt sich die Gl. (48) integrieren, und es ergeben sich die entgegengesetzt gleichen Integrale

$$\begin{aligned} \int_3^2 \frac{du}{T} &= R \ln \frac{v_2}{v_3}\,, \\ \int_1^4 \frac{du}{T} &= R \ln \frac{v_4}{v_1}\,. \end{aligned} \tag{49}$$

Durch Addition folgt daraus

$$R \ln \frac{v_2 v_4}{v_3 v_1} = 0 \tag{50}$$

oder $v_3/v_4 = v_2/v_1$. Damit wird aus der Gl. (47)

$$a = q_{Zu} - q_{Ab} = R\,(T_{Zu} - T_{Ab}) \ln \frac{v_2}{v_1}\,. \tag{51}$$

Der thermische Wirkungsgrad, gebildet aus dem Verhältnis von gewonnener Arbeit zu zugeführter Wärme, wird schließlich

$$\eta = \frac{a}{q_{Zu}} = \frac{q_{Zu} - q_{Ab}}{q_{Zu}}$$

oder

$$\eta = \frac{T_{Zu} - T_{Ab}}{T_{Zu}}\,, \tag{52}$$

und die gewonnene Arbeit ist

$$a = q_{Zu} - q_{Ab} = \frac{q_{Zu}}{T_{Zu}}\,(T_{Zu} - T_{Ab})\,. \tag{53}$$

Diese Arbeit ist proportional dem Temperaturunterschied $T_{Zu} - T_{Ab}$ und dem Quotienten q_{Zu}/T_{Zu}. Die Arbeitsausbeute und der Wirkungsgrad des CARNOT-Prozesses sind also abhängig von der Differenz der oberen und der unteren Temperaturen des Prozesses.

CARNOT erläutert die von ihm gefundenen Beziehungen folgendermaßen:

„Die bewegende Kraft eines Wasserfalles hängt von seiner Höhe und der Wassermenge ab, die bewegende Kraft der Wärme hängt von der zur Verwendung kommenden Wärmemenge und von dem ab, was man ihre Fallhöhe nennen könnte, und was wir in der Tat so bezeichnen wollen, d. h. von der Temperaturdifferenz der Körper, zwischen denen der Austausch des Wärmestoffes erfolgt. Beim Wasserfall ist die bewegende Kraft dem Höhenunterschied zwischen dem oberen und dem unteren Sammelbecken genau proportional. Beim Fall des Wärmestoffes wächst die bewegende Kraft ohne Zweifel mit dem Temperaturunterschied zwischen dem warmen und dem kalten Körper, aber wir wissen nicht, ob sie diesem Unterschied proportional ist.“

CARNOT erkennt also, daß zur Gewinnung von Arbeit aus Wärme die Möglichkeit eines Übergangs der Wärme von hoher zu tiefer Temperatur besteht, also ein Wärmegefälle vorhanden sein muß. Er erkennt darüber hinaus, daß bei Wärmekraftmaschinen die Bedingung des periodischen Funktionierens erfüllt sein muß, wobei innerhalb gewisser Zeiträume jeweils bestimmte Ausgangszustände des Arbeitsmediums wiederhergestellt, also Kreisprozesse ausgeführt werden.

Der CARNOT-Prozeß ist das Beispiel eines Idealprozesses. Alle Zustandsänderungen, die während seiner Durchführung ablaufen, lassen sich durch die inversen Zustandsänderungen vollständig rückgängig machen, ohne daß in der Natur irgendeine Änderung zurückbleibt. Derartige Prozesse werden reversibel oder umkehrbar genannt. Da sie ohne eine Veränderung in der Umgebung zurückzulassen vor sich gehen, genügt offenbar eine beliebig kleine von außen kommende Kraft, um sie in der einen wie in der zu dieser inversen Richtung ablaufen zu lassen, d. h., sie bestehen aus lauter Gleichgewichtszuständen. Das bedeutet aber, daß das System die Zustandsfläche nicht verläßt, es passiert also nichts. Wird die Zustandsgleichung idealer Gase nach der Gl. (41) im dreidimensionalen Raum als Fläche dargestellt,

$$f(p, v, T) = 0, \tag{54}$$

so setzt sich der CARNOT-Prozeß aus Teilprozessen zusammen, die als Wege auf der Zustandsfläche beschreibbar sind. Wird diese Zustandsfläche beispielsweise durch eine p, v-Ebene geschnitten, so liegen in der Projektion gesehen alle Zustandspunkte beim Durchlaufen des CARNOT-Prozesses in der Kurve des Bildes 45.

Verläßt dagegen das System die Zustandsfläche, um bei dem Beispiel des Bildes 45 zu bleiben, etwa so, daß ein Behälter, in dem sich ein Gas vom Zustand p_1, v_1, T_1 befindet, durch Entfernen einer Trennwand plötzlich mit einem Behälter verbunden wird, in dem sich das Gas im Zustand p_2, v_2, T_2 befindet, so entsteht durch das Druckgefälle Δp eine Strömung, die solange anhält, bis sich das System wieder in der Zustandsfläche befindet. Bei der Strömung tritt Reibungswärme auf, die allenfalls mit dem CARNOT-Wirkungsgrad zurückgewonnen werden könnte und deshalb nicht ausreicht, das Gas wieder in den Ausgangszustand zurückzubringen. Die Strömung ist aus diesem Grund ein einsinniger sogenannter irreversibler Prozeß, bei dem mechanische Arbeit nicht umkehrbar in Reibung übergeführt wird. Jede wirkliche Ausdehnung eines Gases enthält einen solchen irreversiblen Strömungsprozeß. Dieser irreversible Anteil ist es geradezu, der den Prozeß in Bewegung versetzt. Ähnlich verhält es sich mit dem Wärmetransport. Ist bei dem Druckausgleich das Druckgefälle Δp für den Ablauf des Prozesses maßgebend, so ist es bei dem Wärmetransport das Temperaturgefälle ΔT. Es ist leicht vorstellbar, daß der irreversible Anteil an einer Zustandsänderung eines Systems durch die Größe der Störungen dieses Systems aus dem Gleichgewichtszustand bestimmt wird.

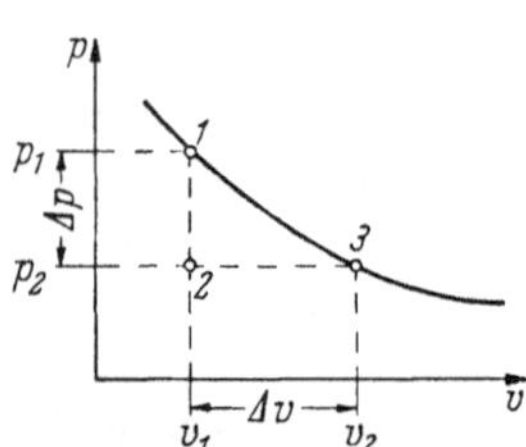

Bild 45. Schnitt durch die Zustandsebene mit T = const.

Die für den reversiblen Prozeß gestellte Forderung der Zustandsänderung eines Systems durch unendlich kleine Gleichgewichtsstörungen läßt erkennen, daß es sich bei reversiblen Prozessen um die Idealisierung wirklicher Prozesse handelt, bei der die irreversiblen Anteile nicht berücksichtigt sind. Der CARNOT-Prozeß stellt als reversibler Prozeß somit einen Grenzfall dar, dem man die wirklichen Prozesse anzunähern sucht.

Der durch die beim Druckausgleich und beim Wärmetransport mit den dabei erforderlichen Gefällen bedingte Richtungscharakter für den Ablauf eines Vorganges ist die Aussage des zweiten Hauptsatzes der Thermodynamik. R. CLAUSIUS entdeckte ihn 1850 und formulierte ihn folgendermaßen:

„Die Wärme kann nicht von selbst aus einem kälteren in einen wärmeren Körper übergehen."

Das „von selbst" besagt, daß die Wärmeübertragung in umgekehrter Richtung nicht möglich ist, ohne daß sonst Veränderungen in der Natur übrigbleiben.

Während der erste Hauptsatz die Zustandsgrößen der inneren Energie und der Enthalpie zu bilden erlaubte, deren Vorhandensein der Aussage des ersten Hauptsatzes gleichbedeutend ist, gelingt es, den zweiten Hauptsatz durch Einführung der Entropie zu formulieren.

CLAUSIUS bezeichnete die Quotienten aus Wärmemengen q und zugehörigen Temperaturen T also q/T als reduzierte Wärmemengen und definierte beim Übergang auf infinitesimal zugeführte Wärmemengen dq die Entropie s als eine der Adiabaten zugeordnete Größe, die dadurch bestimmt wird, daß sie sich beim Übergang zur benachbarten Adiabaten um $ds = dq/T$ ändert (Entropie = Verwandlungsgröße). Damit ist also die Entropie entlang jeder Adiabaten konstant, die deshalb auch Isentrope heißt. Die Entropie ist eine Zustandsgröße. Mit ihr dargestellte Diagramme (i, s- und T, s-Diagramme usw.) haben sich in der Wärmetechnik als sehr nützlich erwiesen.

Wird ein System von einem Zustand *1* nach einem Zustand *2* überführt, so sind die reduzierten Wärmemengen, die das System durchlaufen, unabhängig vom Weg, und ihre Summe ist demzufolge bei Erreichen des Ausgangszustandes gleich Null, d. h. es hat keine Entropiezunahme stattgefunden. Aus der Gl. (53) für den CARNOT-Prozeß läßt sich leicht herleiten

$$\frac{q_{Zu}}{T_{Zu}} - \frac{q_{Ab}}{T_{Ab}} = 0. \tag{55}$$

Nun kann jeder Kreisprozeß, der reversibel ist, durch eine Reihe CARNOTscher Kreisprozesse dargestellt werden, und damit wird für reversible Prozesse

$$\frac{dq}{T} = 0. \tag{56}$$

Da bei wirklichen Prozessen der Wirkungsgrad infolge des irreversiblen Anteils geringer ist als beim CARNOT-Prozeß, ist die erzielbare

Arbeit kleiner als nach der Gl. (53) angegeben, und man erhält aus dieser Gleichung

$$q_{Zu} - q_{Ab} < \frac{q_{Zu}}{T_{Zu}} (T_{Zu} - T_{Ab})$$

oder (57)

$$\frac{q_{Zu}}{T_{Zu}} - \frac{q_{Ab}}{T_{Ab}} < 0,$$

woraus sich die reversible und irreversible Prozesse umfassende Aussage

$$\frac{dq}{T} \leqq 0 \tag{58}$$

ergibt.

Wird kein Kreisprozeß, sondern nur eine Zustandsänderung von *1* nach *2* ausgeführt, so wird die Entropiedifferenz, die dabei auftritt

$$\int_1^2 \frac{dq}{T} = \Delta s, \tag{59}$$

und für dq die beiden Fassungen nach den Gln. (37) und (38) des ersten Hauptsatzes eingesetzt, wird daraus

$$ds = \frac{du + p\,dv}{T} = \frac{di - v\,dp}{T}. \tag{60}$$

Mit den Gln. (39), (40) und (41) folgen aus der Gl. (60) die Gln. (61)

$$ds = c_v \frac{dT}{T} - R \frac{dv}{v} \tag{61a}$$

$$ds = c_p \frac{dT}{T} - R \frac{dp}{p}. \tag{61b}$$

Handelt es sich bei der gedachten Zustandsänderung um einen irreversiblen Vorgang, so kommt außer der Entropiezunahme entsprechend der reduzierten Wärme dq/T noch ein Anteil für die Entropievermehrung durch die Irreversibilität hinzu, und es ergibt sich als Erweiterung der Gl. (59)

$$ds = ds_a + ds_{irr} = \frac{dq}{T} + ds_{irr}. \tag{62}$$

In der Gl. (62), die auch als CLAUSIUS-CARNOT-Beziehung bezeichnet wird, bedeuten ds_a und dq die Entropie und die Wärme, die bei der Zustandsänderung von außen zugeführt werden. ds_{irr} ist die Entropie, die während der irreversiblen Zustandsänderung erzeugt wird.

Bei diesen und den folgenden Überlegungen wird vorausgesetzt, daß es sich immer um geschlossene Systeme handelt, die mit der Umgebung wohl in Wärmeaustausch, nicht aber in Materieaustausch stehen.

In der Gl. (62) kommt ebenso wie in der Gl. (57) zum Ausdruck, daß die Nichtumkehrbarkeiten zu einem Arbeitsverschleiß, d. h. zu einem

Exergieverlust (s. S. 66), also zu einer geringeren Arbeitsausbeute führen als dies bei idealen Prozessen möglich ist.

An einem Beispiel soll dieser Arbeitsverschleiß nun berechnet werden. In dem Bild 46 ist ein Mischvorgang dargestellt. Gleiche Wasserwerte vorausgesetzt, sind die Flächen q_1 und q_2 gleich, sie stellen dar, daß sich das Medium *1* von T_1 auf T_2 abkühlt und dabei das Medium *2* von T_3 auf T_2 bei dem Mischvorgang aufwärmt. Wird die Fläche unter der Kurve der Zustandsänderung von T_1 auf T_2 integriert und durch die zugehörige Entropiedifferenz Δs_1 dividiert, so ergibt sich mit T_{1c} die obere Temperatur eines vergleichbaren CARNOT-Prozesses. Ebenso ergibt sich T_{2c}. Ist T_3 gleich der Umgebungstemperatur T_u, so kann aus der Wärmemenge q_1 die Arbeit

$$a_1 = q_1 \frac{T_{1c} - T_3}{T_{1c}} \tag{63}$$

nach der Gl. (53) maximal erzielt werden. Ist diese Wärmemenge an das aufzuwärmende Medium abgegeben worden, wobei $q_1 = q_2$, so kann aus dem aufgewärmten Medium nur die Arbeit

$$a_2 = q_1 \frac{T_{2c} - T_3}{T_{2c}} \tag{64}$$

gewonnen werden. Somit ist die Differenz beider Arbeitsbeträge

$$\delta a = a_1 - a_2 = q_1 T_u \left(\frac{T_{1c} - T_{2c}}{T_{1c} T_{2c}}\right), \tag{65}$$

und da $q_1 \left(\frac{T_{1c} - T_{2c}}{T_{1c} T_{2c}}\right)$ die Dimension einer Entropie hat, also

$$\delta a = T_u \Delta s \tag{66}$$

oder mit den Bezeichnungen des Bildes 46

$$\delta a = T_3 (\Delta s_2 - \Delta s_1). \tag{67}$$

Der Arbeitsverschleiß ist also gleich dem Produkt aus der Entropievermehrung und der Umgebungstemperatur. Auf diese Abhängigkeit hat zuerst GOUY in seiner Arbeit „Sur l'énergie utilisable" hingewiesen. Sie wurde auf technische Probleme zuerst von STODOLA angewendet und wird allgemein als GOUY-STODOLAsche Gleichung bezeichnet.

Verallgemeinert läßt sich aus der Gl. (65) ablesen, daß die Entropievermehrung, die bei einer Wärmeübertragung entsteht, sich aus der mittleren oberen Temperatur der Wärmeabgabe T_{1c} und der mittleren unteren Temperatur der Wärmeaufnahme T_{2c} sowie der übertragenen Wärmemenge ergibt:

$$\delta s = q \frac{T_{1c} - T_{2c}}{T_{1c} T_{2c}}. \tag{68}$$

Die Entropiezunahme ist nach dieser Gleichung um so größer, je höher die Temperaturdifferenz zwischen T_{1c} und T_{2c} ist. Umgekehrt sinkt sie mit Abnahme dieser Differenz, um bei $\Delta T \to 0$ ebenfalls mit $\Delta s \to 0$ zu verschwinden. Sie sinkt außerdem bei gleichbleibender Differenz ΔT, aber steigendem Temperaturniveau der wärmeaustauschenden Stoffe, also mit wachsenden T_{1c} und T_{2c}.

Bei der Betrachtung von Kreisprozessen werden sich diese Begriffe der mittleren oberen Temperatur der Wärmezufuhr von außen T_{oc} und der mittleren unteren Temperatur der Wärmeabfuhr nach außen T_{uc}, hier mit den Indizes oc = obere Temperatur des vergleichbaren CARNOT-Prozesses und analog uc versehen, noch als sehr nützlich erweisen.

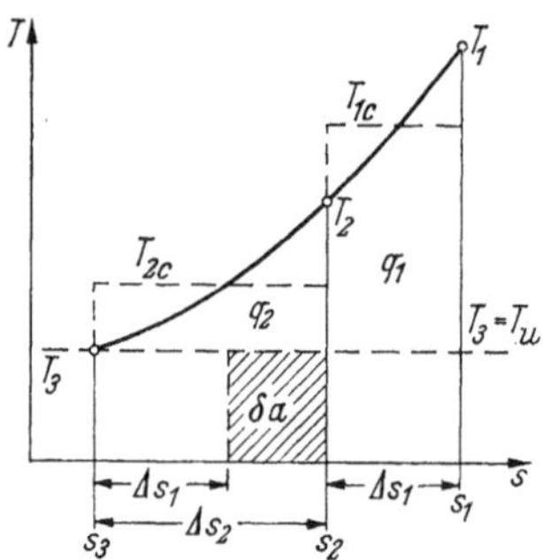

Bild 46. Darstellung des Arbeitsverschleißes bei einem Mischvorgang.

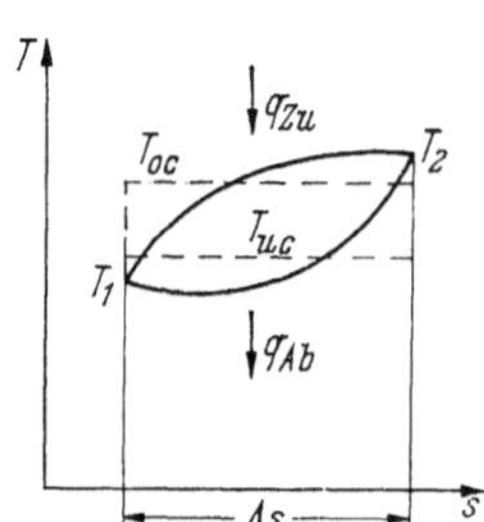

Bild 47. Prozeß im T,s-Diagramm mit den oberen T_{oc} und unteren T_{uc} Temperaturen des vergleichbaren CARNOT-Prozesses gleichen Wirkungsgrades.

Im T, s-Diagramm ergeben sich diese Temperaturen als Integralmittelwerte der Flächen unter den Zustandsänderungen, bei denen die Wärme zu- oder abgeführt wird. Aus dem Bild 47 ist abzulesen, daß $T_{oc} = q_{Zu}/\Delta s$ und $T_{uc} = q_{Ab}/\Delta s$. Darüber hinaus ist der Wirkungsgrad des CARNOT-Prozesses sehr einfach nach Einführung der Entropie und des T, s-Diagrammes abzulesen zu

$$\eta = \frac{q_{Zu} - q_{Ab}}{q_{Zu}} = \frac{T_{oc}\Delta s - T_{uc}\Delta s}{T_{uc}\Delta s} = 1 - \frac{T_{uc}}{T_{oc}} . \tag{69}$$

4.1.1 Die Verknüpfung beider Hauptsätze miteinander. Die Exergie

Mit Hilfe der Gl. (60) sollen zunächst einige charakteristische Funktionen der Thermodynamik aufgestellt werden.

Aus

$$T\,ds = du + p\,dv = di - v\,dp \tag{70}$$

folgt für eine isotherme Zustandsänderung mit $T = \text{const}$ und $dT = 0$

$$(du - T\,ds) = -\,p\,dv = d\,(u - Ts)\,. \tag{71}$$

Die Größe $u - Ts = f$ wird nach HELMHOLTZ freie Energie genannt. Sind v und T gegeben, so ergibt sich

$$\left(\frac{\partial f}{\partial v}\right)_T = -p \text{ und } \left(\frac{\partial f}{\partial T}\right)_v = -s. \tag{72}$$

Für die isobare Zustandsänderung gilt $p = \text{const}$, $dp = 0$, und es wird

$$T\,ds = d\,(u + pv) = di \tag{73}$$

und damit

$$\left(\frac{\partial i}{\partial s}\right)_p = T. \tag{74}$$

Für eine isotherm-isobare Zustandsänderung folgt schließlich mit $T = \text{const}$, $dT = 0$ und $p = \text{const}$, $dp = 0$

$$di - T\,ds = d\,(i - Ts) = dg = 0. \tag{75}$$

g wird freie Enthalpie, GIBBSsches Potential oder thermodynamisches Potential genannt. Isotherm-isobare Zustandsänderungen lassen sich in den Phasenübergangsgebieten ausführen. Für Kreisprozesse mit Wasserdampf als Arbeitsmedium ist das Naßdampfgebiet, in dem die zueinander gehörenden Isobaren und Isothermen als Gerade gleicher Neigung verlaufen, von großer Bedeutung.

Aus dem thermodynamischen Potential ergeben sich die Entropie und das Volumen aus

$$\left(\frac{\partial g}{\partial T}\right)_p = -s \text{ und } \left(\frac{\partial g}{\partial p}\right)_T = v. \tag{76}$$

Schließlich gilt noch für die adiabate Zustandsänderung

$$dq = 0 \text{ und } ds = 0. \tag{77}$$

Ausgehend von dem thermodynamischen Potential läßt sich der Begriff der Exergie, auf den erstmals von GOUY hingewiesen wurde, ableiten. Unter der Exergie wird dabei der Betrag an Arbeit verstanden, der aus einem Stoffstrom beim reversiblen Übergang in den Umgebungszustand gewonnen werden kann. Die Potentialdifferenz ist dabei abhängig von der Entropiedifferenz bis zum Umgebungszustand, und es ist

$$e = i_0 - i_{wk} - T_u\,(s_0 - s_{wk}). \tag{78}$$

Für Wasserdampf läßt sich diese Gl. (77) anschaulich aus dem i, s-Diagramm ablesen (Bild 48).

Anstelle der Umgebungstemperatur T_u wird bei Dampfkraftprozessen die Kondensationstemperatur des Abdampfes T_k angeschrieben. Die Indices bezeichnen die niedrigstmögliche Temperatur der Wärmeabfuhr nach außen, falls $T_k = T_u$. Ist $T_k > T_u$, so muß die Exergie mit T_u

gebildet werden, da das Arbeitsmittel mit der Temperatur T_k dann noch Arbeitsfähigkeit gegenüber der Umgebungstemperatur besitzt.

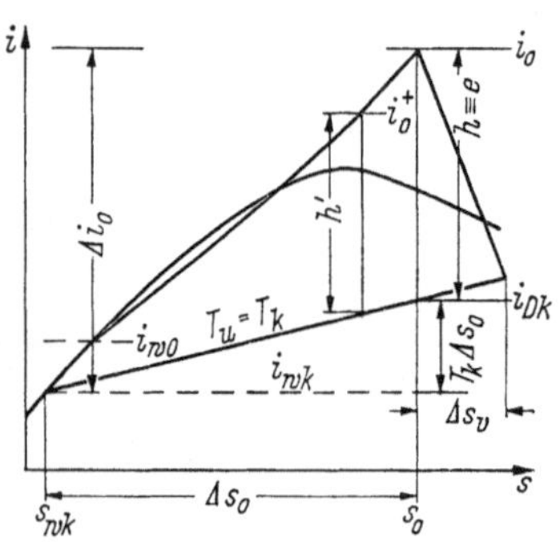

Bild 48. Darstellung der Exergie im i, s-Diagramm.

Dem Speisewasser von dem Zustand i_{wk}, s_{wk} wird die Wärmemenge Δi_0 zugeführt, wobei es außerdem auf den zu i_0, s_0 gehörenden Druck p_0 komprimiert wird, bis es überhitzter Dampf vom Zustand i_0, s_0 geworden ist. Dieser Dampf kann bis zum Umgebungszustand, also bis zur Umgebungsgeraden T_u adiabat entspannt werden und dabei Arbeit verrichten. Es ist dann

$$e \equiv h = \Delta i_0 - T_u \Delta s_0. \tag{79}$$

Bei wirklichen Prozessen wird die erzielbare Arbeit, in diesem Fall das Gefälle, noch geschmälert um einen weiteren Betrag $T_u \Delta s_{irr}$, wobei Δs_{irr} die durch Nichtumkehrbarkeiten während der Zustandsänderung aufgetretene Entropievermehrung ist.

Der Begriff der Exergie erweist sich als wertvoll bei der Beschreibung irreversibler Zustandsänderungen, von denen die reibungsbehaftete Expansion und Kompression und die unmittelbare oder mittelbare Wärmeübertragung in diesem Zusammenhang interessieren. Dabei entstehende Verluste an Arbeitsfähigkeit, auf Entropiezunahmen bezogen, werden somit untereinander vergleichbar.

Die Bezeichnung „Exergie" wird von R. Plank zuerst vorgeschlagen und später von Rant in dessen Veröffentlichungen erstmalig verwendet. Fratzscher [*19*] gibt eine zusammenfassende Darstellung der Bedeutung der Exergie für die technische Thermodynamik.

Aus dem ersten Hauptsatz

$$dq = di - da$$

und dem zweiten Hauptsatz

$$ds = \frac{dq}{T} + ds_{irr}$$

läßt sich mit der Gl. (78) in differentieller Form

$$de = di - T_u\, ds$$

die Verknüpfung beider Hauptsätze mit

$$\frac{T - T_u}{T}\, dq = de + da + T_u\, ds_{irr} \tag{80}$$

anschreiben. Die Gl. (80) ergibt sich bei der Betrachtung einer beliebigen wärmetechnischen Anlage, wenn diese Anlage durch eine Bilanzhülle umschlossen wird, wobei durch die Bilanzhülle der Stoffstrom und nicht an den Stoffstrom gebundene Energie, wie Arbeiten und Wärmemengen, hindurchtreten. Die Vorzeichenwahl bei dieser Gl. (80) soll ausdrücken, daß in dem hier betrachteten Fall der Bilanzhülle die Wärmemenge dq zugeführt wird, deren Betrag multipliziert mit dem CARNOT-Faktor der Summe aus Exergie-Veränderung, abgegebener Arbeit und Verlusten durch Irreversibilitäten gleich ist.

Wird nämlich die Umwandlung kinetischer und potentieller Energien im Rahmen der hier zu betrachtenden Vorgänge vernachlässigt, so treten durch die Bilanzhülle an arbeitsfähigen Energien

$$W_a = G\,a$$

als mechanische oder elektrische Arbeitsbeträge und als arbeitsfähiger Teil einer Wärmemenge

$$W_w = \left(1 - \frac{T_u}{T}\right) Q = G \int \frac{T - T_u}{T}\, dq, \tag{81}$$

wobei dem zweiten Hauptsatz folgend die Wärmemengen bis auf die Umgebungstemperatur reversibel, also mit dem Wirkungsgrad des CARNOT-Prozesses in Arbeit entsprechend der Temperaturdifferenz umgesetzt werden. Der Integralausdruck berücksichtigt, daß die Wärme nicht nur bei konstanter Temperatur angeboten zu werden braucht.

Schließlich enthält das betrachtete Medium bereits Arbeitsvermögen, das durch die Exergie angegeben wird

$$W_i = G\,e.$$

Für die Zustandsänderung eines strömenden Stoffes vom Zustand *1* in den Zustand *2* ergibt sich dann die Bilanzgleichung

$$\sum_1 W = \sum_2 W,$$

und daraus folgt

$$\int_1^2 \frac{T - T_u}{T}\, dq = e_1 - e_2 + a_{12}. \tag{82}$$

Die Gl. (82) in differentieller Form angeschrieben und um den durch die bei wirklichen Prozessen auftretenden Irreversibilitäten bedingten Arbeitsverschleiß $T_u\, ds_{irr}$ vermehrt, ergibt schließlich die Gl. (80) als Grundgleichung irreversibler Vorgänge. Diese Gl. (80) findet bei den Überlegungen über die Auswahl der thermodynamischen Parameter des Dampfkraftprozesses Verwendung.

Zusammenfassend läßt sich zu den beiden thermodynamischen Hauptsätzen sagen:

Der erste Hauptsatz, der die Äquivalenz zwischen den einzelnen Energieformen beschreibt, erlaubt über Bilanzgleichungen das Aufstellen eines Wirkungsgrades bei den Energieumformungen. Der zweite Hauptsatz gibt dagegen für die Umformung von Wärme in eine andere Energieform den optimal möglichen Wirkungsgrad an und gestattet, Wirkungsgradverschlechterungen gegenüber dem optimal möglichen Prozeß zu deuten. Die Grundgleichungen (80) und (82) für reversible und irreversible Vorgänge umfassen beide Hauptsätze.

Energieformen, die unbeschränkt umwandelbar sind, sind die elektrische Energie und die mechanische Nutzarbeit. Andere Energieträger enthalten nur dann Exergie, wenn sie sich nicht im Gleichgewicht mit der Umgebungstemperatur befinden. Der nicht umwandelbare Teil, der innere Energie bei der Temperatur der Umgebung darstellt, wird als Anergie bezeichnet. So ergibt sich die Energie immer als Summe von Exergie und Anergie. Der erste Hauptsatz sagt dann aus, daß die Summe von Exergie und Anergie konstant ist. Der zweite Hauptsatz besagt, daß bei reversiblen Prozessen die Exergie konstant bleibt und daß es unmöglich ist, Anergie in Exergie zu verwandeln. Bei jedem irreversiblen Prozeß wird Exergie in Anergie umgewandelt. Der Exergieverlust durch Entwertung von umwandelbarer Energie ist technisch und wirtschaftlich wertlos. Anergie entspricht dem, was im Sprachgebrauch als Energieverlust bezeichnet wird. Anstelle der Gl. (79) läßt sich die Exergie auch als max. erzielbare Arbeit aus Wärmeenergie mit dem CARNOT-Faktor, bezogen auf die Umgebungstemperatur, anschreiben. Es ist dann

$$de = \eta_c \, dq = \left(1 - \frac{T_u}{T}\right) dq \tag{83a}$$

als Exergie der Wärme. Für die Anergie b der Wärme ergibt sich damit

$$db = (1 - \eta_c) \, dq = \frac{T_u}{T} \, dq . \tag{83b}$$

Die bei periodisch funktionierenden Arbeitsmaschinen erforderliche Wiederherstellung der Ausgangszustände in gewissen Zeiträumen, das Umfahren von Kreisprozessen, läßt sich für reversible Prozesse mit Hilfe der Gl. (82) ausdrücken.

$$\oint \frac{T - T_u}{T} \, dq = \oint de + \int da . \tag{84}$$

Da die Exergie eine Zustandsgröße ist, deren Betrag vom Wege, also von der Vorgeschichte unabhängig ist, ergibt sich

$$\oint de = 0,$$

und mit $\int da = a_{12}$ wird

$$\int\limits_1 \frac{T - T_u}{T} dq - \int\limits_2 \frac{T - T_u}{T} dq = a_{12}. \tag{85}$$

Der Zeiger *1* weist auf die Wärmezufuhr in den Kreisprozeß und der Zeiger *2* auf die Wärmeabfuhr aus dem Kreisprozeß hin.

Bei irreversiblen Kreisprozessen kommt zu der Gl. (84) das Glied $T_k ds_{irr}$ hinzu. Dieses Glied ist gleich der Summe der Einzelentropievermehrungen multipliziert mit $T_k \equiv T_u$

$$T_u \oint ds_{irr} = T_u \; \Sigma \Delta s_{irr}, \tag{86}$$

und die allgemeine Bilanzgleichung für einen rechtsläufigen Kreisprozeß lautet

$$\int\limits_1 \frac{T - T_u}{T} dq - \int\limits_2 \frac{T - T_u}{T} dq = a_{12} + T_u \; \Sigma \Delta s_{irr}. \tag{87}$$

Daraus ergibt sich der thermodynamische oder besser: der exergetische Wirkungsgrad des Kreisprozesses als Verhältnis von erzielter Arbeit zu der beim reversiblen Kreisprozeß maximal erzielbaren Arbeit

$$\eta_{ex} = \frac{a_{12}}{\oint \frac{T - T_u}{T} dq} = 1 - \frac{T_u \Sigma \Delta s_{irr}}{\oint \frac{T - T_u}{T} dq}. \tag{88}$$

Es wird also der thermodynamische Wirkungsgrad $\eta_{ex} = 1$ bei $\Sigma \Delta s_{irr} = 0$ erreicht.

4.1.2 Kreisprozesse mit homogenen Arbeitsmedien

Es soll im folgenden unterschieden werden zwischen Kreisprozessen, die bei allen Zustandsänderungen, die während des Prozesses auftreten, mit einem homogenen Medium arbeiten, dazu gehören die Gas- und Luftturbinenprozesse, und solchen, die mit einem heterogenen Medium arbeiten, worunter das Auftreten zweier oder mehrerer Phasen des Arbeitsmediums verstanden wird. Der Wasserdampfkreisprozeß ist ein solcher heterogener Prozeß.

Der dem CARNOT-Prozeß vergleichbare Grundprozeß der Gasturbine mit gleichem Wirkungsgrad bei gleichen oberen und unteren Prozeßtemperaturen ist der ACKERET-KELLER-Prozeß. Er besteht aus zwei Isothermen und zwei Isobaren. Die Wärme wird bei der isothermen Expansion von *2* nach *3* von außen zu- und während der isothermen Kompression von *4* nach *1* nach außen abgeführt (Bild 49). Die Temperatur-

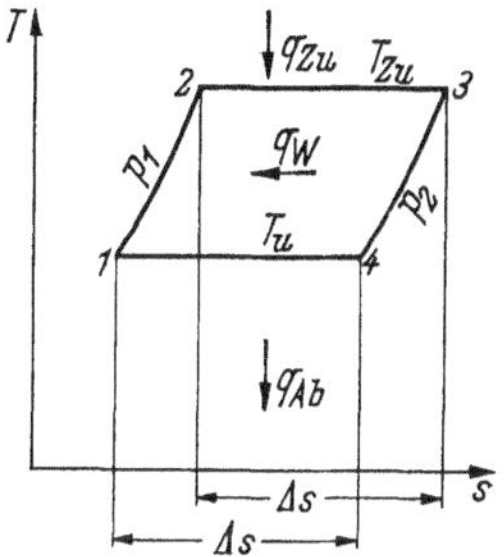

Bild 49. Der ACKERET-KELLER-Prozeß im T,s-Diagramm.

erhöhung des Arbeitsmediums während der Zustandsänderung von *1* nach *2* entlang der Isobaren p_1 geschieht durch prozeß-internen Wärmeaustausch dadurch, daß die bei der Zustandsänderung von *3* nach *4* entlang der Isobaren p_2 freiwerdende Wärmemenge q_w übertragen wird.

Nach der Gl. (61b) ergibt sich für die bei den Isothermen T_{Zu} und T_u zu- bzw. abgeführten Wärmemengen

$$q_{Zu} = T_{Zu}\,(s_3 - s_2) = T_{Zu}\, R \ln \frac{p_1}{p_2}\,, \tag{89}$$

und

$$q_{Ab} = T_u\,(s_4 - s_1) = T_u\, R \ln \frac{p_1}{p_2}\,, \tag{90}$$

und daraus folgt als Prozeßwirkungsgrad

$$\eta = \frac{q_{Zu} - q_{Ab}}{q_{Zu}} = 1 - \frac{T_u}{T_{Zu}}\,, \tag{91}$$

also der Wirkungsgrad des CARNOT-Prozesses. Die prozeß-interne, in einem Wärmeaustauscher übertragene Wärmemenge ist

$$q_w = c_p\,(T_{Zu} - T_u). \tag{92}$$

Die Übertragung dieser Wärmemenge q_w ist die wesentliche Vorbedingung für das Erreichen des CARNOT-Wirkungsgrades beim ACKERET-KELLER-Prozeß.

Würde die Wärmemenge q_w nicht prozeß-intern übertragen, sondern entlang p_1 schon während der Zustandsänderung von *1* nach *2* von außen zugeführt und während der Zustandsänderung von *3* nach *4* nach außen abgeführt, so würde die mittlere obere Temperatur der Wärmezufuhr von außen von T_{Zu} auf

$$T_{oc} = \frac{T_{Zu}(s_3 - s_2) + T_m(s_2 - s_1)}{s_3 - s_1} \tag{93}$$

sinken, wobei

$$T_m = \frac{T_{Zu} - T_u}{\ln \dfrac{T_{Zu}}{T_u}}\,. \tag{94}$$

Analog erhöht sich die mittlere untere Temperatur der Wärmeabfuhr von T_u auf

$$T_{uc} = \frac{T_u(s_4 - s_1) + T_m(s_3 - s_4)}{(s_3 - s_1)}\,, \tag{95}$$

und damit ergibt sich $\eta > \eta'$, wenn η' der Prozeßwirkungsgrad des Prozesses ohne prozeß-internen Wärmeaustausch ist.

Der ideale Vergleichsprozeß der Gasturbine läßt sich ebenso wie der CARNOT-Prozeß nicht ausführen, da die isothermen Zustandsänderungen nur durch wechselnde Abschnitte adiabater Expansion bzw. Kompression und isobarer Wärmezu- bzw. Wärmeabfuhr anzunähern sind.

Somit ergibt sich ein Prozeß, wie er in dem Bild 50 dargestellt ist mit vielstufiger Expansion, den entsprechenden Zwischenerhitzungen und vielstufiger Kompression mit den zugehörigen Zwischenkühlungen. Die mittlere obere Temperatur der Wärmezufuhr von außen T_{oc} liegt niedriger als die maximal bei dem Prozeß auftretenden Temperaturen T_{Zu}. Ebenso liegt die mittlere untere Temperatur der Wärmeabfuhr nach außen T_{uc} über der tiefsten vorkommenden Temperatur für die isobare Wärmeabfuhr, die durch die Umgebungstemperatur T_u bestimmt ist. Bei dem wirklichen Prozeß wird die Differenz zwischen T_{oc} und T_{uc} noch geschmälert durch die Entropievermehrungen, die bei der reibungsbehafteten Expansion und Kompression und bei der Wärmeübertragung auftreten.

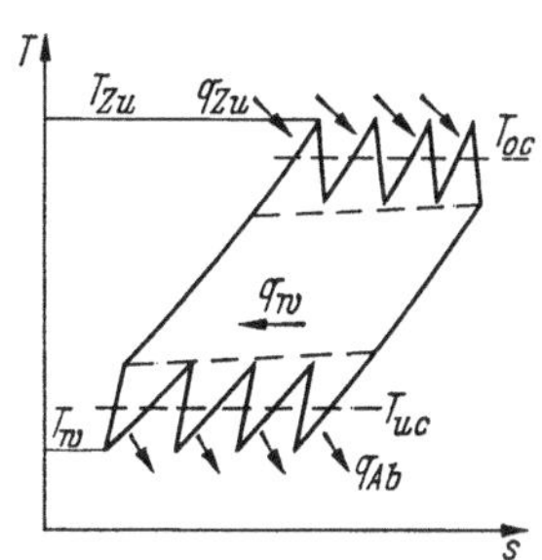

Bild 50. Gasturbinenprozeß mit vielstufiger Expansion und Kompression sowie internem Wärmetausch.

Die ausgeführten Prozesse arbeiten mit einer geringen Zahl von Zwischenerhitzungen und Zwischenkühlungen des Arbeitsmediums, wobei sich im Grenzfall der JOULE-Prozeß ergibt (Bild 51). Er besteht aus zwei Isobaren und zwei Adiabaten.

Die von außen zugeführte Wärmemenge ist $q_{Zu} = c_p\,(T_3 - T_2)$ und die nach außen abgeführte Wärmemenge

$$q_{Ab} = c_p\,(T_4 - T_1),$$

und es wird

$$\eta = 1 - \frac{T_4 - T_1}{T_3 - T_2} \quad \text{oder} \tag{96}$$

$$\eta = 1 - \frac{T_4\left(1 - \frac{T_1}{T_4}\right)}{T_3\left(1 - \frac{T_2}{T_3}\right)}. \tag{97}$$

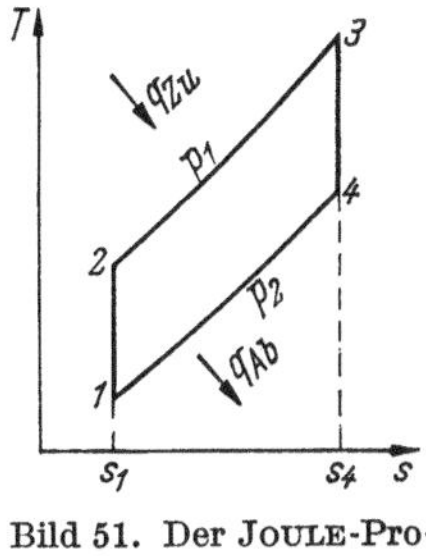

Bild 51. Der JOULE-Prozeß im T,s-Diagramm.

Über die Gleichung der Adiabaten

$$\frac{T_3}{T_4} = \left(\frac{p_1}{p_2}\right)^{\frac{\varkappa-1}{\varkappa}} = \frac{T_2}{T_1} \quad \text{ergibt sich} \quad \frac{T_1}{T_4} = \frac{T_2}{T_3},$$

und damit wird der Wirkungsgrad zu

$$\eta = 1 - \frac{T_4}{T_3} = 1 - \left(\frac{p_2}{p_1}\right)^{\frac{\varkappa-1}{\varkappa}}. \tag{98}$$

Der Wirkungsgrad des JOULE-Prozesses ist also allein vom Verhältnis der Drücke oder dem Verhältnis der Temperaturen, zwischen denen der Prozeß abläuft, abhängig.

Wird dieser JOULE-Prozeß durch prozeß-internen Wärmeaustausch verbessert, so ergibt sich, da die von außen zugeführte Wärmemenge $q_{Zu} = c_p (T_3 - T_4)$ und die nach außen abgeführte Wärmemenge $q_{Ab} = c_p (T_2 - T_1)$ sind, als Prozeßwirkungsgrad nach gleichen Umformungen wie sie beim reinen JOULE-Prozeß ausgeführt wurden in diesem Fall

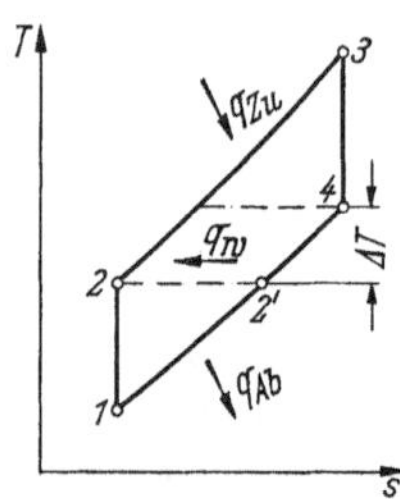

Bild 52. Der JOULE-Prozeß mit internem Wärmetausch.

$$\eta = 1 - \frac{T_2}{T_3} = 1 - \frac{T_4 - \Delta T}{T_3}, \tag{99}$$

also ein höherer Wert als nach der Gl. (98).

Im Fall einer Koppelung des Gasturbinen- und des Dampfkraftprozesses tritt an die Stelle des Wärmetauschers der Dampferzeuger, der außerdem noch einen Teil der Wärme bei der Wärmeabfuhr von *2'* nach *1* übernehmen kann.

Der wirklich ausführbare Prozeß weist gegenüber dem Idealprozeß eine Wirkungsgradverschlechterung auf, die durch Druckverluste und Verluste beim Wärmetausch zustande kommt. Da die Nutzarbeit des Gasturbinenprozesses sich aus der Differenz zwischen erzeugter Turbinenleistung und verbrauchter Kompressorleistung ergibt, wobei die Summe der Leistungen der Turbine und des Kompressors das 4- bis 6-fache der Nutzleistung beträgt, sind diese Verluste beachtlich.

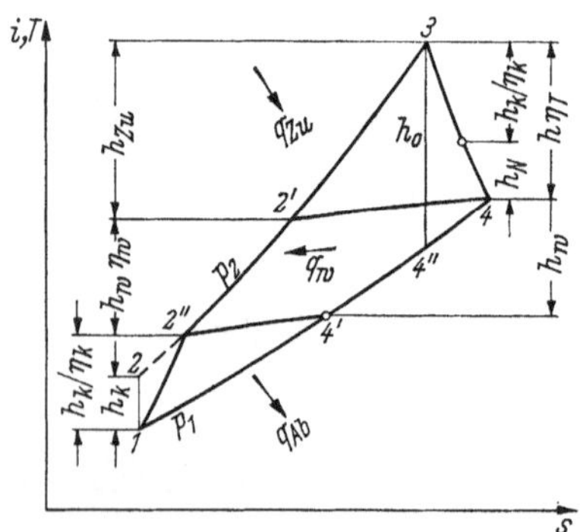

Bild 53. Darstellung eines einfachen verlustbehafteten Gasturbinenprozesses.

In dem Bild 53 ist ein solcher verlustbehafteter Prozeß dargestellt, wobei als Ordinate T bzw. i gewählt wurde. Dabei wurde $p_2 \approx p_3$ und $p_4 \approx p_1$ gesetzt, obwohl die Druckverluste eine Verkürzung des Gefälles für die Turbine darstellen und deshalb nicht fehlen dürften. Sie sind hier der besseren Übersichtlichkeit wegen jedoch nicht eingetragen.

Aus diesem Bild ist wiederum abzulesen, daß der Wärmetauscher für den Prozeßwirkungsgrad von entscheidender Bedeutung ist, da durch ihn die mittlere obere Temperatur der Wärmezufuhr von außen von T'_{oc} auf T_{oc} angehoben wird. Der Wirkungsgrad des Wärmetauschers wird ausgedrückt durch das Verhältnis

$$\eta_w \approx \frac{T'_2 - T_2}{T_4 - T_2}. \tag{100}$$

Diese Beziehung ist vereinfacht, da sie korrekterweise die veränderlichen und unterschiedlichen spezifischen Wärmen der Rauchgase und der Luft und unterschiedliche Mengen berücksichtigen müßte.

Durch die verlustbehaftete Expansion in der Turbine wird das ausnutzbare Gefälle von h_T auf $h_T\eta_T$ verringert.

Von diesem Gefälle wird der Anteil h_k/η_k als Leistung für den Kompressor benötigt. Eine Verschlechterung des Turbinenwirkungsgrades bewirkt ein Anheben der Austrittstemperatur T_4 und damit über die gestiegene Temperatur der Luftvorwärmung T_3 auch der mittleren oberen Temperatur der Wärmezufuhr von außen T_{oc}. Eine Verschlechterung des Wirkungsgrades der Turbine η_T wirkt sich bei geforderter Höhe der Nutzleistung durch die Zunahme der erforderlichen Volumenströme in gesteigerten Investitionskosten durch die benötigte größere Anlage aus. Eine Verschlechterung des Kompressor-Wirkungsgrades wirkt sich in ähnlicher Weise auf die Vergrößerung der Anlage aus. Dadurch jedoch, daß der Kompressionsendpunkt durch den schlechteren Wirkungsgrad von T_2 auf T_2'' angehoben wird, können die Rauchgase, abhängig vom Wirkungsgrad des Wärmetauschers, ihre Wärme nur bis auf die Temperatur T_4' prozeß-intern abgeben. Die Verschlechterung des Kompressorwirkungsgrades bewirkt also zugleich auch ein Anheben der mittleren unteren Temperatur der Wärmeabfuhr nach außen T_{uc}.

Der Wirkungsgrad dieser Kreisprozesse ergibt sich aus

$$\eta = \frac{q_{Zu} - q_{Ab}}{q_{Zu}} = \frac{a_N}{q_E}, \tag{101}$$

wobei a_N die Nutzarbeit ist, die sich aus der Differenz zwischen der von der Turbine abgegebenen und der von dem Kompressor aufgenommenen Arbeit ergibt.

Mit den Bezeichnungen des i, s-Diagramms nach dem Bild 53 bedeuten die Größen der Gl. (95)

$$q_{Zu} = i_3 - h_w\eta_w - \frac{h_k}{\eta_k} - i_1$$

$$q_{Ab} = i_4 - h_w - i_1$$

$$q_{Zu} - q_{Ab} = h_T\eta_T - \frac{h_k}{\eta_k} - h_w(\eta_w - 1). \tag{102}$$

Daraus ergibt sich

$$\eta = \frac{h_T\eta_T - \frac{h_k}{\eta_k} - h_w(\eta_w - 1)}{i_3 - i_1 - \frac{h_k}{\eta_k} - h_w\eta_w}. \tag{103}$$

Die Gefälle $h_T = c_p (T_3 - T_4)$ und $h_k = c_p (T_2 - T_1)$ sind über die Gleichung der Adiabaten

$$\frac{T_1}{T_2} = \frac{T_4}{T_3} = \left(\frac{p_1}{p_2}\right)^{\frac{\varkappa-1}{\varkappa}} \tag{104}$$

mit dem Druckverhältnis verbunden.

Aus der Gl. (103) ist zu erkennen, daß der Wirkungsgrad des Wärmetauschers, wie schon erwähnt, sehr starken Einfluß auf den Prozeßwirkungsgrad ausübt.

Durch Einsetzen der Beziehungen aus der Gl. (104) in die Gl. (103) und anschließende Differentiation läßt sich das optimale Druckverhältnis für einen Gasturbinenprozeß bestimmen.

Für die vielen weiteren Möglichkeiten der Durchführung von Gasturbinenprozessen mit ein- oder mehrstufiger Expansion, den zugehörigen Zwischenerhitzungen sowie ein- und mehrstufiger Kompression, den zugehörigen Zwischenkühlungen und Wärmerückgewinn lassen sich Beziehungen analog zur Gl. (103) aufstellen. Bei der exakten Berechnung von Prozessen ist dabei zwischen der offenen und der geschlossenen Betriebsweise zu unterscheiden und die temperaturabhängige Veränderung der spezifischen Wärmen c_p für Luft und Rauchgase zu beachten.

Generell ist zu Gasturbinenprozessen zu sagen, daß sie thermodynamisch dem Dampfkraftprozeß unter vergleichbaren Bedingungen unterlegen sind, da bei ihnen die isobare Wärmeabfuhr eine wesentlich höhere untere mittlere Temperatur der Wärmeabfuhr nach außen T_{uc} bedingt, als dies bei der isotherm-isobaren Wärmeabfuhr des Dampfkraftprozesses der Fall ist.

Hinzu kommt, daß die verlustbehaftete Kompression der Luft mit ihrem Verlustanteil wegen der größeren erforderlichen Leistung stärker eingeht als der Verlustanteil bei der Druckerhöhung des Speisewassers.

4.1.3 Kreisprozesse mit heterogenen Arbeitsmedien

Gegenüber dem Gasturbinenprozeß arbeitet der Dampfkraftprozeß mit einer physikalisch heterogenen Substanz, nämlich mit Wasser in der dampfförmigen und flüssigen Phase. Der theoretische Vergleichsprozeß ist in diesem Fall der CLAUSIUS-RANKINE-Prozeß, der genau wie der JOULE-Prozeß aus zwei Adiabaten und zwei Isobaren besteht. Allerdings sieht dieser Prozeß, im T,s-Diagramm dargestellt, anders aus als der JOULE-Prozeß. Das ist bedingt durch die physikalischen Eigenschaften des Wassers in dem technisch ausgenutzten Bereich, wobei bei einem Prozeßumlauf Wasser in der dampfförmigen, der flüssigen und in beiden Phasen nebeneinander auftritt.

Das Bild 54 zeigt zwei CLAUSIUS-RANKINE-Prozesse mit gleicher Überhitzung des Wasserdampfes bis auf die Temperatur T_0 und gleicher tiefster Prozeßtemperatur T_k.

Ausgehend von dem Bild 54a wird bei dem dargestellten Prozeß das Speisewasser adiabat von *1* bis auf *1'* komprimiert. Dann erfolgt im flüssigen Bereich die Wärmezufuhr bis zum Punkt *2*. In diesem Punkt ist die linke Grenzkurve erreicht, d. h., das Wasser ist im Siedezustand. Im Naßdampfteil erfolgt die Wärmezufuhr isobar-isotherm, bis alles Wasser verdampft und die rechte Grenzkurve erreicht ist (*2'*). Schließlich erfolgt noch die isobare Wärmezufuhr im Gebiet des überhitzten Dampfes bis auf T_0 (*3*).

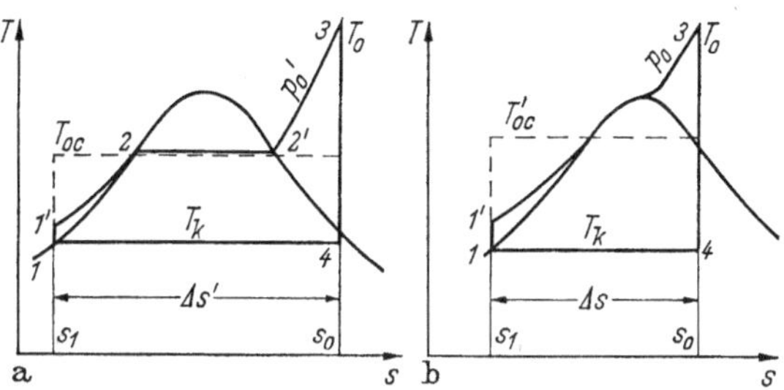

Bild 54a u. b. Abhängigkeit der mittleren oberen Temperatur der Wärmezufuhr von außen T_{oc} vom Frischdampfdruck beim Wasserdampf-Kreisprozeß.

Wird die Fläche unter der Isobaren p_0 integriert und durch die Entropiedifferenz dividiert, so ergibt sich mit

$$T_{oc} = \frac{q_{Zu}}{\Delta s}$$

die mittlere obere Temperatur der Wärmezufuhr von außen, also die obere Temperatur eines vergleichbaren CARNOT-Prozesses. Bild 54b zeigt, daß diese Temperatur sich mit der Zunahme des Frischdampfdruckes auf p_0 ebenfalls, und zwar auf T'_{oc} erhöht. Anhand dieser beiden Bilder ist zu erkennen, daß beim Dampfkraftprozeß die mittlere obere Temperatur der Wärmezufuhr von außen von der Temperatur und vom Druck abhängt.

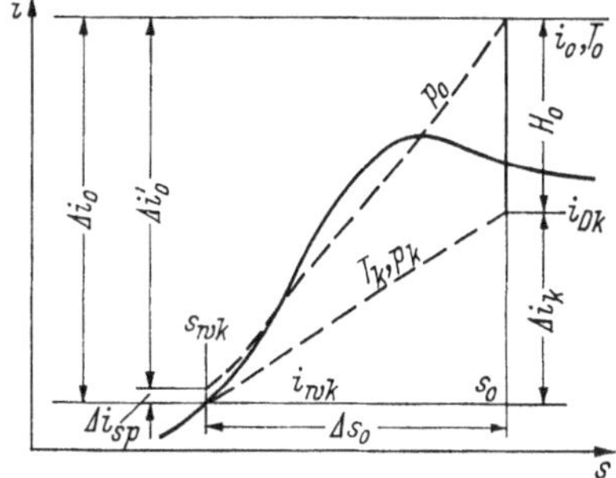

Bild 55. Darstellung eines einfachen Prozesses im i, s-Diagramm.

Der Wirkungsgrad des CLAUSIUS-RANKINE-Prozesses ergibt sich mit den Bezeichnungen des Bildes 55 zu

$$\eta = 1 - \frac{q_{Ab}}{q_{Zu}} = 1 - \frac{\Delta i_k}{\Delta i_0 - \Delta i_{sp}} = 1 - \frac{\Delta i_k}{\Delta i_0'} \tag{105}$$

oder

$$\eta = \frac{H_0 - \Delta i_{sp}}{i_0 - i_{wk} - \Delta i_{sp}} = \frac{H_0 - \Delta i_{sp}}{\Delta i_0 - \Delta i_{sp}} \,. \tag{106}$$

Die Gefälle werden hier entsprechend dem Gebrauch beim Dampfkraftprozeß mit H gegenüber der sonst üblichen Schreibweise h bezeichnet.

Außerdem ergibt sich mit $\Delta i_0'$ nach dem Bild 55 und da im Naßdampfgebiet die Gl. (74) zu $T = \Delta i/\Delta s$ wird, $T_{uc} = T_k = \frac{\Delta i_k}{\Delta s_0}$ und somit

$$\eta = 1 - T_k \frac{\Delta s_0}{\Delta i_0'} \,. \tag{107}$$

Durch die nicht isotherm, sondern nur isobar durchführbare Wärmezufuhr folgt, daß T_{oc} immer niedriger ist als die maximal im Prozeß auftretende Temperatur, die Frischdampftemperatur. Der CLAUSIUS-RANKINE-Kreisprozeß ist also bei gleichen maximalen Temperaturen dem CARNOT-Prozeß immer unterlegen.

Für die Wärmeabfuhr nach außen ist Wasser wegen der möglichen isobar-isothermen Zustandsänderung im Naßdampfgebiet ein gutes Arbeitsmedium. Da die Wärme so bei gleichbleibend niedriger Temperatur T_k abgeführt werden kann, hängt die mittlere untere Temperatur der Wärmeabfuhr nach außen nur von der Umgebungstemperatur, also den klimatischen Verhältnissen am Aufstellungsort des Kraftwerks ab. Allerdings kann diese Temperatur außerdem in gewissen Grenzen schwanken, die von der Art des gewählten Kondensationsverfahrens, also Frischwasserkühlung, Rückkühlung in Kühltürmen oder Luftkondensation abhängen.

Liegt die untere Temperatur des Dampfkraftprozesses mit T_k in etwa fest, so müssen alle Maßnahmen zur Verbesserung des Prozeßwirkungsgrades in der Erhöhung von T_{oc} liegen.

Beim Dampfkraftprozeß bestehen diese Maßnahmen in dem Steigern der Frischdampfzustandsgrößen, in dem Einschalten der ein- und mehrfachen Zwischenüberhitzung und in der Regenerativ-Vorwärmung des Speisewassers.

Dem Anheben der Dampftemperaturen sind durch den jeweiligen Stand der Werkstofftechnik Grenzen gesetzt. Zur Zeit sind bei den üblichen Dampfdrücken Temperaturen bis zu 650 °C erprobt.

Das Steigern des Frischdampfdruckes ist über gewisse Grenzen hinaus nur gemeinsam mit dem Anwenden der ein- oder mehrfachen Zwischenüberhitzung sinnvoll, da sonst das Ende der Dampfexpansion im Niederdruckteil der Turbine in ein Gebiet hoher Dampfnässe rückt, wodurch der Turbinenwirkungsgrad verschlechtert und damit möglicherweise der Vorteil des gesteigerten Druckes wieder aufgezehrt wird. Außerdem steigt mit wachsendem Frischdampfdruck auch die erforderliche Speisepumpenleistung so an, daß es abhängig von den übrigen Parametern ein Optimum für den Frischdampfdruck gibt.

Die Regenerativ-Vorwärmung nähert den CLAUSIUS-RANKINE-Prozeß dem CARNOT-Prozeß dadurch an, daß durch Anzapfdampf aus der Turbine das Speisewasser durch prozeß-internen Wärmetausch auf eine wesentlich über der Kondensationstemperatur im Kondensator liegende Temperatur in einer Reihe von Vorwärmern aufgeheizt wird. Durch diese Anzapfdampf-Entnahme aus der Turbine wird bei vorgegebenem Expansionsendpunkt des Prozesses und gleichbleibender nach außen abgegebener Leistung die in den Kondensator strömende Abdampfmenge und damit die verloren gehende Wärmemenge verringert. Für eine unendlichstufige Regenerativ-Vorwärmung des Speisewassers ist die Verbesserung des Prozeßwirkungsgrades aus der Erhöhung von T_{oc} in den Bildern 56a und 56b zu erkennen.

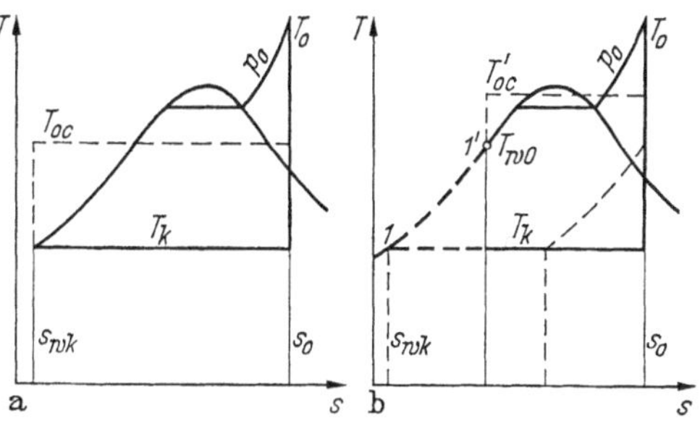

Bild 56a u. b. Erhöhung der mittleren oberen Temperatur der Wärmezufuhr von außen T_{oc} durch die Regenerativ-Vorwärmung.

Der Anstieg des Wertes von T_{oc} auf T'_{oc} läßt sich folgendermaßen berechnen. Nach der Gl. (105) ist ohne die Druckerhöhung in der Speisepumpe

$$\eta = 1 - \frac{\Delta i_k}{\Delta i_0}.$$

Wird nun die in den Kondensator strömende Abdampfmenge durch die Anzapfdampfentnahme verringert, so gilt

$$\eta = 1 - m\frac{\Delta i_k}{\Delta i_0} = 1 - m\frac{T_k}{T_{oc}}, \tag{108}$$

da $T_k = \Delta i_k/\Delta s_0$ und T_{oc} die mittlere obere Temperatur der Wärmezufuhr von außen ist, wobei für den Fall der Frischdampfmenge $G_0 = 1$ der Faktor $m_0 < 1$ den Anteil des in den Kondensator strömenden Dampfes angibt, also $G_k = m_0 G_0$. Daraus folgt

$$T'_{oc} = \frac{T_{oc}}{m}. \tag{109}$$

T'_{oc} ist hier die mittlere obere Temperatur der Wärmezufuhr von außen für den Prozeß mit Regenerativ-Vorwärmung.

Diese „Carnotisierung" des CLAUSIUS-RANKINE-Prozesses, wie sie in dem Bild 56b durch die horizontal äquidistant zur linken Grenzkurve verlaufende Kurve dargestellt ist, läßt sich bei einer begrenzten Anzahl von Vorwärmern bei wirklichen Prozessen nicht durchführen. Statt dessen wird die linke Grenzkurve durch einen Treppenzug angenähert. Die so erreichbare Wirkungsgradverbesserung ist geringer als die bei unendlichstufiger Vorwärmung, weil bei jeder Vorwärmstufe eine Entropievermehrung in der Größe von

$$\Delta s = \Delta Q \frac{T_a - T_b}{T_a T_b} \tag{110}$$

auftritt, wobei T_a die mittlere Temperatur der Wärmeabgabe des Anzapfdampfes und T_b die mittlere Temperatur der Wärmeaufnahme des Speisewassers in den einzelnen Vorwärmern sind. ΔQ ist die jeweils ausgetauschte Wärmemenge. Die Entropievermehrung beim Austausch einer bestimmten Wärmemenge ist nun um so größer, je höher die Temperaturdifferenz zwischen dem Anzapfdampf und dem in den Vorwärmer eintretenden Speisewasser ist. Da nach dem zweiten Hauptsatz die Entropiezunahme eines Prozesses ein Maß für die Größe seiner Verluste ist und die Gesamtentropiezunahme sich aus den Teilentropiezunahmen zusammensetzt, ist die Wirkungsgradverbesserung durch die Regenerativ-Vorwärmung also dann am günstigsten, wenn die $\Sigma \Delta s$ aller Austauschvorgänge ein Minimum wird, wenn also die einzelnen Werte $T_a - T_b = \Delta T \to 0$, d. h., wenn unendlich-stufige Vorwärmung gewählt wird.

Für unendlich-stufige Regenerativ-Vorwärmung wurde von KINKELDEY [*20*] eine Berechnungsmöglichkeit für m und damit für die Erhöhung von T_{oc} auf T'_{oc} angegeben.

Die einzelnen Vorwärmer sind dabei als Mischvorwärmer gedacht, so daß sich bei einer Speisewassermenge G am Eintritt in den Vorwärmer am Austritt durch die Zumischung des Anzapfdampfes eine Austrittsmenge von $G + dG$ ergibt. Diese Anzapfmenge dG gibt bei ihrer Zumischung die Wärmemenge $dG\,(i_D - i')$ ab, wobei i_D die Enthalpie des Anzapfdampfes an der Entnahme und i' die zugehörige Sättigungsenthalpie ist. Die Speisewassermenge G wird um $T_s\,ds$ aufgewärmt, wobei T_s die zum Anzapfdruck gehörende Sättigungstemperatur und s' die zugeordnete Entropie der Flüssigkeit ist. Es ergibt sich somit die Differentialgleichung

$$dG\,(i_D - i') = G\,T_s ds' \,, \tag{111}$$

woraus nach der Integration wird

$$\ln \frac{G_0}{G_k} = \int_{T_{sk}}^{T_{s0}} \frac{T_s ds'}{i_D - i'} \,. \tag{112}$$

Als Integrationsgrenzen sind auf der rechten Seite der Gl. (112) die Temperatur des Kondensats im Kondensator T_{sk} als untere und die Temperatur des in den Kessel eintretenden Speisewassers T_{s0} als obere Grenze einzusetzen. Dem entspricht auf der linken Seite die im Kondensator als Abdampf niedergeschlagene Menge G_k als untere und die Speisewassermenge am Eintritt in den Kessel G_0 als obere Grenze, da sämtliche Anzapfdampfmengen $\Sigma E = G_0 - G_k$ dem Speisewasser zugemischt worden sind. Mit $G_k/G_0 = m$ folgt aus der Gl. (112)

$$m_\infty = e^{-\int\limits_{T_{sk}}^{T_{s0}} \frac{T_s ds'}{i_D - i'}}, \tag{113}$$

wobei der Index ∞ auf die unendlich-stufige Regenerativ-Vorwärmung hinweist.

Das Integral der Gl. (113) ist unhandlich, da es sich nur graphisch oder durch schrittweise Summierung lösen läßt.

Zu einer besser auswertbaren Gleichung für m kommt man auf folgendem Wege: Durch die Anzapfdampfmenge dG, die die Enthalpiedifferenz $\Delta i_D = i_D - i'$ in einem Vorwärmer an das Speisewasser abgibt, wird die in diesen Vorwärmer eintretende Speisewassermenge G um di_w aufgewärmt.

Damit ergibt sich

$$dG\, \Delta i_D = G\, di_w \tag{114}$$

und nach der Integration

$$\frac{G_k}{G_0} = m_\infty = e^{-\int\limits_{i_{wk}}^{i_{w0}} \frac{di_w}{\Delta i_D}}. \tag{115}$$

i_{wk} ist die Enthalpie des Kondensats im Kondensator und i_{w0} die Enthalpie des in den Kessel eintretenden Speisewassers. Dieses Integral ist lösbar, wenn für die vorgegebene Expansionslinie des Dampfes in der Turbine die Werte von Δi_D als $f(i_w)$ dargestellt werden, wobei die i_w die zu den Isobaren, welche von der Expansionslinie geschnitten werden, gehörigen Sättigungsenthalpien sind.

Für die Ermittlung der Funktion $\Delta i_D = f(i_w)$ ist es zweckmäßig, ein Δi_D, i_w-Diagramm aufzustellen. Dieses Diagramm ergibt sich aus der i, s-Tafel, wenn zu den durch die Temperaturen T und die Drücke p gegebenen Zustandspunkten die Dampfenthalpien i_D und die zu p gehörigen Sättigungsenthalpien i_w herausgegriffen werden. Die so gefundenen Werte $\Delta i_D = i_D - i_w$ werden über i_w aufgetragen.

Anstelle der Benutzung eines solchen Diagrammes läßt sich im Einzelfall jeweils der Expansionsverlauf in der Turbine in der Abhängigkeit $\eta_T = f(\Delta i_D, i_w)$ darstellen. Dazu wird der Expansionsverlauf zunächst in das i, s-Diagramm eingezeichnet. Dann werden an den Schnittpunkten der Expansionslinie mit den Isobaren p die zugehörigen Dampfenthalpien i_D abgelesen. Mit den zugehörigen Werten für i_w werden so hinreichend viele Wertepaare Δi_D, i_w gefunden.

Je nach der Lage der Expansionslinien im i, s-Diagramm ergeben sich nach dem Übertragen in das Δi_D, i_w-Diagramm leicht gekrümmte Kurven verschiedener Neigung. Von dem Einfluß, den der Turbinenwirkungsgrad mit seiner Veränderung des Expansionsverlaufs bewirkt, wird später zu sprechen sein. Hier soll der Idealprozeß mit isentroper Expansion betrachtet werden [*9*, *10*].

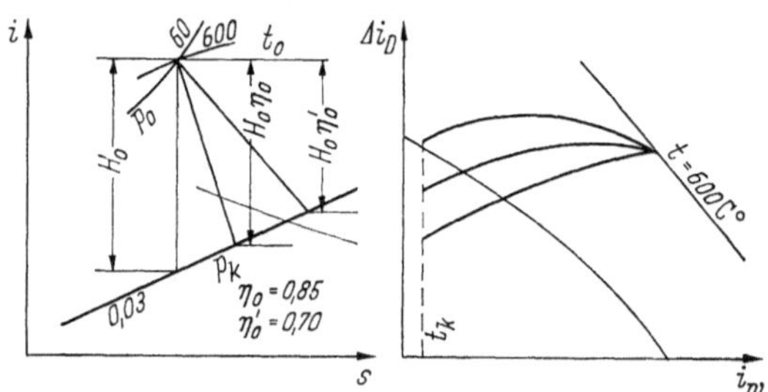

Bild 57. Verlauf verschiedener Expansionslinien im i,s- und im $\Delta i_D, i_w$-Diagramm.

In dem Bild 57 ist ein solcher isentroper Expansionsverlauf in i, s- und in Δi_D, i_w-Diagrammen dargestellt. Für spätere Überlegungen sind auch zwei Expansionslinien für die verlustbehaftete Expansion mit $\eta_T = 85\%$ und $\eta_T = 70\%$ eingetragen worden.

Wird nun bei vereinfachenden Überlegungen für die Funktion $\Delta i_D = f(i_w)$ der Integralmittelwert c des Integrals über der Fläche unter der Expansionslinie im Δi_D, i_w-Diagramm eingesetzt, so ergibt sich nach der Gl. (115)

$$m_\infty = e^{-\int_{i_{wk}}^{i_{w0}} \frac{di_w}{c}} = e^{-\frac{\Delta i_{wg}}{c}}, \tag{116}$$

worin Δi_{wg} die gesamte Vorwärmspanne ist. Für die Bestimmung von c ist der Mittelwert nur für den Teil der Expansionslinie zu bilden, der durch i_{wk} und i_{w0} begrenzt wird.

Wird dieser Ausdruck nach dem TAYLORschen Satz in eine Reihe entwickelt

$$f(x) = f(0) + \frac{x}{1!} f'(0) + \frac{x^2}{2!} f''(0) + \dots, \tag{117}$$

worin $x = \Delta i_{wg}/c$ ist, so ergibt sich

$$m_\infty = \frac{1}{1 + \frac{\Delta i_{wg}}{c} + \frac{\Delta i_{wg}^2}{2!\,c^2} + \frac{\Delta i_{wg}^3}{3!\,c^3} + \cdots}. \tag{118}$$

Da die Verminderung der Entropiezunahme beim Prozeß mit Regenerativ-Vorwärmung über ein Vermindern der in den Kondensator strömenden Abdampfmenge im Verhältnis $m_\infty = G_k/G_0$ zustande kommt, muß zugleich jedoch auch bei gleichbleibender Frischdampfmenge die erzeugte Arbeit sinken, da die zur Vorwärmung des Speisewassers entnommenen Anzapfdampfmengen nicht bis auf T_k in der Turbine expandieren. Diese Verminderung der Arbeit oder, bezogen auf die Zeiteinheit, der Leistung wird durch die Größe

$$z_\infty = \frac{G_0 H_0}{\sum\limits_1^\infty E H' + G_k H_0} \tag{119}$$

angegeben, worin G_0 die Frischdampfmenge, H_0 das gesamte adiabate Gefälle, G_k die Abdampfmenge und $\sum\limits_1^\infty E H'$ die Summe der Entnahmemengen multipliziert mit den zugehörigen in der Turbine ausgenutzten Gefällen ist.

Um die gleiche Leistung wie bei dem Prozeß ohne Regenerativ-Vorwärmung erreichen zu können, muß die Frischdampfmenge auf $z_\infty G_0$ erhöht werden. Ist die zugeführte Wärmemenge also $z_\infty G_0 \Delta i_0$, die abgeführte Wärmemenge $z_\infty G_k \Delta i_k$ und die abgegebene Leistung $G_0 H_0$, so ergibt sich

$$z_\infty = \frac{H_0}{\Delta i_0 - m_\infty \Delta i_k}\,. \tag{120}$$

Da sich nach dem zweiten Hauptsatz jede Wirkungsgraderhöhung in einer Verminderung der an die Umgebung abgegebenen Wärme ausdrückt, verringert sich somit die Verlustwärme von

$$T_k \Delta s_0 \text{ auf } T_k \Delta s_0',$$

wobei

$$\Delta s_0 > \Delta s_0'.$$

Da $T_k \Delta s_0 = \Delta i_k$ und $T_k \Delta s_0' = m_\infty \Delta i_k$ sind, wird

$$T_k(\Delta s_0 - \Delta s_0') = (1 - m_\infty)\Delta i_k. \tag{121}$$

Da die Carnotisierung des CLAUSIUS-RANKINE-Prozesses sich durch eine horizontal äquidistant zur linken Grenzkurve verlaufende Kurve darstellen läßt, entspricht die Entropiedifferenz $\Delta s_0'$ dem Quotienten aus der Verdampfungswärme r bei der Temperatur T_w und dieser Temperatur, also

$$\Delta s_0' = \frac{r}{T_w}$$

und, falls die Verdampfungswärme als Funktion der Temperatur dargestellt wird, $r = f(T)$, so ergibt sich

$$\Delta s_0' = \frac{f(T)}{T_w} = m_\infty \frac{\Delta i_k}{T_k}\,. \tag{122}$$

Dieses Verfahren setzt jedoch die Kenntnis von T_w, also des Schnittpunktes zwischen der horizontal äquidistant zur linken Grenzkurve verlaufenden „Entnahmekurve" und der rechten Grenzkurve voraus.

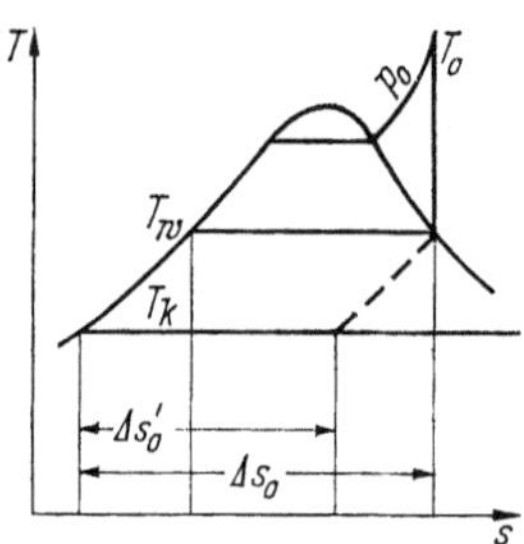

Bild 58. Carnotisierung des Dampfkraftprozesses durch die Regenerativ-Vorwärmung.

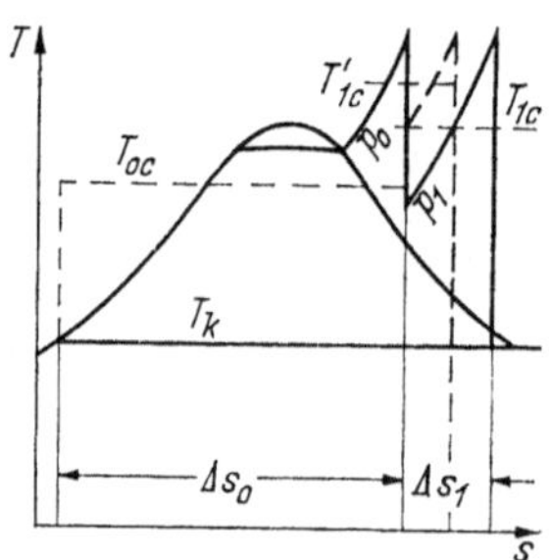

Bild 59. Erhöhung der mittleren oberen Temperatur der Wärmezufuhr von außen T_{0c} durch einen angehängten Zwischenüberhitzerprozeß.

Aus dieser Gl. (122) und der Gl. (120) ergibt sich eine weitere Möglichkeit, m_∞ zu berechnen, und man erhält nach Gl. (108) für den Prozeßwirkungsgrad

$$\eta = 1 - m_\infty \frac{T_k}{T_{oc}}. \tag{123}$$

Betrachten wir nun die zweite Möglichkeit, die vom Prozeß her eine Verbesserung des Prozeßwirkungsgrades ermöglicht, die ein- oder mehrfache Zwischenüberhitzung.

Nach dem Bild 59 läßt sich die Zwischenüberhitzung vereinfacht so verstehen, als würde an einen einfachen Prozeß ein zweiter, eben der Zwischenüberhitzungsprozeß angeschlossen.

Es ist zu erkennen, daß bei gleichbleibender Austrittstemperatur des Dampfes aus dem Zwischenüberhitzer die mittlere obere Temperatur des angehängten Zwischenüberhitzungsprozesses und damit auch des Gesamtprozesses mit wachsendem Trenndruck steigt. Das würde schließlich die Triviallösung des optimalen Effektes bei der Zwischenüberhitzung mit dem Frischdampfdruck als Trenndruck ergeben, wenn nicht durch die Zwischenüberhitzung der Endpunkt der Expansion in ein Gebiet geringerer Nässe gelegt werden sollte, damit sich bessere Turbinenwirkungsgrade verwirklichen lassen. Ist der Trenndruck oder die Temperatur des Dampfes am Austritt aus dem Zwischenüberhitzer zu niedrig, dann liegt die mittlere obere Prozeßtemperatur T_{1c} des angehängten Zwischenüberhitzungsprozesses möglicherweise noch unter der mittleren oberen Temperatur T_{oc} des Hauptprozesses. Die Zwischenüberhitzung würde sogar eine Verschlechterung des Prozeßwirkungsgrades ergeben.

Aus dem Bild 60 ist zu erkennen, daß bei Anwenden der Regenerativ-Vorwärmung und der Zwischenüberhitzung beide Einflüsse betrachtet werden müssen, wenn es um die Auslegung der einen oder beider Maßnahmen geht. Das Bild zeigt, daß der Nutzeffekt der Zwischenüberhitzung bei Anwenden der Regenerativ-Vorwärmung und damit steigender mittlerer oberer Temperatur des Hauptprozesses geringer wird. Mit T'_{oc} wird die mittlere obere Temperatur eines Hauptprozesses mit hoher Regenerativ-Vorwärmung und mit T_{oc} der analoge Wert für einen Hauptprozeß ohne Regenerativ-Vorwärmung angegeben.

Die Schmälerung der Verbesserungsmöglichkeit des Dampfkraftprozesses bei Anwenden der Zwischenüberhitzung durch die ebenfalls angewendete Regenerativ-Vorwärmung ist noch größer, wenn aus dem Vorschaltteil der Turbine oder beim Trenndruck Anzapfdampfmengen entnommen werden, da sie nicht mit durch den Zwischenüberhitzer strömen. In diesem Fall muß das in der Gl. (115) und den folgenden Gleichungen verwendete Mengenverhältnis $G_k/G_0 = m$ aufgeteilt werden in

$$G_1/G_0 = m_0 \quad \text{und} \quad G_k/G_1 = m_1.$$

Darin ist G_0/G_1 das Verhältnis der Dampfmenge G_1, die durch den Zwischenüberhitzer strömt, zur Frischdampfmenge G_0 und G_k/G_1 das Verhältnis aus im Kondensator niedergeschlagener Abdampfmenge zur Zwischenüberhitzer-Dampfmenge. Somit gilt

$$m = m_0 m_1 = G_k/G_0 < 1.$$

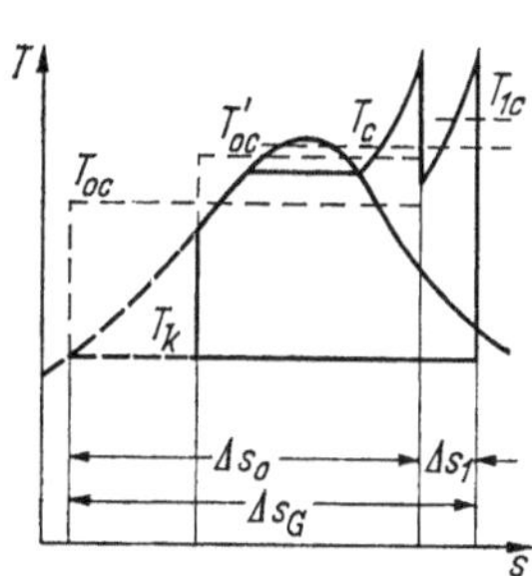

Bild 60. Die Regenerativ-Vorwärmung und die Zwischenüberhitzung müssen in ihrer optimalen Auslegung gemeinsam betrachtet werden.

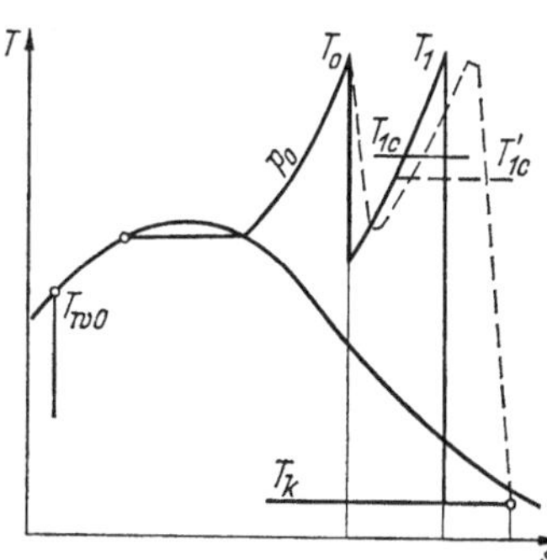

Bild 61. Verminderung der mittleren oberen Temperatur der Wärmezufuhr von außen T_{1c} für den angehängten Zwischenüberhitzerprozeß durch auftretende Verluste auf T'_{1c}.

Mit dieser Entnahme von Dampf zur Regenerativ-Vorwärmung wird die Zwischenüberhitzer-Dampfmenge auf $m_0 G_0$ vermindert, und es ergibt sich nach dem Bild 60 als mittlere obere Temperatur der Wärmezufuhr von außen für den Gesamtprozeß

$$T_c = \frac{T_{oc} \Delta s_0 + m_0 T_{1c} \Delta s_1}{\Delta s_G}. \tag{124}$$

T_c ist gleich der oberen Temperatur des vergleichbaren CARNOT-Prozesses.

Aus dem Bild 61 ist schließlich zu erkennen, daß der Nutzen der Zwischenüberhitzung bei dem verlustbehafteten Prozeß gegenüber dem verlustlosen Prozeß nochmals absinkt bei gleichem Trenndruck, aber vorhandenen Druckverlusten und bei gleicher Dampftemperatur.

Aus allen diesen Überlegungen folgt, daß es ein Optimum für den Trenndruck geben muß, das zwischen den beiden Grenzwerten liegt:

a) Trenndruck beim Frischdampfdruck,

b) Trenndruck so niedrig, daß die mittlere obere Temperatur der Wärmezufuhr von außen des Zusatz-Zwischenüberhitzerprozesses gleich oder kleiner als die mittlere obere Temperatur der Wärmezufuhr von außen des Prozesses ohne Zwischenüberhitzung ist.

Während im praktisch ausgeführten Prozeß die Temperatur des Dampfes am Zwischenüberhitzeraustritt vom ausgewählten Stahl her bestimmt wird, muß der optimale Trenndruck jeweils entsprechend den sonstigen Bedingungen berechnet werden.

Um für einen vereinfachten Fall analytische Zusammenhänge aufstellen zu können, soll der Gesamtprozeß im i, s-Diagramm betrachtet werden. Dabei wird der optimale Trenndruck für einen verlustlosen Prozeß ohne Regenerativ-Vorwärmung gesucht. Das Bild 62 zeigt den Expansionsverlauf im i, s-Diagramm für einen verlustlosen Prozeß ohne und für einen verlustlosen Prozeß mit Zwischenüberhitzung. Beide Prozesse haben gleiche Anfangs- und Enddrücke und -temperaturen. Hinzu gekommen ist bei dem Prozeß mit Zwischenüberhitzung lediglich die Zustandsänderung entlang der Isobaren des Trenndrucks. Durch die Differenz in den Abdampfenthalpien beider Prozesse wird die im Kondensator an das Kühlwasser abgeführte Wärmemenge bei dem Prozeß mit Zwischenüberhitzung um den Betrag Δi_{vz} je kg Abdampf erhöht und damit der Wirkungsgrad des Prozesses mit Zwischenüberhitzung verschlechtert. Dieser Wirkungsgradeinbuße steht bei verlustloser Expansion lediglich der Vorteil des in der Turbine ausnutzbaren höheren Gesamtgefälles gegenüber. Die Erhöhung des Gesamtgefälles ist ΔH. Damit teilt sich die durch

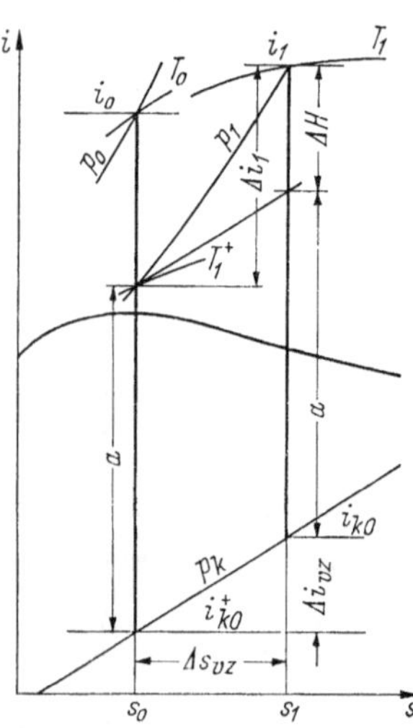

Bild 62. Erhöhung des ausnutzbaren Gefälles durch die Zwischenüberhitzung.

die Zwischenüberhitzung hervorgerufene Enthalpieerhöhung um Δi_1 auf in

$$\Delta i_1 = \Delta H + \Delta i_{vz}.$$

Für die verlustlosen Prozesse beider Varianten ergeben sich als Wirkungsgrade

$$\eta = \frac{Q_{Zu} - Q_{Ab}}{Q_{Zu}} = 1 - \frac{\Delta i_{k0}^{+}}{\Delta i_0}$$

und

$$\eta = \frac{Q_0 + Q_{Z\ddot{u}} - Q_{Ab}}{Q_0 + Q_{Z\ddot{u}}} = 1 - \frac{\Delta i_{k0}}{\Delta i_0 + \Delta i_1}. \tag{125}$$

Bei den extensiven Größen wie der Wärmemenge bezeichnet der große Buchstabe Q die Gesamtmenge, während durch Division mit dem Gewicht eine spezifische Größe entsteht, die durch kleine Buchstaben, in dem Fall q, angegeben wird.

Nun ist $\Delta i_{k0} > \Delta i_{k0}^{+}$, und die Differenz beider Größen läßt sich anschreiben zu

$$\Delta i_{k0} - \Delta i_{k0}^{+} = i_{k0} - i_{k0}^{+} = \Delta i_{vz} = T_k \, \Delta s_{vz}. \tag{126}$$

In dieser Gleichung ist wieder Gebrauch gemacht worden von der Beziehung

$$\left(\frac{\Delta i}{\Delta s}\right)_p = T,$$

die besagt, daß die Isothermen im Naßdampfgebiet die Isoklinen der Isobaren sind. Da im Naßdampfgebiet jeder Isobaren eine Isotherme zugeordnet ist und da beide Gerade sind, wird aus dieser Beziehung im Naßdampfgebiet

$$\frac{\Delta i}{\Delta s} = T,$$

und somit ergibt sich die rechte Seite der Gl. (126).

Diese Gl. (126) gilt also exakt, wenn die Expansion der beiden verglichenen Prozesse im Naßdampfgebiet endet, was hier vorausgesetzt werden soll.

Für die Herleitung einer Funktion, mit der der optimale Trenndruck berechnet werden kann, soll der durch den Zwischenüberhitzer strömende Dampf als ideales Gas betrachtet werden. Die Größe von Δs_{vz} ergibt sich dann aus der Gl. (61 b) über

$$s = c_p \ln T - R \ln p + s_0 \tag{127}$$

zu

$$\Delta s_{vz} = s_1 - s_0 = c_p \ln \frac{T_1}{T_1^{+}}, \tag{128}$$

wenn die Zwischenüberhitzung entlang einer Isobaren erfolgt.

Mit der Gl. (128) läßt sich die durch die Zwischenüberhitzung hervorgerufene Verminderung des ausnutzbaren Gefälles Δi_{vz} in der Gl. (124) anschreiben zu

$$\Delta i_{vz} = T_k\, c_p \ln \frac{T_1}{T_1^+}\,. \tag{129}$$

Wird schließlich für die Enthalpieerhöhung, die der Dampf bei der Zwischenüberhitzung erfährt, noch der Ausdruck

$$\Delta i_1 = \int_{T_1^+}^{T_1} c_p\, dT = c_p\,(T_1 - T_1^+) \tag{130}$$

eingesetzt, so ergibt sich für den Prozeßwirkungsgrad aus der Beziehung

$$\eta = 1 - \frac{\Delta i_{k0}^+ + \Delta i_{vz}}{\Delta i_0 + \Delta i_1} \tag{131}$$

schließlich

$$\eta = 1 - \frac{\Delta i_{k0}^+ + T_k\, c_p \ln \dfrac{T_1}{T_1^+}}{\Delta i_0 + c_p\,(T_1 - T_1^+)}\,. \tag{132}$$

Das Optimum für den Trenndruck wird nun folgendermaßen gefunden.

Aus der Gl. (132) wird das Optimum für T_1^+ ermittelt, indem diese Gleichung nach T_1^+ abgeleitet wird. Dann ergibt sich

$$\frac{T_k}{T_1^+}\,(\Delta i_0 + c_p\, T_1) = \Delta i_{k0}^+ + c_p\, T_k \left(1 + \ln \frac{T_1}{T_1^+}\right). \tag{133}$$

Diese Gleichung wird zweckmäßigerweise graphisch gelöst. Dann wird die optimale Isotherme T_1^+ mit der Isentropen der verlustlosen Expansion in der Vorschaltmaschine zum Schnitt gebracht und im Schnittpunkt beider Kurven der optimale Wert für den Trenndruck p_1 abgelesen.

Dieses Verfahren hat wenig praktische Bedeutung. Es wurde hier lediglich angeführt, um einen Einblick in die Zusammenhänge zwischen den einzelnen Auslegungswerten zu geben, wie er sich nach der Gl. (132) etwa bietet.

Bei der mehrfachen Zwischenüberhitzung schließlich wird genau wie bei den mehrfachen Zwischenerhitzungen beim Gasturbinenprozeß die Annäherung an den aus zwei Adiabaten und zwei Isothermen bestehenden Vergleichsprozeß, dort der Ackeret-Keller-Prozeß, erstrebt. Unter Berücksichtigung der vor jeder Zwischenüberhitzung entnommenen Anzapfdampfmengen ergibt sich bei diesem Prozeß eine mittlere obere Temperatur der Wärmezufuhr von außen zu

$$T_c = \frac{T_{0c}\Delta s_0 + m_0 T_{1c}\Delta s_1 + m_0 m_1 T_{2c}\Delta s_2 + \cdots}{\Delta s_G}\,, \tag{134}$$

worin die Faktoren m_0, $m_0 m_1$ usw. jeweils die Verminderung der durch die einzelnen Zwischenüberhitzungen strömenden Dampfmengen durch die Dampfentnahmen für die Regenerativ-Vorwärmung sind.

Bei den wirklichen Prozessen sind bei der Auslegung eine Anzahl weiterer Parameter zu berücksichtigen. Die Errechnung der günstigsten Auslegungswerte ist daher in jedem Einzelfall auch abhängig von diesen Parametern durchzuführen.

5. Die thermodynamische Auslegung des Dampfkraftprozesses

5.1 Die Definition des Prozeßwirkungsgrades

Durch die Entdeckung des ersten Hauptsatzes der Thermodynamik wurde es möglich, festzustellen, in welchem Maße bei einer gewollten Energieumformung sich aus der gegebenen Energie die gewünschte Energieform erzielen läßt und welcher Betrag der eingesetzten Energie in einer nichtgewollten Energieform als „Verlust" erscheint. Das Verhältnis der gewollten neuen Energiemenge zur eingesetzten Energiemenge wird als Wirkungsgrad bezeichnet. In unserem Fall ist das Ziel elektrische Energie und die Ausgangsenergie Wärme, und es wird deshalb

$$\eta = \frac{860\,N}{Q_{Zu}}, \tag{135}$$

worin 1 kWh = 860 kcal das elektrische Wärmeäquivalent ist. Statt dieses Prozeßwirkungsgrades wird bei der thermischen Energieerzeugung häufig der Kehrwert

$$w = \frac{860}{\eta} = \frac{Q_{Zu}}{N}, \tag{136}$$

der spezifische Wärmeverbrauch, verwendet. Dieser Wert ist für praktische Überlegungen anschaulich, da er die zur Erzeugung einer Kilowattstunde einzusetzende Wärmemenge und über den Heizwert des Brennstoffs auch die einzusetzende Brennstoffmenge angibt. Im folgenden werden η und w gleich verwendet, je nachdem, ob die Ausdrücke sich nach der einen oder anderen Größe einfacher darstellen lassen.

Bei der Umwandlung von Wärme in elektrische Energie bleibt als Verlustenergie die Wärmemenge übrig, die nicht mehr in Strom umgesetzt werden kann, die Abwärme und sonstige Verlustwärmen, und es ist

$$860\,N = Q_{Zu} - Q_{Ab} \tag{137}$$

und

$$\eta_p = 1 - \frac{Q_{Ab}}{Q_{Zu}}.$$

Die Abwärme Q_{Ab} setzt sich aus der durch die Umgebungstemperatur T_u bei sonst verlustlosem Prozeß bedingten Anergie [s. a. Gl. (83b)] und aus einem durch sonstige Verluste hervorgerufenen irreversiblen Anteil $Q_{irr} = T_u \Sigma \Delta s_{irr}$ zusammen.

Mit der Gl. (83b) ist also

$$Q_{Ab} = Q_{Zu} - (1 - \eta_c) Q_{Zu} - Q_{irr} , \tag{138}$$

woraus folgt

$$\eta_p = \eta_c - \frac{Q_{irr}}{Q_{Zu}} . \tag{139}$$

Das Verhältnis beider Wirkungsgrade der Gln. (137) und (139) stellt wiederum einen Wirkungsgrad dar, den exergetischen Wirkungsgrad, der angibt, inwieweit bei gegebenen Temperaturgrenzen ein Prozeß dem nach dem zweiten Hauptsatz optimal möglichen angenähert werden konnte. Es ist dann

$$\eta_{ex} = \frac{\eta_p}{\eta_c} = 1 - \frac{Q_{irr}}{Q_{Zu}\left(1 - \frac{T_k}{T_{oc}}\right)} . \tag{140}$$

Dieser Wirkungsgrad wird für reversible Prozesse gleich 1 [s. a. Gl. (88)].

Bei der analytischen Darstellung des Wirkungsgrades von Dampfkraftprozessen ist eine größere Anzahl von Parametern zu berücksichtigen, die den Einfluß der Zustandsgrößen des Frischdampfes und der Kondensation, der Regenerativ-Vorwärmung und der Zwischenüberhitzung angeben.

Bei dem Clausius-Rankine-Prozeß mit Regenerativ-Vorwärmung wird die in die Turbine eintretende Frischdampfmenge G_0 an den einzelnen Anzapfstellen der Regenerativ-Vorwärmung vermindert auf die in den Kondensator strömende Abdampfmenge G_k. Das Verhältnis dieser beiden Größen wird, wie schon erwähnt, im folgenden mit $G_k/G_0 = m$ bezeichnet.

Zugleich wird durch die Dampfentnahmen an den einzelnen Anzapfstufen bei gleicher Frischdampfmenge die von der Turbine abgegebene Leistung, gegenüber einem Betrieb ohne Anzapfentnahmen, sinken. Diese Leistungsverminderung ist durch das Verhältnis

$$z_0 = \frac{G_0 H_0}{E_1 H_1' + H_2' + E_3 E_2 H_3' + \cdots G_k H_0} \tag{141}$$

bestimmt. E_1, E_2 usw. sind die einzelnen Anzapfmengen, H_1', H_2' usw. sind die zugehörigen, bis zur Anzapfstelle in elektrische Leistung umgewandelten Enthalpiegefälle, und H_0 ist das adiabate Enthalpiegefälle zwischen dem Frischdampfzustand und dem Kondensatordruck.

Da bei gleicher Frischdampfmenge die abgegebene Leistung durch die Regenerativ-Vorwärmung vermindert wird, gilt

$$N = \frac{G_0 H_0 \eta_0}{z_0} . \tag{142}$$

η_0 ist der innere Turbinenwirkungsgrad.

Zur Bildung eines funktionsmäßigen Zusammenhangs wird die Wärmebilanz an einem vereinfachten Schaltbild aufgestellt. Werden die in den Prozeß nach dem Bild 63 ein- und austretenden Wärmemengen und das Wärmeäquivalent der elektrischen Arbeit betrachtet, so ist

$$Q_0 = G_0 \Delta i_0$$

$$Q_N = 860 N = \frac{1}{z_0} G_0 H_0 \eta_0$$

$$Q_{Ab} = G_k \Delta i_k.$$

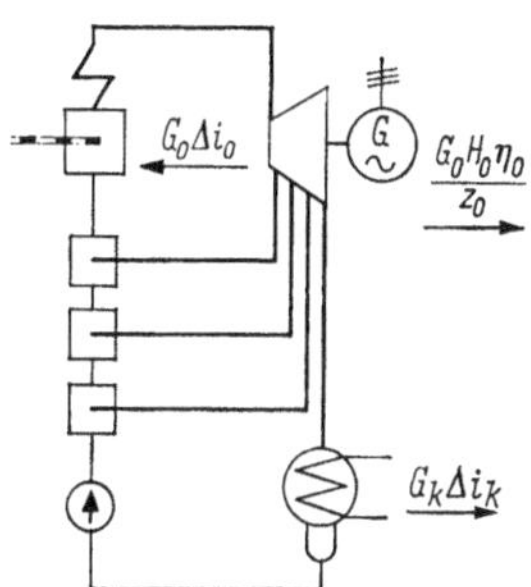

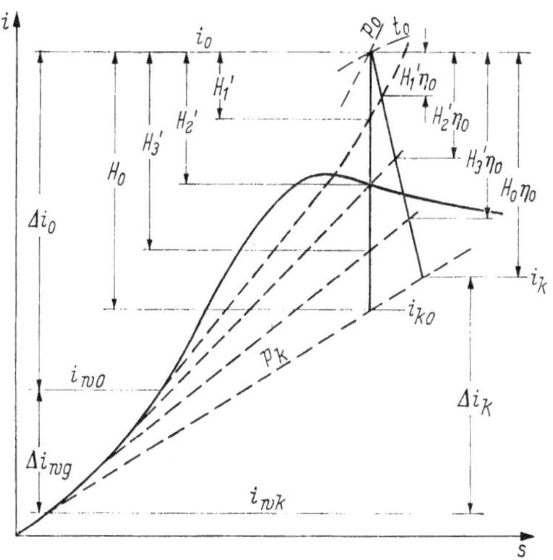

Bild 63. Prozeß ohne Zwischenüberhitzung mit drei Anzapfstufen im vereinfachten Wärmeschaltbild und im i, s-Diagramm.

Darin bedeutet Δi_0 die Enthalpiedifferenz, um die das in den Kessel eintretende Speisewasser bis zum Frischdampfzustand aufgewärmt wird. Δi_k ist die Enthalpiedifferenz, die im Kondensator an das Kühlwasser abgeführt wird. Q_0 ist die auf der Hochdruckseite zugeführte Wärmemenge. Für den Prozeß ohne Zwischenüberhitzung ist $Q_0 = Q_{Zu}$.

Mit

$$\eta_p = \frac{Q_0 - Q_{Ab}}{Q_0} = 1 - \frac{Q_{Ab}}{Q_0} \tag{143}$$

wird

$$\eta_p = 1 - m_0 \frac{\Delta i_k}{\Delta i_0}, \tag{144}$$

oder mit

$$w = \frac{Q_0}{N} = 860 \frac{Q_0}{Q_N} \tag{145}$$

und

$$w = 860 \frac{Q_N + Q_{Ab}}{Q_N} = 860 \left(1 + \frac{Q_{Ab}}{Q_N}\right) \tag{146}$$

wird nach Einsetzen der einzelnen Größen schließlich

$$w = 860 \left(1 + m_0 z_0 \frac{\Delta i_k}{H_0 \eta_0}\right). \tag{147}$$

Nach der Gl. (120) ergibt sich

$$z_0 = \frac{H_0 \eta_0}{\Delta i_0 - m_0 \Delta i_k}, \tag{148}$$

vorausgesetzt, daß m_0 bekannt ist.

Um die einfache Zwischenüberhitzung in diese Gleichungen mit einbeziehen zu können, wird eine Bilanz anhand des vereinfachten Wärmeschaltbildes und des Prozeßverlaufs im i, s-Diagramm nach dem Bild 64 aufgestellt. Es ist mit $Q_{Zu} = Q_0 + Q_{Z\ddot{u}1}$

$$Q_0 + Q_{Z\ddot{u}1} = Q_{N0} + Q_{N1} + Q_{Ab}$$

und demzufolge

$$G_0 \Delta i_0 + G_1 \Delta i_1 = \frac{1}{z_0} G_0 H_0 \eta_0 + \frac{1}{z_1} G_1 H_1 \eta_1 + G_k \Delta i_k. \tag{149}$$

In dieser Gleichung bedeuten außer den schon bekannten Größen

Δi_1 die Enthalpiedifferenz, um die der Dampf bei der Zwischenüberhitzung erwärmt wird,

G_1 die durch den Zwischenüberhitzer strömende Dampfmenge,

H_0 bzw. H_1 die adiabaten Gefälle im Vorschalt- bzw. Nachschaltteil der Turbine,

η_0 bzw. η_1 die analog für Vorschalt- und Nachschaltteil der Turbine geltenden inneren Wirkungsgrade.

Durch die Dampfentnahmen aus den Anzapfungen des Vorschaltteiles der Turbine wird die abgegebene Leistung dieses Turbinenteils bei gleicher Frischdampfmenge auf das $1/z_0$-fache verkleinert. Für den Nachschaltteil ergibt sich bei gleicher aus dem Zwischenüberhitzer austretender Dampfmenge durch die Regenerativ-Vorwärmung eine Verminderung der Leistung auf das $1/z_1$-fache.

Das Verhältnis der in den Zwischenüberhitzer eintretenden Dampfmenge G_1 zur Frischdampfmenge G_0 ist

$$m_0 = \frac{G_1}{G_0} < 1,$$

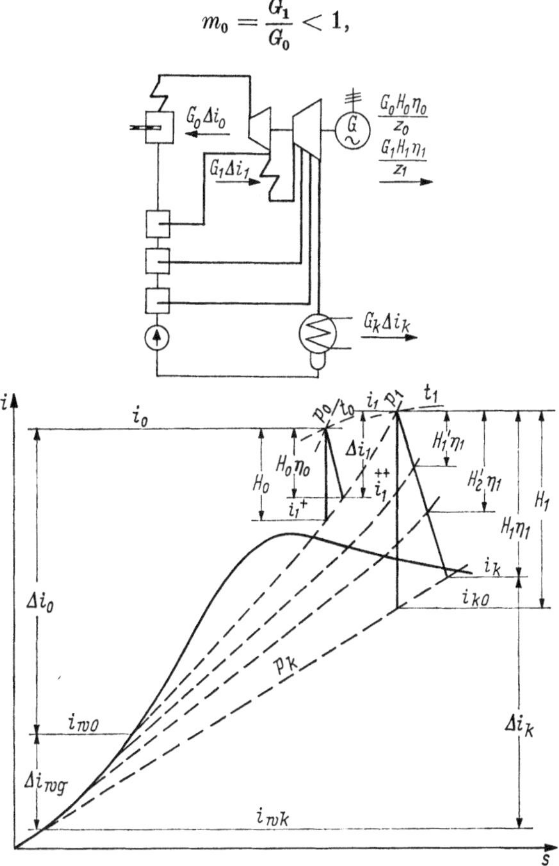

Bild 64. Prozeß mit einfacher Zwischenüberhitzung und drei Anzapfstufen im vereinfachten Wärmeschaltbild und im i, s-Diagramm. Der Trenndruck p_1 ist zugleich der Anzapfdruck der höchsten Vorwärmstufe.

während das Verhältnis von in den Kondensator eintretender Dampfmenge G_k zur Zwischenüberhitzerdampfmenge G_1 ist:

$$m_1 = \frac{G_k}{G_1} < 1.$$

Also ist

$$m_0 m_1 = \frac{G_k}{G_0} < 1.$$

Sinngemäß zu den Gln. (144) und (147) ergeben sich für den Prozeß mit einfacher Zwischenüberhitzung die Gleichungen

$$\eta_p = 1 - \frac{G_k \Delta i_k}{G_0 \Delta i_0 + G_1 \Delta i_1} = 1 - \frac{m_0 m_1 \Delta i_k}{\Delta i_0 + m_0 \Delta i_1} \tag{150}$$

und

$$w = 860 \left(1 + \frac{G_k \Delta i_k}{\frac{1}{z_0} G_0 H_0 \eta_0 + \frac{1}{z_1} G_1 H_1 \eta_1}\right) = 860 \left(1 + \frac{m_0 m_1 z_0 z_1 \Delta i_k}{z_1 H_0 \eta_0 + m_0 z_0 H_1 \eta_1}\right). \tag{151}$$

Für den Prozeß mit zweifacher Zwischenüberhitzung und Regenerativ-Vorwärmung ergibt sich schließlich die Bilanz

$$Q_0 + Q_{Z\ddot{u}1} + Q_{Z\ddot{u}2} = Q_{N0} + Q_{N1} + Q_{N2} + Q_{Ab}$$

$$G_0 \Delta i_0 + G_1 \Delta i_1 + G_2 \Delta i_2 = \frac{1}{z_0} G_0 H_0 \eta_0 + \frac{1}{z_1} G_1 H_1 \eta_1 + \frac{1}{z_2} G_2 H_2 \eta_2 + G_k \Delta i_k. \tag{152}$$

Die mit den Indizes 2 versehenen Größen beziehen sich auf die zweite Zwischenüberhitzung und sind analog zu den mit den Indizes 1 versehenen Größen für die einfache Zwischenüberhitzung zu verstehen.

Mit

$$m_0 = \frac{G_1}{G_0}, \quad m_1 = \frac{G_2}{G_1}, \quad m_2 = \frac{G_k}{G_2}$$

ergeben sich die Gleichungen

$$\eta_p = 1 - \frac{m_0 m_1 m_2 \Delta i_k}{\Delta i_0 + m_0 \Delta i_1 + m_0 m_1 \Delta i_2} \tag{153}$$

und

$$w = 860 \left(1 + \frac{m_0 m_1 m_2 z_0 z_1 z_2 \Delta i_k}{z_1 z_2 H_0 \eta_0 + m_0 z_0 z_2 H_1 \eta_1 + m_0 m_1 z_0 z_1 H_2 \eta_2}\right). \tag{154}$$

Die Berechnung und zweckmäßige Auslegung der Größen dieser Gleichungen wird in den Abschnitten über die Regenerativ-Vorwärmung und die Zwischenüberhitzung ausgeführt.

Die Prozeßwirkungsgrade und die spezifischen Wärmeverbrauchszahlen der vorstehenden Ausführungen gelten nur für den reinen Wasser-Dampfkreislauf, sie berücksichtigen noch nicht die sonstigen Verluste des Prozesses, die durch den Kesselwirkungsgrad η_k, den mechanischen Wirkungsgrad der Turbine η_m, den Generator- η_G und Umspannerwirkungsgrad η_{Um} ausgedrückt werden. Ebenfalls werden die sonstigen Wärmeverluste, z. B. der Rohrleitungen und der Behälter, und schließlich der gesamte Eigenbedarf, nicht berücksichtigt.

Im Normalfall wird der Einfluß, den der Leistungsbedarf der Speisepumpe auf den Prozeß ausübt, mit in den Wirkungsgrad des theoretischen Prozesses eingerechnet.

Um diesen Einfluß mit in die Beziehungen einbauen zu können, muß zweierlei beachtet werden. Durch die für die Druckerhöhung des Speisewassers aufzuwendende Leistung N_{sp} wird die nach außen abgebbare Leistung des betrachteten Prozesses um N' sinken. Zugleich wird die von außen dem Prozeß zuzuführende Wärmemenge um den Betrag ΔQ_0 geringer, um den sich die Wärmemenge im Speisewasser bei der verlustbehafteten Druckerhöhung in der Speisepumpe vermehrt hat.

Damit ergibt sich für den spezifischen Wärmeverbrauch bei Einbeziehung der Speisepumpenleistung für den Prozeß ohne Zwischenüberhitzung

$$w' = \frac{Q_0 - \Delta Q_0}{N - N'}\,. \tag{155}$$

Die für die Speisung des Kessels benötigte Leistung N_{sp} ergibt sich zu

$$N_{sp} = \frac{G_0 \Delta i_{sp}}{860 \eta_{Pu}}\,, \tag{156}$$

worin Δi_{sp} die adiabate Enthalpieerhöhung des Speisewassers in der Pumpe und η_{Pu} der Wirkungsgrad der Speisepumpe ist.

Wird die Speisepumpe durch eine Dampfturbine angetrieben, so wird

$$N_{sp} = \frac{G_{sp} H_{sp} \eta_{AT}}{860} = \frac{G_0 \Delta i_{sp}}{860 \eta_{Pu}} \tag{157}$$

mit G_{sp} als der Dampfmenge, die von der Antriebsturbine verarbeitet wird, H_{sp} als dem zugehörigen Gefälle des Dampfes in der Antriebsturbine der Speisepumpe und η_{AT} als dem Turbinenwirkungsgrad.

Die Antriebsturbine der Speisepumpe wird heute vielfach mit Dampf aus einer der unteren Anzapfstufen der Turbine betrieben und mit einer eigenen Kondensation ausgerüstet. Dadurch kann der Abdampfstutzen der Hauptturbine kleiner gehalten werden. Außerdem werden durch die großen spezifischen Dampfvolume, die der Antriebsturbine zur Verfügung stehen, die Schaufeln dieser Turbine so lang, daß sich gute Turbinenwirkungsgrade erzielen lassen.

Mit $G_{sp} H_{sp}$ würde sich in der Hauptturbine die Leistung

$$860\, N' = G_{sp} H_{sp} \eta_0 \tag{158}$$

erzeugen lassen, während die erforderliche Leistung an der Welle der Antriebsturbine

$$860\, N_{sp} = G_{sp} H_{sp} \eta_{AT} \tag{159}$$

ist, also um einen kleinen Betrag niedriger liegt, da im allgemeinen

$$\eta_{AT} < \eta_0 .$$

Aus den letzten beiden Gleichungen ergibt sich

$$N' = \frac{\eta_0}{\eta_{AT}} N_{sp}\,. \tag{160}$$

Ist das Vakuum im Kondensator der Antriebsturbine nicht so hoch, wie das im Kondensator der Hauptturbine, dann wird in der Antriebsturbine auch nur ein kleineres adiabates Enthalpiegefälle in Leistung umgesetzt. In diesem Fall wird die Gl. (160) folgendermaßen angeschrieben:

$$N' = \frac{H'\eta_0}{H_{sp}\eta_{AT}} N_{sp}, \tag{161}$$

worin H' das vom Zustandspunkt des Anzapfdampfes bis zum Vakuum im Kondensator der Hauptturbine ausnutzbare adiabate Gefälle ist.

Wird die Speisepumpe durch einen Elektromotor angetrieben, dann ergibt sich

$$860\, N_{sp} = \frac{G_0 \Delta i_{sp}}{\eta_{Pu}\eta_{Mo}\eta_{Ku}}. \tag{162}$$

Darin ist η_{Mo} der Wirkungsgrad des Antriebsmotors und η_{Ku} der Wirkungsgrad einer Regelkupplung. Es ist dann ebenfalls $N' > N_{sp}$, da noch der mechanische Wirkungsgrad der Hauptturbine η_m, der Generatorwirkungsgrad η_{Ge} und der Umspannerwirkungsgrad η_{Um} berücksichtigt werden müssen. Es ist also

$$N'\eta_m\eta_{Ge}\eta_{Um} = N_{sp}.$$

Wird gesetzt

$$\eta'_{sp} = \eta_{Pu}\eta_{Mo}\eta_{Ku}\eta_m\eta_{Ge}\eta_{Um}, \tag{163}$$

so ist der Antrieb der Speisepumpe durch einen Elektromotor dem Antrieb durch eine Dampfturbine dann gleichwertig, wenn

$$\eta'_{sp} = \frac{\eta_{AT}\eta_{Pu}}{\eta_0}. \tag{164}$$

η_0 ist der Wirkungsgrad der Dampfexpansion in der Hauptturbine.

Wird die Gl. (155) umgeformt, so kann eingesetzt werden

$$Q_0 = G_0 \Delta i_0 \text{ und } \Delta Q_0 = G_0 \Delta i_{sp}/\eta'_{Pu},$$

wobei η'_{Pu} der innere Wirkungsgrad der Speisepumpe ist und ferner $860\, N = Q_0\eta_p$, woraus $860\, N' = G_0 \Delta i_{sp}\eta'_{sp}$, und es folgt

$$\eta'_p = \frac{\Delta i_0 \eta_p - \Delta i_{sp}/\eta'_{sp}}{\Delta i_0 - \Delta i_{sp}/\eta'_{Pu}}. \tag{165}$$

η'_p und w' bedeuten den Prozeßwirkungsgrad und den spezifischen Wärmeverbrauch mit Einrechnung der Speisepumpenleistung.

Die Gl. (165) läßt sich auch noch in einer übersichtlicheren Form anschreiben

$$\eta'_p = \eta_p - \left(\frac{1}{\eta'_{sp}} - \frac{\eta_p}{\eta'_{Pu}}\right) \frac{\Delta i_{sp}}{\Delta i_0 - \Delta i_{sp}/\eta'_{Pu}}. \tag{166}$$

Der Einfluß der von der Speisepumpe benötigten Leistung auf den Prozeßwirkungsgrad bei einem Prozeß mit einfacher Zwischenüberhitzung ergibt sich durch Erweiterung der Gl. (155) zu

$$w' = \frac{Q_0 + Q_{Z\ddot{u}} - \Delta Q_0}{N - N'} . \tag{167}$$

Daraus wird nach ähnlichen Umformungen

$$\eta_p' = \frac{(\Delta i_0 + m_0 \Delta i_1)\eta_p - \Delta i_{sp}/\eta_{sp}'}{\Delta i_0 + m_0 \Delta i_1 - \Delta i_{sp}/\eta_{Pu}'} \tag{168}$$

und analog zur Gl. (166)

$$\eta_p' = \eta_p - \left(\frac{1}{\eta_{sp}'} - \frac{\eta_p}{\eta_{Pu}'}\right) \frac{\Delta i_{sp}}{\Delta i_0 + m_0 \Delta i_1 - \Delta i_{sp}/\eta_{Pu}'} . \tag{169}$$

Für den Prozeß mit zweifacher Zwischenüberhitzung wird schließlich in gleicher Weise wie bei der Gl. (169) gefunden

$$\eta_p' = \eta_p - \left(\frac{1}{\eta_{sp}'} - \frac{\eta_p}{\eta_{Pu}'}\right) \frac{\Delta i_{sp}}{\Delta i_0 + m_0 \Delta i_1 + m_0 m_1 \Delta i_2 - \Delta i_{sp}/\eta_{Pu}'} . \tag{170}$$

Bei Antrieb der Speisepumpe durch eine Dampfturbine, die aus einer der letzten Anzapfstufen der Hauptturbine mit Dampf versorgt wird, ist in die Gl. (169) in den Ausdruck für η_{sp}' nach der Gl. (164) statt η_0 der Wirkungsgrad der Nachschaltturbine η_1 einzusetzen. Sinngemäß muß η_{sp}' in der Gl. (170) mit η_2, also dem Wirkungsgrad des Turbinenteils nach der zweiten Zwischenüberhitzung, gebildet werden. Es ist aus den Gln. (169) und (170) abzulesen, daß sich mit der Einführung der Zwischenüberhitzung bei gleichen Frischdampfzustandsgrößen der Einfluß der Speisepumpenleistung verringert. Diese Verringerung läßt sich aus der Anschauung erklären, da durch die an den ursprünglichen Prozeß angehängten Zwischenüberhitzungsprozesse die abgegebene Leistung bei gleicher durch die Speisepumpe geförderter Speisewassermenge erhöht wird.

Wird ein Einflußfaktor hergeleitet, der den Einfluß der Speisepumpenleistung auf den Prozeßwirkungsgrad angibt,

$$f_{sp} = \frac{\eta_p - \eta_p'}{\eta_p} = \frac{w' - w}{w'} , \tag{171}$$

so folgen aus den bisher gefundenen Beziehungen die Gln. (172) bis (174)

a) für den Prozeß mit oder ohne Regenerativ-Vorwärmung und ohne Zwischenüberhitzung

$$f_{sp} = \left(\frac{1}{\eta_{sp}' \eta_p} - \frac{1}{\eta_{Pu}'}\right) \frac{\Delta i_{sp}}{\Delta i_0 - \Delta i_{sp}/\eta_{Pu}'} , \tag{172}$$

b) für den Prozeß mit Regenerativ-Vorwärmung und einfacher Zwischenüberhitzung

$$f_{sp} = \left(\frac{1}{\eta_{sp}' \eta_p} - \frac{1}{\eta_{Pu}'}\right) \frac{\Delta i_{sp}}{\Delta i_0 + m_0 \Delta i_1 - \Delta i_{sp}/\eta_{Pu}'} , \tag{173}$$

c) für den Prozeß mit Regenerativ-Vorwärmung und zweifacher Zwischenüberhitzung

$$f_{sp} = \left(\frac{1}{\eta'_{sp}\eta_p} - \frac{1}{\eta'_{Pu}}\right)\frac{\Delta i_{sp}}{\Delta i_0 + m_0\Delta i_1 + m_0 m_1 \Delta i_2 - \Delta i_{sp}/\eta'_{Pu}}. \tag{174}$$

In den Gln. (172) bis (174) steckt die Aussage, daß die in die Speisepumpe bei der Kompression in Form einer Enthalpieerhöhung hineingesteckte Leistung mit dem Prozeßwirkungsgrad zurückgewonnen wird. Ist η_p groß, so wird der prozentuale Einfluß der Speisepumpe geringer und umgekehrt.

Ist der Prozeßwirkungsgrad mit Einschluß der Speisepumpenleistung η'_p bekannt und wird der Wirkungsgrad des Prozesses ohne Einfluß der Speisepumpe gesucht, so lassen sich die Gln. (169) und (170) für den Prozeß ohne Zwischenüberhitzung

$$\eta_p = \eta'_p\left(1 + \frac{\Delta i_{sp}\left(\frac{1}{\eta'_{sp}\eta'_p} - \frac{1}{\eta'_{Pu}}\right)}{\Delta i_0}\right) \tag{175}$$

und für den Prozeß mit einfacher Zwischenüberhitzung

$$\eta_p = \eta'_p\left(1 + \frac{\Delta i_{sp}\left(\frac{1}{\eta'_{sp}\eta'_p} - \frac{1}{\eta'_{Pu}}\right)}{\Delta i_0 + m_0\Delta i_1}\right) \tag{176}$$

aufstellen. Die Gleichung für den Prozeß mit zweifacher Zwischenüberhitzung enthält im Nenner auf der rechten Seite der Gl. (176) noch zusätzlich das Glied $m_0 m_1 \Delta i_2$.

Außer dem Prozeßwirkungsgrad sind auch die in dem Prozeß strömenden Mengen von Bedeutung, da sie Rückschlüsse auf den notwendigen Werkstoffaufwand zulassen. Die jeweils erforderliche Frischdampfmenge errechnet sich aus der Gl. (177) zu

$$G_0 = \frac{860\,N}{\Delta i_0 - m_0\Delta i_k - \Delta i_{sp}/\eta'_{sp}} \tag{177}$$

für den Prozeß ohne Zwischenüberhitzung. Für Prozesse mit ein- bzw. zweifacher Zwischenüberhitzung wird daraus analog

$$G_0 = \frac{860\,N}{\Delta i_0 + m_0\Delta i_1 - m_0 m_1\Delta i_k - \Delta i_{sp}/\eta'_{sp}} \tag{178}$$

und

$$G_0 = \frac{860\,N}{\Delta i_0 + m_0\Delta i_1 + m_0 m_1\Delta i_2 - m_0 m_1 m_2\Delta i_k - \Delta i_{sp}/\eta'_{sp}}. \tag{179}$$

5.2 Die Regenerativ-Vorwärmung

5.2.1 Die „Carnotisierung" des Clausius-Rankine-Prozesses

Die grundsätzliche Verbesserungsmöglichkeit, die in der „Carnotisierung" des Clausius-Rankine-Prozesses durch die Regenerativ-Vorwärmung liegt, wurde im Abschnitt 4.1.3 bereits besprochen. Es wurde dort auch erwähnt, daß bei sonst festgehaltenen Parametern der Prozeßwirkungsgrad bei einer bestimmten Vorwärmtemperatur seinen günstigsten Wert erreicht und bei darüber hinaus gesteigerter Vorwärmtemperatur wieder sinkt.

Die Regenerativ-Vorwärmung wirkt sich mit verschiedenen Einflüssen auf den Kreisprozeß aus:

1. auf den Prozeßwirkungsgrad, über das Anheben der mittleren oberen Temperatur der Wärmezufuhr von außen,

2. auf den Turbinenwirkungsgrad, da die auf der Hochdruckseite strömenden Stoffmengen bei gleicher abgegebener Leistung steigen, wodurch bei gleichen Zustandsgrößen erhöhte Volumen durch die vorderen Stufen der Turbine durchgesetzt werden,

3. auf die Auslegung der Kondensation und der Kühlwasserversorgung, da durch die Verbesserung des Prozeßwirkungsgrades die erforderliche Kühlwassermenge sinkt,

4. auf den Kesselwirkungsgrad, die Kesselleistung und auf die Größe der Kessel-, Eco- und Luvo-Heizfläche. Einmal, weil die Speisewassermenge bei gleicher abgegebener Leistung durch die Regenerativ-Vorwärmung steigt und zum anderen, weil mit steigender Temperatur des in den Kessel eintretenden Speisewassers bei gleicher Abgastemperatur des Kessels der von den Rauchgasen an das Speisewasser übertragbare Wärmeanteil sinkt.

Unter der Berücksichtigung dieser Einflüsse sind bei der Planung einer Regenerativ-Vorwärmung Überlegungen anzustellen über

1. die thermodynamisch und wirtschaftlich optimale Höhe der Endvorwärmung des Speisewassers,

2. die Anzahl der Vorwärmstufen,

3. die Aufteilung der Vorwärmspannen auf die einzelnen Vorwärmstufen,

4. die Ausführung der Schaltung unter Einbeziehung der zusätzlich notwendigen Aggregate.

Bei der Verzahnung zwischen der Wirkung der Regenerativ-Vorwärmung und den anderen Parametern des Prozesses läßt sich die Auswahl der günstigsten Regenerativ-Vorwärmung nur unter gleichzeitiger Berücksichtigung der anderen Parameter treffen. Das gilt besonders für die Abstimmung der Auslegungsdaten für die Regenerativ-Vorwärmung und für die Zwischenüberhitzung aufeinander. Der Ausdruck Regenerativ-Vorwärmung für diese Art der Speisewasser-Vorwärmung hat sich eingebürgert, obwohl es sich, da kontinuierlich, eigentlich um eine Rekuperativ-Vorwärmung handelt.

5.2.2 Die Verbesserung des Prozeßwirkungsgrades durch die vielstufige Regenerativ-Vorwärmung

Der Wirkungsgrad des Dampfkraftprozesses läßt sich aus dem T, s-Diagramm ermitteln, wenn die mittlere obere Temperatur der Wärmezufuhr von außen aus den entsprechenden Temperaturen der Flüssigkeits-, Naßdampf- und Überhitzungsphase gebildet wird (Bild 65).

$$T_{oc} = \frac{T_{mF}\Delta s_F + T_N \Delta s_N + T_{m\ddot{U}}\Delta s_{\ddot{U}}}{\Sigma \Delta s} . \tag{180}$$

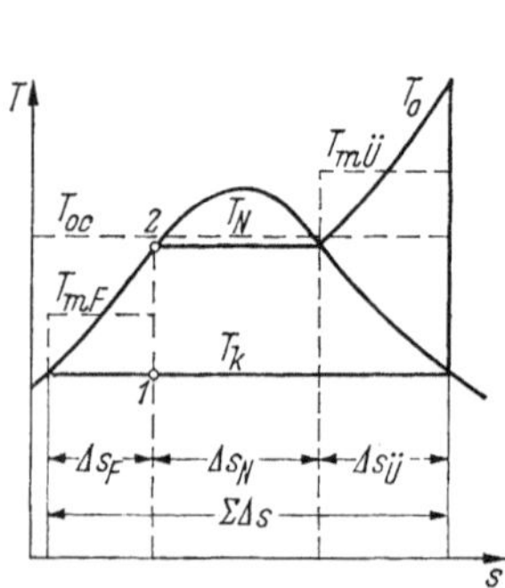

Bild 65. Einfacher Prozeß im T, s-Diagramm.

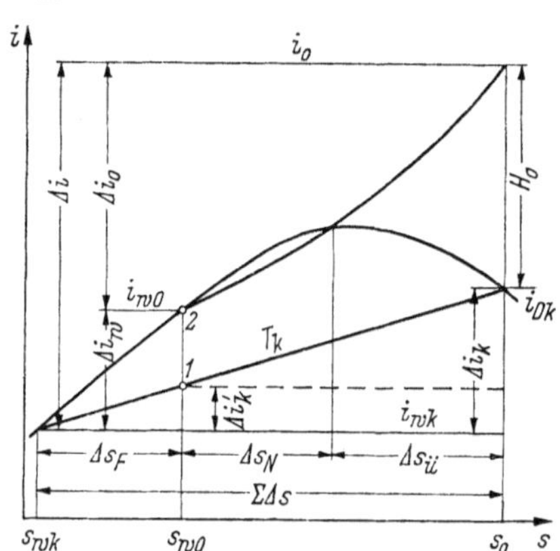

Bild 66. Einfacher Prozeß im i, s-Diagramm.

Da der Wert von T_{mF} gegenüber den beiden anderen Temperaturen T_N und $T_{m\ddot{U}}$ niedrig ist, ließe sich der Wirkungsgrad des Dampfkraftprozesses wesentlich verbessern, wenn die Wärmezufuhr im Flüssigkeitsgebiet durch eine adiabate Kompression vom Zustand *1* auf den Zustand *2* ersetzt werden könnte, da

$$T'_{oc} = \frac{T_N \Delta s_N + T_{m\ddot{U}}\Delta s_{\ddot{U}}}{\Delta s_N + \Delta s_{\ddot{U}}} > T_{oc}. \tag{181}$$

Aus dem i, s-Diagramm läßt sich der Wirkungsgrad eines solchen Prozesses bestimmen (Bild 66).

Mit $\eta_p = 1 - \frac{Q_{Ab}}{Q_{Zu}}$ und $Q_{Ab} = \Delta i_k - \Delta i_k'$ und $Q_{Zu} = \Delta i_0$ wird

$$\eta_p = 1 - \frac{\Delta i_k}{\Delta i_0} + \frac{\Delta i_k'}{\Delta i_0} . \tag{182}$$

Nun ist $\Delta i_k' = T_k \Delta s_F$ und andererseits $\Delta s_F = \Delta i_w / T_{mF}$, und es wird

$$\eta_p = 1 - \frac{\Delta i_k - \frac{T_k}{T_{mF}}\Delta i_w}{\Delta i - \Delta i_w} \tag{183}$$

als Wirkungsgrad für den Prozeß mit isentroper Kompression des Naßdampfes.

Da eine derartige Kompression nassen Dampfes nicht ausführbar ist, wird statt dessen die Wärmezufuhr von außen für die flüssige Phase durch prozeß-internen Wärmetausch ersetzt. Der an den einzelnen Stufen entnommene Anzapfdampf kann jeweils nur bis zu seiner Entnahmestelle in der Turbine expandieren und mechanische Arbeit verrichten. Anschließend wird er den Vorwärmern zugeführt und gibt seine Restwärme vollständig prozeß-intern ab.

Die Verbesserung des Prozeßwirkungsgrades durch isentrope Kompression vom Zustand *1* auf den Zustand *2* (Bild 66), durch einen reversiblen Vorgang also gegenüber dem CLAUSIUS-RANKINE-Prozeß läßt sich durch prozeß-internen Wärmetausch nur unter zwei Voraussetzungen denken:

Einmal muß der interne Wärmetausch, soll er die gleichen Verbesserungen bringen, ebenfalls reversibel erfolgen. Sämtliche Wärmeaustauschvorgänge in den einzelnen Vorwärmern müssen also ohne Entropiezunahme erfolgen. Nach der Gl. (110) heißt das

$$\Sigma \delta s = \Sigma \delta q_n \frac{T_{mn} - T^+_{mn}}{T_{mn} T^+_{mn}} = 0. \tag{184}$$

Diese Gleichung ist erfüllt für $T_{mn} - T^+_{mn} = \Delta T \to 0$, also für eine unendlichstufige Vorwärmung. T_{mn} ist die mittlere Temperatur der Wärmeabgabe des Anzapfdampfes der n-ten Stufe, während T^+_{mn} die mittlere Temperatur der Wärmeaufnahme des Speisewassers dieser Stufe ist.

Als zweite Voraussetzung kommt hinzu, daß der Entnahmedampf nicht überhitzt sein darf, da dann $\Delta T \to 0$ nicht möglich ist, wie sich aus dem Bild 67 ablesen läßt. Die Integration der Fläche *1 2 3 4* mit anschließender Division durch Δs ergibt nämlich immer einen Wert $T_{mn} > T^+_{mn}$, auch wenn, wie in dem Bild 67, das Speisewasser nur um eine gegen Null gehende Temperaturspanne aufgewärmt wird.

Verläuft die Expansionslinie dagegen an der Anzapfstelle im Naßdampfgebiet, so könnte bei unendlich-stufiger Vorwärmung nach der Integration über die Fläche *1 2′3′4* und anschließende Division durch $\Delta s'$ ein Wert $T_{mn} = T^+_{mn}$ erwartet werden.

Der Prozeßwirkungsgrad für den Regenerativ-Prozeß ist nach der Gl. (108)

$$\eta_p = 1 - m \frac{\Delta i_k}{\Delta i_0}. \tag{108}$$

Diese Beziehung kann für einen Prozeß, dessen Expansionslinie im Naßdampfgebiet liegt (reversibler Wärmetausch vorausgesetzt) mit dem Wirkungsgrad nach der Gl. (183) verglichen werden. Es ergibt sich daraus

$$m = 1 - \frac{T_k}{T_{mF}} \frac{\Delta i_w}{\Delta i_k} = 1 - \frac{\Delta s_F}{\Sigma \Delta s}. \tag{185}$$

Durch den Übergang auf eine endlich-stufige Vorwärmung erhöhen sich die Temperaturdifferenzen in der Gl. (184) abhängig von der Höhe der einzelnen Vorwärmspannen. Damit tritt bei dem prozeß-internen

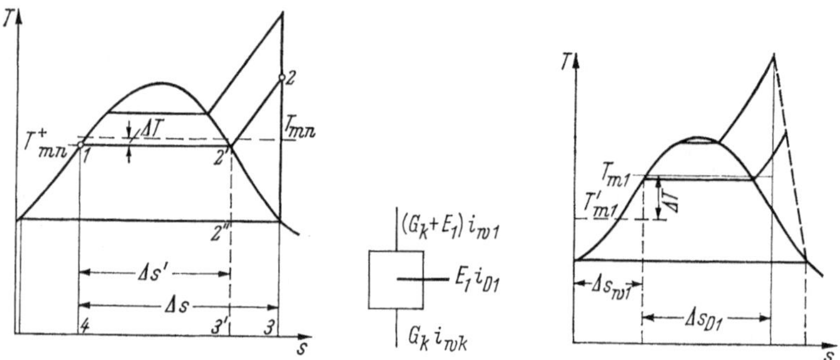

Bild 67. Durch die Überhitzung des Anzapfdampfes ist $T_{mn} > T^+_{mn}$ auch bei unendlich-stufiger Vorwärmung.

Bild 68. Wärmebilanz an einer Mischvorwärmerstrecke.

Bild 69. Die Temperaturdifferenz ΔT der mittleren Temperaturen bei einstufiger Vorwärmung.

Wärmetausch eine Entropievermehrung auf, die die Verbesserung des Prozeßwirkungsgrades durch die Regenerativ-Vorwärmung gegenüber dem CLAUSIUS-RANKINE-Prozeß wieder schmälert.

Diese Überlegung soll an einer einstufigen Vorwärmung erläutert werden. Nach dem Bild 68 ergibt sich die Wärmebilanz

$$(G_k + E_1)\, i_{w1} = E_1 i_{D1} + G_k i_{wk}$$

$$E_1 = G_k \frac{i_{w1} - i_{wk}}{i_{D1} - i_{w1}} = G_k \frac{\Delta i_{w1}}{\Delta i_{D1}}. \tag{186}$$

Mit $\Delta i_{w1} = T'_{m1} \Delta s_{w1}$ und $\Delta i_{D1} = T_{m1} \Delta s_{D1}$ nach dem Bild 69 wird daraus

$$G_k T'_{m1} \Delta s_{w1} = E_1 T_{m1} \Delta s_{D1}. \tag{187}$$

Das Bild 69 zeigt, daß für die einstufige Vorwärmung $T_{m1} > T'_{m1}$. Folglich ist $G_k \Delta s_{w1} > E_1 \Delta s_{D1}$. Die Entropiezunahme im vorgewärmten Kondensat ist also größer als die Entropieabnahme im Anzapfdampf. Der Verlust an Arbeitsfähigkeit, der sich durch diese Entropievermehrung ergibt, ist bei gleichbleibendem Frischdampfstrom

$$a' = G_k T_k \left(\Delta s_{w1} - \frac{E_1}{G_k} \Delta s_{D1} \right). \tag{188}$$

Nun ist aber, soll die gleiche Leistung erzeugt werden, der Frischdampfstrom zu erhöhen, da die Anzapfdampfmenge nur bis zur Entnahmestelle in elektrische Arbeit umgeformt wird. Der Faktor, um den die Frischdampfmenge G_0 vermehrt werden muß, ist

$$z_0 = \frac{G_0 H_0}{E_1 H'_1 + G_k H_0}.$$

Mit diesem Faktor und unter Einsetzen der Gl. (187) in die Gl. (188) ergibt sich schließlich nach Division durch G_0 der auf die Frischdampfmenge 1 bezogene Energieverlust, der durch die endlichen Temperaturdifferenzen beim prozeß-internen Wärmetausch hervorgerufen wird:

$$\delta a = z_0 m_0 T_k \Delta s_{w1} \left(1 - \frac{T'_{m1}}{T_{m1}}\right). \tag{189}$$

Darin bedeutet $m_0 = G_k/G_0$. Dieser Quotient wird als Mengenverhältnis bezeichnet. Andererseits läßt sich diese Gl. (189) auch noch anschreiben als

$$\delta a = \frac{z'_0 E_1 \Delta i_{D1}}{G_0} \frac{T_k}{T'_{m1}} \left(1 - \frac{T'_{m1}}{T_{m1}}\right). \tag{190}$$

Es ist leicht einzusehen, daß bei mehr als einem Vorwärmer die Verluste an Arbeitsfähigkeit durch endliche Temperaturdifferenzen beim prozeß-internen Wärmetausch insgesamt

$$\Sigma \delta a = \frac{z'_0 T_k}{G_0} \Sigma \frac{E_n \Delta i_{Dn}}{T'_{mn}} \left(1 - \frac{T'_{mn}}{T_{mn}}\right) \tag{191}$$

betragen. In dieser Gleichung bedeutet jetzt

$$z'_0 = \frac{G_0}{\overset{n}{\Sigma} E \frac{H'_n}{H_0} + G_k}.$$

Bei unendlich-stufiger Regenerativ-Vorwärmung sinkt die Entropievermehrung bezogen auf die Frischdampfmenge 1 auf

$$\Sigma \Delta s' = (1 - z_\infty m_\infty) \frac{\Delta i_k}{T_k} \tag{192}$$

ab. Diese Verbesserung wird nun bei endlich-stufiger Vorwärmung etwas verringert um die Werte, die sich aus der Gl. (191) ergeben, auf

$$\Sigma \Delta s = \Sigma \Delta s' + \frac{\Sigma \delta a}{T_k}. \tag{193}$$

Das Verringern der Entropiezunahme beim vielstufigen Regenerativ-Prozeß gegenüber der Entropiezunahme beim Clausius-Rankine-Prozeß wird mit wachsender Speisewasservorwärmtemperatur größer und erreicht bei einer bestimmten Vorwärmspanne abhängig von der Vorwärmstufenzahl ein Maximum, das nach dem 2. Hauptsatz zugleich ein Maximum des Wirkungsgrades ist. Dieses Maximum wird sich mit zunehmender Stufenzahl zu größeren Vorwärmspannen verschieben, da dann durch die größere Stufenzahl die einzelnen $\Delta T_n = T_{mn} - T'_{mn}$ kleiner werden und demzufolge der Einfluß der Entropievermehrung, die bei dem prozeß-internen Wärmetausch bei der Vorwärmung auftritt, abgeschwächt wird.

Aus der Gl. (190) und dem Bild 69 ist auch abzulesen, daß bei gleicher Vorwärmstufenzahl das Optimum für die Speisewasservorwärmung um so niedriger wird, je weiter die Expansionslinie des Dampfes in der Turbine im i, s- und T, s-Diagramm zu höheren Entropiewerten verschoben wird, da dann die Werte für die Δi_{Dn} und für die ΔT_n und damit die Entropievermehrung beim Wärmetausch wachsen.

Das Anwachsen der Δi_{Dn} und der ΔT_n beim Verschieben der Expansionslinien im i, s-Diagramm bei Verwendung der Zwischenüberhitzung führte in jüngster Zeit dazu, daß der obersten Vorwärmstufe noch Enthitzer vorgeschaltet werden. In ihnen wird die Temperatur des Anzapfdampfes der oberen Anzapfungen bis auf eine geringe Restüberhitzung von dem bis auf die Sättigungstemperatur des höchsten Anzapfdruckes vorgewärmten Speisewasser abgebaut. Dadurch wird der Aufwärmspanne noch eine kleine Spanne aufgestockt und so eine zusätzliche Verbesserung des Wirkungsgrades erzielt [*21*]. Diese Verbesserung ist aus der Gl. (110) erkennbar, wenn die auszutauschende Wärmemenge aufgeteilt wird in den Betrag Q/a, der im Enthitzer bei der Temperaturdifferenz $T_{mn} - T^{+}_{mn}$, und in einen Betrag $Q(1 - a)$, der im zugehörigen Vorwärmer bei der Temperaturdifferenz $T^{+}_{mn} - T'_{mn}$ an das Kondensat abgegeben wird, da

$$\Delta s = \frac{Q}{a} \frac{T_{mn} - T^{+}_{mn}}{T_{mn} T^{+}_{mn}} + \frac{Q}{1 - a} \frac{T^{+}_{mn} - T'_{mn}}{T^{+}_{mn} T'_{mn}} < Q \frac{T_{mn} - T'_{mn}}{T_{mn} T'_{mn}}. \tag{194}$$

In der Gl. (194) ist $T_{mn} > T^{+}_{mn} > T'_{mn}$.

Da die Einschaltung von Enthitzern auch Einfluß auf die Aufteilung der Vorwärmspannen hat, muß der Nutzen dieser Schaltung im Einzelfall insgesamt über die Vorwärmstrecke betrachtet werden.

5.2.3 Die Berechnung der Regenerativ-Vorwärmung bei gleichartigen Vorwärmern

Wenn auch bei der praktischen Ausführung der Regenerativ-Vorwärmung in einem Kreislauf verschiedenartige Vorwärmer angewendet werden so wie es die günstigste Auslegung erfordert, so sollen jedoch an dieser Stelle zunächst Kreisläufe mit gleichen Vorwärmern betrachtet werden.

An verschiedenen Arten von Vorwärmern werden verwendet:

a) Mischvorwärmer,

b) Oberflächenvorwärmer mit Umpumpen des Kondensats,

c) Oberflächenvorwärmer mit Ablaufen des Kondensats,

d) Oberflächenvorwärmer mit Ablaufen des Kondensats und Kondensatkühlern,

e) Enthitzer als alleinstehende Aggregate oder in unmittelbarer Kombination mit einem Oberflächenvorwärmer.

Bei den Mischvorwärmern wird der Heizdampf direkt dem Kondensat zugemischt. Da in jedem Vorwärmer das Kondensat unter dem Druck des Dampfes an der zugehörigen Entnahmestufe steht, muß in einem Vorwärmerstrang, der aus Mischvorwärmern besteht, das gesamte Kondensat einschließlich der jeweils schon zugegebenen Entnahmedampfmengen von Stufe zu Stufe gepumpt werden. Obwohl diese Schaltung thermodynamisch die günstigste ist, wird sie jedoch bei größeren Anlagen und Vorwärmerzahlen nicht verwendet. Die Ursache liegt in der betrieblich aufwendigen Schaltung vieler Pumpen (einschließlich der Reservepumpen) für jeweils große Mengen bei kleinen Förderhöhen mit den erforderlichen Regelungen, die vermeiden müssen, daß bei einer Überspeisung des Vorwärmers Kondensat in die Turbine gedrückt wird.

Verfolgen wir an dem Bild 70 die schon bei dem Bild 68 begonnene Wärmebilanz weiter, so ergibt sich nach

$$E_1 = G_k \frac{\Delta i_{w1}}{\Delta i_{D1}}$$

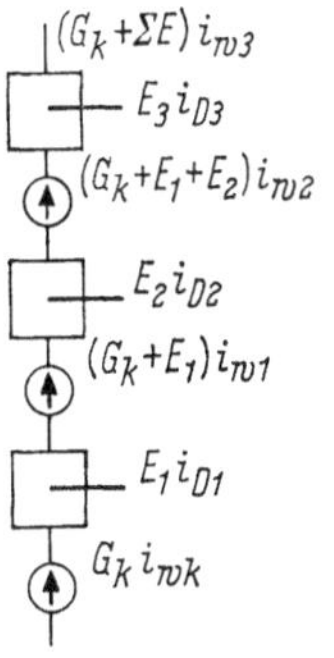

für die zweite Stufe

$$(G_k + E_1 + E_2)\, i_{w2} = (G_k + E_1)\, i_{w1} + E_2 i_{D2}$$

und mit

$$\Delta i_{w2} = i_{w2} - i_{w1} \text{ und } \Delta i_{D2} = i_{D2} - i_{w2}$$

$$E_2 = (G_k + E_1) \frac{\Delta i_{w2}}{\Delta i_{D2}} = G_k \left(1 + \frac{\Delta i_{w1}}{\Delta i_{D1}}\right) \frac{\Delta i_{w2}}{\Delta i_{D2}}. \quad (195)$$

Nehmen wir zur Vereinfachung der folgenden Ableitungen an, daß die einzelnen Δi_{Dn} einander gleich sind, so werden auch die einzelnen Δi_{wn} einander gleich, und die Brüche der Gl. (195) werden zu Konstanten k.

Bild 70. Vorwärmschaltung mit Mischvorwärmern.

Wird die Entwicklung, die zur Gl. (195) geführt hat, bis zur obersten Vorwärmstufe fortgesetzt, so ergibt sich schließlich für die Summe der Anzapfungen bei n Vorwärmstufen

$$\sum_1^n E = G_k \left[\binom{n}{1} k + \binom{n}{2} k^2 + \binom{n}{3} k^3 + \ldots k^n\right]. \quad (196)$$

Diese Gleichung wird zu einem Binom, wenn auf beiden Seiten G_k hinzugefügt wird.

$$G_k + \sum_1^n E = G_k (1 + k)^n = G_k \left(1 + \frac{\Delta i_w}{\Delta i_D}\right)^n, \quad (197)$$

und da

$$\frac{G_k + \sum_1^n E}{G_k} = \frac{G_0}{G_k} = \frac{1}{m_0},$$

folgt schließlich

$$m_0 = \frac{1}{\left(1 + \frac{\Delta i_w}{\Delta i_D}\right)^n} = \frac{1}{(1+k)^n}. \tag{198}$$

Wird in der Gl. (198) $\Delta i_D = c$ gesetzt, womit die Δi_{Dn} einander gleich und gleich Δi_k sind, und anstelle von Δi_w der Ausdruck $\Delta i_{wg}/n$ verwendet, wobei Δi_{wg} die Gesamtvorwärmspanne ist, so ergibt sich, wenn die Gl. (198) nach dem TAYLORschen Satz entwickelt wird,

$$m_0 = \frac{1}{1 + \frac{\Delta i_{wg}}{c} + \frac{n(n-1)\Delta i_{wg}^2}{2!\,n^2c^2} + \frac{n(n-1)(n-2)\Delta i_{wg}^3}{3!n^3c^3} + \cdots}. \tag{199}$$

Der Vergleich mit dem Ausdruck für unendlich-stufige Vorwärmung nach der Gl. (118) zeigt, daß beide Ausdrücke für $n \to \infty$ ineinander übergehen [*21*].

Werden in beiden Gleichungen die Glieder von höherer als der zweiten Ordnung vernachlässigt, was für eine Näherung zulässig ist, denn da $\Delta i_{wg}/c < 1$, ist $\Delta i_{wg}^3/c \ll 1$, so erhält man Aufschluß über das erreichte Mengenverhältnis m_0 zu dem bei unendlich-stufiger Vorwärmung möglichen m_∞:

$$\varepsilon_n = \frac{m_\infty}{m_0} = 1 - \frac{\Delta i_{wg}^2}{nc^2\left[\left(1 + \frac{\Delta i_{wg}}{c}\right)^2 + 1\right]}. \tag{200}$$

ε_n erhält den Wert 1 für $n \to \infty$.

Ist nach dieser Beziehung zu ermitteln, wie weit bei einer gegebenen Vorwärmerauslegung die Annäherung an den theoretisch günstigsten Wert für das Mengenverhältnis m geglückt ist, so muß andererseits nach den Ausführungen des vorigen Kapitels ein Optimum der Höhe der Speisewasservorwärmung abhängig von der Stufenzahl der Vorwärmung und den sonstigen Parametern des Prozesses vorhanden sein.

Der Wirkungsgrad des Prozesses ohne Regenerativ-Vorwärmung ist

$$\eta_p = 1 - \frac{\Delta i_k}{\Delta i} = 1 - \frac{Q_{Ab}}{Q_{Zu}}$$

und der des Prozesses mit Regenerativ-Vorwärmung

$$\eta_{p(n)} = 1 - m_0\frac{\Delta i_k}{\Delta i_0} = 1 - \frac{Q_{Ab}}{Q_{Zu(n)}}.$$

Der Vergleich der beiden Quotienten dieser Gleichungen ergibt

$$\frac{Q_{Zu(n)}}{Q_{Zu}} = \frac{\left(1 + \frac{\Delta i_{wg}}{n\Delta i_D}\right)^n \Delta i_0}{\Delta i}. \tag{201}$$

Werden nun für Δi_0 und Δi die in dem Bild 71 abzulesenden Ausdrücke eingesetzt, dann ergibt sich

$$\frac{Q_{Zu(n)}}{Q_{Zu}} = \left(1 + \frac{\Delta i_{wg}}{n \Delta i_D}\right)^n \left(1 - \frac{\Delta i_{wg}}{H_0 \eta_0 + \Delta i_k}\right). \tag{202}$$

Wird die Ableitung der Gl. (202) nach Δi_{wg} gleich Null gesetzt, so ergibt sich, wenn man berücksichtigt, daß die $\Delta i_D = \Delta i_k$, schließlich

$$\Delta i_{wg(opt)} = \frac{n}{n+1} H_0 \eta_0 . \tag{203}$$

Da gleichbleibende Δi_D vorausgesetzt waren, ist nun auch

$$\Delta i_0 = \Delta i_{Dk}$$

oder

$$i_0 - i'_{w0} = i_{Dk} - i_{wk}$$

und daraus

$$i_0 - i_{Dk} = i'_{w0} - i_{wk},$$

also

$$H_0 \eta_0 = \Delta i'_{wg}.$$

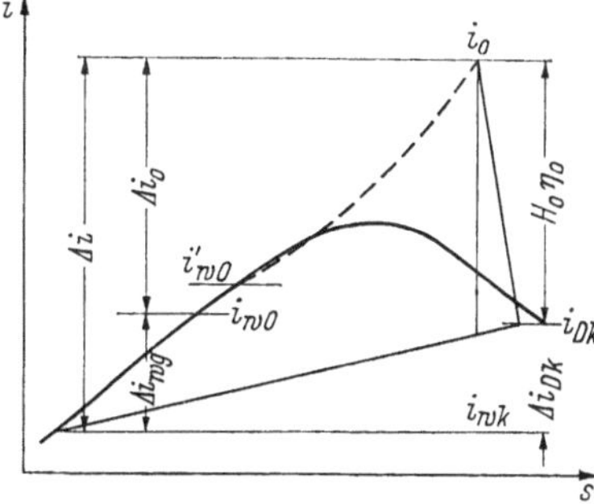

Bild 71. Vereinfachte Darstellung eines Prozesses mit Regenerativ-Vorwärmung im i, s-Diagramm.

i'_{w0} ist dabei die zum Frischdampfdruck gehörende Sättigungsenthalpie und somit $\Delta i'_{wg}$ die überhaupt mögliche Gesamtvorwärmspanne. Damit wird aus der Gl. (203)

$$\Delta i_{wg(opt)} = \frac{n}{n+1} \Delta i'_{wg} . \tag{204}$$

Unter dieser vereinfachenden Annahme, daß die $\Delta i_D = \text{const}$ sind, läßt sich noch eine Aussage über die maximal mögliche Verbesserung des spezifischen Wärmeverbrauchs durch die Regenerativ-Vorwärmung gegenüber dem Prozeß ohne Regenerativ-Vorwärmung machen. Es muß jedoch ausdrücklich darauf hingewiesen werden, daß es sich um eine Näherung handelt.

Die mögliche Ersparnis durch die Regenerativ-Vorwärmung ist

$$E = \frac{w - w_n}{w},$$

worin w der spezifische Wärmeverbrauch ohne und w_n der spezifische Wärmeverbrauch mit Regenerativ-Vorwärmung ist.

Zur Berechnung dieser Ersparnis wird von dem Wert

$$\frac{E}{1-E} = \frac{w}{w_n} - 1$$

ausgegangen.

Daraus ergibt sich mit

$$\frac{w}{860} = \frac{Q_{Zu}}{Q_{Zu} - Q_{Ab}} = \frac{\Delta i}{H_0\eta_0} = \frac{H_0\eta_0 + \Delta i_k}{H_0\eta_0} \tag{205}$$

und

$$\frac{w_n}{860} = \frac{Q_{Zu(n)}}{Q_{Zu(n)} - Q_{Ab}} = \frac{\frac{1}{m_{0(opt)}}\Delta i_0}{\frac{1}{m_{0(opt)}}\Delta i_0 - \Delta i_k} \tag{206}$$

nach einigen Umformungen schließlich

$$\frac{E}{1-E} = \frac{\Delta i_k}{H_0\eta_0}\left[1 - \frac{1 + \frac{H_0\eta_0}{\Delta i_k}}{\left(1 + \frac{H_0\eta_0}{(n+1)\Delta i_k}\right)^{n+1}}\right]. \tag{207}$$

Um diese Gleichung zu erhalten, wurde in den Ausdruck für $m_{0(opt)}$ der optimale Wert für $\Delta i_{wg(opt)}$ nach der Gl. (203) eingesetzt

$$\frac{1}{m_{0(opt)}} = \left(1 + \frac{\Delta i_{wg(opt)}}{n\Delta i_D}\right)^n = \left(1 + \frac{H_0\eta_0}{(n+1)\Delta i_D}\right)^n,$$

wobei außerdem noch von der Vereinfachung $\Delta i_D = c = \Delta i_k$ Gebrauch gemacht und $\Delta i_0 = H_0\eta_0 + \Delta i_k - \Delta i_{wg(opt)} = \Delta i_k + \frac{H_0\eta_0}{n+1}$ eingesetzt wurde.

Die Gl. (207) ermöglicht es, die Ersparnis durch die Regenerativ-Vorwärmung mit Mischvorwärmern als Funktion des ausnutzbaren Gesamtgefälles, der an das Kühlwasser abgegebenen Abwärmspanne und der Vorwärmstufenzahl auszudrücken [*22*].

Da außerdem für den Prozeß ohne Regenerativ-Vorwärmung

$$\frac{w}{860} = \frac{1}{\eta} = 1 + \frac{\Delta i_k}{H_0\eta_0},$$

läßt sich die Gl. (207) auch allein als Funktion des Wirkungsgrades des Vergleichsprozesses ohne Regenerativ-Vorwärmung und der Vorwärmstufenzahl anschreiben.

Wie eingangs erwähnt, ist die Vorwärmung mit Mischvorwärmern die thermodynamisch günstigste Möglichkeit, den Prozeß mit Regenerativ-Vorwärmung auszurüsten. Das thermodynamisch am wenigsten günstige nach der Aufzählung der verschiedenen Vorwärmarten sind die Oberflächenvorwärmer mit Ablaufen des Kondensats in die niedrigeren Stufen. Das Bild 72 stellt eine solche Vorwärmung dar. Die Wärmebilanz an dieser Vorwärmstrecke ergibt wieder unter der Annahme $\Delta i_D = c = \text{const}$ und ebenso $\Delta i_w / \Delta i_D = k = \text{const}$ für den höchsten Vorwärmer

$$E_1 = G_0 \frac{\Delta i_{w1}}{\Delta i_{D1}}$$

und für den darunter liegenden Vorwärmer

$$G_0 \Delta i_{w2} - E_1 \Delta i_{w1} = E_2 \Delta i_{D2}$$

und somit

$$E_2 = G_0 \left(1 - \frac{\Delta i_w}{\Delta i_D}\right) \frac{\Delta i_w}{\Delta i_D}$$

usw.

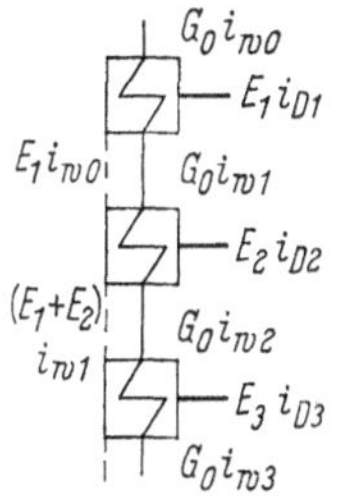

Bild 72. Vorwärmstrecke mit Oberflächen-Vorwärmern und Ablaufen des Heizkondensats

Durch Summation der einzelnen Entnahmemengen und Subtraktion dieser Mengen von G_0 läßt sich wieder ein Binom bilden, und es ergibt sich für eine n-stufige Vorwärmung

$$\frac{G_0 - \Sigma E}{G_0} = m_0 = \left(1 - \frac{\Delta i_w}{\Delta i_D}\right)^n = (1 - k)^n. \tag{208}$$

Bei der Berechnung des spezifischen Wärmeverbrauchs unter Verwendung von Gl. (208) darf jedoch nicht übersehen werden, daß nicht nur die Abwärmemenge

$$Q_{Ab} = G_k \Delta i_k = G_0 \Delta i_k \left(1 - \frac{\Delta i_w}{\Delta i_D}\right)^n \tag{209}$$

an das Kühlwasser verloren gegeben wird, sondern auch die Wärmemenge, die noch in der Summe der Heizkondensate steckt, wenn sie vom untersten Vorwärmer aus in den Kondensator zurückfließen. Diese Wärmemenge ist $Q'_{Ab} = \Sigma E \, \Delta i_w$ oder unter Verwendung der Gl. (208)

$$Q'_{Ab} = G_0 \left[1 - \left(1 - \frac{\Delta i_w}{\Delta i_D}\right)^n\right] \Delta i_w. \tag{210}$$

Durch Addition dieser beiden Verlustwärmemengen ergibt sich

$$\Sigma Q_{Ab} = G_0 \Delta i_k \left[\left(1 - \frac{\Delta i_w}{\Delta i_D}\right)^{n+1} + \frac{\Delta i_w}{\Delta i_D}\right] \tag{211}$$

und damit der Prozeßwirkungsgrad

$$\eta = 1 - \frac{\Sigma Q_{Ab}}{Q_{Zu}} = 1 - m'_0 \frac{\Delta i_k}{\Delta i_0},$$

worin (212)

$$m'_0 = \left(1 - \frac{\Delta i_w}{\Delta i_D}\right)^{n+1} + \frac{\Delta i_w}{\Delta i_D} = (1 - k)^{n+1} + k$$

ist.

Der Quotient aus dem Mengenverhältnis, das sich nach der Gl. (212) ergibt, und dem Mengenverhältnis bei der Mischvorwärmung m_0 nach der Gl. (198) ist

$$\frac{m_0'}{m_0} = (1 - k^2)^n (1 - k) + k (1 + k)^n. \tag{213}$$

Dieser Vergleich kann selbstverständlich nur bei zwei bis auf die Art der Vorwärmer (Mischvorwärmer oder Oberflächenvorwärmer mit ablaufendem Kondensat) gleichen Prozessen angestellt werden. Außerdem würde in einem praktischen Fall zumindest der unterste Vorwärmer mit einem der noch zu beschreibenden Kondensatkühler ausgerüstet werden (Bilder 74 u. 75), damit von der in der Summe der Heizkondensate auf dieser untersten Stufe enthaltenen Wärme noch der Betrag $\Sigma E\, \Delta i_w$ dem Kreislauf erhalten bleibt.

Bei der bisherigen Schilderung der Vorwärmung mit Oberflächenvorwärmern wurden die thermodynamischen Verluste, die durch die endliche Größe der Heizflächen bedingt sind, nicht berücksichtigt. Diese endliche Größe der Heizflächen wirkt sich so aus, daß die Temperatur

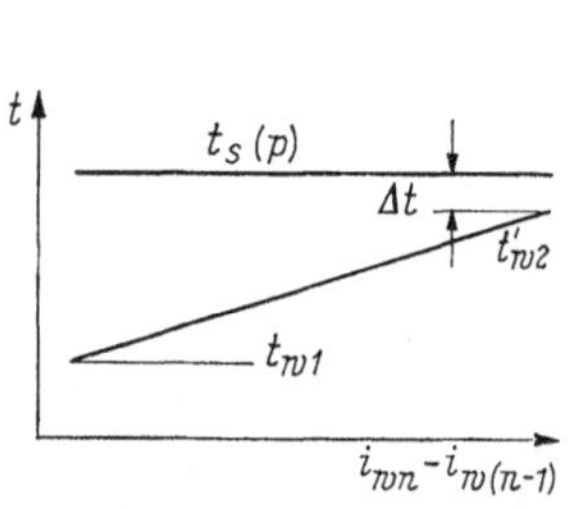

Bild 73. Temperaturverlauf bei einem Oberflächenvorwärmer.

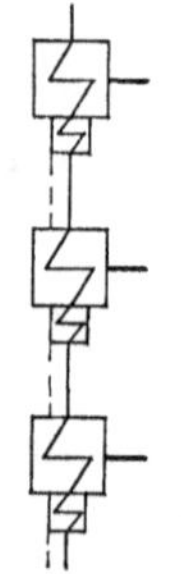

Bild 74. Vorwärmstrecke mit Heizkondensatkühlern.

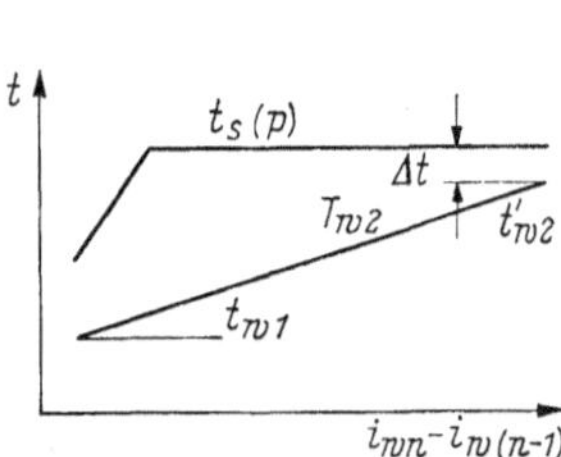

Bild 75. Temperaturverlauf im Speisewasser und Heizkondensat bei einem Oberflächenvorwärmer mit Heizkondensatkühler.

des aufgewärmten Speisewassers die Sättigungstemperatur des Anzapfdampfes nicht erreicht. Die verbleibende Differenz wird Grädigkeit genannt (Δt in dem Bild 73). Über den Einfluß der Grädigkeit wird im Anschluß an die noch zu beschreibenden Vorwärmerarten zu sprechen sein.

Eine Verbesserung der Regenerativ-Vorwärmung bei Oberflächenvorwärmern mit ablaufendem Kondensat läßt sich durch den Einsatz von Kondensatkühlern erreichen. Die Schaltung ist in dem Bild 74 angegeben. Der Vorteil der Verwendung von Kondensatkühlern liegt darin, daß die Wärme des Heizkondensats an das aus dem nächstniedrigeren Vorwärmer austretende Speisewasser übertragen wird, nachdem das in diesem Vorwärmer bis auf seine Austrittstemperatur vorgewärmt worden ist. Dadurch erfolgt der Wärmetausch bei einer geringeren Temperaturdifferenz, als wenn dieses Heizkondensat erst in den nächstniedrigeren Vorwärmer ablaufen würde. So ergibt sich bei dem Austausch dieser Wärmemenge eine geringere Entropiezunahme und also ein Gewinn.

Für die weiteren Ableitungen sei $q_{Kü} = \eta_{Kü} \Delta i_w$, auf die Mengeneinheit bezogen, der Anteil, der von der Wärme des Heizkondensats im Kondensatkühler an das Speisewasser übertragen wird. Ist $\eta_{Kü} = 1$, entsprechend unendlich-großer Heizfläche des Kühlers, dann wird das Speisewasser bis auf

$$i_{wn} = \frac{G_0 i_{wn} + E_n \Delta i_{wn}}{E_n + G_0} \tag{214}$$

vorgewärmt, bevor es in den zu E_n gehörenden Vorwärmer eintritt.

Wird nun wiederum eine Wärmebilanz für den obersten Vorwärmer aufgestellt, so tritt in ihn die Wärmemenge

$$E_1 i_{D1} \text{ und } G_0 i_{w1} + E_1 \eta_{Kü} \Delta i_{w1}$$

ein und die Wärmemenge

$$G_0 i_{w0} \text{ und } E_1 i_{w0}$$

aus. Somit ergibt sich

$$E_1 = G_0 \frac{\dfrac{\Delta i_{w1}}{\Delta i_{D1}}}{1 + \eta_{Kü} \dfrac{\Delta i_{w1}}{\Delta i_{D1}}} . \tag{215}$$

Für den nächstniedrigen Vorwärmer ergibt sich mit den Bezeichnungen des Bildes 76 als Wärmebilanz für die durch die eingezeichnete Bilanzhülle hindurchtretenden Wärmemengen

$$E_2 = G_0 \frac{\Delta i_{w2}}{\Delta i_{D2}} - (E_1 + E_2)\, \eta_{Kü} \frac{\Delta i_{w1}}{\Delta i_{D2}} - E_1 (1 - \eta_{Kü}) \frac{\Delta i_{w1}}{\Delta i_{D2}} , \tag{216}$$

und daraus wird

$$E_2 = \frac{\dfrac{\Delta i_w}{\Delta i_D} (G_0 - E_1)}{1 + \eta_{Kü} \dfrac{\Delta i_w}{\Delta i_D}} , \tag{217}$$

wobei die $\dfrac{\Delta i_w}{\Delta i_D}$ wieder konstant gehalten sind. Die Addition der einzelnen Entnahmemengen bei n Vorwärmstufen und ihre Subtraktion von G_0 ergibt schließlich

$$\frac{G_0 - \sum^{n} E}{G_0} = m_0'' = \left(1 - \frac{\dfrac{\Delta i_w}{\Delta i_D}}{1 + \eta_{Kü} \dfrac{\Delta i_w}{\Delta i_D}} \right)^n = \left(1 - \frac{k}{1 + \eta_{Kü} k} \right)^n . \tag{218}$$

Für den Fall, daß $\eta_{Kü} = 1$, geht das Binom der Gl. (218) in das Binom der Gl. (198) über, es ist dann also

$$m_0 = m_0'' .$$

D. h., abgesehen von Verlusten, die durch die Grädigkeit der Vorwärmer auftreten, ist die Regenerativ-Vorwärmung mit Oberflächenvorwärmern und Kondensatkühlern der Vorwärmung mit Mischvorwärmern dann gleichwertig, wenn $\eta_{Kü} = 1$.

Eine weitere Möglichkeit, den Regenerativ-Prozeß mit Oberflächenvorwärmern zu verbessern, besteht darin, das Heizkondensat nicht ablaufen zu lassen, sondern es nach jeder Stufe umzupumpen. Denkbar sind

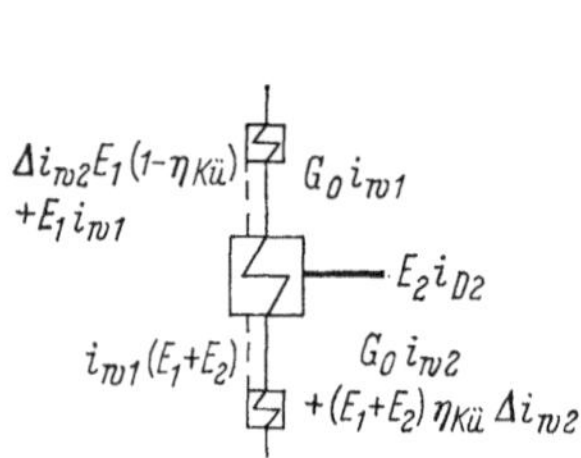

Bild 76. Einzelner Oberflächenvorwärmer, der in einen Vorwärmstrang zwischen zwei Kondensatkühler eingeschaltet ist.

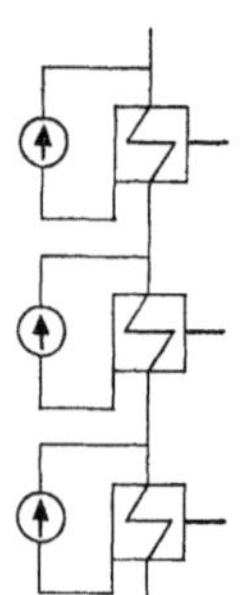

Bild 77. Vorwärmerschaltung mit Umpumpen des Heizkondensats in den Speisewasserstrang.

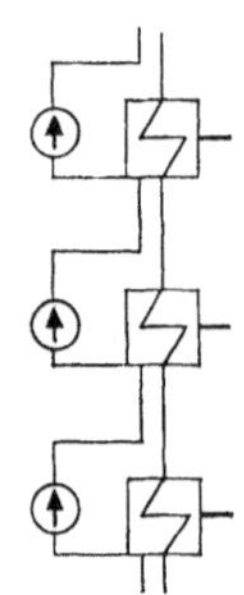

Bild 78. Vorwärmerschaltung mit Umpumpen des Heizkondensats in den nächsthöheren Vorwärmer.

dabei zwei Schaltungen. Bei der ersten (Bild 77) wird das Heizkondensat jedes Vorwärmers in den Speisewasserstrang hinter diesem Vorwärmer gedrückt, während es bei der zweiten (Bild 78) von einem Vorwärmer in den nächsthöheren und von hier zusammen mit dem Heizkondensat dieses Vorwärmers wiederum in den darüberliegenden gefördert wird usw.

Die Schaltung nach dem Bild 78 hat gegenüber der nach dem Bild 77 für die Ausbildung der Pumpen den Vorteil, daß deren Förderhöhen geringer sind und die zu fördernden Mengen steigen, wodurch sich bessere Pumpenwirkungsgrade erzielen lassen.

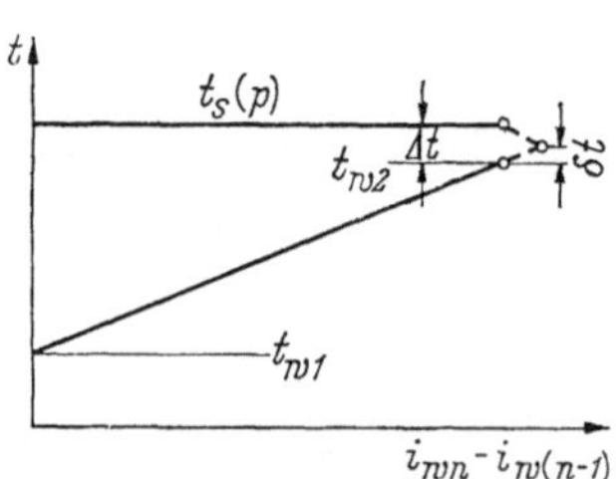

Bild 79. Temperaturverlauf im Speisewasser bei einem Oberflächenvorwärmer mit Umpumpen des Heizkondensats in den Speisewasserstrang hinter dem Vorwärmer.

Wenn von einer Grädigkeit dieser Vorwärmer abgesehen wird, dann sind das erreichbare Mengenverhältnis m_0 und damit die erreichbaren Prozeßwirkungsgrade gleich gut wie bei den Vorwärmern mit Mischvorwärmung.

Durch die Zumischung des Heizkondensats wird die durch die Grädigkeit gegebene Temperaturdifferenz zwischen der Sättigungstemperatur des Heizkondensats und der Austrittstemperatur des Speisewassers vermindert, wie aus dem Bild 79 zu ersehen ist.

Die im Vorstehenden beschriebenen grundsätzlichen Schaltungsmöglichkeiten mit gleichartigen Vorwärmern und der dazu gegebene mathematische Aufbau sollten die Thermodynamik der Regenerativ-Vorwärmung beschreiben. Der wirkliche Prozeß besteht aus verschiedenen Vorwärmern der beschriebenen Arten, die zusammengeschaltet worden sind.

5.2.4 Die Aufteilung der Vorwärmspanne auf die einzelnen Stufen

Im Abschnitt 4.1.3 [Gl. (111)ff.] ist bereits angegeben worden, wie für unendlich-stufige Vorwärmung das Mengenverhältnis m_∞ berechnet werden kann.

$$\ln\frac{G_k}{G_0} = \ln m_\infty = -\int\limits_{i_{wk}}^{i_{w0}} \frac{di_w}{\Delta i_D}. \tag{115}$$

Dieses Mengenverhältnis gibt an, wie weit bei gleichbleibendem Expansionsendpunkt in der Turbine die an das Kühlwasser verloren gegebene Abwärme sinkt, wenn bei einem vorgegebenen Prozeß eine Regenerativ-Vorwärmung verwendet wird, gegenüber der Abwärmemenge beim Prozeß ohne Vorwärmung des Speisewassers durch Anzapfdampf aus der Turbine.

Außerdem wurde mit z_∞ ein Faktor angegeben, mit dem der Wert für die Frischdampfmenge multipliziert werden muß, soll die Leistung der betrachteten Einheit nach Einführung der Regenerativ-Vorwärmung gleich der vorher abgegebenen Leistung sein.

$$z_\infty = \frac{H_0}{\Delta i_0 - m_\infty \Delta i_k}. \tag{120}$$

Um das Integral der Gl. (115) bilden zu können, ist es erforderlich, Δi_D als $f(i_w)$ darzustellen. Werden die Expansionslinien des zu untersuchenden Prozesses in einem Δi_D, i_w-Diagramm dargestellt (s. S. 80), so ergeben sich Kurven mit kleiner Krümmung, die genau genug durch Polynome 2. Grades wie folgt dargestellt werden können:

$$\Delta i_D = a + b i_w - c i_w^2, \tag{219}$$

und die Integration der Gl. (115) ergibt

$$\ln\frac{1}{m} = \frac{1}{2\Delta}\ln\left|\frac{\Delta - b + c i_w}{\Delta + b - c i_w}\right|_{i_{wk}}^{i_{w0}}, \tag{220}$$

worin $\Delta = ac + b^2$ ist.

Häufig wird bei vergleichenden Untersuchungen auch mit dem Integralmittelwert für Δi_D gearbeitet und dann die Konstante

$$c = \frac{\int\limits_{i_{wk}}^{i_{w0}} f(\Delta i_D)\, di_w}{\sum\limits_1^n \Delta i_w} \tag{221}$$

in die Gleichung eingesetzt, wie es zur Vereinfachung der Ableitungen in den vorstehenden Abschnitten geschehen ist. Dieses Konstanthalten von Δi_D führt dann an Hand des Δi_D, i_w-Diagrammes dazu, auch die Quotienten $\Delta i_w/\Delta i_D = \text{const}$ zu halten und ergibt so schließlich für die einzelnen Vorwärmstufen gleiche Vorwärmspannen Δi_w.

SCHÄFF hat gefunden, daß es bei vielstufiger Vorwärmung und ansteigendem Verlauf der Expansionslinie im Δi_D, i_w-Diagramm die beste Annäherung an die optimale Aufteilung ist, mit gleichen Werten für $k = \Delta i_w/\Delta i_D$ und im Gebiet fallenden Verlaufs der Expansionslinie mit gleichen Werten für die einzelnen Δi_w zu arbeiten [*9*, *10*].

Das von ihm angegebene graphische Verfahren der Stufenunterteilung bei gleichen Kenngrößen ist aus dem Bild 80 zu verstehen. Die einzelnen Vorwärmspannen werden durch Aneinanderreihen ähnlicher Dreiecke gefunden. Um eine genaue Konstruktion ausführen zu können, wird in einem gewissen Abstand von der Abszissenachse eine Gerade g parallel zu ihr gelegt. Diese Gerade g wird bei der Abszisse $i_{wk} + z$ von einer anderen Geraden g' unter dem Winkel α geschnitten, wobei $\tan \alpha = \Delta i_w/\Delta i_D$. Vom Schnittpunkt der Geraden g' mit der Expansionslinie wird das Lot gefällt. Die Abszisse im Fußpunkt des Lotes ergibt die erste Aufwärmspanne mit $\Delta i_{w1} = i_{w1} - i_{wk}$. Von i_{w1} an wird auf g wiederum z abgetragen und eine Parallele zu g' durch $i_{w1} + z$ gelegt. Der Fußpunkt des Lotes der Expansionslinie ergibt mit i_{w2} auch Δi_{w2}. Dieses Verfahren wird

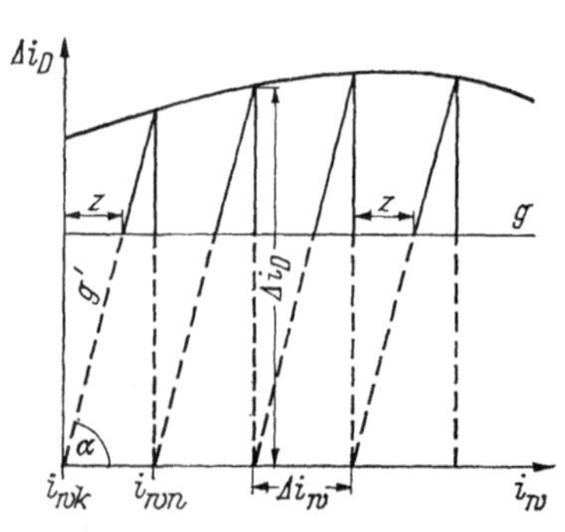

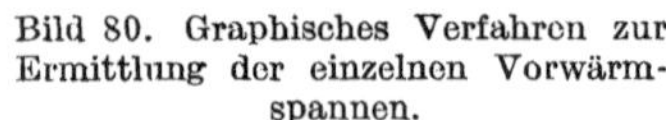

Bild 80. Graphisches Verfahren zur Ermittlung der einzelnen Vorwärmspannen.

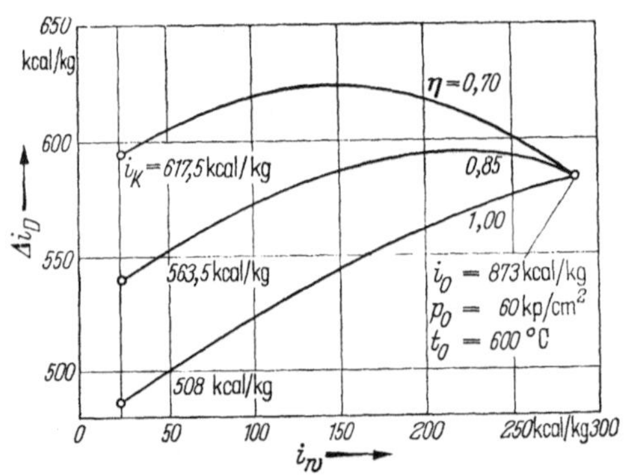

Bild 81. Verlauf von drei Expansionslinien verschiedenen Wirkungsgrades im Δi_D, i_w-Diagramm.

entsprechend der Anzahl der Vorwärmstufen wiederholt. Um auf die gewünschte Endvorwärmung zu kommen, muß unter Umständen einige Male probiert werden.

Diese Bindung der Vorwärmspannen an den Verlauf der Expansionslinie im Δi_D, i_w-Diagramm macht es verständlich, daß die optimale Höhe der Regenerativ-Vorwärmung nicht nur von der Speisewasser-Endenthalpie und der Anzahl der Vorwärmstufen, sondern darüber hinaus auch von dem Wirkungsgrad der Turbine abhängt. Als Beispiel ist in dem Bild 81 der Verlauf von drei Expansionslinien von $p_0 = 60$ kp/cm² und $t_0 = 600$ °C Frischdampfzustand auf $t_k = 0{,}03$ kp/cm² dargestellt für die inneren Turbinenwirkungsgrade $\eta_i = 0{,}7$; 0,85 und 1,0.

Mit den Integralmittelwerten nach der Gl. (221) ergeben sich für verschiedene Stufenzahlen die Verbesserungen im Wirkungsgrad wie in dem Bild 82 dargestellt. Die ausgezogenen Linien gelten für $\eta = 1{,}0$; die langgestrichelten für $\eta = 0{,}85$ und die kurzgestrichelten für $\eta = 0{,}70$.

Es ist zu erkennen, daß bei gleicher Vorwärmstufenzahl der optimale Wert für die Höhe der Speisewasservorwärmung und der erzielbare Gewinn mit dem inneren Wirkungsgrad der Turbine steigen. Außerdem ist zu erkennen, daß die Wirkungsgradverbesserung durch Hinzunahme neuer Vorwärmstufen je Stufe bei höheren Vorwärmstufenzahlen sehr rasch abnimmt.

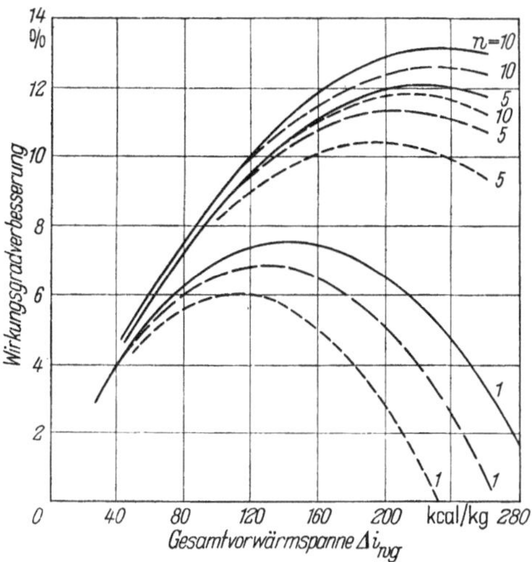

Bild 82. Wirkungsgradverbesserung bei Anwendung verschiedenstufiger Regenerativ-Vorwärmungen in Abhängigkeit von der Größe der Gesamtvorwärmspanne. Die Darstellung gilt für die Expansionslinien b ———, c – – und d - - - - - des Bildes 88. Man erkennt, daß die Lage der Expansionslinie im i,s- bzw. Δi_D, i_w-Diagramm auf die Höhe der erzielbaren Wirkungsgradverbesserung und das Optimum der Gesamtvorwärmspanne von Einfluß ist.

Die praktische Ausführung einer Vorwärmerschaltung wird eine thermodynamisch als optimal anzusehende Aufteilung jedoch nicht bringen können, da eine Vorwärmstrecke meistens aus verschiedenen Vorwärmern besteht und da auch noch andere Aggregate wie Pumpen und Wärmetauscher, die nicht zur Regenerativ-Vorwärmung gehören, in die Schaltung eingebaut werden und sich schließlich die Anzapfstellen an der Turbine nach den konstruktiven Möglichkeiten richten müssen.

5.2.5 Der Einfluß der Grädigkeit der Vorwärmer und von Druckverlusten in den Entnahmeleitungen

Im Abschnitt 5.2.3 ist erwähnt worden, daß es bei Oberflächenvorwärmern mit endlicher Größe der Heizflächen nicht gelingt, das Speisewasser bis auf die zum Anzapfdruck gehörende Sättigungstemperatur vorzuwärmen. Die verbleibende Differenz zwischen der Sättigungstemperatur des Heizkondensats und der Austrittstemperatur des Speisewassers wird Grädigkeit $\Delta t'$ genannt.

Mit den in das Bild 83 eingetragenen Temperaturbezeichnungen kann die in einem Oberflächenvorwärmer an das Speisewasser übertragene Wärmemenge zu

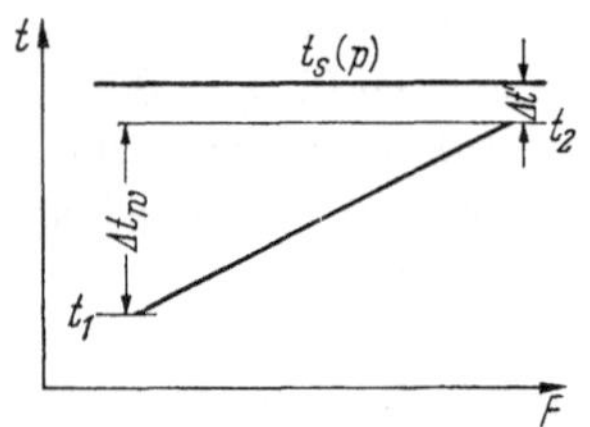

Bild 83. Temperaturverlauf in einem Oberflächenvorwärmer.

$$Q = \frac{kF(t_2 - t_1)}{\ln \frac{\Delta t_A}{\Delta t_E}} \tag{222}$$

angeschrieben werden. k (kcal/m²h °C) ist die Wärmedurchgangszahl. Werden die Veränderungen der spezifischen Wärmen im Bereich hoher Wassertemperaturen vernachlässigt, so wird

$$Q \sim G\,(t_2 - t_1).$$

G ist darin die den Vorwärmer durchströmende Speisewassermenge. Durch Gleichsetzen dieser beiden Beziehungen ergibt sich

$$\frac{kF}{G} = \ln \frac{\Delta t_A}{\Delta t_E} = \ln \frac{t_s - t_1}{t_s - t_2}.$$

$k\,F/G$ stellt ein Maß für den spezifischen Heizflächenbedarf dar. Es dient auch der Kennzeichnung der Charakteristik teilbeaufschlagter Vorwärmer und zur Berechnung der Aufwärmung Δt_w bei verschiedenen Belastungen der Anlage.

Nach dem Bild 83 ist

$$t_s - t_1 = \Delta t' + \Delta t_w \text{ und } t_s - t_2 = \Delta t'$$

somit

$$\frac{kF}{G} = \ln\left(1 + \frac{\Delta t_w}{\Delta t'}\right). \tag{223}$$

Es ist häufiger üblich, für die Bemessung der Oberflächenvorwärmer einer Anlage die gleiche Grädigkeit $\Delta t'$ anzunehmen. Würde eine Aufteilung der Gesamtvorwärmspanne in gleiche $\Delta i_w \approx \Delta t_w$ durchgeführt, so ist bei gleicher Grädigkeit der Quotient $\Delta t_w/\Delta t'$ konstant, und es würden sich für alle Vorwärmer nach der Gl. (223) gleiche Heizflächen ergeben.

Der Klammerausdruck der Gl. (223) wird auch Ausnutzungsgrad genannt. Es ergeben sich also gleiche Heizflächen bei den Vorwärmern, wenn der Ausnutzungsgrad konstant ist. Zwischen der Grädigkeit $\Delta t'$ und dem Ausnutzungsgrad ψ besteht der einfache Zusammenhang

$$\Delta t' = \Delta t_w \frac{1 - \psi}{\psi}. \tag{224}$$

Wird diese Beziehung in die Gl. (223) eingesetzt, so ergibt sich

$$\frac{kF}{G} = \ln \frac{1}{1-\psi}. \tag{225}$$

Bei der Auswahl der Grädigkeit für eine mit Oberflächenvorwärmern ausgerüstete Regenerativ-Vorwärmung muß der Mehraufwand an Heizfläche bei gewünschter geringerer Grädigkeit dem möglichen Gewinn im Prozeßwirkungsgrad gegenübergestellt werden, soll ein wirtschaftliches Optimum gefunden werden. Nun muß aber darüber hinaus die Vorwärmung bezogen auf die Gesamtheizfläche aller Vorwärmer im Hinblick auf die Stufenzahl und die Grädigkeit optimiert werden, da diese Gesamtheizfläche beispielsweise entweder auf viele Vorwärmer mit hoher Grädigkeit oder auf einige mit geringer Grädigkeit aufgeteilt werden kann.

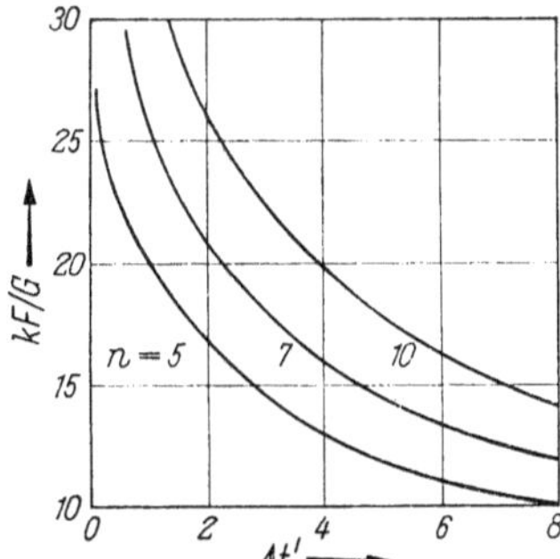

Bild 84. Zusammenhang zwischen Vorwärmstufenzahl und Grädigkeit, bezogen auf die Gesamtheizfläche einer Vorwärmung.

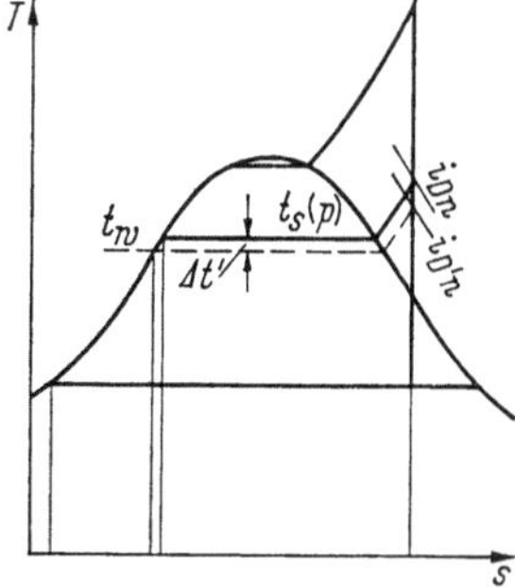

Bild 85. Anstieg der Enthalpie des Anzapfdampfes hervorgerufen durch die Grädigkeit bezogen auf eine vorgegebene Vorwärmtemperatur.

Das Bild 84 zeigt für das Beispiel einer Gesamtaufwärmung des Speisewassers um $\Delta t_{wg} = 250$ °C und 5- bzw. 7- und 10-stufige Vorwärmung den Verlauf der Gesamtheizfläche über der Grädigkeit. Es ist abzulesen, daß zu einer Kennzahl $kF/G = 20$ für die Gesamtheizfläche eine 5-stufige Vorwärmung mit einer Grädigkeit $\Delta t' = 1°$, eine 7-stufige Vorwärmung mit $\Delta t' = 2{,}2°$ und schließlich eine 10-stufige Vorwärmung mit $\Delta t' = 3{,}9°$ gehören. Für eine Wirtschaftlichkeitsüberlegung muß zu den thermodynamisch berechenbaren Vor- oder Nachteilen noch der mit der Anzahl der Vorwärmer steigende Mehraufwand bei den Druckgefäßen der Vorwärmer und den zugehörigen Dampf- und Speisewasserleitungen hinzugeschlagen werden. Der Einfluß der Grädigkeit auf den Prozeßwirkungsgrad läßt sich nach folgender Überlegung ableiten, zu der der Prozeß im T, s-Diagramm dargestellt werden soll (Bild 85).

Durch die Grädigkeit $\Delta t'$ liegt die Sättigungstemperatur $t_s\,(p)$ um $\Delta t'$ über der in dem entsprechenden Vorwärmer tatsächlich erreichten Aufwärmung t_w, d. h. aber, i_D ist größer als es bei dem Vorwärmer mit der Grädigkeit $\Delta t' = 0$ zur Erzielung der gleichen Speisewassertemperatur t_w sein müßte. Es sinkt also, da

$$G_0 \Delta i_w = E_n \Delta i_D$$

ist, wobei E_n von der Speisewassermenge und der Aufwärmspanne bestimmt wird, diese Entnahmemenge E_n. Führt man diese Überlegung über eine Reihe von Vorwärmern durch, so ergibt sich, daß der Einfluß der Grädigkeit so zu ermitteln ist, als müßte das Mengenverhältnis m_0^+ von einer entsprechend der Grädigkeit $\Delta t'$ verschobenen Expansionslinie im Δi_D, i_w-Diagramm bestimmt werden. Für diese rein qualitative Betrachtung ist dabei angenommen worden, daß die Grädigkeiten aller Vorwärmer die zugehörigen i_D so beeinflussen, daß diese verschobene Expansionslinie ebenfalls wieder als stetiger Kurvenzug gezeichnet werden kann. Aus dem Bild 86 ist zu erkennen, daß die Grädigkeit zu höheren Werten für die Δi_D führt und damit zu größeren Werten für das Mengenverhältnis also zu einer geringeren Verbesserung des Prozeßwirkungsgrades als bei $\Delta t' = 0$. Von der Leistungsbilanz der Turbine her ist diese geringere Verbesserung des Prozeßwirkungsgrades bei $\Delta t' > 0$ ebenfalls zu erklären, weil der Dampf bei einem der Grädigkeit entsprechend höheren Anzapfdruck aus der Turbine entnommen wird, also eine geringere Leistung erzeugt als es bei $\Delta t' = 0$ möglich wäre.

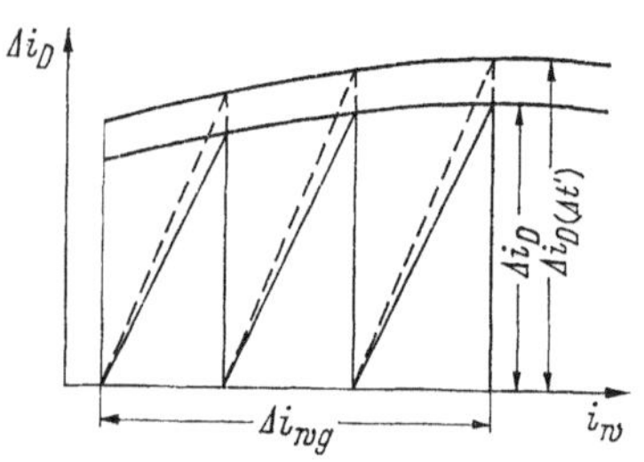

Bild 86. Die Grädigkeit der Vorwärmer wirkt sich wie eine Verschiebung der Expansionslinie im Δi_D, i_w-Diagramm zu höheren Werten für die Δi_D aus.

Diese Verbindung zu dem Anzapfdruck läßt den gleichartigen Einfluß des Druckverlustes in den Entnahmeleitungen erkennen. Durch diesen Druckverlust Δp wird der Dampf bei einem höheren Druck aus der Turbine entnommen als es bei $\Delta t' = 0$ abhängig von t_w erforderlich wäre. Dieser Dampf hat ebenfalls wieder eine höhere Enthalpie i_D, wobei sich diese Enthalpiesteigerung für die Berechnung von m_0^+ wiederum so wie eine Verschiebung der Expansionslinie im Δi_D, i_w-Diagramm auswirkt.

Für die wirtschaftliche Auslegung einer Regenerativ-Vorwärmung wird man jeweils mehrere Rechnungen mit verschiedenen Varianten exakt auszuführen haben. Einen Überschlag vermag jedoch folgende Näherungsrechnung zu geben. Wie oben schon geschildert, läßt sich die Grädigkeit oder der Druckverlust in den Anzapfleitungen durch eine Verschiebung der Expansionslinie im Δi_D, i_w-Diagramm und damit durch eine Änderung der Werte für die $\Delta i_w/\Delta i_D$ rechnerisch erfassen.

Für Oberflächenvorwärmer ergibt sich mit der Gl. (208) ein Mengenverhältnis

$$m_0 = \left(1 - \frac{\Delta i_w}{\Delta i_D}\right)^n = (1 - k)^n, \qquad (208)$$

und der Wirkungsgrad des Prozesses ist

$$\eta = 1 - m_0 \frac{\Delta i_k}{\Delta i_0} .$$

Da für den Vergleich eines gegebenen Prozesses mit verschiedenen Grädigkeiten oder Druckverlusten in den Anzapfleitungen die Werte für Δi_k und Δi_0 sich nicht ändern, ergibt sich nach einer Umformung und der Logarithmierung daraus

$$\ln (1 - \eta) = \ln \left(1 - \frac{\Delta i_w}{\Delta i_D}\right)^n + \ln \Delta i_k - \ln \Delta i_0$$

und mit anschließender Differentiation der Veränderlichen auf beiden Seiten

$$\frac{d\eta}{1 - \eta} = n \frac{d\left(\frac{\Delta i_w}{\Delta i_D}\right)}{1 - \frac{\Delta i_w}{\Delta i_D}}, \qquad (226)$$

und daraus schließlich für kleine Änderungen von $\Delta i_w/\Delta i_D$

$$\frac{\Delta \eta}{\eta} = \frac{1 - \eta}{\eta} n \frac{\Delta\left(\frac{\Delta i_w}{\Delta i_D}\right)}{1 - \frac{\Delta i_w}{\Delta i_D}} \qquad (227)$$

als Näherungsgleichung.

Werden in der Vorwärmstrecke auch Kondensatkühler verwendet, so ist m_0' nach der Gl. (218) in die Wirkungsgradbeziehung einzusetzen, und es wird

$$\frac{\Delta \eta}{\eta} = \frac{1 - \eta}{\eta} n \frac{\Delta\left(\frac{\Delta i_w}{\Delta i_D}\right)}{\left[1 + \frac{\Delta i_w}{\Delta i_D} (\eta_{K\ddot{u}} - 1)\right]\left(1 + \eta_{K\ddot{u}} \frac{\Delta i_w}{\Delta i_D}\right)} . \qquad (228)$$

Aus dieser Gl. (228) ergibt sich schließlich für $\eta_{K\ddot{u}} = 1{,}0$ die Näherungsgleichung, nach der beispielsweise auch der Einfluß von Druckverlusten bei einer Regenerativ-Vorwärmung, die aus Mischvorwärmern besteht, ermittelt werden kann.

$$\frac{\Delta \eta}{\eta} = \frac{1 - \eta}{\eta} n \frac{\Delta\left(\frac{\Delta i_w}{\Delta i_D}\right)}{1 + \frac{\Delta i_w}{\Delta i_D}} . \qquad (229)$$

Diese Gleichungen zeigen, daß bei einer Änderung der Werte für die $\Delta i_w/\Delta i_D$ die zu erwartende Wirkungsgradänderung außer von der Vorwärmstufenzahl auch noch von dem Wirkungsgrad des Ausgangsprozesses η abhängt.

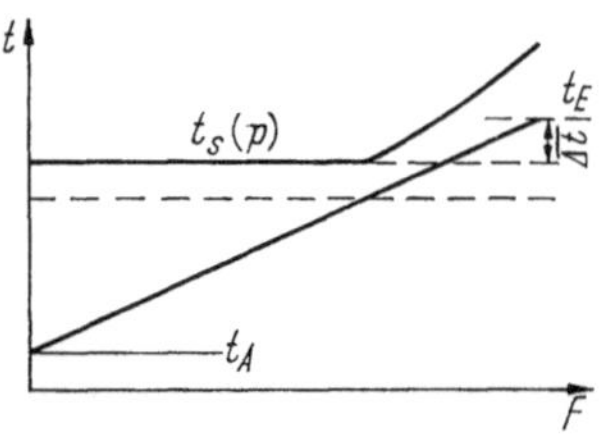

Bild 87. Temperaturverlauf bei Einbau einer Enthitzungszone.

Bei Anzapfungen, die im Gebiet des überhitzten Dampfes liegen, wird im Gegenstromverfahren durch Einbau einer Enthitzungszone oftmals eine über der Sättigungstemperatur liegende Austrittstemperatur des Speisewassers aus dem Vorwärmer erzielt (s. a. Bild 87). Man spricht dann von negativer Grädigkeit (hier $\Delta\bar{t}$). Die Temperaturdifferenz, die zwischen dem Heizkondensat und dem Speisewasser bei dessen Eintritt in die Enthitzungszone besteht, bleibt jedoch maßgebend für die Größe der Heizfläche des Vorwärmers, was auch aus der Gl. (222) zu erkennen ist. Für den Enthitzerteil bleibt jedoch häufig mit $\Delta t'_E$ eine beträchtliche Temperaturdifferenz für den Wärmetausch übrig, selbst wenn $\Delta t' \to 0$, so daß die Temperatur des aus dem Vorwärmer austretenden Speisewassers trotz der Grädigkeit $\Delta t'$ noch über $t_s(p)$ liegt.

Als gebräuchliche Werte für $\Delta t'$ werden Werte von 2 bis 10° verwendet, je nach den sonstigen Parametern des Prozesses.

Durch die Einführung der ein- und der zweifachen Zwischenüberhitzung wird die Expansionslinie des Nachschaltteiles der Turbine, aus der der größere Teil der Anzapfentnahmen erfolgt, im i, s-Diagramm nach rechts verschoben, so daß zumindest bei den oberen Entnahmen der Dampf oftmals stark überhitzt ist. In diesen Fällen werden besondere Enthitzerschaltungen verwendet, von denen noch zu sprechen sein wird.

5.2.6 Die Auslegung der Regenerativ-Vorwärmung bei zwischenüberhitzten Prozessen

Bei Anwendung der einfachen Zwischenüberhitzung wird häufiger die Aufwärmung des Speisewassers bis auf die zum Trenndruck gehörende Sättigungstemperatur durchgeführt. Sollen dagegen aus dem Vorschaltteil der Turbine ebenfalls Anzapfmengen zur Speisewasservorwärmung entnommen werden, so gilt allgemein nach den bisher angestellten Überlegungen über den Einfluß der Lage der Expansionslinien im T, s- und Δi_D, i_w-Diagramm, daß die Stufung der Entnahmen im Nachschaltteil kleiner sein muß als im Vorschaltteil, da für die Expansionslinie in der Vorschaltturbine die ΔT und Δi_D kleiner sind als bei der Nachschaltturbine.

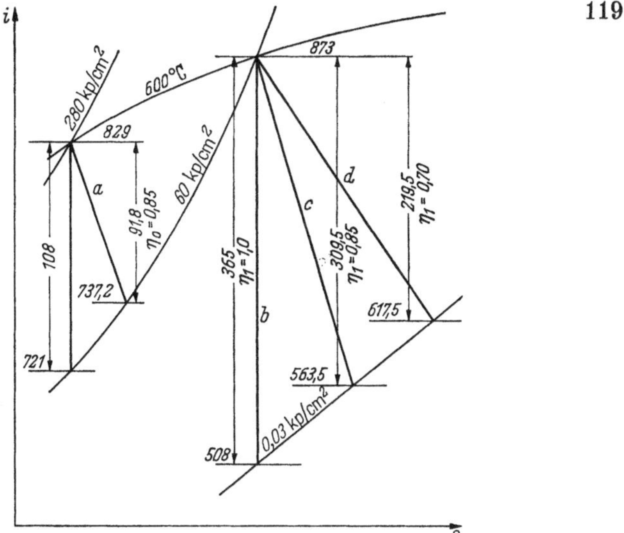

Bild 88. Prozeß mit Zwischenüberhitzung. Für die Nachschaltturbine wurden drei verschiedene Turbinenwirkungsgrade angenommen. Die Expansionslinien dieses Prozesses sind als Beispiel in das Bild 89 eingetragen.

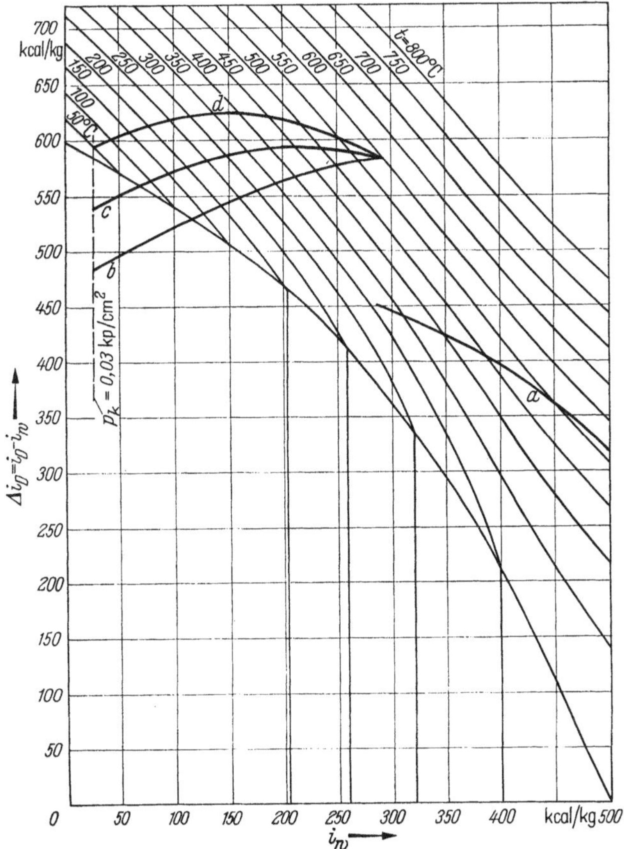

Bild 89. Expansionslinien verschiedener Prozesse im $\Delta i_D, i_w$-Diagramm.

Werden die Expansionslinien des Dampfes in der Vorschalt- und der Nachschaltturbine wiederum im Δi_D, i_w-Diagramm aufgetragen, dann lassen sich an Hand dieser Bilder Beziehungen über die zweckmäßige Aufteilung einer gegebenen Vorwärmstufenzahl auf Anzapfungen aus der Vorschalt- und der Nachschaltturbine herleiten.

In die Bilder 88 und 89 ist ein Vorschaltprozeß vor die in dem Bild 81 dargestellten Expansionslinien eingetragen. Da der Frischdampfdruck dieses Prozesses mit $p_0 = 280$ kp/cm² über dem kritischen Druck liegt, kann in das Δi_D, i_w-Diagramm die Expansionslinie jedoch nur bis zu der zum kritischen Druck gehörenden Sättigungsenthalpie eingetragen werden. Bis zu dieser Sättigungsenthalpie ist der Verlauf der Expansionslinie im Δi_D, i_w-Diagramm auch nur von Interesse, da eine Aufwärmung des Speisewassers bis über die zum kritischen Druck gehörende Sättigungsenthalpie sinnlos ist, bedeutet sie doch, daß Wärme von Dampf mit einem hohen Temperaturniveau an Dampf mit einem niedrigen Temperaturniveau übertragen wird. Die bei einem solchen Austausch auftretende Entropievermehrung würde vielmehr eine Verschlechterung des Prozeßwirkungsgrades ergeben.

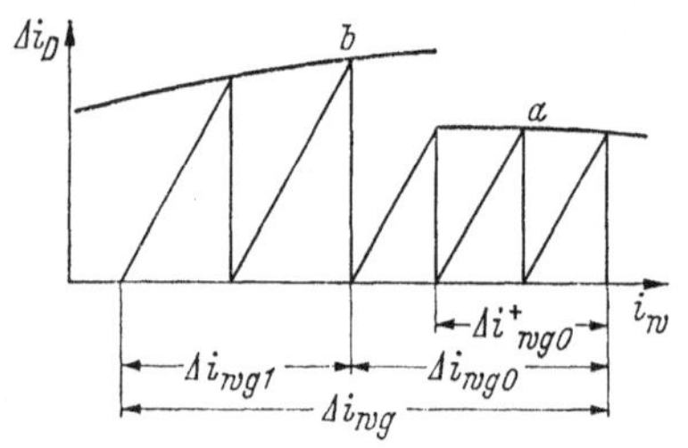

Bild 90. Aufteilung der Anzapfstufen auf Entnahmen aus dem Vorschalt- und Nachschaltteil der Turbine bei einem Prozeß mit einfacher Zwischenüberhitzung.

Das Bild 90 zeigt schematisch den Verlauf der beiden Expansionslinien eines Prozesses mit einfacher Zwischenüberhitzung im Δi_D, i_w-Diagramm. Es ist zu erkennen, daß die Vorwärmspanne Δi^+_{wg0} nur durch Anzapfdampf aus dem Vorschaltteil der Turbine aufgebracht werden kann. Darüber hinaus wird noch eine bestimmte Vorwärmspanne durch den beim Trenndruck entnommenen Dampf abgedeckt. Somit wird die Aufwärmspanne Δi_{wg0} durch Anzapfdampf aus der Vorschaltmaschine aufgebracht. Dieser Anzapfdampf strömt nicht durch den Zwischenüberhitzer. Bei n_0 Anzapfstufen aus dem Vorschaltteil, wobei die Entnahme beim Trenndruck zum Vorschaltteil gerechnet wird, ist die Größe der einzelnen Aufwärmspannen der Vorschaltanzapfungen

$$\Delta i_{w0} = \frac{\Delta i_{wg0}}{n_0} = \frac{\Delta i^+_{wg0}}{n_0 - 1}, \tag{230}$$

wobei die Anzahl aller Vorwärmstufen n aufgeteilt wird in n_0 aus dem Vorschaltteil und n_1 aus dem Nachschaltteil. Damit wird für den Prozeß mit Mischvorwärmern, für den die Ableitung hier durchgeführt wird, da die Oberflächenvorwärmer mit Umpumpen des Kondensats und Kondensatkühlern diesem Vorwärmertyp nahe kommen,

$$m_0 = \frac{1}{\left[1 + \frac{\Delta i_{wg0}^{+}}{(n_0 - 1) c_0}\right]^{n_0}}. \tag{231}$$

m_0 ist in der Gl. (231) das Mengenverhältnis von in die Zwischenüberhitzung eintretender Dampfmenge G_1 zur Frischdampfmenge G_0. Mit c_0 ist der Mittelwert für die Δi_D der Expansionslinie im Δi_D, i_w-Diagramm für die Dampfexpansion in der Vorschaltturbine mit i_{w0} und i_{w1}^{+} als Grenzen eingetragen.

Da nach dem Bild 90

$$\Delta i_{wg1} = \Delta i_{wg} - \Delta i_{wg0}$$

oder

$$\Delta i_{wg1} = \Delta i_{wg} - \frac{n_0}{n_0 - 1} \Delta i_{wg0}^{+} \tag{232}$$

ist, ergibt sich für m_1

$$m_1 = \frac{1}{\left[1 + \frac{\Delta i_{wg} - \frac{n_0}{n_0 - 1} \Delta i_{wg0}^{+}}{n_1 c_1}\right]^{n_1}}. \tag{233}$$

m_1 ist das Mengenverhältnis G_k/G_1 der Abdampfmenge G_k zur in die Nachschaltturbine eintretenden Zwischenüberhitzerdampfmenge G_1. Weiter ist c_1 der Mittelwert für die Δi_D der Expansionslinie im Δi_D, i_w-Diagramm für die Expansion in der Nachschaltturbine. Diese Ausdrücke ergeben zusammen mit der Gl. (150) nach einfachen Umformungen

$$\eta_p = 1 - \frac{\Delta i_k}{\left[\left(1 + \frac{\Delta i_{wg0}}{(n_0 - 1) c_0}\right)^{n_0} \Delta i_0 + \Delta i_1\right] \left[1 + \frac{\Delta i_{wg} - \frac{n_0}{n_0 - 1} \Delta i_{wg0}^{+}}{n_1 c_1}\right]^{n_1}}. \tag{234}$$

In der Gl. (234) ist der Einfluß der Aufteilung der Anzapfstufen auf den Vor- und Nachschaltteil der Turbine auf bekannte bzw. leicht zu ermittelnde Größen zurückzuführen. Δi_{wg0}^{+} ist dabei die Differenz zwischen der Enthalpie des in den Kessel eintretenden Speisewassers i_{w0} und der Sättigungsenthalpie des Speisewassers in dem zum Trenndruck gehörenden Sättigungszustand $i_{w\,Tr}$. Man kann für fallende Δi_D, i_w-Kurven für den Hochdruckteil der Turbine die einzelnen Vorwärmspannen Δi_w konstant halten, wie es von SCHÄFF empfohlen wird, muß dann aber m_0 aus der Summe der Anzapfdampfmengen errechnen.

Soll der Entnahme beim Trenndruck eine höhere Aufwärmspanne zugeordnet werden als den Entnahmen aus dem Vorschaltteil, dann ist folgender Ansatz zu machen.

Die Entnahmemenge beim Trenndruck ist

$$E_{Tr} = G_1 \frac{\Delta i_{w\,Tr}}{\Delta i_{D\,Tr}},$$

und für die nächsthöhere Entnahmestufe ergibt sich die Anzapfdampfmenge

$$E_{Tr+1} = G_1 \left(1 + \frac{\Delta i_{w\,Tr}}{\Delta i_{D\,Tr}}\right) \frac{\Delta i_{w(Tr+1)}}{\Delta i_{D(Tr+1)}}.$$

Da die $\frac{\Delta i_{w(Tr+n)}}{\Delta i_{D(Tr+n)}}$ für $n > 0$ alle konstant sind, ergibt sich schließlich

$$1 + \frac{\Sigma E}{G_1} = \frac{1}{m_0} \left(1 + \frac{\Delta i_{w\,Tr}}{\Delta i_{D\,Tr}}\right)\left(1 + \frac{\Delta i_w}{\Delta i_D}\right)^{n_0 - 1} \tag{235}$$

bzw.

$$\frac{1}{m_0} = \left(1 + \frac{\Delta i_{w\,Tr}}{\Delta i_{D\,Tr}}\right)\left(1 + \frac{\Delta i_{wg0}^{+}}{(n_0 - 1)\,c_0}\right)^{n_0 - 1}. \tag{236}$$

Werden keine Anzapfungen im Hochdruckteil vorgesehen und wird die oberste Anzapfung an den Trenndruck gelegt, so wird $\Delta i_{wg0}^{+} = 0$, und es ergibt sich

$$\eta_p = 1 - \frac{\Delta i_k}{\left[\left(1 + \frac{\Delta i_{w\,Tr}}{\Delta i_{D\,Tr}}\right)\Delta i_0 + \Delta i_1\right]\left[1 + \frac{\Delta i_{wg} - \Delta i_{w\,Tr}}{(n_1 - 1)\,c_1}\right]^{n_1 - 1}}. \tag{237}$$

Nach den Entropiebetrachtungen ist es zweckmäßig, den Anzapfdampf aus einem Turbinenteil zu entnehmen, dessen Expansionslinie möglichst bei kleinen Entropiewerten verläuft, weil dann der Überhitzungsanteil des Anzapfdampfes und damit die Δi_D und die T_m bei gleichen Aufwärmspannen kleiner werden, die Anzapfmengen sich dementsprechend vergrößern und m sinkt. Mit sinkendem m erhöht sich aber der Prozeßwirkungsgrad. Daher kann es vorteilhaft sein, den zur Speisewasservorwärmung benutzten Anzapfdampf nicht durch den Zwischenüberhitzer zu schicken, sondern ihn in einer Vorwärmturbine, die beispielsweise die Speisepumpe antreibt, weiter expandieren zu lassen. Um den Endpunkt der Expansion in dieser Turbine nicht in ein Gebiet hoher Nässe legen zu müssen, wodurch ihr Wirkungsgrad verschlechtert wird, ist es zweckmäßig, den Anzapfdampf einiger der unteren Vorwärmstufen aus der Nachschaltturbine zu entnehmen. Die Expansion in dieser Vorwärmturbine kann dann in einem Gebiet geringer Endnässe enden. Die Berechnung des Einflusses der Speisewasservorwärmung geschieht wieder, wie aus dem Bild 91 hervorgeht, nach der Gl. (234).

Als Beispiel für die Aufwärmung des Speisewassers bis auf den zum Trenndruck gehörenden Sättigungszustand bei einer höchsten Anzapfdampfentnahme aus dem Trenndrucknetz wird ein Prozeß mit einfacher Zwischenüberhitzung gezeigt. Der Expansionsverlauf dieses Prozesses im i, s-Diagramm ist mit den Expansionsgeraden a für den Vorschaltteil und c für den Nachschaltteil in dem Bild 88 angegeben. Für die Durchrechnung wurde die Gl. (237) verwendet. In das Bild 92 sind die Ergebnisse für $n = 5, 7, 9$ und 11 als Gesamtvorwärmstufenzahlen eingetragen. Die Anzahl der n_1 ist somit jeweils um eine geringer. Der Prozeßwirkungsgrad ist über der Vorwärmspanne, die durch Entnahmen aus dem Nachschaltteil aufgebracht wurden, aufgetragen, da für diese Untersuchung die Gesamtvorwärmspanne mit $\Delta i_{wg} = 264{,}6$ kcal/kg konstant gehalten wurde.

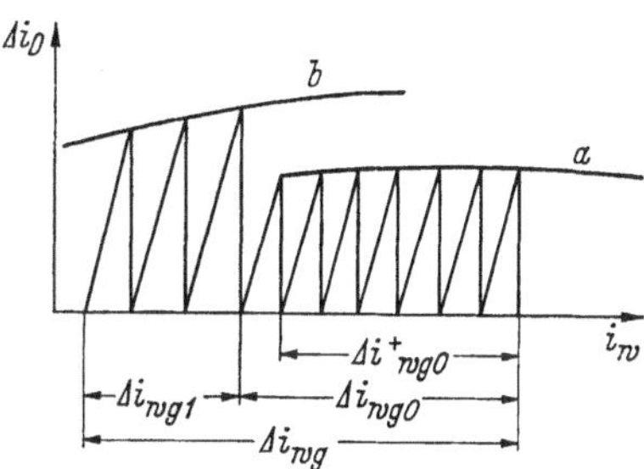

Bild 91. Aufteilung der Anzapfstufen auf eine Vorwärmturbine a, so daß der Anzapfdampf des größten Teils der Anzapfstufen nicht durch den Zwischenüberhitzer geht.

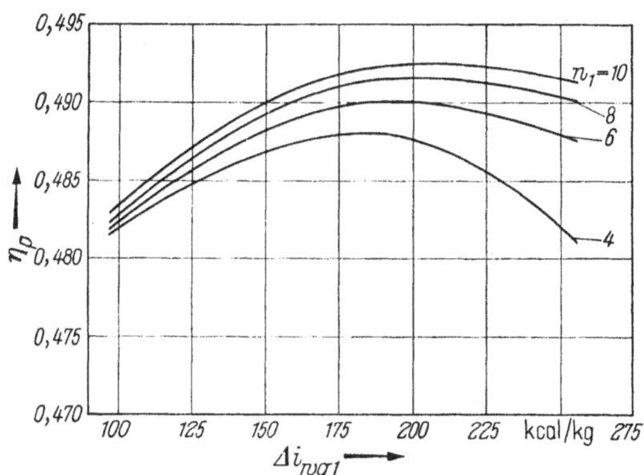

Bild 92. Ermittlung der optimalen Gesamtvorwärmspanne Δi_{wg1} für Entnahmen aus dem Nachschaltteil der Turbine bei einem Prozeß mit einfacher Zwischenüberhitzung. $\Delta i_{wg} = 264{,}6$ kcal/kg.

Es ist zu erkennen, daß für die Optima des Prozeßwirkungsgrades die Aufwärmspanne für die oberste Anzapfstufe, die mit Dampf vom Trenndrucknetz versorgt wird, $\Delta i_{wg} - \Delta i_{wg1}$ in allen Fällen größer ist als die einzelnen Aufwärmspannen $\Delta i_{wg1}/n_1$ der unteren vom Nachschaltteil abhängigen Stufen. Mit steigender Vorwärmstufenzahl sinkt $\Delta i_{w\,Tr}$.

Die für die einfache Zwischenüberhitzung angegebenen Funktionen lassen sich in ähnlicher Weise auch für den Prozeß mit zweifacher Zwischenüberhitzung aufstellen. Da bei Anwendung der zweifachen Zwischenüberhitzung jedoch nur in seltenen Fällen Entnahmen aus dem Höchstdruckteil der Turbine erfolgen werden, ist m_0 in der Gl. (153) gleich eins, und es ergibt sich mit den dort angegebenen Bezeichnungen

$$\eta_p = 1 - \frac{\Delta i_k}{\dfrac{1}{m_1 m_2}(\Delta i_0 + \Delta i_1) + \dfrac{1}{m_2}\Delta i_2}. \tag{238}$$

Diese hier geschilderten Verfahren zur Berechnung des Einflusses der Regenerativ-Vorwärmung bei Prozessen mit Zwischenüberhitzung bieten für Vorausberechnungen nützliche Vereinfachungen. Sie können bei sonst festgelegten Parametern eine Reihe von exakten Auslegungsrechnungen jedoch nicht ersparen.

5.2.7 Enthitzerschaltungen

Die Einführung der einfachen Zwischenüberhitzung und das Steigern der Dampftemperaturen führt dazu, daß die Expansionslinien sich im i, s-Diagramm zu höheren Entropiewerten verschieben, daß also der Überhitzungsanteil des Anzapfdampfes zunimmt. Zugleich muß bei den Prozessen mit hohen Dampfzustandsgrößen, die den Einsatz hochwertiger und damit teurer Stähle erfordern, in dem dadurch weiter gezogenen wirtschaftlichen Rahmen die Verbesserung der Regenerativ-Vorwärmung angestrebt werden. So steigt mit zunehmender Eintrittstemperatur des Speisewassers in den Kessel die Anzahl der Vorwärmer. Da die Entgasungstemperatur des Speisewassers zwischen etwa 140 °C und 180 °C gehalten wird, wirkt sich die Steigerung der Stufenzahl bei der Regenerativ-Vorwärmung auf die Zunahme der Zahl der Hochdruckvorwärmer aus. Bei den Hochdruckvorwärmern kann die Wandstärke bestimmte Grenzen nicht überschreiten, wodurch abhängig vom Anzapfdruck der Durchmesser des Vorwärmermantels beschränkt wird und bei einer ebenfalls begrenzten Baulänge die Vorwärmer dann auf mehrere parallele Stränge aufgeteilt werden müssen. Um den Überhitzungsanteil des Anzapfdampfes thermodynamisch besser ausnutzen zu können, werden vor diese Hochdruckvorwärmer noch Enthitzer geschaltet, in denen die Speisewassertemperatur um einen kleinen Betrag über die zum obersten Anzapfdruck gehörende Sättigungstemperatur aufgewärmt wird. Auch früher wurde bei den Vorwärmern die Überhitzungswärme in Enthitzerteilen abgebaut, wobei durch Einbauten in den Vorwärmern der Entnahmedampf im Gegenstrom zum Speisewasserstrom geführt wurde. Die Temperaturdifferenz zwischen dem aus dem Vorwärmer austretenden

Speisewasser und der Sättigungstemperatur wurde auf diese Weise herabgedrückt, zu Null gemacht, oder es ergab sich sogar eine „negative“ Grädigkeit. Bei Anzapfdampfmengen mit hohem Überhitzungsanteil lassen sich jedoch größere Vorteile erwarten, wenn die Enthitzer vor den obersten Vorwärmer geschaltet werden.

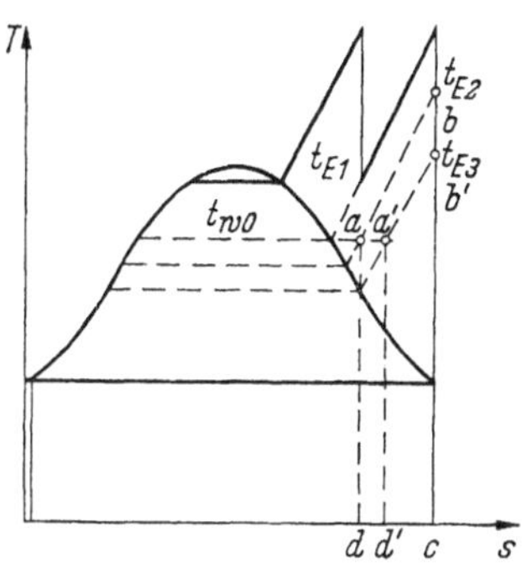

Bild 93. Darstellung der Wärmemengen, die von den oberen Vorwärmstufen noch in Enthitzern dem Speisewasser oberhalb einer Temperatur von t_{w0} zugeführt werden können, im T, s-Diagramm.

In das Bild 93 sind in ein T, s-Diagramm für einen Prozeß mit einfacher Zwischenüberhitzung und Vorwärmung des Speisewassers bis auf den zum Trenndruck gehörenden Sättigungszustand die drei obersten Vorwärmstufen eingezeichnet. Da die Temperaturen des Dampfes der Entnahmen *2* und *3* mit t_{E2} und t_{E3} beträchtlich über t_{w0} liegen, ist es möglich, wird von Temperaturdifferenzen abgesehen, die für den Wärmetausch notwendig sind, die Wärmemengen je Mengeneinheit der Dampfentnahmen bei E_2, die durch die Fläche $abcd$ und bei E_3, die durch die Fläche $a'b'cd'$ dargestellt werden, dem Speisewasser dann noch zuzuführen, wenn es mit der Temperatur t_{w0} bereits den höchsten Vorwärmer verlassen hat.

Der günstige Effekt dieser Maßnahme liegt einmal darin, daß die in die Vorwärmer *2* und *3* strömende Entnahmedampfmenge hier mit geringerer Enthalpie eintritt, wodurch mit i_{D2} und i_{D3} auch die Δi_{D2} und Δi_{D3} geringer werden und das Mengenverhältnis m_0 sinkt, der Prozeßwirkungsgrad also steigt und zum anderen darin, daß die Speisewasserenthalpie i_{w0} noch um einen geringen Betrag δi_{w0} aufgestockt wird, wodurch die im Kessel von außen zuzuführende Wärmespanne Δi_0 sinkt.

Die nach diesen Überlegungen aufgebauten Vorwärmerstraßen sind in dem Bild 94 grundsätzlich dargestellt. Wenn die an den Punkten a, a' oder t_{E1} nach dem Bild 94 vorhandene Überhitzungswärme noch groß genug ist, werden die Vorwärmer auch noch mit eigenen Enthitzungszonen ausgeführt.

Die Bilder 95 und 96 zeigen noch weitere Schaltungsmöglichkeiten, durch die der Wärmetausch vom Anzapfdampf an das Speisewasser bei möglichst geringen Temperaturdifferenzen, also kleiner Entropiezunahme erfolgen soll. Inwieweit diesen Enthitzerschaltungen Erfolg beschieden ist, hängt natürlich auch von der sonstigen Ausbildung der betreffenden Regenerativ-Vorwärmung, der Größe der Heizflächen, der Anzahl der Stufen usw. ab.

Bei der Schaltung nach dem Bild 95 ist der Teilstrom durch jeden Enthitzer so zu wählen, daß die Gesamtentropiezunahme, die beim Wärmetausch im Enthitzer und beim Zumischen des möglicherweise heißeren Teilstromes zum Hauptstrom eintritt zu einem Minimum wird. Der Schaltung nach dem Bild 95 ist gegebenenfalls der Vorzug zu geben, da hier die

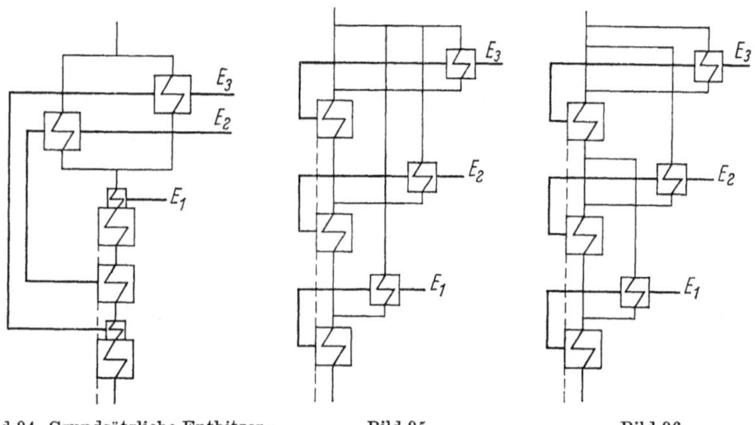

Bild 94. Grundsätzliche Enthitzerschaltung mit Aufteilung des Speisewasserstranges im Bereich der vorgeschalteten Enthitzer.

Bild 95. Bild 96.
Enthitzerschaltungen mit Speisewasserteilströmen.

durch die Enthitzer strömenden Teilmengen erst bei hohem Temperaturniveau, vielleicht sogar erst im Kessel, nachdem der Hauptstrom einen Teil des Eco durchflossen hat, diesem Hauptstrom wieder zugemischt werden [*24*].

Die Berechnung des Einflusses einer Enthitzerschaltung muß an Hand von Durchrechnungen bei Einzelschaltbildern erfolgen. Diese iterative Berechnungsweise ist bei der Durchrechnung eines Prozesses im Abschnitt 6 beschrieben.

5.3 Die ein- und zweifache Zwischenüberhitzung

Die Zwischenüberhitzung wurde aus dem Gedanken heraus eingeführt, den Expansionsendpunkt der Turbine in ein Gebiet geringer Nässe und damit höheren Turbinenwirkungsgrades bzw. geringerer Erosionsgefahr für die Beschaufelung zu verlegen. Als darüber hinaus erkannt wurde, daß der durch die Steigerung der mittleren oberen Temperatur der Wärmezufuhr von außen entstehende Nutzen die Nachteile einer komplizierteren Betriebsführung überwiegt, setzten sich Anlagen mit Zwischenüberhitzung mehr und mehr durch. Dabei wurden zunächst Hochdruckanlagen vor bestehende Mitteldruckanlagen geschaltet, deren Frischdampfdruck fest lag, so daß keine freie Wahl des Trenndrucks mehr übrig blieb. Mit der Errichtung von ganzen Blöcken mit Zwischenüberhitzung bei möglicher Wahl des Trenndrucks wird jedoch die Höhe des optimalen Trenndrucks bei gegebener Austrittstemperatur aus dem Zwischenüberhitzer von Einfluß. Allerdings ist dieser Einfluß unter Umständen nur gering. Dennoch muß er untersucht werden, da bei einem falsch gewählten Trenndruck der Nutzen der Zwischenüberhitzung geschmälert wird.

Im Abschnitt 4.1.3 sind bereits die grundlegenden Zusammenhänge zwischen den einzelnen Parametern der Zwischenüberhitzung und den sonstigen Parametern des Prozesses für einen verlustlosen Prozeß bespro-

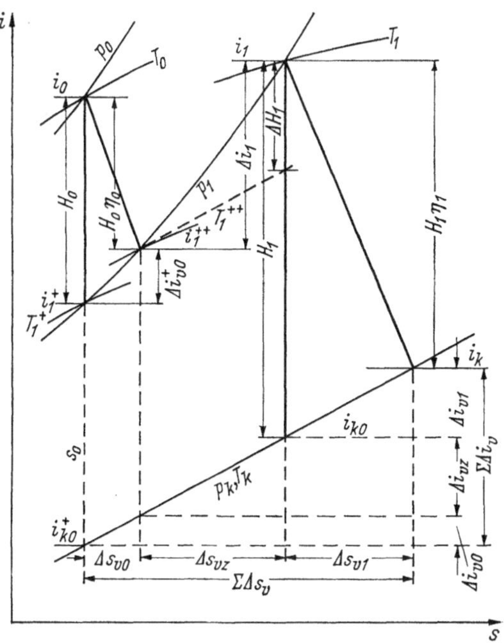

Bild 97. Darstellung des Prozesses mit einfacher Zwischenüberhitzung im i,s-Diagramm.

chen worden. Es wurde besonders darauf hingewiesen, daß der Einfluß der Regenerativ-Vorwärmung von großer Bedeutung für die Auslegung der Zwischenüberhitzung ist.

Um analytische Zusammenhänge für den Prozeß mit verlustbehafteter Expansion des Dampfes in der Turbine aufstellen zu können, soll der Gesamtprozeß im i, s-Diagramm betrachtet werden (Bild 97). Durch die verlustbehaftete Expansion in der Vor- und Nachschaltturbine tritt eine Verminderung des umsetzbaren Gesamtgefälles ein. Diese Gefälleverminderung setzt sich nach dem Bild 97 zusammen aus

Δi_{v0}^{+} = Verminderung des umgesetzten Gesamtgefälles durch die verlustbehaftete Expansion in der Vorschaltturbine. Die zugehörige Entropievermehrung ist Δs_{v0}.

Δi_{v1} = Verminderung des Gesamtgefälles durch die verlustbehaftete Expansion in der Nachschaltturbine. Die zugehörige Entropievermehrung ist Δs_{v1}.

Durch diese Verluste wird die Abdampfenthalpie i_{k0}^{+} und damit die im Kondensator verlorengehende Wärmemenge um die Beträge $\Delta i_{v0} = T_k \Delta s_{v0}$ und Δi_{v1} vergrößert. Wegen der Divergenz der Isobaren im i, s-Diagramm ist $\Delta i_{v0}^{+} > \Delta i_{v0}$, so daß aus Δi_{v0}^{+} zunächst Δs_{v0} und dann $\Delta i_{v0} = T_k \Delta s_{v0}$ berechnet werden muß.

Durch die isobare Wärmezufuhr bei der Zwischenüberhitzung tritt eine Erhöhung der Enthalpie des aus der Vorschaltmaschine austretenden Dampfes um Δi_1 ein. Von dieser Erhöhung des Enthalpiegefälles stellt der Betrag ΔH_1 eine Erhöhung des in den Turbinen ausnutzbaren Gesamtgefälles dar, während die Abwärmespanne um Δi_{vz} steigt. ΔH_1 wird gefunden, indem durch den Endpunkt der Expansion in der Vorschaltmaschine eine Parallele zu p_k gezogen wird. Die Enthalpie im Schnittpunkt dieser Parallelen von p_k mit der Isentropen durch den Dampfzustand vor der Nachschaltturbine subtrahiert von i_1 ergibt ΔH_1.

Die Erhöhung der Abwärmespanne Δi_{vz} läßt sich berechnen aus

$$\Delta i_{vz} = T_k \Delta s_{vz}.$$

Der Wirkungsgrad des Prozesses mit einfacher Zwischenüberhitzung und verlustbehafteter Expansion in der Vor- und Nachschaltturbine aber ohne Regenerativ-Vorwärmung ergibt sich mit den Bezeichnungen des Bildes 97 zu

$$\eta_p = 1 - \frac{i_{k0}^{+} - i_{wk} + \Delta i_{v0} + \Delta i_{v1} + \Delta i_{vz}}{i_0 - i_{wk} + \Delta i_1}. \tag{239}$$

Nun ist

$$\Delta i_{v0}^{+} = H_0 (1 - \eta_0) = c_{pm1} (T_1^{++} - T_1). \tag{240}$$

Daraus folgt

$$T_1^{+} = T_1^{++} - \frac{H_0(1 - \eta_0)}{c_{pm1}}, \tag{241}$$

und damit analog der Gl. (128)

$$\Delta s_{v0} = c_{pm1} \ln \frac{T_1^{++} c_{pm1}}{T_1^{++} c_{pm1} - H_0(1 - \eta_0)}, \tag{242}$$

oder

$$\Delta i_{v0} = T_k c_{pm1} \ln \frac{T_1^{++} c_{pm1}}{T_1^{++} c_{pm1} - H_0(1 - \eta_0)}. \tag{243}$$

Δs_{vz} errechnet sich ebenfalls nach der Gl. (128) zu

$$\Delta s_{vz} = c_{pm1} \ln \frac{T_1}{T_1^{++}} \left(\frac{p_1^{++}}{p_1}\right)^{(\varkappa-1)/\varkappa}, \tag{244}$$

wenn bei der Zwischenüberhitzung ein Druckabfall des Dampfes von p_1^{++} auf p_1 eintritt.

Aus der Gl. (244) ergibt sich

$$\Delta i_{vz} = T_k c_{pm1} \ln \frac{T_1}{T_1^{++}} \left(\frac{p_1^{++}}{p_1}\right)^{(\varkappa-1)/\varkappa}. \tag{245}$$

Schließlich bleibt noch Δi_{v1} zu bestimmen. Es ist

$$\Delta i_{v1} = H_1 (1 - \eta_1). \tag{246}$$

Dieser Wert gilt, wenn die Expansion in der Nachschaltturbine im Naßdampfgebiet endet, was hier vorausgesetzt werden soll.

Wird der Einfluß der Regenerativ-Vorwärmung berücksichtigt, dann muß statt der Gl. (238) angeschrieben werden:

$$\eta_p = 1 - \frac{m_0 m_1 (\Delta i_{k0}^+ + \Sigma \Delta i_v)}{\Delta i_0 + m_0 \Delta i_1}. \tag{247}$$

In dieser Gleichung bedeutet m_0 das Mengenverhältnis von durch den Zwischenüberhitzer strömender Dampfmenge zur Frischdampfmenge G_1/G_0, wenn Anzapfdampfmengen aus der Vorschaltturbine oder beim Trenndruck entnommen werden. m_1 ist das Verhältnis von in den Kondensator strömender Dampfmenge zur Zwischenüberhitzer-Dampfmenge G_k/G_1. Unter $\Sigma \Delta i_v$ sind die oben ermittelten Werte für Δi_{v0}, Δi_{vz} und Δi_{v1} zu verstehen. Werden diese Werte in die Gl. (247) eingesetzt, so ist

$$\eta_p = 1 - \frac{m_0 m_1 \left[\Delta i_{k0}^+ + T_k c_{pm1} \ln \frac{T_1^{++} c_{pm1}}{T_1^{++} c_{pm1} - H_0 (1 - \eta_0)} + T_k c_{pm1} \ln \frac{T_1}{T_1^{++}} \left(\frac{p_1^{++}}{p_1}\right)^{(\varkappa-1)/\varkappa} + H_1 (1 - \eta_1)\right]}{\Delta i_0 + m_0 c_{pm1} (T_1 - T_1^{++})}. \tag{248}$$

Wird $\Delta i_0 = i_0 - i_{w0}$ eingesetzt und der Einfluß der Speisepumpe nach der Gl. (169) berücksichtigt, so ergibt sich schließlich eine Beziehung für den Prozeßwirkungsgrad, die alle wesentlichen Parameter enthält.

Die rechte Seite der Gl. (169) auf einen Nenner gebracht, ergibt wie Gl. (168)

$$\eta_p' = \frac{\eta_p (\Delta i_0 + m_0 \Delta i_1) - \frac{1}{\eta_{sp}'} \Delta i_{sp}}{\Delta i_0 + m_0 \Delta i_1 - \Delta i_{sp}/\eta'_{Pu}}. \tag{249}$$

Die Klammer im Zähler ausmultipliziert und ebenfalls im Zähler $1/\eta'_{Pu}$ addiert und subtrahiert, ergibt dann

$$\eta'_p = 1 - \frac{m_0 m_1 \left[\Delta i^+_{k0} + T_k c_{pm1} \ln \dfrac{T_1^{++} c_{pm1}}{T_1^{++} c_{pm1} - H_0(1-\eta_0)} + \cdots + T_k c_{pm1} \ln \dfrac{T_1}{T_1^{++}} \left(\dfrac{p_1^{++}}{p_1} \right)^{(\varkappa-1)/\varkappa} + H_1(1-\eta_1) \right] + \Delta i_{sp} \left[\dfrac{1}{\eta'_{sp}} - \dfrac{1}{\eta'_{Pu}} \right]}{i_0 - i_{w0} + m_0 c_{pm1}(T_1 - T_1^{++}) - \Delta i_{sp}/\eta'_{Pu}} . \quad (250)$$

Dabei ist nach Ausmultiplikation der Klammer in der Gl. (249) über die Gl. (150) für Δi_k der Ausdruck $\Delta i^+_{k0} + \Sigma \Delta i_v$ mit den für die einzelnen Δi_v gefundenen Ausdrücken und im Nenner $\Delta i_0 = i_0 - i_{w0}$ und $\Delta i_1 =$

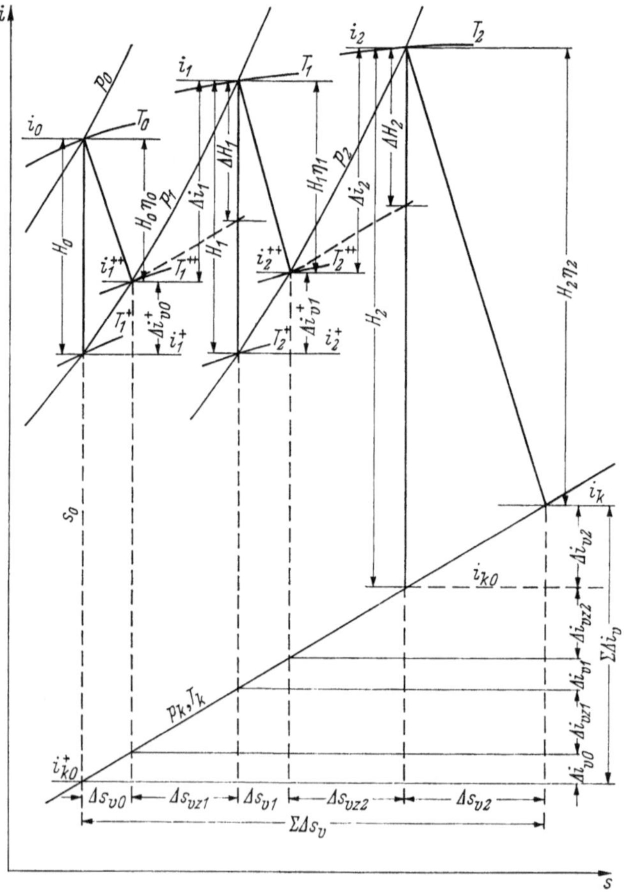

Bild 98. Darstellung des Prozesses mit zweifacher Zwischenüberhitzung im i,s-Diagramm.

$= c_{pm1}\,(T_1 - T_1^{++})$ eingesetzt worden. c_{pm1} bedeutet in den vorstehenden Gleichungen die mittlere spezifische Wärme bei der Temperaturerhöhung des Dampfes im Zwischenüberhitzer. Δi_{k0}^{+} muß wiederum ermittelt werden, indem i_{k0}^{+} im Schnittpunkt der Isentropen durch den Zustandspunkt des Frischdampfes mit der Isobaren des Kondensatordrucks abgelesen und davon die Enthalpie des Wassers im Sättigungszustand beim Kondensatordruck abgezogen wird.

Für den Prozeß mit zweifacher Zwischenüberhitzung läßt sich eine Gleichung ähnlich der Gl. (247) anschreiben, wenn in die Gl. (153) die Ausdrücke nach dem Bild 98 eingesetzt werden, die addiert Δi_k ergeben.

$$\eta_p = 1 - \frac{m_0 m_1 m_2 (\Delta i_{k0}^{+} + \Sigma \Delta i_v)}{\Delta i_0 + m_0 \Delta i_1 + m_0 m_1 \Delta i_2}. \tag{251}$$

Die bei den Zwischenüberhitzungen je Einheit der Dampfmenge aufzubringenden Enthalpieerhöhungen Δi_1 und Δi_2 werden wiederum zu einem Teil ΔH_1 und ΔH_2 als Erhöhung des ausnutzbaren Gesamtgefälles verwendet und zu einem anderen Teil Δi_{vz1} und Δi_{vz2} durch die Steigerung der Abdampfenthalpie aufgezehrt.

Werden für die einzelnen Δi_v die analogen Werte eingesetzt, die für den Prozeß mit einfacher Zwischenüberhitzung gefunden wurden und wird der Einfluß der Speisepumpe mit einbezogen, so ergibt sich ähnlich wie bei der Gl. (250) für die zweifache Zwischenüberhitzung

$$\eta_p' = 1 - \frac{\begin{gathered} m_0 m_1 m_2 \Big[\Delta i_{k0}^{+} + T_k c_{pm1} \ln \frac{T_1^{++} c_{pm1}}{T_1^{++} c_{pm1} - H_0(1-\eta_0)} + T_k c_{pm1} \ln \frac{T_1}{T_1^{++}} \left(\frac{p_1^{++}}{p_1}\right)^{(\varkappa-1)/\varkappa} + T_k c_{pm2} \ln \frac{T_2^{++} c_{pm2}}{T_2^{++} c_{pm2} - H_1(1-\eta_1)} + \\ + T_k c_{pm2} \ln \frac{T_2}{T_2^{++}} \left(\frac{p_2^{++}}{p_2}\right)^{(\varkappa-1)/\varkappa} + H_2(1-\eta_2)\Big] + \Delta i_{sp}\left[\frac{1}{\eta_{sp}'} - \frac{1}{\eta_{Pu}'}\right] \end{gathered}}{i_0 - i_{w0} + m_0 c_{pm1}(T_1 - T_1^{++}) + m_0 m_1 c_{pm2}(T_2 - T_2^{++}) - \Delta i_{sp}/\eta_{Pu}'}. \tag{252}$$

In dieser Gleichung sind c_{pm1} und c_{pm2} die mittleren spezifischen Wärmen des Dampfes bei den einzelnen Zwischenüberhitzungen.

Die Gln. (250) und (252) erscheinen für überschlägige Rechnungen zu unhandlich, lassen sich jedoch von Fall zu Fall vereinfachen, wenn nur der Einfluß eines Parameters auf den Prozeßwirkungsgrad näherungsweise betrachtet werden soll, soweit dann die anderen Größen konstant bleiben.

Die Näherungsberechnungen für den Einfluß von Änderungen im Mengenverhältnis sind für den Prozeß ohne Zwischenüberhitzung bereits in den Gln. (227) und (229) angegeben worden. Änderungen im Prozeßwirkungsgrad, die von Änderungen des Speisewasserdrucks, des Speisepumpen- oder zugehörigen Antriebswirkungsgrades herrühren, sind nach den Gln. (172) bis (174) zu berechnen.

Bei dem Prozeß mit Zwischenüberhitzung ist häufig der Einfluß eines geänderten Druckverlustes auf der Zwischenüberhitzerseite von Interesse. Mit den Bezeichnungen des Bildes 98 läßt sich der Prozeßwirkungsgrad für den Prozeß mit Regenerativ-Vorwärmung und einfacher Zwischenüberhitzung ohne Berücksichtigung der Speisepumpe anschreiben zu

$$\eta_p = 1 - \frac{m_0 m_1 T_k \sum \Delta s_v}{\Delta i_0 + m_0 \Delta i_1}. \tag{253}$$

Wird der Einfluß der Speisepumpe berücksichtigt, so ergibt sich

$$\eta_p' = 1 - \frac{m_0 m_1 T_k \Sigma \Delta s_v + \Delta i_{sp} \left(\frac{1}{\eta_{sp}'} - \frac{1}{\eta'_{Pu}} \right)}{\Delta i_0 + m_0 \Delta i_1 - \Delta i_{sp}/\eta'_{Pu}}. \tag{254}$$

Aus diesen beiden Gleichungen sollen die Einflußfaktoren f für den Fall ohne und f' für den Fall mit Einrechnung der Speisepumpenleistung angeschrieben werden. Es ist

$$f = \frac{\eta_p - \bar{\eta}_p}{\eta_p} = \frac{1 - \eta_p}{\eta_p} \left(\frac{\bar{Q}_{Ab} Q_{Zu}}{\bar{Q}_{Zu} Q_{Ab}} - 1 \right), \tag{255}$$

und f' folgt, wenn anstatt η_p der Wert für η_p' eingesetzt wird. Die überstrichenen Größen sind die durch die Veränderung, die untersucht werden soll, geänderten Werte.

Wird der Druckverlust im Zwischenüberhitzer geändert von δp_1 auf $\delta \bar{p}_1$, so muß die nach dem Bild 98 in dem Ausdruck $\Sigma \Delta s_v$ enthaltene Entropieerhöhung durch die Wärmezufuhr bei der Zwischenüberhitzung von

$$\Delta s_{vz} = c_{pm1} \ln \frac{T_1}{T_1^{++}} \left(1 + \frac{\delta p_1}{p_1} \right)^{(\varkappa - 1)/\varkappa} \tag{256}$$

geändert werden auf

$$\overline{\Delta s}_{vz} = c_{pm1} \ln \frac{T_1}{T_1^{++}} \left(1 + \frac{\delta \bar{p}_1}{p_1} \right)^{(\varkappa - 1)/\varkappa}. \tag{257}$$

Nach einigen Umformungen ergibt sich dann für den Einflußfaktor f, hier mit dem Index δp_1 versehen, da es sich um den Druckverlust bei der Zwischenüberhitzung handelt,

$$f_{\delta p_1} = \left(\frac{1 - \eta_p}{\eta_p} \right) \frac{c_{pm1} T_k \ln \left(\frac{p_1 + \delta \bar{p}_1}{p_1 + \delta p_1} \right)^{(\varkappa - 1)/\varkappa}}{\Delta i_k} \tag{258}$$

und bei eingerechneter Speisepumpe

$$f_{\delta p_1} = \left(\frac{1-\eta_p'}{\eta_p'}\right) \frac{\overline{m_0 m_1} c_{pm} T_k \ln \left(\frac{p_1 + \delta \bar{p}_1}{p_1 + \delta p_1}\right)^{(\varkappa-1)/\varkappa}}{m_0 m_1 \Delta i_k + \Delta i_{sp} \left(\frac{1}{\eta_{sp}'} - \frac{1}{\eta_{Pu}'}\right)} . \tag{259}$$

Aus beiden Gleichungen ist zu erkennen, daß sich die Einflußfaktoren abhängig von dem Prozeßwirkungsgrad des ungestörten Prozesses derart ergeben, daß sie bei hohen Werten für η_p und η_p' bei gleicher Änderung von δp_1 geringer sind und umgekehrt.

Allgemein ist der Druckverlust auf der Zwischenüberhitzerseite dem Prozeßwirkungsgrad wesentlich abträglicher als der Druckverlust auf der Frischdampfseite. Das Bild 99 zeigt den Einfluß der Druckverluste auf der Frischdampf- und der Zwischenüberhitzerseite für drei verschiedene Prozesse. Bezogen auf den gleichen absoluten Druckverlust von z. B. 0,1 kp/cm² ergibt sich, daß der Druckverlust auf der Zwischenüberhitzerseite 26-fach stärker wiegt als der Druckverlust auf der Frischdampfseite.

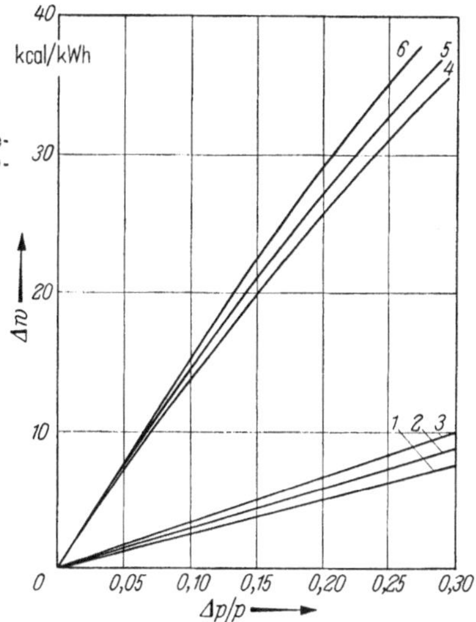

Bild 99. Zunahme des spezifischen Wärmeverbrauchs durch Druckverluste auf der HD- und ZÜ-Seite.

ZÜ-Seite

Kurve *4*: p_0 = 300 kp/cm², t_0 = 650 °C, p_1 = 43,4 kp/cm², t_1 = 550 °C;
Kurve *5*: p_0 = 250 kp/cm², t_0 = 600 °C, p_1 = 40,4 kp/cm², t_1 = 550 °C;
Kurve *6*: p_0 = 200 kp/cm², t_0 = 550 °C, p_1 = 37,0 kp/cm², t_1 = 550 °C.

HD-Seite

Kurve *1*: p_0 = 300 kp/cm², t_0 = 650 °C, p_1 = 43,4 kp/cm², t_1 = 550 °C;
Kurve *2*: p_0 = 250 kp/cm², t_0 = 600 °C, p_1 = 40,4 kp/cm², t_1 = 550 °C;
Kurve *3*: p_0 = 200 kp/cm², t_0 = 550 °C, p_1 = 37,0 kp/cm², t_1 = 550 °C.

Es ist zu erkennen, welche hohe Bedeutung der Verminderung von Druckverlusten auf der Zwischenüberhitzerseite zukommt, während auf der HD-Seite durchaus einmal höhere Druckverluste in Kauf genommen werden können, wenn die dadurch erzielbaren Einsparungen bei den Investitionen schwerer wiegen oder die Strömungsverhältnisse im Dampferzeuger verbessert werden sollen.

5.4 Die optimalen Auslegungsgrößen für den Prozeß mit Regenerativ-Vorwärmung und Zwischenüberhitzung

5.4.1 Der funktionsmäßige Zusammenhang zwischen den thermodynamischen Auslegungsgrößen und dem spezifischen Wärmeverbrauch bei einfacher Zwischenüberhitzung

An Hand der Gl. (250) läßt sich der Einfluß abschätzen, den die einzelnen Parameter bei dem Prozeß mit Regenerativ-Vorwärmung und Zwischenüberhitzung auf den Prozeßwirkungsgrad ausüben.

Für Aufgaben der Planung ist es von Bedeutung, Kennfelder des spezifischen Wärmeverbrauchs abhängig von den einzelnen Parametern dieses Prozesses zu besitzen, wobei weniger die absolute Höhe als die Differenz im spezifischen Wärmeverbrauch interessiert.

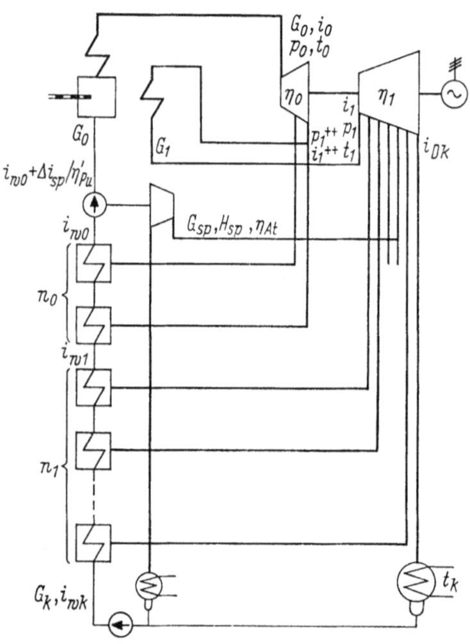

Bild 100. Wärmeschaltbild des untersuchten vereinfachten Prozesses mit einfacher Zwischenüberhitzung und Regenerativ-Vorwärmung.

Die Berechnung dieser Kennfelder soll nun erläutert werden. Da sie auf einem Digitalrechner durchgeführt wurde, läßt sich so gleichzeitig ein Einblick in die Behandlung des Problems unter Einsatz eines Rechners gewinnen [25].

Zunächst mußte ein mathematisches Modell aufgestellt werden, das den zu untersuchenden thermodynamischen Prozeß in seinem funktionalen Zusammenhang wiedergibt.

Für den Prozeß mit einfacher Zwischenüberhitzung und Regenerativ-Vorwärmung wurde in der Untersuchung der spezifische Wärmeverbrauch als Funktion folgender Parameter betrachtet:

$$w' = f(p_0, t_0, p_1, t_1, i_{w0}, n_0, n_1, \eta'_{sp}, \eta'_{Pu}, \Delta i_{sp}, \eta_0, \eta_1, t_k) \;. \tag{260}$$

Die Bedeutung dieser Größen ist aus den Bildern 100 und 101 zu erkennen. Sie sollen jedoch hier nochmals erläutert werden, damit zugleich die Grenzen, in denen sie untersucht werden, oder ihr Einfluß auf die Rechnung zu erkennen ist.

w bzw. w' [kcal/kWh] ist der spezifische Wärmeverbrauch des Prozesses ohne Berücksichtigung der Wirkungsgrade des Kessels, des Generators und des Maschinentransformators. Der spezifische Wärmeverbrauch w gilt ohne Berücksichtigung der Speisepumpenleistung, während beim spezifischen Wärmeverbrauch w' diese Speisepumpenleistung mit eingerechnet worden ist. Analog zu diesen Größen werden auch η_p und η_p' verwendet.

p_0 [kp/cm²] ist der Frischdampfdruck am Eintritt in die Turbine, der heute für Anlagen, die mit einer Leistung von 100 MW und darüber ausgelegt werden, zwischen 100 und 300 kp/cm² gewählt wird.

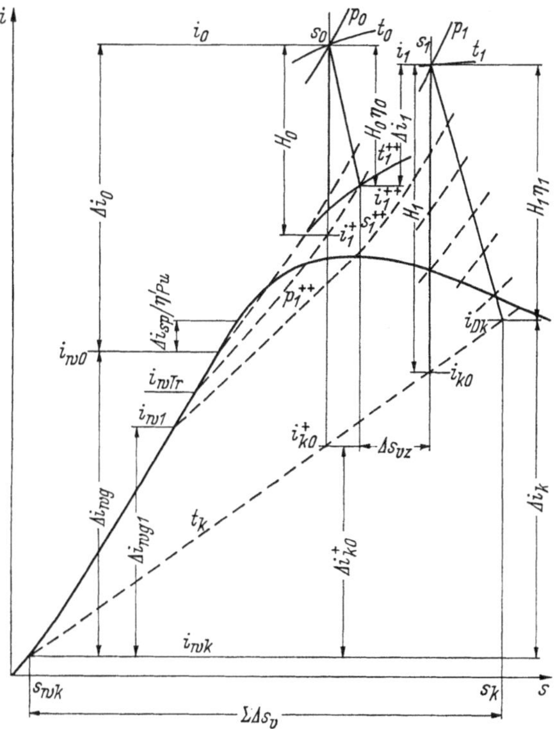

Bild 101. Darstellung des berechneten Prozesses im i,s-Diagramm.

t_0 [°C] ist die Frischdampftemperatur am Eintritt in die Turbine. Sie liegt heute allgemein bei 520 bis 550 °C, geht aber in einer größeren Anzahl von Anlagen darüber hinaus bis 600 °C und in einigen Fällen bis 650 °C. Das Steigern der Frischdampftemperatur bis zu den letztgenannten Werten ist nach der Ausführung der ersten Anlagen nicht mehr ein technisches, sondern bei den noch zu hohen Austenitpreisen ein wirtschaftliches Problem.

p_1 [kp/cm²] ist der Druck nach der Zwischenüberhitzung vor Eintritt des Dampfes in die Turbine. Während der spezifische Wärmeverbrauch mit steigenden oberen Temperaturen des Dampfes sinkt, gibt es für p_1 wie auch für p_0 Optima, abhängig von den jeweiligen Parametern. p_1 wird als Trenndruck bezeichnet, wobei für die einzelnen Rechnungen jeweils die optimalen Trenndrücke ermittelt werden.

t_1 [°C] ist die Temperatur des Dampfes nach der Zwischenüberhitzung vor seinem Wiedereintritt in die Turbine. Diese Temperatur wird im allgemeinen nicht so hoch gewählt, daß auf der Rohrleitungsseite oder im Kessel teure austenitische Stähle verwendet werden müssen. Es sind Temperaturen bis 550 °C gebräuchlich.

i_{w0} [kcal/kg] ist die Enthalpie, mit der das Speisewasser in den Kessel eintritt. Sie wird mit Speisewasser-Endenthalpie bezeichnet. Die optimale Höhe dieses Wertes hängt von der Anzahl der Vorwärmstufen und der Lage der Expansionslinien der Turbinenteile im i, s-Diagramm ab.

n_0 und n_1 sind die Anzahlen der Vorwärmstufen, die entweder wie bei n_0 aus dem Vorschaltteil der Turbine und beim Trenndruck oder wie bei n_1 aus dem Nachschaltteil der Turbine mit Dampf versorgt werden. Üblich sind für n_0 und n_1 6 bis 10 Stufen.

η_0 und η_1 sind die Turbinenwirkungsgrade im Vorschalt- und Nachschaltteil der Turbine. Sie wurden für diese Rechnungen abhängig von der MELANschen Kennziffer bestimmt, also abhängig vom Druck- und Wärmegefälle und vom Durchsatz. Außerdem gehen noch die Dampfeintrittstemperaturen und bei der Nachschaltturbine auch der Einfluß der Dampfnässe am Ende der Expansion auf den Wirkungsgrad η_1 in Form von Korrekturen ein. In der Rechnung wurden die Expansionslinien durch Geraden im i, s-Diagramm angenähert.

η'_{sp} ist der Wirkungsgrad der Speisepumpe η_{Pu}, multipliziert mit dem Quotienten aus den Wirkungsgraden der Antriebsturbine η_{At} und der Nachschaltturbine η_1, in der der Dampf, würde er nicht in die Antriebsturbine geleitet, weiter expandierte: $\eta'_{sp} = \eta'_{Pu}\eta_{At}/\eta_1$. Die Untersuchung wurde ausgeführt für eine Schaltung, bei der die Speisepumpen-Antriebsturbine als Zweigturbine auf eine eigene Kondensation arbeitet. Umrechnungen auf andere Gefälle sind nach der Gl. (161) einfach auszuführen.

η'_{Pu} ist der innere Wirkungsgrad der Speisepumpe. Die durch ihn und die geforderte Druckerhöhung gegebene Antriebsleistung der Speisepumpe findet sich als Enthalpieerhöhung im Speisewasser wieder.

Δi_{sp} [kcal/kg] ist die Enthalpie-Erhöhung, die das Speisewasser bei verlustloser Druckerhöhung in der Speisepumpe erfährt. Diese Enthalpie-Erhöhung wurde in der Untersuchung für eine Druckerhöhung von 0 bis auf den 1,2-fachen Wert des Frischdampfdruckes gerechnet. Es wurde also ein Druckverlust vom Austritt aus der Speisepumpe bis zum Eintritt in die Vorschaltturbine von $\delta p_0 = 0{,}2\ p_0$ eingesetzt. Umrechnungen auf andere Druckverluste auf der Frischdampfseite sind mit den Gln. (173) und (176) möglich. Aus dem Bild 99 ist jedoch ersichtlich, daß Änderungen des angenommenen Druckverlustes in sinnvollen Grenzen nur geringen Einfluß auf den Prozeßwirkungsgrad haben.

t_k [°C] ist die Temperatur des Dampfes am Expansions-Endpunkt. Es wurde mit einem Wert von $t_k = 23{,}77$ °C, entsprechend einem Druck von $p_{kond} = 0{,}03$ kp/cm² gerechnet. Im weiteren Verlauf werden, je nach Zweckmäßigkeit, die Celsiustemperaturen t oder die Kelvintemperaturen T verwendet. Gleiche Indizes bezeichnen zusammengehörige Werte. Die in die Untersuchung eingehenden Mengen sind mit ihren Indizes nach dem Bild 100 zu verstehen.

In der Gl. (250) bedeutet die erste eckige Klammer im Zähler der rechten Seite Δi_k, so daß sie einfacher ausgedrückt werden kann mit

$$\eta_p' = 1 - \frac{m_0 m_1 \Delta i_k + \Delta i_{sp}\left[\frac{1}{\eta_{sp}'} - \frac{1}{\eta_{Pu}'}\right]}{\Delta i_0 + m_0 \Delta i_1 - \Delta i_{sp}/\eta_{Pu}'}. \tag{261}$$

Da außer dem Prozeßwirkungsgrad auch die in dem Prozeß strömenden Mengen von Interesse sind, weil sie Rückschlüsse auf den erforderlichen Werkstoffaufwand zulassen, wird auch die jeweils noch erforderliche Frischdampfmenge berechnet aus

$$G_0 = \frac{N\,860}{\Delta i_0 - m_0 \Delta i_1 - m_0 m_1 \Delta i_k - \Delta i_{sp}/\eta_{sp}'}. \tag{262}$$

Die Mengenverhältnisse m_0 und m_1 wurden entsprechend den Überlegungen des Abschnitts 4.3 für Mischvorwärmer berechnet. Von den insgesamt 10 Vorwärmstufen entfallen 2 auf Entnahmen aus dem Vorschaltteil und 8 auf Entnahmen aus dem Nachschaltteil.

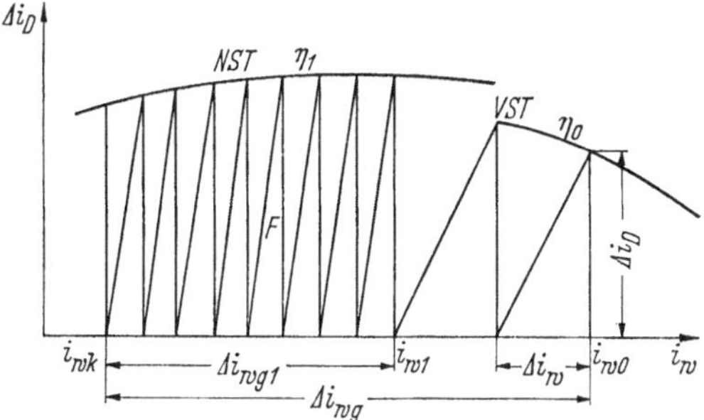

Bild 102. Expansionsverlauf im Vorschalt (VST)- und Nachschaltteil (NST) der Turbine, dargestellt im $\Delta i_D, i_w$-Diagramm.

Die Darstellung des Expansionsverlaufs (schematisch) im Δi_D, i_w-Diagramm mit den zugehörigen Bezeichnungen zeigt das Bild 102.

Der mittlere Wert der Δi_D für die Entnahmen aus dem Nachschaltteil ergibt sich aus

$$\Delta i_{Dm} = \frac{F}{\Delta i_{wg1}},$$

worin F die unter der Expansionslinie im Nachschaltteil in den Grenzen i_{w1} und i_{wk} liegende Fläche ist.

Somit wird

$$\frac{1}{m_1} = \left(1 + \frac{\Delta i_{wg1}}{n_1 \Delta i_{Dm}}\right)^{n_1} = \left(1 + \frac{\Delta i_{wg1}^2}{n_1 F}\right)^{n_1} \tag{263}$$

[s. a. Gl. (198)].

Für die Berechnung von m_0 ist es in dem untersuchten Fall nicht erforderlich, auf die Gl. (198) zurückzugreifen, weil die Anzahl der Vorwärmstufen n_0 mit 2 gering ist. Statt dessen ergibt sich mit $\Delta i_w/\Delta i_D =$ = const

$$\frac{1}{m_0} = \left(1 + \frac{\Delta i_w}{\Delta i_D}\right)^2. \tag{264}$$

Die Gln. (263) und (264) in die Gln. (261) und (262) eingesetzt, führen den Prozeßwirkungsgrad auf Größen zurück, die in den Bildern 100 bis 102 ablesbar sind. In dem Bild 101 ist der gesamte untersuchte Prozeß im i, s-Diagramm dargestellt. Es enthält auch alle die Größen, die für die Berechnung des Prozesses mit Hilfe eines Digitalrechners erforderlich sind, in übersichtlicher Darstellung.

5.4.2 Aufstellen des mathematischen Modells für Serienrechnungen an dem untersuchten Dampfkraftprozeß

Voraussetzung für das Verwenden eines Digitalrechners ist, daß der ganze Rechengang für die Maschine verwendbar aufgegliedert wird. Das bedeutet, daß alle Operationen im i, s-Diagramm, die bei gewöhnlichen Rechnungen durch Ablesen von Zustandsgrößen, Abgreifen von Gefällen usw. durchgeführt werden, durch die Maschine mit der Berechnung von Zustandsgrößen nach Zustandsgleichungen ausgeführt werden müssen. Dadurch wird der Rechenumfang zur Bestimmung von η_p' und G_0 wesentlich größer als bei herkömmlichen Rechnungen. Durch die großen Rechengeschwindigkeiten lassen sich jedoch die insgesamt erforderlichen Rechenzeiten außerordentlich stark kürzen.

Zunächst wurde zur Bestimmung von Zustandsgrößen mit den Kochschen Zustandsgleichungen gearbeitet, die den in Deutschland gebräuchlichen VDI-Wasserdampftafeln (z. B. 5. Auflage) zugrunde liegen. Diese Funktionen sind in der Form

$$i = K_i\,(p, T) \text{ und } s = K_s\,(p, T) \tag{265}$$

gegeben.

Werden nicht die Werte für i und s abhängig von p und t gesucht, sondern z. B. $p = K_p\,(i, T)$ so ist, da p in der ersten KOCHschen Zustandsgleichung vom 3. Grad ist, die Auflösung nach p mit Hilfe der CARDANOschen Formel möglich.

Anders wird es, wenn nicht p, sondern T gesucht wird, entweder abhängig von i, p oder s, p. In diesem Fall lassen sich die KOCHschen Zustandsgleichungen nicht mehr nach T auflösen, und es muß ein Iterationsverfahren angewendet werden. Dabei wird mit einem gewählten T_x und dem gegebenen p ein s_x ausgerechnet und die Differenz $s - s_x$ gebildet. Die Iteration durch die Veränderung von T_x ist solange durchzuführen, bis die Funktion

$$s - K_s\,(p, T_x) \equiv g\,(T) = 0 \tag{266}$$

für T_x gleich dem gesuchten Wert von T erfüllt ist. Während der Untersuchung stellte sich heraus, daß hauptsächlich im Gebiet hoher Drücke dieses Iterationsverfahren zu Wertetripeln führen kann, die vom i, s-Diagramm abweichen.[1]

Daher wurde zu den von HOTES [*26*, *27*] aufgestellten Zustandsgleichungen übergegangen. Von HOTES wurden dabei für die Zustandsgleichungen ganze rationale Funktionen aufgestellt, womit er dem Umstand entgegenkommt, daß alle Rechnungen in der Maschine auf die Grundrechenarten zurückgeführt werden müssen. Die transzendenten Funktionen der KOCHschen Zustandsgleichungen mußten bei dem vorher beschriebenen Verfahren ebenfalls durch rationale Funktionen angenähert werden.

Der von HOTES gemachte Ansatz

$$i = \Phi_i\,(p, T) = \sum_{n=0}^{N} B_n\,(T)\,p^n \tag{267}$$

mit

$$B\,(T) = T^m \sum_{n=0}^{K} a_k T^k \tag{268}$$

erlaubt auch für Polynome hoher Gliederzahl nach dem HORNER-Schema schnell Funktionswerte zu ermitteln.

Für die Entropie wurde ein ähnlicher Ansatz gemacht

$$s = \Phi_s\,(p, T) = s_0 + \sum_{n=0}^{N} C_n p^n + \sum_{n-1}^{M} f_n p^{n+1}, \tag{269}$$

---

[1] Dieser Mangel ist inzwischen behoben, da die Zahlenwerte der 6. Auflage der Wasserdampftafeln unter Einsatz von Digitalrechnern ermittelt wurden. Aus diesem Grund mußten die verwendeten Zustandsgleichungen dieser Rechnungsweise angepaßt werden. Gleichzeitig wurden damit auch Zustandsgleichungen aufgestellt, mit denen entsprechende thermodynamische Untersuchungen, wie sie im folgenden beschrieben werden, auf Digitalrechnern ausgeführt werden können.

wobei lediglich im Gebiet für C_0 die Logarithmen der Temperatur und des Druckes auftreten.

Iterationen werden mit den HOTES-Gleichungen folgendermaßen durchgeführt. Sind i und p gegeben, so sucht der Rechner über eine Näherungsfunktion ein T, das in der Nähe des gesuchten Wertes liegt, wobei eine Hilfsfunktion $T = \varphi\,(i, p)$ verwendet wird. Diese Hilfsfunktion wird aus der Zustandsgleichung unter Weglassen der weniger einflußreichen Glieder aufgestellt.

Mit dem angenäherten T beginnt der erste Schritt der Iteration, die solange fortgesetzt wird, bis die Funktion

$$\Phi_i\,(p, T) - \sum_{n=0}^{N} B_n\,(T)\,p^n = 0 \tag{270}$$

erfüllt ist.

T wird aus dem Wertepaar s, p analog errechnet.

Die Hilfsgleichung ergibt sich auch durch Auflösen der Zustandsgleichung für die Entropie eines idealen Gases nach der Temperatur.

Druck und Temperatur werden aus der Enthalpie und der Entropie durch Iteration über zwei Hilfsfunktionen bestimmt.

Diese einfache Beschreibung des Rechenganges kann die wirklich jeweils durchzuführenden Rechnungen nur ungenau wiedergeben. So muß, weil die Zustandsgleichungen nur im Heißdampfgebiet gelten, jeweils auch festgestellt werden, ob der gesuchte Zustandspunkt im Heißdampf- oder im Naßdampfgebiet liegt.

Liegt er im Naßdampfgebiet, so ist er über die Werte von s' und s'' zu finden, wenn z. B. s oder x und p oder t gegeben sind. Dabei können die s'' aus der Zustandsgleichung für Heißdampf und die s' aus der von HOTES ebenfalls angegebenen Zustandsgleichung für flüssiges Wasser bestimmt werden.

Über die Zuordnung

$$p \text{ bzw. } T = f(i') \text{ oder } f(s')$$

auf der linken Grenzkurve sind die Enthalpien im Naßdampfgebiet aus der Gl. (271)

$$i = i' + \delta i = i' + T(s - s') = i' + T\,x(s'' - s') \tag{271}$$

zu errechnen.

Statt dieses Verfahrens, das über die umständlichen Formeln für flüssiges Wasser geht, sind von HOTES jedoch auch einfache Näherungsformeln angegeben worden, die Berechnungen im Naßdampfgebiet möglich machen.

Sind somit die Funktionen gegeben, nach denen auf dem Digitalrechner Zustandsgrößen ermittelt werden können, so müssen für die Aufstellung des mathematischen Modells noch Funktionen angegeben werden, nach denen die Turbinenwirkungsgrade bestimmt werden können. Darüber hinaus ist es erforderlich, eine ganze Anzahl von Hilfsfunktionen anzugeben, die einen Rechenablauf für die Berechnung der Werte für m_0 und m_1 ermöglichen.

Zunächst muß bei der Bestimmung von m_1, die über die Ermittlung des Expansionsverlaufs im Δi_D, i_w-Diagramm durchgeführt wird, der Wirkungsgrad η_1 der Dampfexpansion in der Nachschaltturbine berechnet werden.

Abhängig von der MELANschen Kennziffer

$$\xi_1 = \frac{p_1}{G_x H_1} \cdot 10^7, \tag{272}$$

sowie dem Anfangszustand p_1 und T_1 wurde

$$\begin{aligned} \eta_1 = 0{,}7891 &- 1{,}842 \cdot 10^{-3}\, \xi_1 + 0{,}91 \cdot 10^{-5}\, \xi_1^2 \\ &+ 2{,}194 \cdot 10^{-4}\, T_1 - 1{,}5 \cdot 10^{-7}\, T_1^2 \\ &- 2{,}14 \cdot 10^{-3} p_1 + 2{,}25 \cdot 10^{-6}\, T_1 p_1 \end{aligned} \tag{273}$$

als Näherungsfunktion bestimmt. Die für das vorliegende Beispiel verwendete Funktion ist auf eine Endisobare bei der Expansion von 0,03 kp/cm² bezogen worden, wobei der Einfluß der Endnässe auf die Verschlechterung des Wirkungsgrades nach der empirischen Beziehung

$$\Delta\eta = \frac{1-x}{2}\,\frac{H_{\text{naß}}}{H_{\text{gesamt}}} \tag{274}$$

eingerechnet wurde. Die Glieder in p und T in der Gl. (273) sind als Berücksichtigung dieses Nässeeinflusses hinzugekommen.

Für G_x in der Gl. (272) wurde eine Näherungsfunktion aufgestellt, in die außer dem Gefälle H_0 im Vorschaltteil der Turbine und H_1 im Nachschaltteil auch die Speisewasser-Endenthalpie i_{w0} eingeht. Damit wird

$$\xi_1 = \frac{p_1}{12{,}9}\left[\frac{0{,}925}{(0{,}9122 - 0{,}579 \cdot 10^{-3} i_{w0})\,\dfrac{H_1}{H_0}} + 1\right]. \tag{275}$$

Es ist zu beachten, daß diese Gleichung nicht allgemein gilt, sondern daß sie ganz speziell für diese Untersuchung aufgestellt wurde, und zwar für eine Maschinenleistung von 150 MW. Somit wird hinreichend genau die Berechnung der Veränderung des Turbinenwirkungsgrades bei geänderten sonstigen thermodynamischen Parametern im Rahmen einer Serienrechnung möglich.

Das gleiche gilt für den Wirkungsgrad der Dampfexpansion in der Vorschaltturbine

$$\eta_0 = 0{,}9287 - 10^{-4}\, T_0 - 1{,}59 \cdot 10^{-3}\, \xi_0 + 7{,}8 \cdot 10^{-6} \xi_0^2 \tag{276}$$

mit

$$\xi_0 = \frac{p_0 - p_1^{++}}{12{,}9}\left[0{,}925 + (0{,}9122 - 0{,}579 \cdot 10^{-3} i_{w0})\,\frac{H_1}{H_0}\right]. \tag{277}$$

Mit diesen Turbinenwirkungsgraden und einer aus den Dampftafeln ermittelten Funktion für die Enthalpie-Erhöhung des Speisewassers in der Speisepumpe Δi_{sp} nach der Gl. (278) abhängig vom Frischdampfdruck p_0 und der Temperatur des in die Pumpe eintretenden Speisewassers t_{w0} können somit η_p' und G_0 berechnet werden.

$$\begin{aligned}\Delta i_{sp} = 14{,}03\, p_0\, [0{,}014 &- 2{,}767 \cdot 10^{-5} p_0 \\ &- T_{w0}\,(4{,}7084 \cdot 10^{-5} - 1{,}08 \cdot 10^{-7} p_0) \\ &+ T_{w0}^2\,(4{,}746 \cdot 10^{-8} - 1{,}055 \cdot 10^{-10} p_0)].\end{aligned} \tag{278}$$

In dem Faktor 14,03 dieser Gleichung ist mit 1,2 ein Glied enthalten, das den Druckabfall vom Austritt des Wassers aus der Speisepumpe bis zum Eintritt des Dampfes in die Vorschaltmaschine mit $\delta p_0 = 0{,}2\, p_0$ enthält.

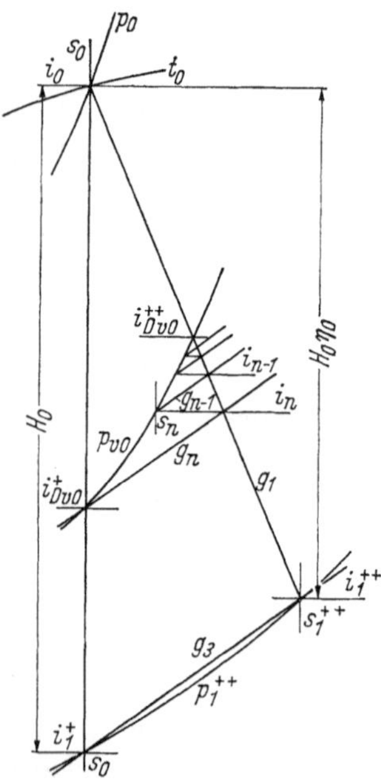

Bild 103. Darstellung des Iterationsverfahrens zur Bestimmung von i_{Dv0}^{++}.

Für jede einzelne Rechnung wurden sämtliche Werte der Gl. (250) vorgegeben, wobei für die Ermittlung der einzelnen Optima jeweils dann die Werte für den Druck des Dampfes am Austritt aus der Vorschaltmaschine p_1^{++} und die Speisewasser-Endenthalpie variiert werden. p_1^{++} ist mit dem Trenndruck p_1 über die Berechnung $p_1^{++} = p_1 + \delta p_1$ verknüpft, wobei δp_1 der Druckverlust bei der Zwischenüberhitzung ist.

Die Rechnungen, die im einzelnen für den Vorschaltteil der Turbine jeweils durchgeführt werden, sind in der schematischen Darstellung des Bildes 103 zu erkennen. Zunächst werden mit Hilfe der Zustandsgleichungen von HOTES und p_0, T_0 die Werte für i_0 und s_0 berechnet. Dann ist weiter

$$i_1^{++} = \Phi_i\,(p_1^{++}, s_0) \tag{279}$$

und

$$H_0 = i_0 - i_1^{+}$$

sowie

$$i_1^{++} = i_0 - (i_0 - i_1^{+})\,\eta_0 = i_0 - H_0\eta_0. \tag{280}$$

H_1 und $i_{w0} = f(p_{v0})$ sind an dieser Stelle des Rechnungsganges bereits ermittelt, wenn auch die Bestimmung von H_1 erst später beschrieben wird.

Die Berechnung von m_0 erfordert zur Bestimmung von $\Delta i_w/\Delta i_D$ die Kenntnis der zu i_{w0} gehörenden Anzapfenthalpie i_{Dv0}, d. h. der Enthalpie im Schnittpunkt von p_{v0} mit der Expansionslinie g_1 für die Ermittlung von $\Delta i_{Dv0}^{++} = i_{Dv0}^{++} - i_{w0}$.

Wegen der Divergenz der Isobaren im Heißdampfgebiet läßt sich diese Enthalpie nicht über

$$i_{Dv0} = \Phi_i\,(p_{v0}, s_0)$$

und den Expansionsendpunkt der verlustlosen i_1^+ und der verlustbehafteten Expansion i_1^{++} nach dem Ähnlichkeitssatz finden. Statt dessen muß i_{Dv0}^{++} über ein Näherungsverfahren bestimmt werden, wie es aus dem Bild 103 zu ersehen ist und im folgenden beschrieben wird.

Durch die Werte i_1^+, s_0 und i_1^{++}, s_1^{++} wird eine Gerade g_3 gelegt:

$$i - i_1^+ - \frac{i_1^+ - i_1^{++}}{s_0 - s_1^{++}}\,(s - s_0) = 0 \tag{281}$$

bzw.

$$i_1 - i_1^+ = \tan\alpha\,(s - s_0).$$

Durch i_{Dv0}^+ wird danach eine Gerade g_n mit dem gleichen Anstieg $\tan\alpha$ gelegt und mit der Expansionslinie g_1 zum Schnitt gebracht.

Die Gleichung der Geraden g_1, der Expansionslinie des Dampfes in der Vorschaltmaschine ist

$$i - i_0 - \frac{i_0 - i_1^{++}}{s_0 - s_1^{++}}\,(s - s_0) = 0. \tag{282}$$

Im Schnittpunkt beider Geraden ergibt sich ein i_n. Das aus den Zustandsgleichungen mit p_{v0} und diesem i_n ermittelte s_n erfüllt die Gl. (282) nicht, wenn der durch dieses Wertepaar bestimmte Zustandspunkt nicht auf der Expansionslinie liegt. Beim zweiten Schritt wird die Gerade g_{n-1}, die ebenfalls die Neigung $\tan\alpha$ hat, durch den Punkt i_n, s_n gelegt und wieder mit der Geraden g_1 zum Schnitt gebracht. Mit dem so gefundenen i_{n-1} und der Isobaren p_{v0} ergibt sich wiederum der Ausgangspunkt für eine zu g_{n-1} parallele Gerade, die mit der Expansionslinie g_1 zum Schnitt gebracht wird und somit für den nächsten Iterationsschritt. Dieses Verfahren wird solange wiederholt, bis die linke Seite der Gl. (282) eine vorgegebene Schranke von 0,01 kcal/kg unterschreitet. Das Verfahren konvergiert in wenigen Schritten, da die Isobaren p_{v0} nur leicht gekrümmt verlaufen.

Nachdem so Δi_{Dv0}^{++} gefunden worden ist, ergibt sich Δi_{w0} aus i_{w0} und der Sättigungsenthalpie $i_{w\,Tr}$ entsprechend dem Druck des Dampfes bei Austritt aus der Vorschaltmaschine p_1^{++}. Damit ist $\Delta i_w/\Delta i_D$ bekannt und m_0 nach der Gl. (264) zu ermitteln.

m_1 wird nach der Gl. (263) berechnet. Die Grenzen für die Integration der Fläche unter der im Δi_D, i_w-Diagramm dargestellten Expansionslinie für die Dampfexpansion in der Nachschaltturbine sind das fest vorgegebene i_{wk} und i_{w1}. Der zweite Wert ergibt sich aus

$$i_{w1} = i_{w0} - \Delta i_{w0}\left(1 + \frac{\Delta i_{DTr}}{\Delta i^{++}_{Dv0}}\right),$$

wie auch aus dem Bild 104 abzulesen ist.

Sind somit die Grenzen für die Flächenbestimmung gegeben, so ist nun eine hinreichende Anzahl von Wertepaaren Δi_D, i_w zu finden, mit denen der Verlauf der Expansionslinie im Δi_D, i_w-Diagramm zur Integration der Fläche F dargestellt werden kann.

Mit den in das Bild 105 eingetragenen Größen wird die Rechnung folgendermaßen durchgeführt:

$$i_1 = \Phi_i(p_1, T_1); \quad s_1 = \Phi_s(p_1, T_1). \tag{283}$$

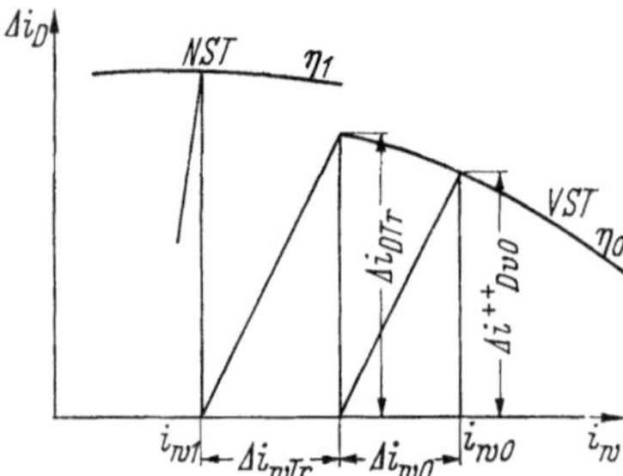

Bild 104. Bestimmung von i_{w1} im Δi_D, i_w-Diagramm.

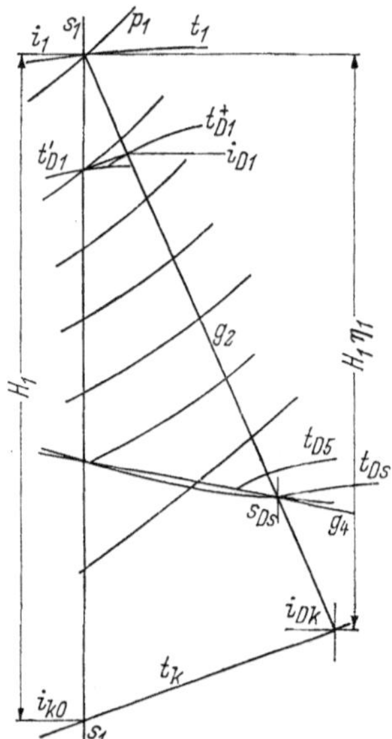

Bild 105. Darstellung des Expansionsverlaufs in der Nachschaltturbine im i,s-Diagramm zur Ermittlung von m_1.

Der Schnittpunkt der durch p_1, T_1 verlaufenden Isentrope mit der Isothermen T_k bestimmt i_{k0}, wobei

$$i_{k0} = i_{wk} + T_k(s_1 - s_{wk}) \tag{284}$$

ist.

Da i_{wk}, s_{wk} und t_{wk} vorgegeben sind, ist somit das isentrope Gefälle H_1 der Expansion in der Nachschaltturbine gefunden worden. Mit der Gl. (273) ergibt sich η_1, und damit folgt über $H_1\eta_1$ der Endpunkt i_{Dk} der verlustbehafteten Expansion. Damit ist das erste Wertepaar für den Expansionsverlauf im Δi_D, i_w-Diagramm mit i_{wk} und $\Delta i_k = i_{Dk} - i_{wk}$ gefunden.

Der im Heißdampfgebiet liegende Teil der Expansionslinie wird nun in eine Anzahl von gleichen Temperaturintervallen aufgeteilt. Dazu muß in der Nähe der Sattdampflinie eine Isotherme T_{D5} bzw. t_{D5} gefunden werden, die die Expansionslinie sicher im Gebiet oberhalb der Sattdampflinie schneidet. Zur vereinfachten Rechnung wird die Sattdampflinie durch die Gerade g_4

$$s = 7{,}3406 - 8{,}728 \cdot 10^{-3} i \tag{285}$$

angenähert. Der Schnitt dieser Geraden mit der Expansionslinie des Dampfes in der Nachschaltturbine, dargestellt im i, s-Diagramm

$$i - i_1 + \frac{\eta_1}{1 - \eta_1} T_k (s - s_1) = 0, \tag{286}$$

die durch die Gerade g_2 angegeben wird, ergibt einen Punkt s_{Ds}, aus dem über eine Zuordnung der Temperatur- und Entropiewerte, entlang der angenäherten Sattdampflinie ein T_{Ds} folgt. Als T_{D5} wird dann der Wert $T_{D5} = T_{Ds} + 10$ als Wert für eine Isotherme angesehen, die die Expansionslinie g_2 des Dampfes im Nachschaltteil der Turbine sicher im Heißdampfgebiet schneidet.

Die obere Temperatur des aufzuteilenden Intervalls wird zunächst näherungsweise bestimmt.

Aus i_{w1} ergibt sich nach der Funktion

$$p_w = f(i')$$

ein Wert für p_{w1}.

Mit diesem p_{w1} und s_1 wird ein T'_{D1} berechnet. Damit und mit dem Wirkungsgrad η_1 ergibt sich

$$T^+_{D1} = T_1 - (T_1 - T_{D1})\,\eta_1 \tag{287}$$

als grob angenäherter Wert für die Temperatur im Schnittpunkt der Isobaren p_{w1} mit der Expansionslinie g_2. Mit der Aufteilung der Temperaturspanne $T^+_{D1} - T_{D5}$ in 4 Intervalle sind somit 5 Isothermen gegeben, die die Expansionslinie g_2 im interessierenden Bereich schneiden. Das dem T_{D2} entsprechende p_{w2} muß die Gl. (286) für die Expansionslinie g_2 erfüllen. Da i und s Funktionen von p und T sind, läßt sich die Gl. (286) auch anschreiben

$$f(p, T) = i(p_w, T_D) - i_1 + \frac{\eta_1}{1 - \eta_1} T_k [s(p_w, T_D) - s_1] = 0. \tag{288}$$

Werden in diese Gleichung für i und s die von HOTES angegebenen Zustandsgleichungen eingesetzt, so ergibt sich schließlich für die Gl. (288) ein Polynom

$$-f(p, T) = A_0' + A_0'' \ln p + A_1 p + A_2 p^2 + A_3 p^3 + A_4 p^4, \tag{289}$$

dessen physikalisch sinnvolle Nullstelle jeweils zu finden ist, wobei die Koeffizienten $A = A\,(T)$ sind.

Die Glieder, die in den HOTES-Gleichungen die Temperatur berücksichtigen, sind also in den Koeffizienten der Gl. (289) zusammengefaßt.

Welche umfangreiche Rechenarbeit der Digitalrechner bei der Berechnung der Gl. (289) ausführen muß, ist daran zu erkennen, daß der rechnungsmäßig umfangreichste Koeffizient A_4 aus einer Summe von mehr als 30 Produkten ermittelt werden muß, in denen die Temperatur bis zur 8. Potenz vorkommt. Wird für T in Gl. (289) T_D^+ eingesetzt, so ergibt die Nullstelle dieser Funktion das zugehörige p_w. Diese Nullstelle wird mit dem NEWTONschen Näherungsverfahren gefunden, wobei man aus der Beziehung

$$p = e^{\frac{T - 777{,}8\, s_{Ds} + 1000}{93}} \tag{290}$$

einen angenäherten p-Wert findet, der mit dem NEWTONschen Verfahren bis zur gewünschten Genauigkeit nach der Gl. (291) iteriert wird:

$$p_w = p_n = p_{n-1} - \frac{f}{df/dp'} \tag{291}$$

wobei

$$f = f\,(p_{n-1},\, T)$$

mit $n = 1, 2, 3 \ldots$ ist. Dieses Näherungsverfahren konvergiert bekanntlich quadratisch. Mit p_w und T_D^+ folgt $i_D = f(p, T)$ und $i_w = f(p)$. Damit sind die weiteren Wertepaare zur Darstellung des Expansionsverlaufs im Δi_D, i_w-Diagramm aufzufinden, und es ist mit den insgesamt aufgestellten sechs Wertepaaren die Expansionslinie im Δi_D, i_w-Diagramm hinreichend festgelegt. Für die Fälle, in denen der im Naßdampfgebiet verlaufende Gefälleanteil der Expansionslinie 80 kcal/kg überschreitet, wurde in diesem Gebiet eine weitere Stützstelle für $n = 0{,}02\,\mathrm{kp/cm^2}$ ermittelt. Der zu i_{w1} gehörende Wert von i_{D1} wird über eine Näherungsparabel zweiten Grades, die mit den drei Nachbarwerten gebildet wird, errechnet.

Die Fläche F der Gl. (263) ergibt sich als Fläche unter der Expansionslinie im Δi_D, i_w-Diagramm in den Grenzen i_{w1} und i_{wk} schließlich aus der Trapezformel.

Mit $\Delta i_{wg1} = i_{w1} - i_{wk}$ folgt aus der Gl. (263) somit m_1.

Für die Berechnung des Prozeßwirkungsgrades η_p' und der Frischdampfmenge G_0 bleiben nur noch

$$\Delta i_0 = i_0 - i_{w0} \tag{292}$$

und

$$\Delta i_1 = i_1 - i_1^{++} \tag{293}$$

anzugeben, wobei

$$\Delta i_1 = \Phi_i\,(p_1,\, T_1) - \Phi_i\,(p_1^{++},\, T_1^{++}) \tag{294}$$

den Rechnungsgang in Gl. (293) ausdrückt.

Somit lassen sich nun alle erforderlichen Größen berechnen, so daß die Kennfelder für die spezifischen Wärmeverbrauchszahlen aufgestellt werden können. Ebenso lassen sich die Frischdampfmengen, hier bezogen auf eine Leistung von $N = 150$ MW, berechnen.

5.4.3 Der optimale spezifische Wärmeverbrauch als Funktion des Trenndrucks und der Speisewasser-Endenthalpie

Als Beispiel für durchgeführte Serienrechnungen mit dem in den vorigen Abschnitten aufgestellten mathematischen Modell wurden die Werte p_0, t_0 und t_1 in den Grenzen $p_0 = 150$ bis 300 kp/cm² und t_0 bzw. $t_1 = 500$ bis 650 °C variiert, und für jedes Wertetripel p_0, t_0, t_1 wurden die optimalen Werte des spezifischen Wärmeverbrauchs, abhängig von dem Trenndruck p_1 und von der Speisewasser-Endenthalpie i_{w0} errechnet. Da p_0 in Schritten von $\Delta p_0 = 50$ kp/cm² und t_0 bzw. t_1 in Schritten von Δt_0 bzw. $\Delta t_1 = 50$ grd verändert wurden, ergab sich somit ein Kennfeld von 64 Werten für optimale spezifische Wärmeverbrauchszahlen, bezogen auf den Frischdampfzustand und die Zwischenüberhitzertemperatur.

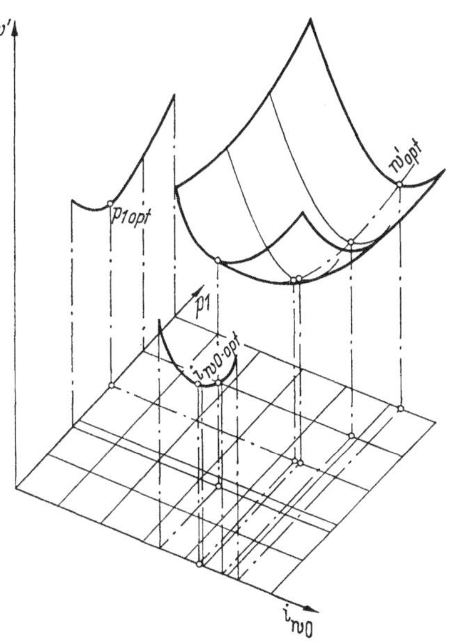

Bild 106. Verlauf der Werte für den spezifischen Wärmeverbrauch über p_1 und i_{w0}.

Für die Bestimmung des optimalen Wertes von w' mußte dabei jeweils der gesamte Prozeß mit veränderten Werten für p_1 bzw. p_1^{++} und i_{w0} so oft gerechnet werden, bis das gesuchte Optimum eingeschlossen war. Durchschnittlich mußten zur Erfüllung dieser Forderung für jedes Wertetripel p_0, t_0, t_1 40 Werte für den spezifischen Wärmeverbrauch errechnet werden. Diese Werte stellen — über p_1 und i_{w0} aufgetragen — jeweils Flächen dar, wie die in dem Bild 106 gezeigte.

Das rechnerisch einfachste Verfahren, die Optima dieser Flächen $w' = f(p_1, i_{w0})$ zu finden, besteht darin, sie zunächst durch eine Anzahl von Ebenen $p_1 = \text{const}$ zu schneiden und die Optima der sich ergebenden Schnittkurven abhängig von i_{w0} zu suchen. Dies geschah, indem für festgehaltene Werte von p_1 die Werte für w' mit steigenden Werten für

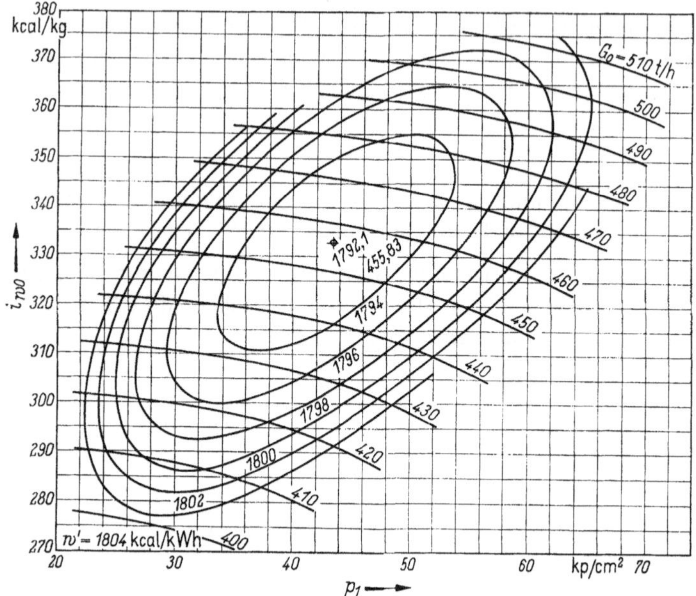

Bild 107. Verlauf der Schichtlinien gleichen spezifischen Wärmeverbrauchs über p_1 und i_{w0} für den Prozeß mit p_0 = 300 kp/cm², t_0 = 650 °C, t_1 = 550 °C.

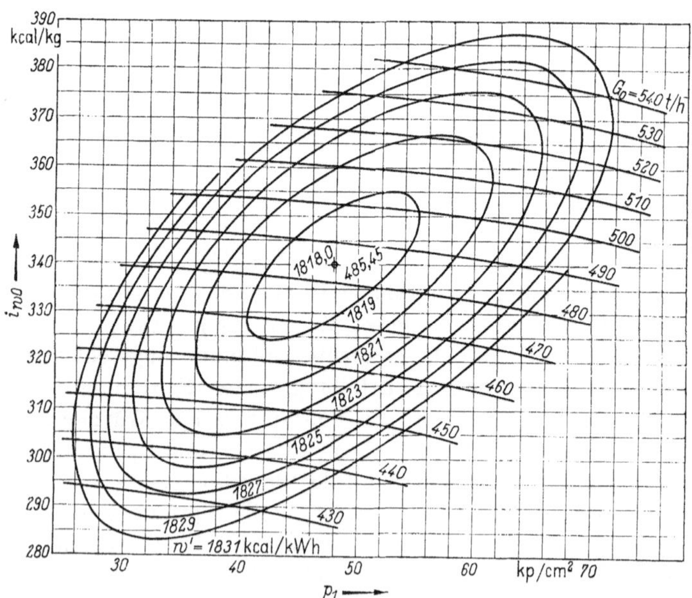

Bild 108. Verlauf der Schichtlinien gleichen spezifischen Wärmeverbrauchs über p_1 und i_{w0} für den Prozeß mit p_0 = 300 kp/cm², t_0 = 600 °C, t_1 = 550 °C.

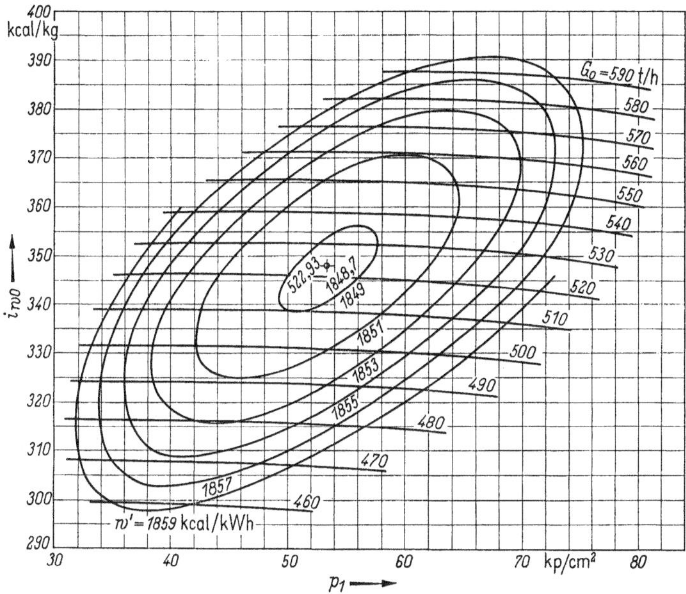

Bild 109. Verlauf der Schichtlinien gleichen spezifischen Wärmeverbrauchs über p_1 und i_{w0} für den Prozeß mit $p_0 = 300$ kp/cm², $t_0 = 550$ °C, $t_1 = 550$ °C.

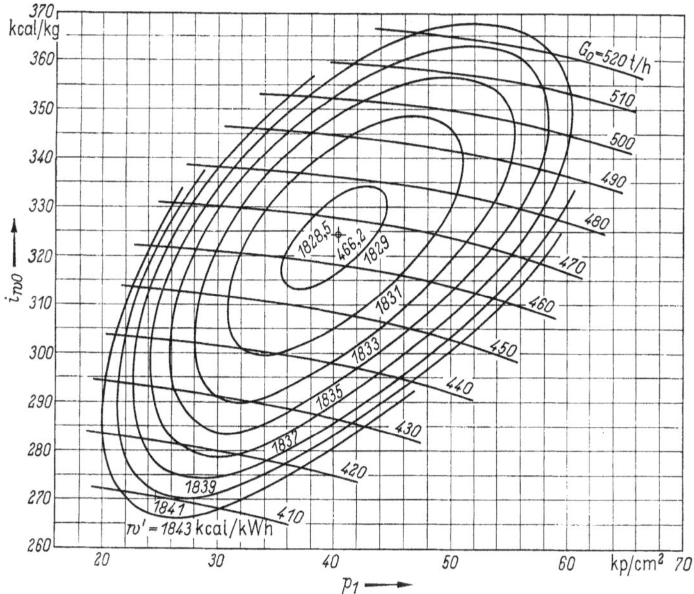

Bild 110. Verlauf der Schichtlinien gleichen spezifischen Wärmeverbrauchs über p_1 und i_{w0} für den Prozeß mit $p_0 = 250$ kp/cm², $t_0 = 600$ °C, $t_1 = 550$ °C.

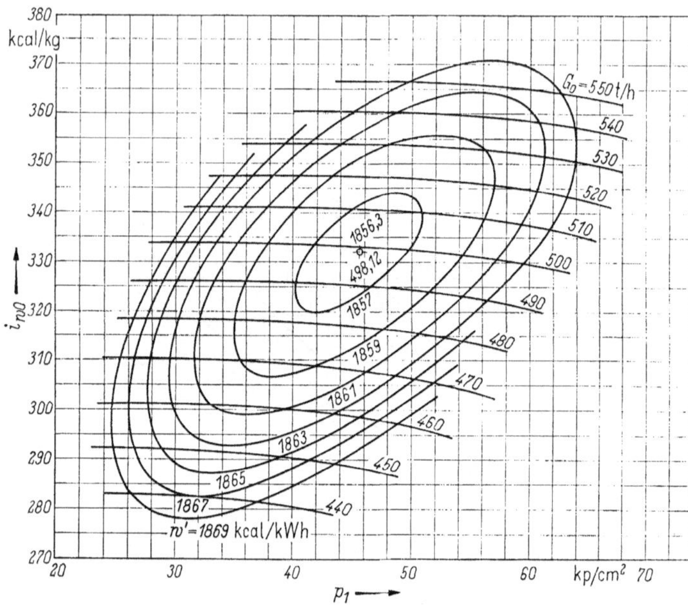

Bild 111. Verlauf der Schichtlinien gleichen spezifischen Wärmeverbrauchs über p_1 und i_{w0} für den Prozeß mit p_0 = 250 kp/cm², t_0 = 550 °C, t_1 = 550 °C.

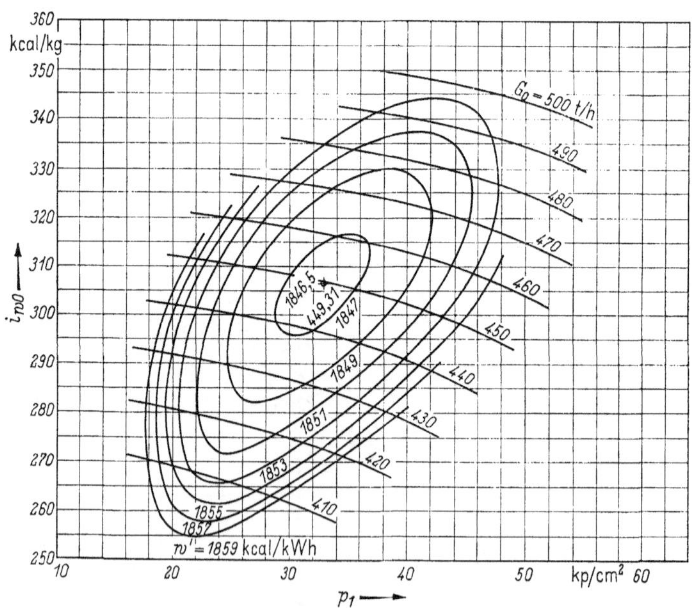

Bild 112. Verlauf der Schichtlinien gleichen spezifischen Wärmeverbrauchs über p_1 und i_{w0} für den Prozeß mit p_0 = 200 kp/cm², t_0 = 600 °C, t_1 = 550 °C.

i_{w0} errechnet wurden, so lange, bis das zur jeweiligen Schnittkurve gehörende Optimum abhängig von i_{w0} überschritten wurde. Mit den drei Werten für w', die das Optimum einschlossen, wurde dann eine Näherungsparabel gebildet und nach

$$\left(\frac{\partial w'}{\partial i_{w0}}\right)_{p_0,\, t_0,\, t_1,\, p_1} = 0 \tag{295}$$

das Optimum der Schnittkurve gefunden. Der Rechengang wurde dann für andere Werte für p_1 solange wiederholt, bis sich mit

$$\left(\frac{\partial w'}{\partial p_1}\right)_{p_0,\, t_0,\, t_1} = 0 \tag{296}$$

das Optimum der Fläche angeben ließ. Die Werte für w' nach der Gl. (296) sind dabei die Optima der Schnittkurven nach der Gl. (295). Die so gefundenen Optima der Flächen wurden mit w'_{opt} und die zu diesen Werten jeweils zugehörigen Werte für den Trenndruck mit p_{1opt} und die Speisewasser-Endenthalpie mit i_{w0opt} bezeichnet.

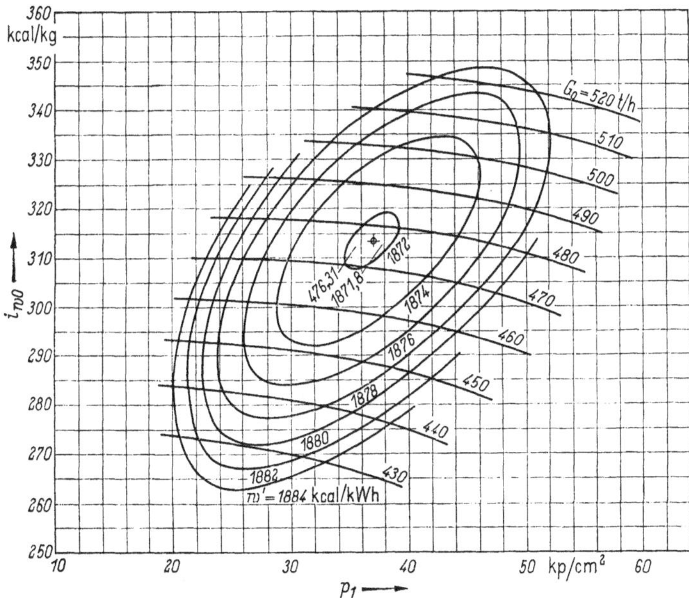

Bild 113. Verlauf der Schichtlinien gleichen spezifischen Wärmeverbrauchs über p_1 und i_{w0} für den Prozeß mit p_0 = 200 kp/cm², t_0 = 550 °C, t_1 = 550 °C.

Von den in der Gl. (260) angegebenen Parametern wurden im Hinblick auf eine Beschränkung des Umfanges der Ergebnisse die Werte für η'_{sp}, η'_{Pu}, n_0, n_1 und t_k konstant gehalten. Ebenso wurden der Druckverlust auf der Hochdruckseite, gerechnet vom Austritt des Wassers aus der

Speisepumpe, bis zum Eintritt des Dampfes in die Vorschaltturbine mit $\delta p_0 = 0{,}2\, p_0$ und der Druckverlust bei der Zwischenüberhitzung mit $\delta p_1 = 0{,}1\, p_1$ nicht verändert.

Kehrt man zu den Flächen $w' = f(p_1, i_{w0})$ nach dem Bild 106 zurück, so erweist es sich als zweckmäßig, sie durch ihre Schichtlinien in Diagrammen $f(p_1, i_{w0}) = \text{const}$ darzustellen. Dabei ergeben sich Muscheldiagramme die in den Bildern 107 bis 113 für 7 der insgesamt 64 durchgerechneten Bereiche wiedergegeben sind. Es ist leicht einzusehen, daß für Planungsüberlegungen der Bereich um den optimalen spezifischen Wärmeverbrauch w'_{opt} interessant ist; läßt sich doch z. B. bei einem niedrigeren Wert als der optimalen Speisewasser-Endenthalpie über eine geringere Abgastemperatur ein besserer Kesselwirkungsgrad erzielen. Wie weit ein Senken des Wertes für i_{w0} sinnvoll ist, muß an Hand der Diagramme dann über die Verschlechterung des spezifischen Wärmeverbrauchs gegen die Verbesserung des Kesselwirkungsgrades aufgerechnet werden.

Die dargestellten Werte für den spezifischen Wärmeverbrauch gelten für den in der Untersuchung betrachteten vereinfachten Prozeß, in dem die Turbinenwirkungsgrade sowie die Druckverluste auf der Frischdampf- und auf der Zwischenüberhitzerseite und die erforderliche Speiseleistung berücksichtigt sind. Zur Errechnung der effektiven Werte für den spezifischen Wärmeverbrauch w'', bezogen auf die Sekundärseite des Maschinentransformators, muß w' jedoch noch durch eine Anzahl von Faktoren dividiert werden. Dies sind

η_m (mechanischer Wirkungsgrad des Turbosatzes),

η_G (Wirkungsgrad des Generators),

η_{Um} (Wirkungsgrad des Transformators),

η_k (Wirkungsgrad des Kessels),

$1 - \varepsilon_E$ (ε_E ist der Eigenverbrauchsgrad, der den erforderlichen Eigenverbrauch ohne den schon berücksichtigten Leistungsbedarf für die Speisepumpe angibt),

$1 - \varepsilon_{th}$ (ε_{th} berücksichtigt thermodynamische Verluste, die in der Rechnung nicht enthalten sind; dazu gehören z. B. Verluste an den Vorwärmern, Rohrleitungen und Turbinen durch Abstrahlung, Verluste durch Grädigkeit der Vorwärmer, Stopfbuchsdampf-Verluste).

Damit Überlegungen über den erforderlichen Werkstoffaufwand angestellt werden können, sind in die Diagramme der Bilder 107 bis 113 auch noch die Frischdampfmengen G_0 für $N = 150$ MW eingetragen worden.

Für Auslegungszwecke wird im allgemeinen der unterhalb des Wertes für den optimalen spezifischen Wärmeverbrauch liegende Bereich interessieren, zumal in diesem Bereich die erforderlichen Frischdampfmengen bei gleicher Leistung geringer sind als oberhalb dieses Wertes.

5.4.4 Der spezifische Wärmeverbrauch bei optimalen Werten für den Trenndruck und die Speisewasser-Endenthalpie

Die Ergebnisse für die optimalen spezifischen Wärmeverbrauchszahlen w'_{opt} der 64 durchgerechneten Bereiche zur Aufstellung des im vorigen Abschnitt erwähnten Kennfeldes sind in den Bildern 114 bis 116 dargestellt, wobei das Bild 114 den optimalen spezifischen Wärmeverbrauch, aufgetragen über dem Frischdampfdruck, angibt, während die Frischdampf- und die Zwischenüberhitzertemperaturen als Parameter

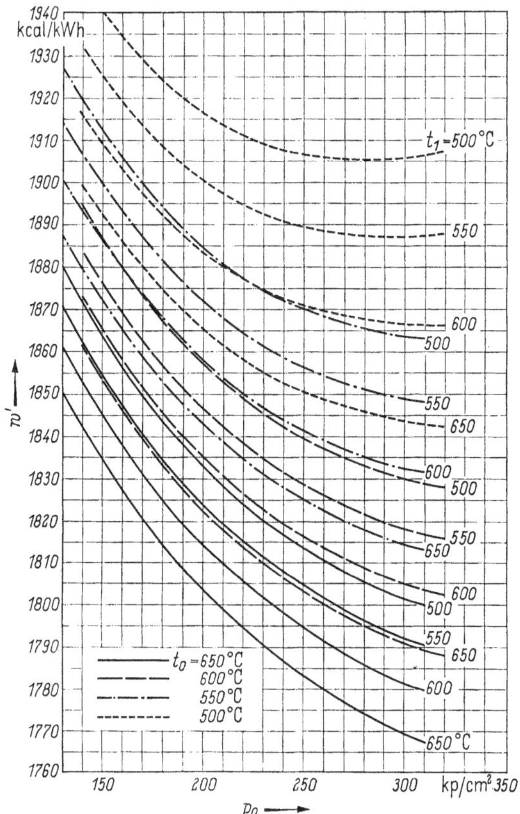

Bild 114. Optimaler spezifischer Wärmeverbrauch w'_{opt}, aufgetragen über dem Frischdampfdruck mit der Frischdampf- und der Zwischenüberhitzertemperatur t_0 und t_1 als Parametern.

entlang der einzelnen Kurven konstant gehalten worden sind. Es ist zu erkennen, daß im Bereich niedriger Werte für t_0 und t_1 das Optimum im Frischdampfdruck erreicht und überschritten wird, während bei hohen Werten für t_0 und t_1 im Rahmen dieser Untersuchung das Optimum noch nicht erreicht wird.

In dem Bild 115 sind ebenfalls mit den Temperaturen t_0 und t_1 als Parametern die optimalen Speisewasser-Endenthalpien $i_{wo opt}$ über dem Frischdampfdruck aufgetragen. In dem Bereich von $p_0 = 150\,\text{kp/cm}^2$ bis $p_0 = 300\,\text{kp/cm}^2$ betragen die Werte für $i_{wo opt}$, abhängig von den oberen Prozeßtemperaturen, zwischen rund $i_{wo opt} = 275$ bis 385 kcal/kg. Diese Werte sind gebunden an die der Untersuchung zugrunde liegende Vorwärmstufenzahl mit insgesamt 10 Stufen, wobei 2 Entnahmen vor der Zwischenüberhitzung und 8 nach der Zwischenüberhitzung angeschlossen sind.

Wie auch aus den Bildern 107 bis 113 schon zu ersehen war, liegt die optimale Speisewasser-Endenthalpie bei Prozessen mit gleichem Frischdampfdruck, aber höheren Frischdampftemperaturen niedriger als bei

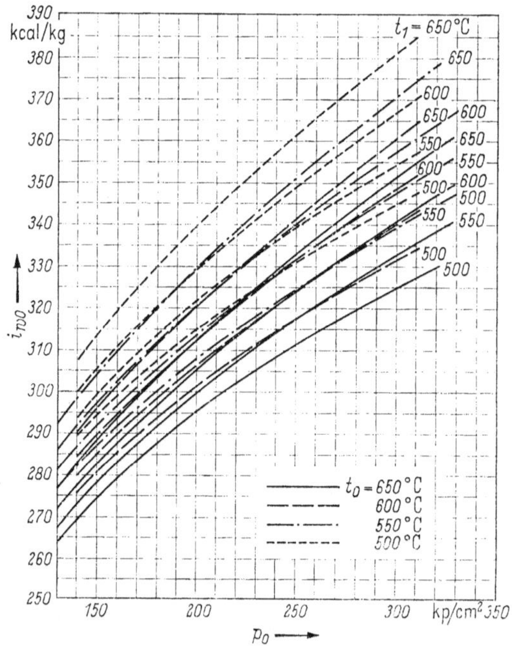

Bild 115. Optimale Speisewasser-Endenthalpien $i_{wo opt}$, aufgetragen über dem Frischdampfdruck p_0 mit der Frischdampf- und der Zwischenüberhitzertemperatur t_0 und t_1 als Parametern.

geringeren Frischdampftemperaturen. Dieser Umstand ist aus der Lage der Expansionslinie im i, s-Diagramm verständlich, wenn man sich vor Augen hält, daß die Entropiezunahme beim Wärmeaustausch entlang der gleichen Isobaren bei der weiter rechts im i, s-Diagramm liegenden Expansionslinie größer ist als umgekehrt. Außerdem steigt mit wachsender Speisewasser-Endenthalpie auch die erforderliche Frischdampfmenge und damit die erforderliche Speisepumpenleistung, die nur mit dem Prozeßwirkungsgrad wiedergewonnen wird.

Über den Einfluß der Zwischenüberhitzertemperatur auf die Speisewasser-Endenthalpie ist abzulesen, daß ihr optimaler Wert, umgekehrt wie es bei der Frischdampftemperatur ist, mit steigender Zwischenüberhitzer-Austrittstemperatur ebenfalls steigt. Allerdings ist hier der wechselseitige Einfluß zwischen der Speisewasser-Endenthalpie und dem Trenndruck zu berücksichtigen.

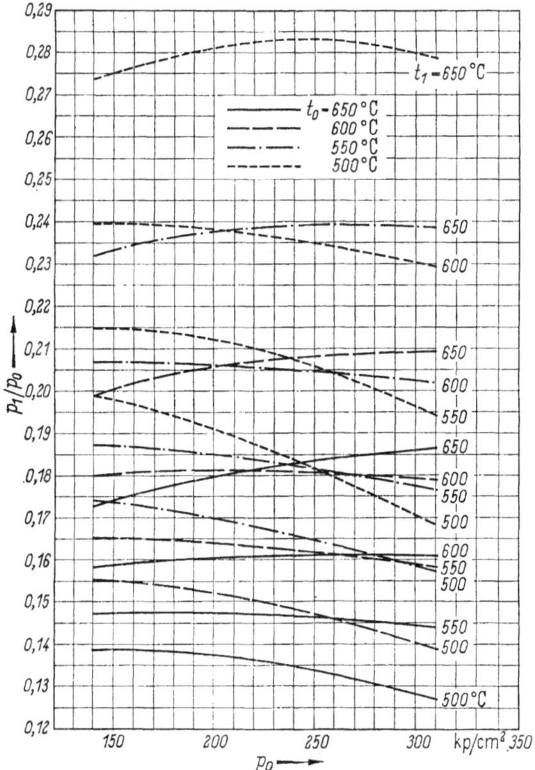

Bild 116. Das Verhältnis von optimalem Trenndruck zum Frischdampfdruck p_{1opt}/p_0, aufgetragen über dem Frischdampfdruck mit der Frischdampf- und der Zwischenüberhitzertemperatur t_0 und t_1 als Parametern.

In dem Bild 116 sind schließlich die optimalen Trenndrücke p_{1opt} aufgetragen. Da es üblich ist, diese Werte in ihrem Verhältnis zum Frischdampfdruck anzugeben, stellt die Ordinate des Diagramms nicht die Werte für p_{1opt}, sondern für das Verhältnis p_{1opt}/p_0 dar. Dieses Verhältnis erreicht seinen geringsten Wert bei hoher Frischdampf- und niedriger Zwischenüberhitzertemperatur mit einem Wert von etwa $p_{1opt}/p_0 = 0{,}13$,

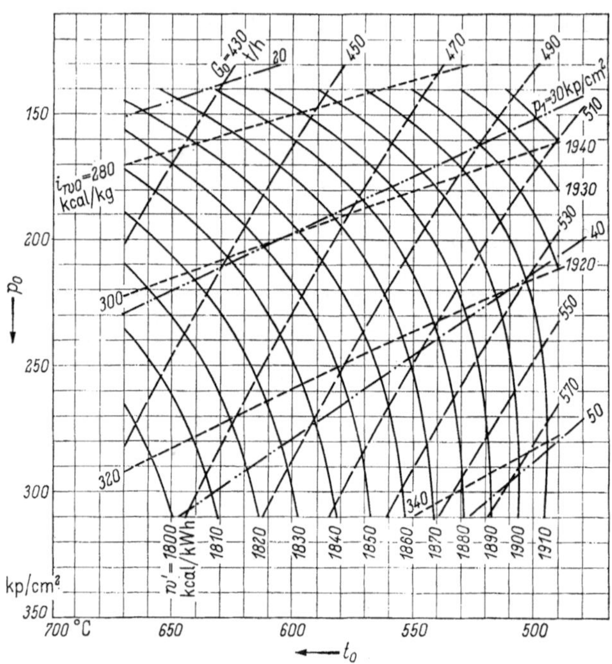

Bild 117. Kennfeld für w'_{opt}, $i_{w0\,opt}$, $p_{1\,opt}$ und G_0, abhängig vom Frischdampfzustand p_0 und t_0 für t_1 = const = 500 °C.

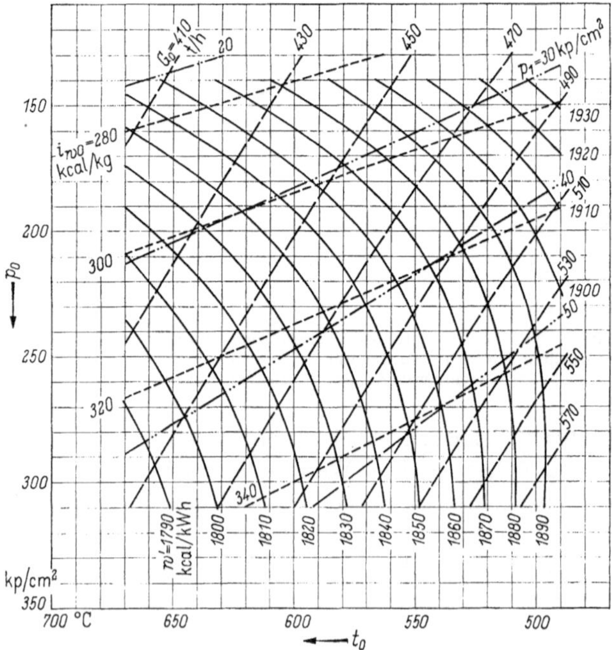

Bild 118. Kennfeld für w'_{opt}, $i_{w0\,opt}$, $p_{1\,opt}$ und G_0, abhängig vom Frischdampfzustand p_0 und t_0 für t_1 = const = 550 °C.

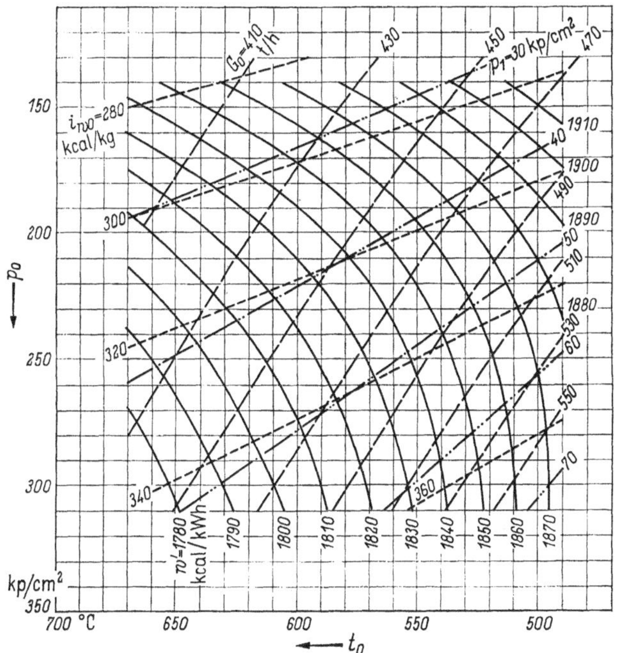

Bild 119. Kennfeld für w'_{opt}, $i_{w0\ opt}$, $p_{1\ opt}$ und G_0, abhängig vom Frischdampfzustand p_0 und t_0 für t_1 = const = 600 °C.

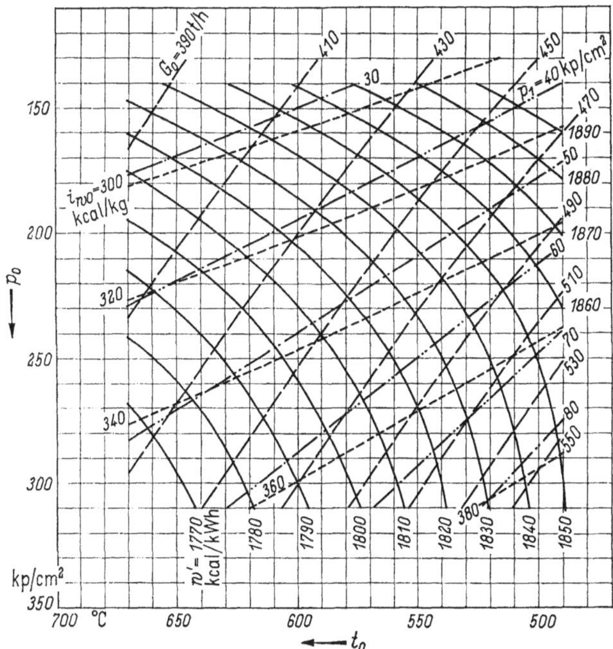

Bild 120. Kennfeld für w'_{opt}, $i_{w0\ opt}$, $p_{1\ opt}$ und G_0, abhängig vom Frischdampfzustand p_0 und t_0 für t_1 = const = 650 °C.

während die Werte für p_{1opt} bei niedriger Frischdampf- und hoher Zwischenüberhitzertemperatur steigen. Dabei ergeben sich höchste Werte für die untersuchten Prozesse mit $t_0 = 500$ °C und $t_1 = 650$ °C, die etwa bei $p_{1opt}/p_0 = 0{,}28$ liegen.

Eine für Auslegungsuntersuchungen übersichtlichere Darstellung der Ergebnisse wurde mit den Bildern 117 bis 124 gefunden. Die Bilder 117 bis 120 zeigen dabei für vier jeweils festgehaltene Zwischenüberhitzertemperaturen $t_1 = 500$, 550, 600 und 650 °C die Kurven gleicher spezifischer Wärmeverbrauchszahlen w'_{opt}, aufgetragen in Kennfeldern, deren Ordinate der Frischdampfdruck p_0 und deren Abszisse die Frischdampftemperatur t_0 sind. Außerdem sind in diese Diagramme die Linien gleicher optimaler Speisewasser-Endenthalpie $i_{wo opt}$, gleicher optimaler Trenndrücke p_{1opt} und gleicher Frischdampfmengen G_0, bezogen auf die Leistung von $N = 150$ MW, eingetragen. Eine derartige Zusammenstellung erlaubt einen Überblick über die zu erwartenden Veränderungen im spezifischen Wärmeverbrauch, besonders bei Änderungen im Frischdampfzustand. Ebenfalls sind die zugehörigen Trenndrücke und Speisewasser-Endenthalpien abzulesen. Betrachtet man als Beispiel das Bild 118 für $t_1 = 550$ °C, so sind folgende Einzelheiten zu erkennen, die sinngemäß aus den anderen Diagrammen ebenfalls abzulesen sind.

Die Frischdampfmenge G_0 steigt von der linken oberen Ecke des Diagramms mit 410 t/h bis zur rechten unteren Ecke des Diagramms mit 570 t/h an. Der optimale Trenndruck verändert sich in dem untersuchten Bereich zwischen $p_{1opt} = 20$ bis etwa 55 kp/cm², und die optimale Speisewasser-Endenthalpie liegt etwa zwischen $i_{wo opt} = 280$ bis 350 kcal/kg. Die Linien gleichen optimalen Trenndrucks und gleicher optimaler Speisewasser-Endenthalpie verlaufen schwach gegeneinander geneigt, und zwar so, daß der optimale Trenndruck bei gleicher Speisewasser-Endenthalpie mit zunehmendem p_0 und steigendem t_0 geringfügig sinkt. Die Linien gleichen optimalen spezifischen Wärmeverbrauchs veranschaulichen das Zusammenspiel der thermodynamischen Parameter. So wird z. B. in dem Bild 118 bei gleichbleibender Dampftemperatur nach dem Zwischenüberhitzer $w'_{opt} = 1860$ kcal/kWh für einen Prozeß mit $p_0 = 150$ kp/cm² und $t_0 = 637$ °C ebenso erreicht wie bei $p_0 = 300$ kp/cm² und $t_0 = 535$ °C. Im ersten Fall wird der optimale spezifische Wärmeverbrauch mit einer Frischdampfmenge von G_0 etwa 420 t/h, einem $i_{wo opt}$ von etwa 280 kcal/kg und einem p_{1opt} von etwa 23 kp/cm² erhalten, während die zugehörigen Werte im zweiten Fall bei $G_0 = 538$ t/h, $i_{wo opt} = 350$ kcal/kg und $p_{1opt} = 55$ kp/cm² liegen. Ein anderes Beispiel, ebenfalls in dem Bild 118, zeigt, wie die Verbesserung des optimalen spezifischen Wärmeverbrauchs entweder durch Steigern des Frischdampfdruckes oder durch Steigern der Frischdampftemperatur oder durch beide Vorgänge erzielt werden kann. Für einen Prozeß mit $p_0 = 230$ kp/cm² und $t_0 = 552$ °C wird die Verminderung um $\Delta w' = 10$ kcal/kWh entweder durch Steigern der Frischdampftemperatur t_0 um $\Delta t_0 = 18$ grd oder des Frischdampfdruckes p_0 um $\Delta p_0 = 51$ kp/cm² erzielt. Es läßt sich ebenfalls gut ablesen, daß sich Verbesserungen des optimalen spezifischen Wärmeverbrauchs im Bereich hoher Frischdampfdrücke durch Drucksteigerungen nur sehr schwach oder, falls das Optimum des Frischdampfdruckes erreicht oder überschritten worden ist, gar nicht mehr erzielen lassen. Ebenso ist zu erkennen, daß im Bereich geringer Frischdampftemperaturen eine Verbesserung des spezifischen Wärmeverbrauchs um den gleichen Betrag bei geringerer Steigerung der Temperaturen zu erzielen ist als im Bereich hoher Werte für t_0. Im Bereich hoher Frischdampftemperaturen muß daher eine Verbesserung des spezifischen Wärmeverbrauchs um den gleichen Betrag mit größerem Aufwand erkauft werden als bei niedrigeren Frischdampftemperaturen. Dieses Verhalten läßt sich jedoch schon an dem hyperbolischen Wirkungsgradverlauf des CARNOT-Prozesses für gleiche untere Temperaturen T_k ablesen.

$$\eta_c = 1 - \frac{T_k}{T_c} \,. \tag{297}$$

Mit den Bildern 121 bis 124 wurden ähnliche Diagramme wie mit den Bildern 117 bis 120 aufgestellt, wobei in diesem Fall bei konstant gehaltenen Frischdampfdrücken $p_0 = 150$, 200, 250, 300 kp/cm² die Frischdampf- und die Zwischenüberhitzertemperaturen variiert werden.

Das Diagramm (Bild 122) für $p_0 = \text{const} = 200$ kp/cm² soll in diesem Fall näher erläutert werden. Die Linien gleicher optimaler Trenndrücke p_{1opt} und gleicher optimaler Speisewasser-Endenthalpie i_{w0opt} verlaufen so, daß sich diese Werte bei etwa gleichsinnig steigenden Frischdampf- und Zwischenüberhitzertemperaturen nicht verändern. Die für den Vergleich herausgegriffene Kurve für $w'_{opt} = \text{const} = 1850$ kcal/kWh zeigt, daß dieser spezifische Wärmeverbrauch für den Prozeß $p_0 = 200$ kp/cm² mit $t_0 = 615$ °C und $t_1 = 500$ °C ebenso erreicht wird wie für den Prozeß mit $p_0 = 200$ kp/cm², $t_0 = 533$ °C und $t_1 = 650$ °C. Diese beiden Prozesse dürfen allerdings nur als Beispiele gewertet werden, da bei praktisch ausgeführten Fällen derartig hohe Differenzen zwischen den beiden Dampftemperaturen nicht üblich sind. Der spezifische Wärmeverbrauch wird ebenso beispielsweise um $\Delta w' = 10$ kcal/kWh von $w'_{opt} = 1860$ kcal/kWh auf $w'_{opt} = 1850$ kcal/kWh verbessert, ausgehend von dem Prozeß $p_0 = 200$ kp/cm² mit $t_0 = 594$ °C und $t_1 = 500$ °C, durch Steigern der Frischdampftemperatur von $t_0 = 594$ °C auf $t_0 = 615$ °C, also um $\Delta t_0 = 21$ grd, während die Zwischenüberhitzungstemperatur — soll der gleiche Effekt erzielt werden — von $t_1 = 500$ °C auf $t_1 = 547$ °C, also um $\Delta t_1 = 47$ grd angehoben werden muß. Im Bereich hoher Zwischenüberhitzertemperaturen wird die Verbesserung um den gleichen Betrag, aus-

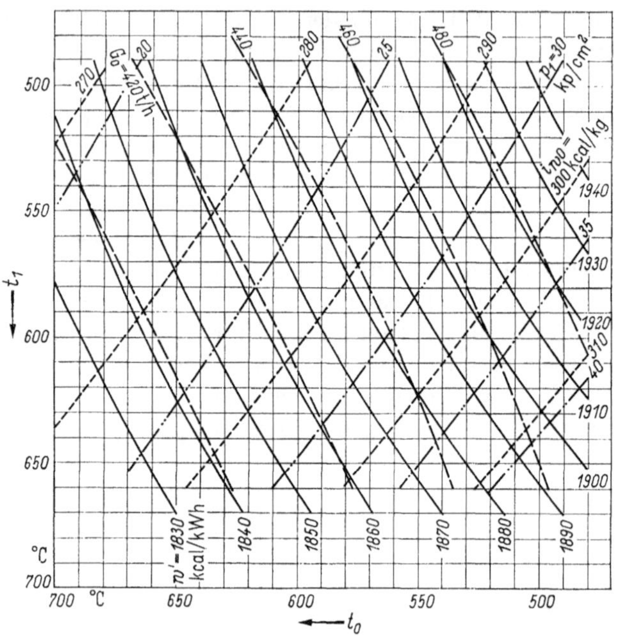

Bild 121. Kennfeld für w'_{opt}, $i_{w0\,opt}$, $p_{1\,opt}$ und G_0, abhängig von der Frischdampf- und der Zwischenüberhitzertemperatur t_0 und t_1 für p_0 = const = 150 kp/cm².

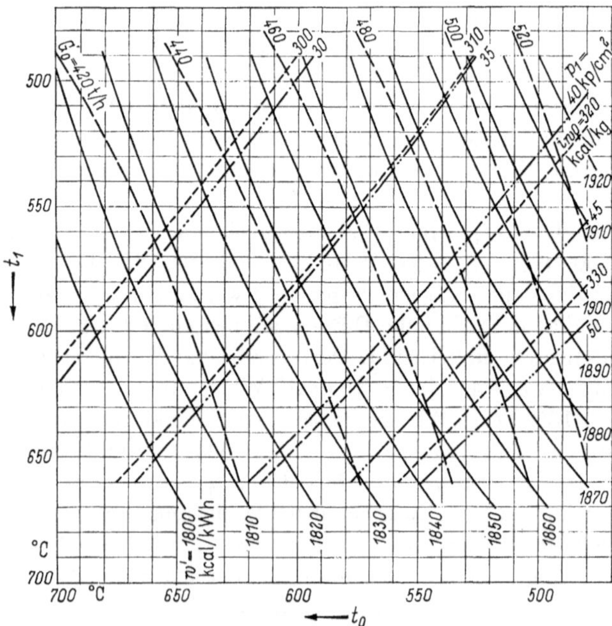

Bild 122. Kennfeld für w'_{opt}, $i_{w0\,opt}$, $p_{1\,opt}$ und G_0, abhängig von der Frischdampf- und der Zwischenüberhitzertemperatur t_0 und t_1 für p_0 = const = 200 kp/cm².

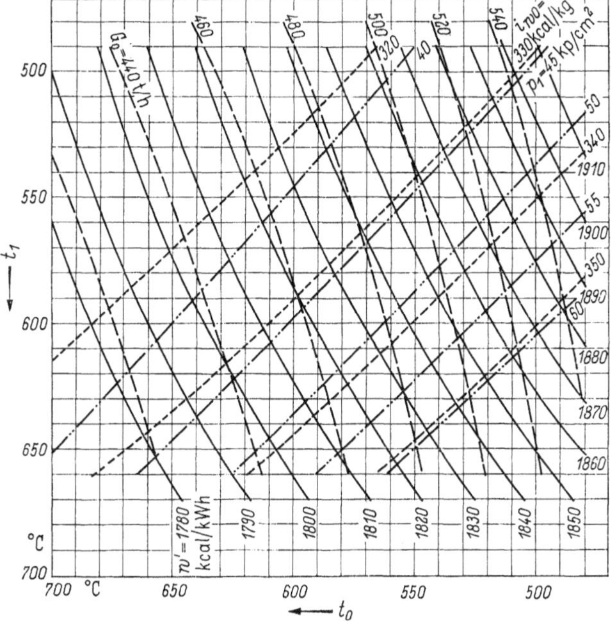

Bild 123. Kennfeld für w'_{opt}, $i_{w0\,opt}$, $p_{1\,opt}$ und G_0, abhängig von der Frischdampf- und der Zwischenüberhitzertemperatur t_0 und t_1 für p_0 = const = 250 kp/cm².

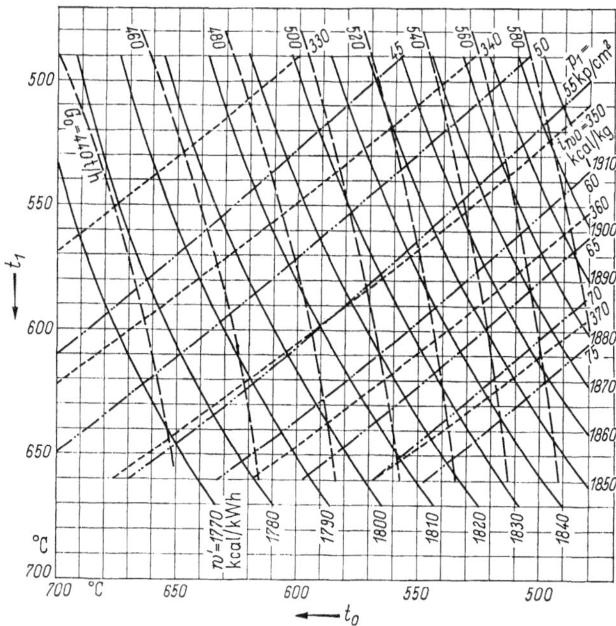

Bild 124. Kennfeld für w'_{opt}, $i_{w0\,opt}$, $p_{1\,opt}$ und G_0, abhängig von der Frischdampf- und der Zwischenüberhitzertemperatur t_0 und t_1 für p_0 = const = 300 kp/cm².

gehend von einem Prozeß mit $p_0 = 200$ kp/cm², $t_0 = 564$ °C und $t_1 = 600$ °C durch Steigern von t_0 um ebenfalls $\Delta t_0 = 21$ grd auf $t_0 = 567$ °C erreicht, während man in diesem Fall die Zwischenüberhitzertemperatur um $\Delta t_1 = 33$ grd auf $t_1 = 633$ °C steigern müßte, um die gleiche Verbesserung zu erzielen.

Der Vergleich der Bilder 121 bis 124 miteinander zeigt, daß bei hohen Frischdampfdrücken die Niveaulinien des spezifischen Wärmeverbrauchs dichter beieinander liegen als bei niedrigeren Werten für p_0.

Die angeführten Beispiele können nicht den ganzen Umfang der Verwendbarkeit der dargestellten Diagramme aufzeigen. Sie sollen nur ihr Verständnis erleichtern. Die Verwendbarkeit dieser Bilder ist allerdings eingeschränkt, da bei den Bildern 117 bis 120 jeweils die Werte für t_1 und bei den Bildern 121 bis 124 jeweils die Werte für p_0 vorgegeben sind. Die Schwierigkeit, die Niveauflächen des spezifischen Wärmeverbrauchs als Funktion des Frischdampfzustandes und der Zwischenüberhitzertemperatur in einem geschlossenen einfach auswertbaren Ausdruck

$$w' = w'\,(p_0, t_0, t_1) \tag{298}$$

darzustellen, macht es erforderlich, ein Interpolationsverfahren anzugeben, das es erlaubt, die spezifischen Wärmeverbrauchswerte w'_{opt} für alle die Wertetripel p_0, t_0, t_1 anzugeben, die nicht in einer der Schnittebenen liegen, die die Diagramme der Bilder 117 bis 124 angeben. Das Interpolationsverfahren ist zweckmäßigerweise graphisch. Würden nämlich die insgesamt 64 Wertequadrupel (w'_{0opt}, p_0, t_0, t_1) mit einem Interpolationsverfahren als Polynom dargestellt, so ergäbe sich ein Polynom 9. Ordnung mit 64 Koeffizienten.

Für das graphische Interpolationsverfahren wird von der NEWTONschen Interpolationsformel für gleiche Argumente ausgegangen.

$$\begin{aligned} y = g\,(x) = y_0 + \Delta y_0 \frac{x - x_0}{1!\,h} + \Delta^2 y_0 \frac{(x - x_0)\,(x - x_1)}{2!\,h^2} + \\ + \Delta^3 y_0 \frac{(x - x_0)\,(x - x_1)\,(x - x_2)}{3!\,h^3} + \dots \\ + \Delta^n y_0 \frac{(x - x_0)\,(x - x_1)\dots(x - x_{n-1})}{n!\,h^n}, \end{aligned} \tag{299}$$

wobei als gleiche Argumente für h die Werte $\Delta p_0 = 50$ kp/cm² und für x_0, x_1 usw. die Werte für $p_0 = 150$, 200 kp/cm² usw. eingesetzt werden. Die Werte für $\Delta^n y_0$ ergeben sich nach der Gleichung

$$\Delta^n y_0 = y_0 - \binom{n}{1} y_1 + \binom{n}{2} y_2 - + \dots (-1)^n y_n \tag{300}$$

aus den 64 berechneten Wertequadrupeln als Funktion der Temperaturen t_0 und t_1. Wird außerdem berücksichtigt, daß p_0 in 4 Schritten variiert worden ist, womit durch die Interpolation ein Polynom 3. Grades in p_0 erhalten wird, so läßt sich die Gl. (299) anschreiben zu

$$y = y_0 (t_0, t_1) + \Delta y_0 (t_0, t_1) \frac{p_0 - 150}{50} +$$

$$+ \Delta^2 y_0 (t_0, t_1) \frac{p_0^2 - 350 p_0 + 3 \cdot 10^4}{5 \cdot 10^3} + \tag{301}$$

$$+ \Delta^3 y_0 (t_0, t_1) \frac{p_0^3 - 600 p_0^2 + 11{,}75 \cdot 10^4 p_0 - 7{,}5 \cdot 10^6}{7{,}5 \cdot 10^5} .$$

Die einzelnen $\Delta^n y_0$ haben die Dimension von spezifischen Wärmeverbrauchszahlen, während die Quotienten, in denen p_0 vorkommt, dimensionslos sind.

In der Gl. (301) ist $y = w'_{opt}$, also gleich dem gesuchten spezifischen Wärmeverbrauch, während $y_0 = w'_0$ gleich dem spezifischen Wärmeverbrauch abhängig von zwei beliebigen Temperaturen t_0 und t_1 bei dem festen Frischdampfdruck von $p_0 = 150$ kp/cm² entsprechend dem Bild 121 ist. Für zwei vorgegebene Temperaturen t_0 und t_1 wird also zunächst, unabhängig von dem Frischdampfdruck, der zu dem untersuchten Prozeß gehört, der Wert für w'_0 aus dem Bild 121 abgelesen. Dieser Wert ist durch Korrekturen für die Abweichungen, die sich bei anderen Werten für p_0 als $p_0 = 150$ kp/cm² ergeben, zu berücksichtigen, wobei

$$\Delta w' = \Delta y_0 (t_0, t_1) \frac{p_0 - 150}{50} \tag{302}$$

die Korrektur erster Ordnung ist, während $\Delta^2 w'$, $\Delta^3 w'$ analog die von p_0, t_0 und t_1 abhängigen Korrekturen zweiter und dritter Ordnung sind, die sich nach der Gl. (301) ergeben. Es wird somit

$$w'_{opt} = w'_0 + \Delta w' + \Delta^2 w' + \Delta^3 w' . \tag{303}$$

In dem Bild 125 wird die Multiplikation von $\Delta y_0 (t_0, t_1)$ mit $\frac{p_0 - 150}{50}$ graphisch durchgeführt und damit $\Delta w'$ gefunden. Analog geschieht es mit $\Delta^2 w'$ und $\Delta^3 w'$ in den Bildern 126 und 127.

Die Bestimmung von Werten für den spezifischen Wärmeverbrauch für beliebige Wertetripel p_0, t_0, t_1 soll an zwei Beispielen gezeigt werden:

Gesucht werden w'_{opt} für

Fall a:	Fall b:
$p_0 = 205$ kp/cm²	$p_0 = 300$ kp/cm²
$t_0 = 610$ °C	$t_0 = 610$ °C
$t_1 = 540$ °C	$t_1 = 540$ °C

Aus dem Bild 121 ergibt sich w'_0 für den Prozeß $p_0 = 150$ kp/cm², $t_0 = 610$ °C, $t_1 = 540$ °C zu $w'_0 = 1873{,}9$ kcal/kWh. Aus dem Bild 125 folgt für den Fall a: $\Delta w' = -33{,}2$ kcal/kWh und für den Fall b: $\Delta w' = -90{,}6$ kcal/kWh. Für $\Delta^2 w'$ ergibt sich aus dem Bild 126 im Fall a der Wert $\Delta^2 w' = +0{,}6$ kcal/kWh und im Fall b $\Delta^2 w' = +35{,}6$ kcal/kWh. Das Korrekturglied 3. Ordnung $\Delta^3 w$ kann für Drücke unterhalb $p_0 = 250$ kp/cm² vernachlässigt werden, ohne daß der entstehende Fehler größer als $\pm 0{,}4$ kcal/kWh im spezifischen Wärmeverbrauch wäre. Für

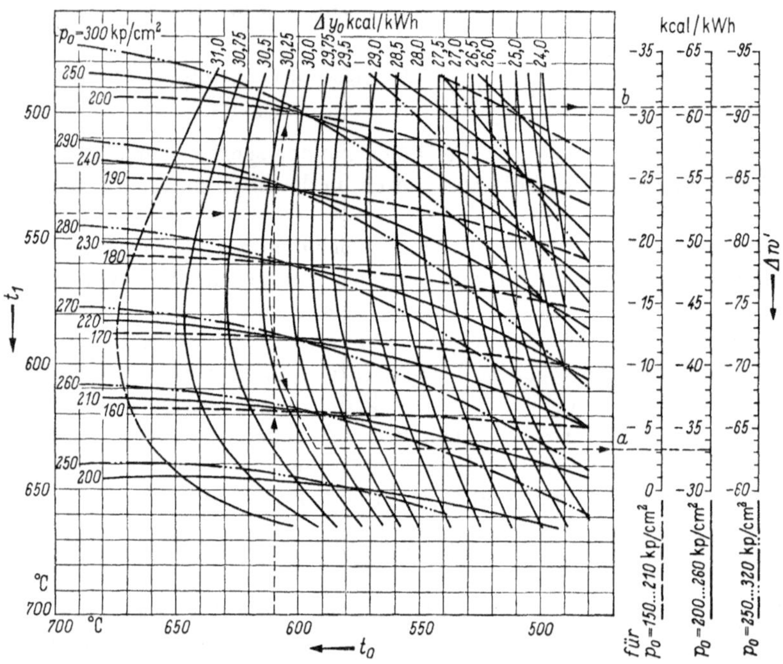

Bild 125. Hilfsdiagramm zum Ermitteln von $\Delta w'$ bei der graphischen Interpolation der Werte für $w'_{opt} = f(p_0, t_0, t_1)$.

den Fall b ergibt sich jedoch aus dem Bild 127 $\Delta^3 w' = -4{,}4$ kcal/kWh. Damit wird w'_{opt} für

Fall a:	Fall b:
1873,9 kcal/kWh	1873,9 kcal/kWh
−33,2 kcal/kWh	−90,6 kcal/kWh
+ 0,6 kcal/kWh	+35,6 kcal/kWh
1841,3 kcal/kWh	− 4,4 kcal/kWh
	1814,5 kcal/kWh

Um eine möglichst hohe Ablesegenauigkeit erreichen zu können, mußten in den Bildern 126 und 127 die Linien gleichen Druckes auseinandergezogen werden, so daß in der Darstellung mehrere Druckbereiche übereinanderfallen. Die Beschriftung an der Skala für $\Delta w'$ bzw. $\Delta^2 w'$ gibt Auskunft, für welche Druckbereiche die Korrekturwerte an ihnen abge-

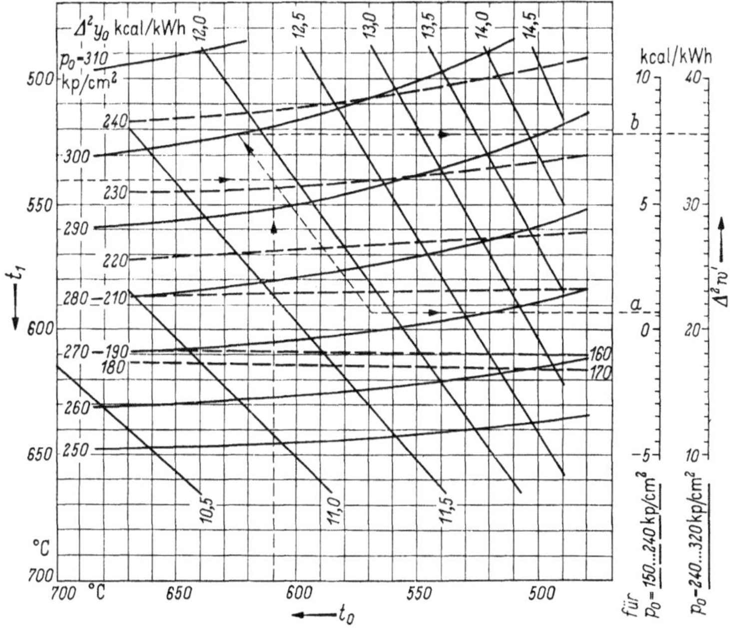

Bild 126. Hilfsdiagramm zum Ermitteln von $\Delta^2 w'$ bei der graphischen Interpolation der Werte für $w'_{opt} = f(p_0, t_0, t_1)$.

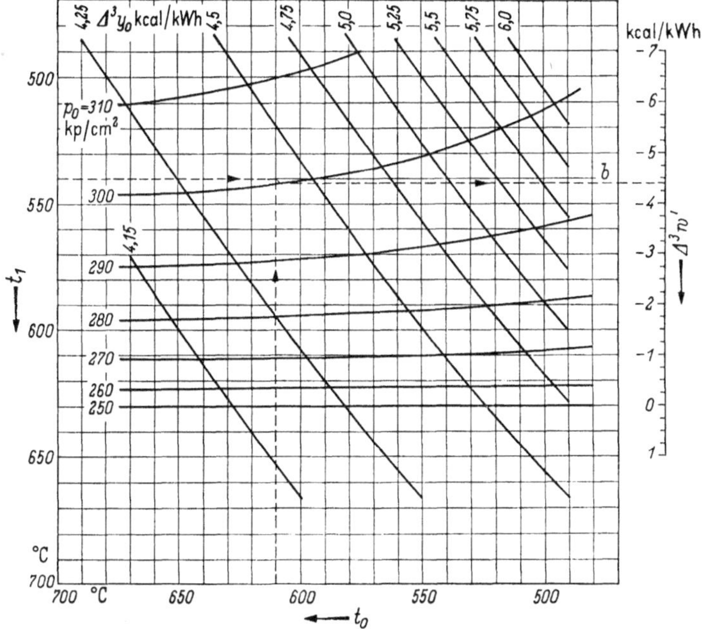

Bild 127. Hilfsdiagramm zum Ermitteln von $\Delta^3 w'$ bei der graphischen Interpolation der Werte für $w'_{opt} = f(p_0, t_0, t_1)$.

lesen werden müssen. Die Komplizierung des Ablesevorganges ließ sich im Hinblick auf die erforderliche Ablesegenauigkeit nicht umgehen.

Durch Interpolation einer größeren Anzahl von Werten für w'_{opt} läßt sich nach Art der Bilder 117 bis 124 für t_1 = const oder p_0 = const jeder Schritt durch die Niveauflächen des spezifischen Wärmeverbrauchs in der für die entsprechende Untersuchung gewünschten Weise herstellen.

5.5 Die optimalen Auslegungsgrößen für den Prozeß mit Regenerativ-Vorwärmung und zweifacher Zwischenüberhitzung

5.5.1 Der spezifische Wärmeverbrauch bei dem Prozeß mit zweifacher Zwischenüberhitzung

Ähnlich wie für den Prozeß mit einfacher Zwischenüberhitzung wurde auch ein Programm für den Prozeß mit zweifacher Zwischenüberhitzung

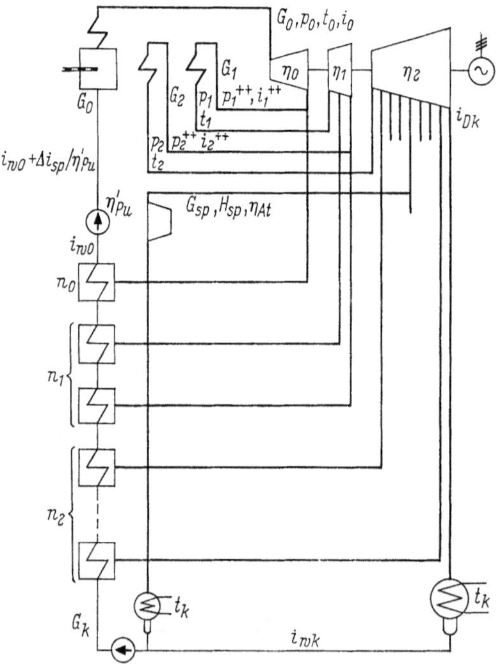

Bild 128. Wärmeschaltbild des untersuchten vereinfachten Prozesses mit zweifacher Zwischenüberhitzung und Regenerativ-Vorwärmung.

aufgestellt [*28*]. Zur Vermeidung von Wiederholungen wird im folgenden auf den Abschnitt 5.4 verwiesen.

Für die Durchrechnung der Kennfelder wurde ein Prozeß zugrunde gelegt, wie er aus dem Bild 128 zu ersehen ist. Aus diesem Bild und der

Darstellung im i, s-Diagramm (Bild 129) ist auch die Bedeutung der einzelnen Formelzeichen soweit ersichtlich, daß sie nur kurz und nur zum Teil erläutert zu werden brauchen.

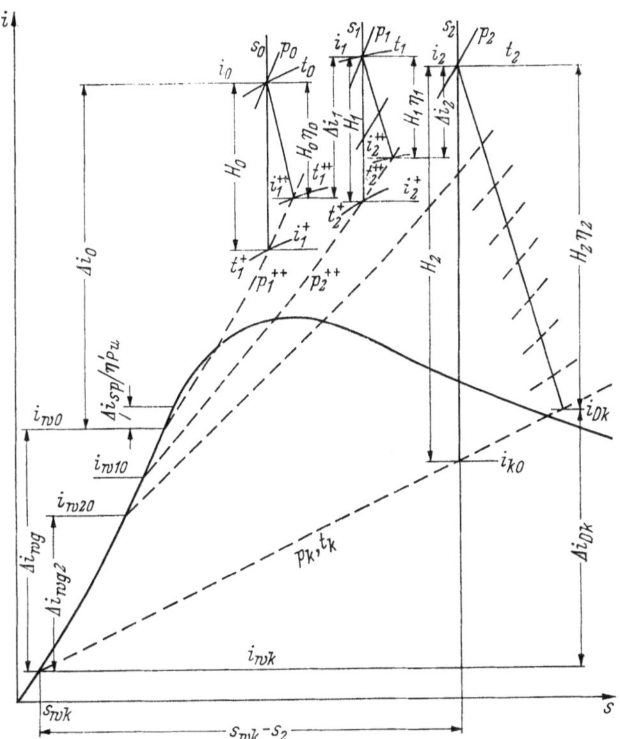

Bild 129. Darstellung des berechneten Prozesses im i, s-Diagramm.

Der spezifische Wärmeverbrauch des Prozesses mit zweifacher Zwischenüberhitzung und Regenerativ-Vorwärmung wurde als Funktion folgender Parameter betrachtet:

$$w' = f(p_0, t_0, p_1, t_1, p_2, t_2, n_0, n_1, n_2, \eta_0, \eta_1, \eta_2, \eta'_{sp}, \eta'_{Pu}, \Delta i_{sp}, t_k). \qquad (304)$$

In der Gl. (304) bedeuten die drei ersten Wertepaare den Frischdampfzustand (Index 0), den Dampfzustand am Wiedereintritt in die Turbine nach der ersten Zwischenüberhitzung (Index 1) und am Wiedereintritt in die Turbine nach der zweiten Zwischenüberhitzung (Index 2).

n_0, n_1 und n_2 sind die Anzahlen der Vorwärmstufen, die im vorliegenden Fall für n_0 mit 1 vom ersten Trenndruck, mit $n_1 = 2$ vom zweiten Trenndruck oder von Dampf aus der Turbine nach der ersten Zwischenüberhitzung versorgt werden. n_2 ist die Anzahl der Vorwärmstufen, die mit

Anzapfdampf vom Nachschaltteil der Turbine beaufschlagt werden; in der Rechnung sind es 7. Da die höchste Anzapfstufe an den ersten Trenndruck angeschlossen ist, ist die Eintrittsenthalpie des Speisewassers in den Kessel i_{w0} die zum ersten Trenndruck gehörende Sättigungsenthalpie.

Die Turbinenwirkungsgrade η_0, η_1 und η_2 wurden über Polynome in Abhängigkeit vom spezifischen Volumen, vom Durchsatzgewicht und vom Gefälle nach einem von KRIESE [6] angegebenen Diagramm errechnet. Dabei wurde eine Kurve aus dem von KRIESE angegebenen Band ausgewählt (Bild 130).

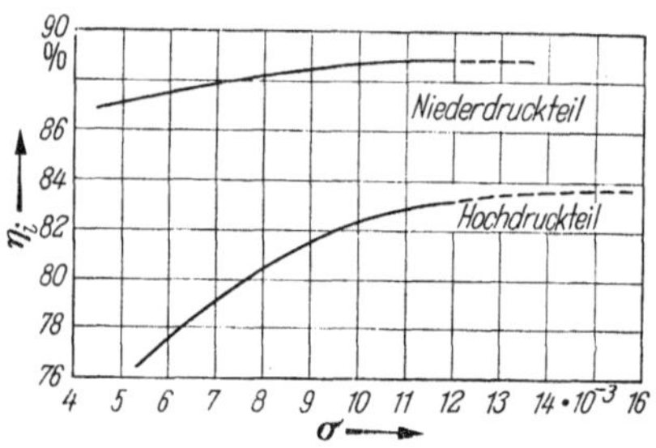

Bild 130. Verlauf der für die Untersuchung verwendeten Turbinenwirkungsgrade über

$$\sigma = k \sqrt{\frac{G \cdot v}{H \cdot \sqrt{H}}} \; [6]$$

Der innere Wirkungsgrad der Speisepumpe wurde mit $\eta'_{Pu} = 0{,}83$ und der Gesamtwirkungsgrad des Speisepumpenaggregats mit $\eta'_{sp} = \eta_{Pu} \cdot \eta_{At} = 0{,}689$ für den ganzen untersuchten Bereich konstant gelassen. η_{Pu} und η_{At} sind jeweils die Produkte von innerem und mechanischem Wirkungsgrad der Speisepumpe und der Speisepumpenantriebsturbine.

Die adiabate Enthalpieerhöhung Δi_{sp} des Speisewassers in der Speisepumpe ergab sich aus

$$\Delta i_{sp} = 23{,}4 \left(1 + \frac{\delta p_0}{p_0}\right) p_0 v_m. \tag{305}$$

Darin ist p_0 der Frischdampfdruck und v_m das mittlere spezifische Volumen des Speisewassers bei der Druckerhöhung. Der Klammerausdruck berücksichtigt mit δp_0 den Druckverlust in dem System vom Austritt des Speisewassers aus der Pumpe bis zum Eintritt des Frischdampfs in die Turbine. Als Druckverlust wurde während der gesamten Untersuchung der Wert $\delta p_0 = 0{,}25\, p_0$ konstant gehalten.

Ebenfalls nicht verändert wurde die Temperatur des Dampfes am Endpunkt der Expansion im Niederdruckteil t_k. Sie wurde mit $t_k = 32{,}55$ °C entsprechend einem zugehörigen Druck $p_k = 0{,}05$ kp/cm² festgehalten. Gegenüber den Optimierungsrechnungen für den Prozeß mit einfacher Zwischenüberhitzung, die auf $p_k = 0{,}03$ kp/cm² bezogen waren, wurde hier Rücksicht genommen auf die bei Einsatz größerer Einheiten durch die Knappheit des Frischwassers mehr und mehr mit Ventilatorkühltürmen ausgeführten Anlagen. Aus diesem Grunde und wegen der bei dieser Rechnung erforderlichen Änderungen des Programms sind die Werte des Abschnittes 5.4 nicht ohne weiteres mit den Ergebnissen dieses Abschnittes vergleichbar. Bei einer Rechnung mit $p_k = 0{,}03$ kp/cm² würden die Werte für w'_{opt} größenordnungsmäßig um $\delta w' = 40$ kcal/kWh sinken. Die erforderliche Frischdampfmenge G_0 würde gegenüber den später dargestellten Ergebnissen um etwa $\delta G = 30$ t/h geringer werden, während die Werte für die optimalen Trenndrücke in etwa unverändert bleiben.

Ausgang für die Berechnung ist der spezifische Wärmeverbrauch als Quotient aus den zu- und abgeführten Wärmemengen

$$w = 860 \frac{Q_{Zu}}{Q_{Zu} - Q_{Ab}}. \tag{306}$$

Mit den Bezeichnungen der Bilder 128 und 129 wird daraus

$$w = 860 \frac{G_0 \Delta i_0 + G_1 \Delta i_1 + G_2 \Delta i_2}{G_0 \Delta i_0 + G_1 \Delta i_1 + G_2 \Delta i_2 - G_k \Delta i_k} \tag{307}$$

und

$$\eta_p = \frac{860}{w} = 1 - \frac{G_k \Delta i_k}{G_0 \Delta i_0 + G_1 \Delta i_1 + G_2 \Delta i_2}. \tag{308}$$

Werden mit $m_0 = G_1/G_0$, $m_1 = G_2/G_1$ und $m_2 = G_k/G_2$ die Mengenverhältnisse der durch die Regenerativ-Vorwärmung in den einzelnen Expansionsabschnitten verringerten Frischdampfmenge angeschrieben, so folgt aus der Gl. (308)

$$\eta_p = 1 - \frac{m_0 m_1 m_2 \Delta i_k}{\Delta i_0 + m_0 \Delta i_1 + m_0 m_1 \Delta i_2}. \tag{309}$$

Wird der Einfluß der Leistungsaufnahme der Speisepumpe mit einbezogen, so ergibt sich analog zu der in der Gl. (309) hergeleiteten Beziehung

$$\eta_p' = 1 - \frac{m_0 m_1 m_2 \Delta i_k + \Delta i_{sp} \left(\frac{1}{\eta'_{sp}} - \frac{1}{\eta'_{Pu}} \right)}{\Delta i_0 + m_0 \Delta i_1 + m_0 m_1 \Delta i_2 - \Delta i_{sp}/\eta'_{Pu}}. \tag{310}$$

η_p' und w' bezeichnen die Werte für den Prozeßwirkungsgrad und den spezifischen Wärmeverbrauch unter Einschluß der Speiseleistung.

Die jeweils erforderliche Frischdampfmenge ergibt sich zu $G_0 = 860\, N/q_{Zu}\eta_p'$, worin q_{Zu} der Nenner des Quotienten der Gl. (310) ist. Explizit wird also

$$G_0 = \frac{860\, N}{\Delta i_0 + m_0 \Delta i_1 + m_0 m_1 \Delta i_2 - m_0 m_1 m_2 \Delta i_k - \Delta i_{sp}/\eta'_{sp}}. \tag{311}$$

N ist die abgegebene elektrische Leistung. Für diese Rechnungen wurden die Turbinenwirkungsgrade für Dampfmengen ermittelt, die einer abgegebenen Leistung von 320 MW entsprechen.

Damit die Gln. (310) und (311) ausgewertet werden können, muß nun noch die Ermittlung der Faktoren m beschrieben werden. Ausgehend von der allgemeinen Beziehung für das Mengenverhältnis

$$m = \frac{G_k}{G_0} = \frac{1}{\left(1 + \frac{\Delta i_w}{\Delta i_D}\right)^n}, \tag{312}$$

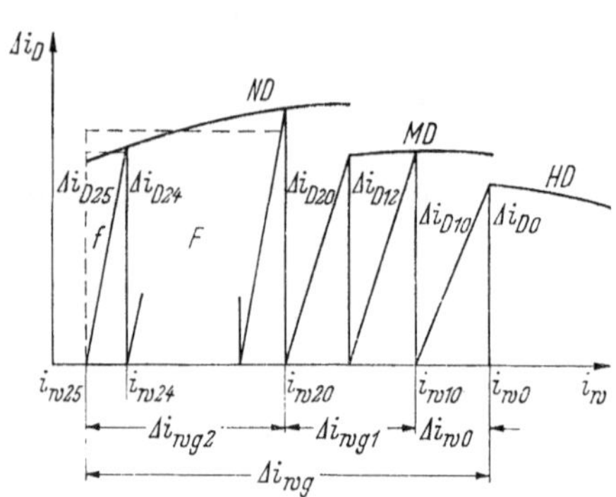

Bild 131. Expansionsverlauf im Hochdruck-, Mitteldruck- und Niederdruckteil der Turbine, dargestellt im Δi_D, i_w-Diagramm.

worin Δi_w die Aufwärmspanne des Speisewassers und Δi_D die Enthalpieverminderung des Anzapfdampfes bei der einzelnen Vorwärmstufe sind, wurden für diesen speziellen Fall mit den Bezeichnungen der Darstellung des Expansionsverlaufs in den drei Abschnitten im Δi_D, i_w-Diagramm (Bild 131) folgende Werte hergeleitet. Für m_0 mit $n_0 = 1$ ergibt sich

$$m_0 = \frac{1}{1 + \frac{\Delta i_{w0}}{\Delta i_{D0}}}, \tag{313}$$

weil aus dem Hochdruckteil keine Anzapfdampfmengen für die Regenerativ-Vorwärmung entnommen werden und lediglich ein Vorwärmer mit Dampf beaufschlagt wird, der vor dem ersten Zwischenüberhitzer, also beim ersten Trenndruck, entnommen worden ist.

Für die beiden Vorwärmstufen, die vom Mitteldruckteil oder vom zweiten Trenndruck ($n_1 = 2$) versorgt werden, ist hinreichend genau

$$m_1 = \frac{1}{\left(1 + \frac{\Delta i_{wg1}}{\Delta i_{D10} + \Delta i_{D12}}\right)^{n_1}}. \tag{314}$$

Für m_2 mit n_2 ergibt sich schließlich

$$m_2 = \frac{1}{\left(1 + \frac{n_2 - 1}{n_2^2} \frac{\Delta i_{wg}^2}{F - f}\right)^{n_2}}. \tag{315}$$

Die Gl. (315) ist entstanden aus

$$m_2 = \frac{1}{\left(1 + \frac{\Delta i_{wm}}{\Delta i_{Dm}}\right)^{n_2}}, \tag{316}$$

wobei für Δi_{wm} der Ausdruck $\Delta i_{wg2}/n_2$ eingesetzt und Δi_{Dm} aus der Fläche unter der Expansionslinie F und den zugehörigen Grenzen als Mittelwert bestimmt wurde. Da bei dieser Mittelwertbestimmung die Fläche

$$f = \frac{1}{2} (\Delta i_{D25} + \Delta i_{D24}) (i_{w25} - i_{w24})$$

von F abgezogen werden mußte, ergab sich schließlich die Gl. (315). Die Flächen F und f wurden nach der Trapezformel ermittelt. Der Weg zur Bestimmung der einzelnen Werte von Δi_D wurde bereits im Abschnitt 5.4 beschrieben und soll hier nicht wiederholt werden. Überhaupt wurden die Rechenoperationen „im i, s-Diagramm", d. h. die Berechnung von Zustandsgrößen im Heißdampf- und Naßdampfgebiet sowie im Bereich des flüssigen Wassers wiederum mit den von HOTES aufgestellten Zustandsgleichungen ausgeführt. Ebenso wurden die Rechenverfahren unter Anwendung dieser Zustandsgleichungen im grundsätzlichen nicht geändert, so daß in dieser Hinsicht auch auf den Abschnitt 5.4 verwiesen werden kann.

5.5.2 Der spezifische Wärmeverbrauch als Funktion der Trenndrücke bei der ersten und zweiten Zwischenüberhitzung

Die Serienrechnungen wurden insgesamt durchgeführt für ein Feld, das durch die in der Tabelle 3 angegebene Zahlengruppe bestimmt wird, womit sich insgesamt 256 Zahlenquadrupel für die Frischdampfzustandsgrößen und die Dampftemperaturen nach der ersten und zweiten Zwischenüberhitzung ergaben. Variiert wurden bei jedem Quadrupel der erste und der zweite Trenndruck p_1 und p_2. Mit p_1 änderte sich, wie schon erwähnt, i_{w0}. Die Werte n_0, n_1, n_2, η'_{sp}, η'_{Pu} und t_k blieben während der gesamten Untersuchung konstant, während η_0, η_1 und η_2 jeweils neu errechnet wurden. Die Druckverluste wurden auf der Hochdruckseite mit $\delta p_0 = 0{,}25\, p_0$ und bei der Zwischenüberhitzung mit $\delta p_1 = 0{,}1\, p_1$ und $\delta p_2 = 0{,}1\, p_2$ an die zugehörigen Drücke gebunden.

Tabelle 3. *Parameter für p_0, t_0, t_1 und t_2*

p_0	200	250	300	350	kp/cm²
t_0	550	600	650	700	°C
t_1	500	550	600	650	°C
t_2	450	500	550	600	°C

Die effektiven Werte für den spezifischen Wärmeverbrauch w'' (bezogen auf die Sekundärseite des Maschinentransformators) ergeben sich, wenn w' durch eine Anzahl weiterer Wirkungsgrade dividiert wird, die schon auf der Seite 152 angegeben worden sind.

Die mit einem Digitalrechner ermittelten Ergebnisse für den spezifischen Wärmeverbrauch w' wurden in den Bildern 132 bis 140 über den beiden Trenndrücken p_1 und p_2 in Form von Muscheldiagrammen für Kurven mit $w' = \text{const}$ dargestellt. Neben den spezifischen Wärmeverbrauchszahlen sind in die Diagramme wieder die zugehörigen stündlichen Frischdampfmengen eingetragen worden.

Die neun Diagramme stellen Prozesse mit folgenden Frischdampfzustandsgrößen p_0, t_0 und den Zwischenüberhitzer-Austrittstemperaturen t_1 am Zwischenüberhitzer *1* und t_2 am Zwischenüberhitzer *2* dar.

Die Diagramme der Bilder 132 bis 140 wurden aus den für die 256 Zahlenquadrupel von p_0, t_0, t_1, t_2 gerechneten Feldern, die sich mit den Werten der Tabelle 4 ergeben haben, ausgewählt.

Tabelle 4. *Zusammenstellung von Parametern für die Bilder 132 bis 140*

Bild	p_0	t_0	t_1	t_2
132	200	600	550	550
133	250	550	550	500
134	250	600	550	550
135	300	550	550	550
136	300	600	550	500
137	300	600	550	550
138	300	650	550	500
139	300	650	550	550
140	350	650	550	550

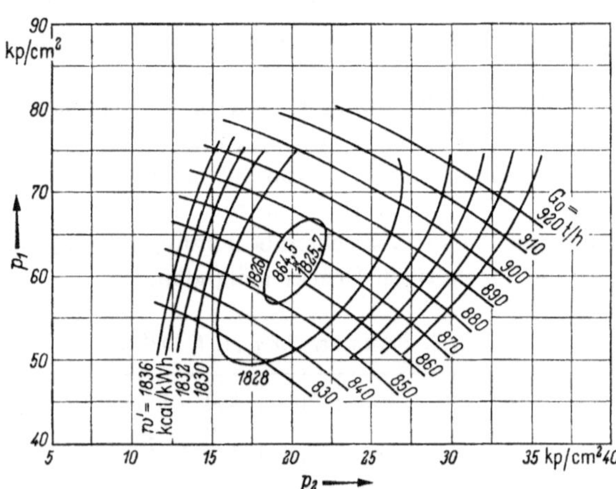

Bild 132. Verlauf der Schichtlinien gleichen spezifischen Wärmeverbrauchs w' über den beiden Trenndrücken p_1 und p_2 für den Prozeß mit $p_0 = 200$ kp/cm², $t_0 = 600$ °C, $t_1 = 550$ °C, $t_2 = 550$ °C.

Zur Diskussion dieser Bilder 132 bis 140 soll noch einmal daran erinnert werden, daß die Aufwärmung des Speisewassers jeweils bis zur

Sättigungsenthalpie, die zum ersten Trenndruck gehört, durchgeführt werden soll. Da bei gleicher abgegebener Leistung mit höherer Speisewasservorwärmung die strömenden Mengen auf der Frischdampfseite zunehmen, steigen demzufolge die erforderlichen Frischdampfmengen G_0 mit wachsendem erstem Trenndruck p_1.

Die Linien konstanter Frischdampfmengen verlaufen flach gegen die Abszisse geneigt von links oben nach rechts unten. Wird die Maßstabsverzerrung rückgängig gemacht, so ist zu erkennen, daß die Hauptdurchmesser der Höhenschichtlinien steil gegen die Abszisse verlaufen. Die Änderung der erforderlichen Frischdampfmenge hängt wesentlich

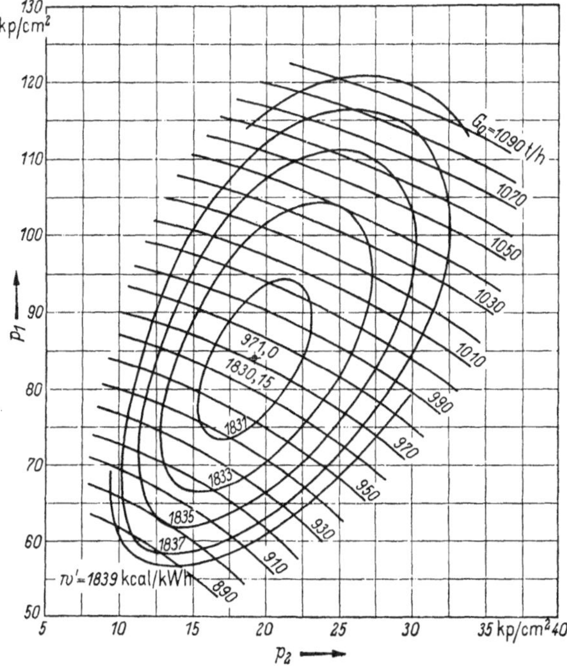

Bild 133. Verlauf der Schichtlinien gleichen spezifischen Wärmeverbrauchs w' über den beiden Trenndrücken p_1 und p_2 für den Prozeß mit p_0 = 250 kp/cm², t_0 = 550 °C, t_1 = 550 °C, t_2 = 500 °C.

nur von der Höhe der Speisewasservorwärmung und damit in diesem Fall von der Höhe des ersten Trenndrucks ab. Der zweite Trenndruck ist darauf ohne Einfluß. Denkt man sich den Ursprung des Koordinatensystems in den Bildern so verschoben, daß er im Optimum des spezifischen Wärmeverbrauchs liegt, dann liegt das für praktische Auslegungsfälle interessante Gebiet der Muscheldiagramme unterhalb des optimalen Punktes in der Nähe der Längsachse der Kurven gleichen spezifischen

Wärmeverbrauchs oder rechts davon. Die nach den Werten dieses Bereichs ausgelegten Prozesse unterscheiden sich gegenüber denen gleichen spezifischen Wärmeverbrauchs in den anderen Quadranten dadurch, daß sie die Vorteile geringer Frischdampfmenge, geringen ersten und hohen zweiten Trenndrucks miteinander vereinen. Die geringere Frischdampfmenge ermöglicht auf der Frischdampfseite mit dem geringsten Werkstoffaufwand auszukommen. Der niedrige erste Trenndruck und damit die geringere Höhe der Speisewasservorwärmung vermindert den Aufwand für die Regenerativ-Vorwärmung, zumal bei größeren Einheiten die unterzubringende Heizfläche ohnehin schon auf mehrere parallel geschaltete Vorwärmer kleineren Durchmessers aufgeteilt werden muß,

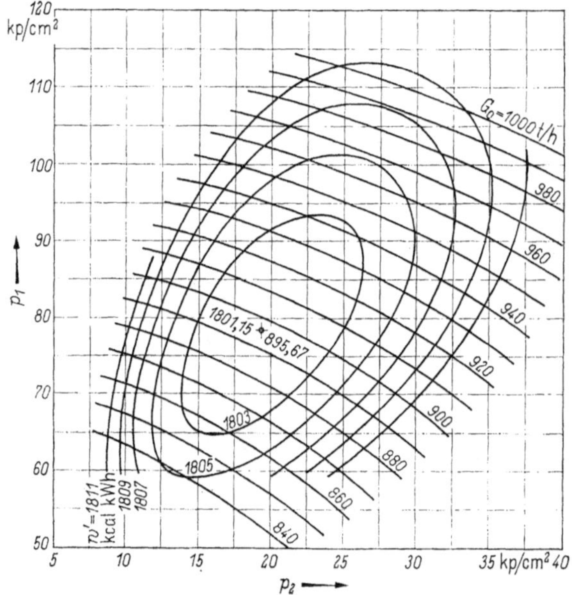

Bild 134. Verlauf der Schichtlinien gleichen spezifischen Wärmeverbrauchs w' über den beiden Trenndrücken p_1 und p_2 für den Prozeß mit $p_0 = 250$ kp/cm², $t_0 = 600$ °C, $t_1 = 550$ °C, $t_2 = 550$ °C.

weil sonst die Mäntel eine zu große Wanddicke erhalten. Hinzu kommt, daß bei einer geringeren Speisewasservorwärmung bei Prozessen gleichen Wirkungsgrades noch ein Vorteil auf der Kesselseite zu sehen ist. Dort sind die geforderten Abgastemperaturen mit kleinerer Heizfläche zu erreichen, wenn die Temperatur des eintretenden Speisewassers geringer ist. Der höhere zweite Trenndruck wirkt sich bei den insgesamt niedrigen zweiten Trenndrücken günstig auf die Bemessung der Leitungen für die zweite Zwischenüberhitzung aus. Allen dargestellten Prozessen ist gemeinsam, daß der spezifische Wärmeverbrauch im Bereich des optimalen Wertes unempfindlich gegen eine Änderung der Trenndrücke innerhalb gewisser Grenzen ist.

Betrachtet man den Prozeß mit zweifacher Zwischenüberhitzung im T, s-Diagramm (Bild 141), so läßt sich die Zwischenüberhitzung so wirkend denken, als würden an einen Prozeß ohne Zwischenüberhitzung zwei weitere angeschlossen. Es läßt sich überlegen, daß die mittlere obere

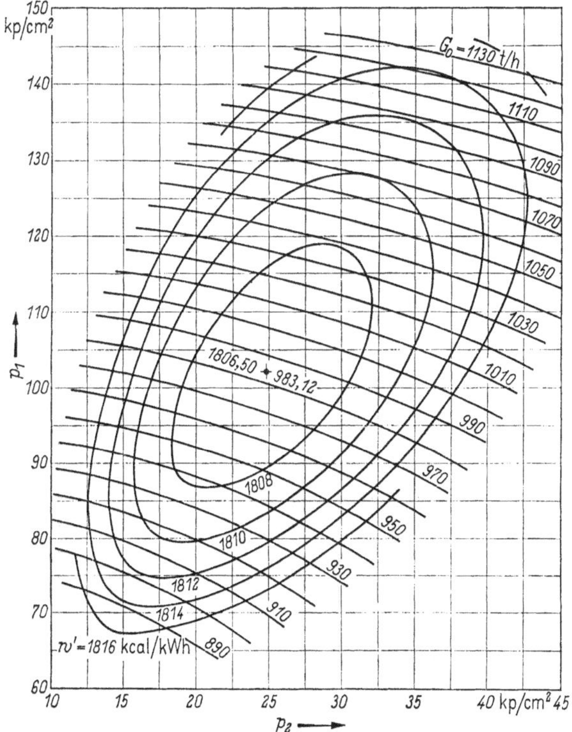

Bild 135. Verlauf der Schichtlinien gleichen spezifischen Wärmeverbrauchs w' über den beiden Trenndrücken p_1 und p_2 für den Prozeß mit p_0 = 300 kp/cm², t_0 = 550 °C, t_1 = 550 °C, t_2 = 550 °C.

Temperatur der Wärmezufuhr von außen für die angehängten Zwischenüberhitzungsprozesse mit wachsendem Trenndruck steigt. Dies würde die Triviallösung des optimalen Effektes für Trenndrücke, die dem Frischdampfdruck gleich oder angenähert sind, ergeben, wenn nicht durch die Zwischenüberhitzung der Endpunkt der Expansion in ein Gebiet geringerer Nässe gelegt werden sollte, damit sich bessere Turbinenwirkungsgrade erzielen lassen. Sind der Trenndruck oder die Temperatur des

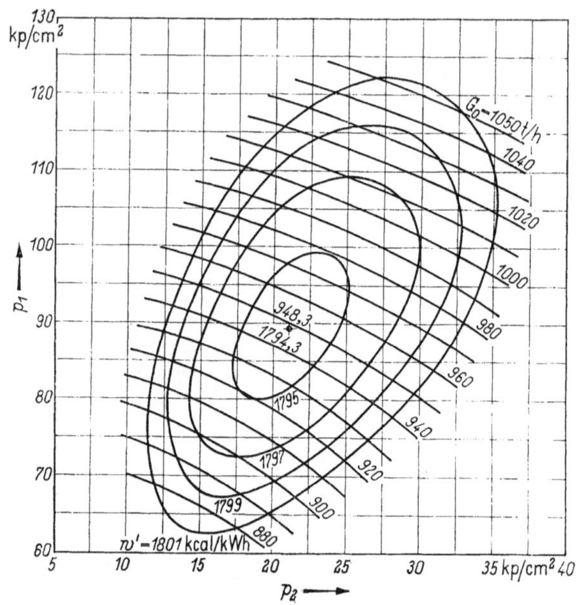

Bild 136. Verlauf der Schichtlinien gleichen spezifischen Wärmeverbrauchs w' über den beiden Trenndrücken p_1 und p_2 für den Prozeß mit $p_0 = 300$ kp/cm², $t_0 = 600$ °C, $t_1 = 550$ °C, $t_2 = 500$ °C.

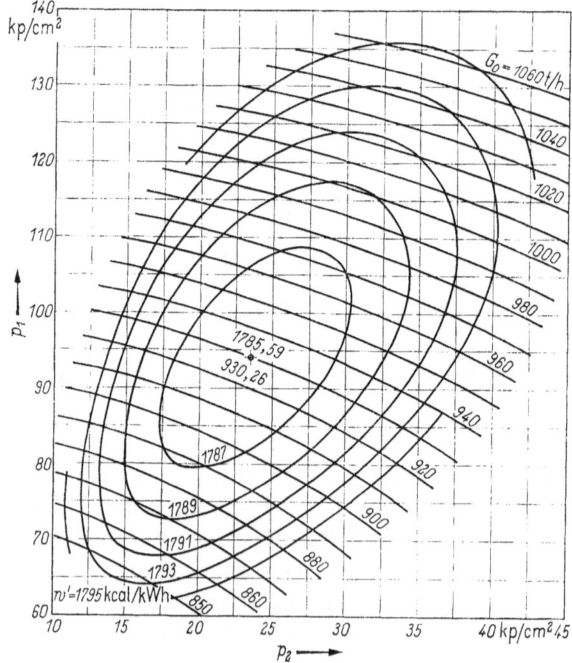

Bild 137. Verlauf der Schichtlinien gleichen spezifischen Wärmeverbrauchs w' über den beiden Trenndrücken p_1 und p_2 für den Prozeß mit $p_0 = 300$ kp/cm², $t_0 = 600$ °C, $t_1 = 550$ °C, $t_2 = 550$ °C.

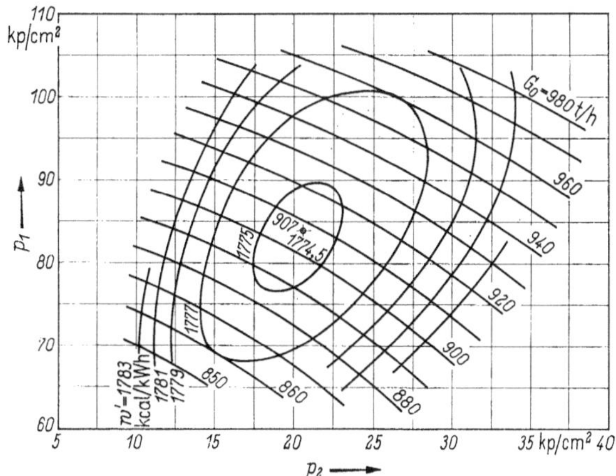

Bild 138. Verlauf der Schichtlinien gleichen spezifischen Wärmeverbrauchs w' über den beiden Trenndrücken p_1 und p_2 für den Prozeß mit p_0 = 300 kp/cm², t_0 = 650 °C, t_1 = 550 °C, t_2 = 500 °C.

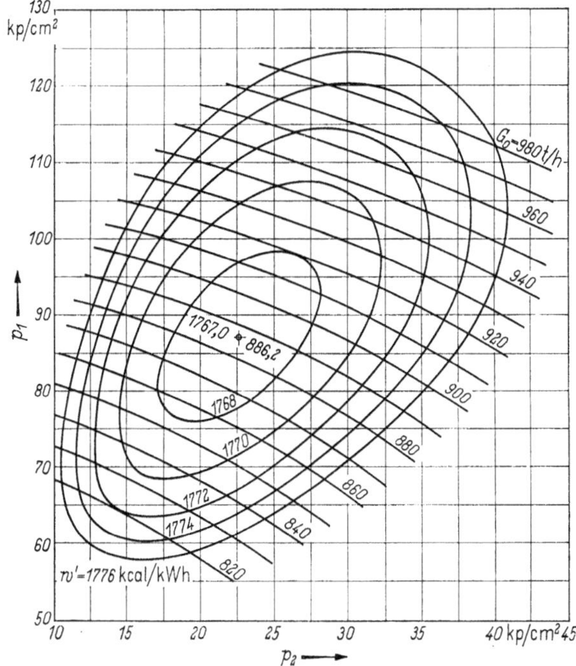

Bild 139. Verlauf der Schichtlinien gleichen spezifischen Wärmeverbrauchs w' über den beiden Trenndrücken p_1 und p_2 für den Prozeß mit p_0 = 300 kp/cm², t_0 = 650 °C, t_1 = 550 °C, t_2 = 550 °C.

Dampfes an den Austritten aus den Zwischenüberhitzern zu niedrig, dann liegen die mittleren oberen Temperaturen der Wärmezufuhr von außen T_{1c} und T_{2c} einzeln oder gemeinsam unter der mittleren oberen Temperatur T_{0c} des Hauptprozesses. Damit würde durch eine oder beide Zwischenüberhitzungen sogar eine Verschlechterung des Prozeßwirkungsgrades hervorgerufen werden.

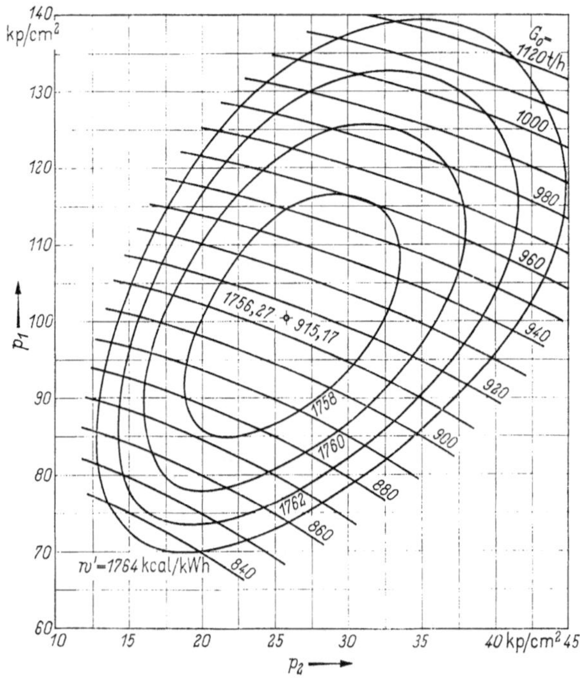

Bild 140. Verlauf der Schichtlinien gleichen spezifischen Wärmeverbrauchs w' über den beiden Trenndrücken p_1 und p_2 für den Prozeß mit $p_0 = 350$ kp/cm², $t_0 = 650$ °C, $t_1 = 550$ °C, $t_2 = 550$ °C.

Mit steigender Vorwärmung des Speisewassers steigt nun aber der Wert von T_{0c}, so daß bei beispielsweise gleichbleibenden Dampftemperaturen an den Austritten aus den Zwischenüberhitzern die Trenndrücke mitsteigen müssen, soll noch ein Nutzen durch die Zwischenüberhitzungen verbleiben. Wie eben an Hand der Bilder 132 bis 140 gezeigt wurde, steigt nun aber mit der Speisewasservorwärmung die im Prozeß strömende Menge, d. h., der Leistungsanteil, den die Speisepumpe aufnimmt, wächst. Durch dieses Moment wird das aus thermodynamischen Gründen abhängig von der Auslegung der Regenerativ-Vorwärmung existierende Optimum der Speisewasservorwärmung zu geringeren Werten verschoben.

Diese Zusammenhänge sollen nun für zwei Prozesse, die auf einer gleichen Höhenschichtlinie des spezifischen Wärmeverbrauchs in einem der gezeigten Diagramme liegen, aber bei sonst gleichen Bedingungen unterschiedliche Trenndrücke und Dampfmengen aufweisen, hergeleitet werden.

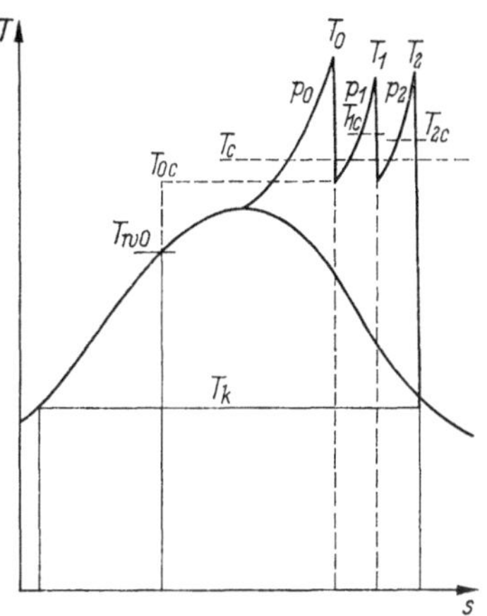

Bild 141. Darstellung des Prozesses mit zweifacher Zwischenüberhitzung im T, s-Diagramm.

Die Frischdampfmengen zweier solcher Prozesse, die durch die Indizes I und II unterschieden sein sollen, lassen sich aus der Gl. (311) ermitteln. Da die Wirkungsgrade η_p' der beiden betrachteten Prozesse für diese Überlegung gleich sein sollen, sind bei gleichen von außen zugeführten Wärmemengen auch die abgegebenen Leistungen gleich, und es wird aus der Gl. (311)

$$\frac{G_{0I}}{G_{0II}} = \frac{(\Delta i_0 + m_0\Delta i_1 + m_0 m_1 \Delta i_2 - m_0 m_1 m_2 \Delta i_k)_{II} - \Delta i_{sp}/\eta_{sp}'}{(\Delta i_0 + m_0\Delta i_1 + m_0 m_1 \Delta i_2 - m_0 m_1 m_2 \Delta i_k)_{I} - \Delta i_{sp}/\eta_{sp}'}. \quad (317)$$

Die mit den Indizes I und II versehenen Klammern der rechten Seite der Gl. (317) geben die Größen an, die sich neben den Frischdampfmengen bei den beiden betrachteten Prozessen voneinander unterscheiden. Dagegen sind die Werte für $\Delta i_{sp}/\eta_{sp}'$ im Zähler und Nenner einander gleich wegen der gleichen Frischdampfdrücke beider Prozesse.

Mit der Gl. (309) für den Prozeßwirkungsgrad η_p ohne Berücksichtigung des Einflusses der Speiseleistung wird aus der Gl. (317)

$$\begin{aligned}(G_{0I} - G_{0II})\Delta i_{sp}/\eta_{sp}' = G_{0I}\eta_{pI}\,(\Delta i_0 + m_0\Delta i_1 + m_0 m_1\Delta i_2)_I - \\ - G_{0II}\eta_{pII}\,(\Delta i_0 + m_0\Delta i_1 + m_0 m_1\Delta i_2)_{II}. \quad (318)\end{aligned}$$

Die Beziehung zwischen η_p und η_p', dem Prozeßwirkungsgrad ohne und mit Einbeziehung der Speisepumpenleistung, ergibt sich aus

$$\eta_p = \eta_p' \left(1 + \frac{\Delta i_{sp}\left(\frac{1}{\eta_{sp}'\eta_p'} - \frac{1}{\eta_{Pu}}\right)}{\Delta i_0 + m_0\Delta i_1 + m_0 m_1\Delta i_2}\right). \quad (319)$$

Aus den Gln. (318) und (319) folgt dann

$$\begin{aligned}\Delta G\,\Delta i_{sp}/\eta_{Pu} = G_{0I}\,(\Delta i_0 + m_0\Delta i_1 + m_0 m_1\Delta i_2)_I - \\ - G_{0II}\,(\Delta i_0 + m_0\Delta i_1 + m_0 m_1\Delta i_2)_{II}. \quad (320)\end{aligned}$$

Von den betrachteten beiden Prozessen, deren spezifischer Wärmeverbrauch auf der gleichen Höhenschichtlinie liegen soll, hat der mit dem höheren Trenndruck und damit auch der höheren Speisewasservorwärmung die höhere mittlere Temperatur der Wärmezufuhr von außen T_c. Die mit steigender Höhe der Speisewasservorwärmung auch um ΔG steigende Frischdampfmenge zehrt jedoch durch die erforderliche höhere Speiseleistung $\Delta G \Delta i_{sp}/\eta_{Pu}$ eine durch den höheren Wert von T_c mögliche Wirkungsgradverbesserung auf.

5.5.3 Kennfelder für die variierten Parameter, abhängig vom Frischdampfzustand oder den Zwischenüberhitzertemperaturen

In den Bildern 142 bis 152 sind die zu den Optima des spezifischen Wärmeverbrauchs gehörenden Parameter in Diagrammen dargestellt.

So sind in den Bildern 142 bis 146 die Linien gleichen spezifischen Wärmeverbrauchs, gleicher Trenndrücke und gleicher Frischdampfmengen über den Frischdampfzustandsgrößen p_0 und t_0 für konstant gehaltene Zwischenüberhitzer-Austrittstemperaturen t_1 und t_2 eingetragen. Die Bilder 147 bis 152 zeigen die gleichen Parameter für p_0 und $t_0 = \text{const}$, aufgetragen über den Werten für t_1 und t_2. Es soll jedoch nochmals darauf hingewiesen werden, daß es zweckmäßiger ist, den ersten Trenndruck geringer und den zweiten Trenndruck höher zu wählen als dem thermodynamischen Optimum entspricht, will man das wirtschaftliche Optimum erreichen. Es muß darüber hinaus beachtet werden, daß das Optimum des spezifischen Wärmeverbrauchs über den Trenndrücken aufgetragen sehr flach verläuft, d. h., geringe Änderungen anderer Parameter können beträchtliche Änderungen in den optimalen Trenndrücken ergeben.

Die Diagramme eignen sich dazu, äquivalente Änderungen zu ermitteln und so beispielsweise die erforderliche Erhöhung der Frischdampftemperatur zu finden, die einem bestimmten Steigern des Frischdampfdrucks gleichwertig hinsichtlich des spezifischen Wärmeverbrauchs ist.

Aus den Bildern 142 bis 146 ist zu erkennen, daß in dem untersuchten Gebiet bei Frischdampftemperaturen um $t_0 = 550$ °C das absolute Optimum des Frischdampfdruckes erreicht oder überschritten wird. Die Linien optimaler Trenndrücke p_1 und p_2 verlaufen von links unten nach rechts oben flach geneigt. Maximale Werte liegen im Bereich hoher Frischdampfdrücke und niedriger Frischdampftemperaturen bei $p_1 \approx 110$ kp/cm² und $p_2 \approx 22$ kp/cm². Minimale Werte liegen bei geringen Frischdampfdrücken und hohen Frischdampftemperaturen mit $p_1 \approx 50$ kp/cm² und $p_2 \approx 12$ kp/cm². Die Linien gleicher Frischdampfmengen G_0 verlaufen dagegen steiler geneigt, wobei die Abstände zwischen jeweils zwei dieser Linien, die einem Wert für ΔG von 50 t/h entsprechen, mit steigender Frischdampftemperatur zunehmen. Minimale Werte für G_0 liegen in dem untersuchten Bereich bei 800 t/h, maximale bei über 1050 t/h für die gleiche abgegebene Leistung von 320 MW.

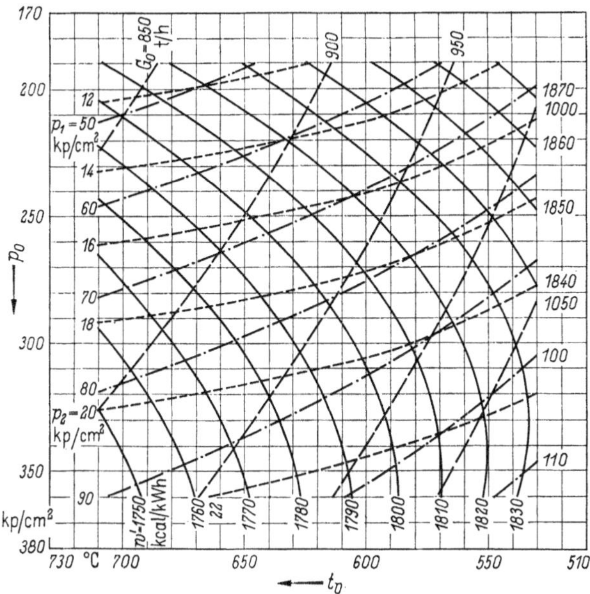

Bild 142. Kennfeld für w'_{opt}, $p_{1\,opt}$, $p_{2\,opt}$ und G_0, abhängig vom Frischdampfzustand p_0 und t_0, für konstante Werte von $t_1 = 550$ °C und $t_2 = 450$ °C.

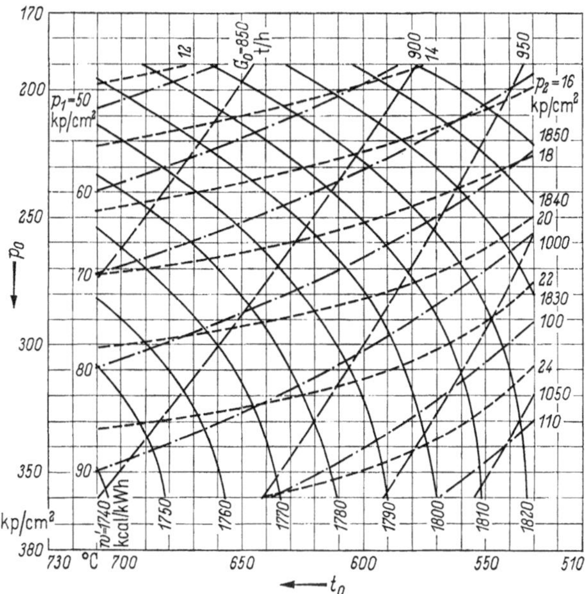

Bild 143. Kennfeld für w'_{opt}, p_{1opt}, $p_{2\,opt}$ und G_0, abhängig vom Frischdampfzustand p_0 und t_0, für konstante Werte von $t_1 = 550$ °C und $t_2 = 500$ °C.

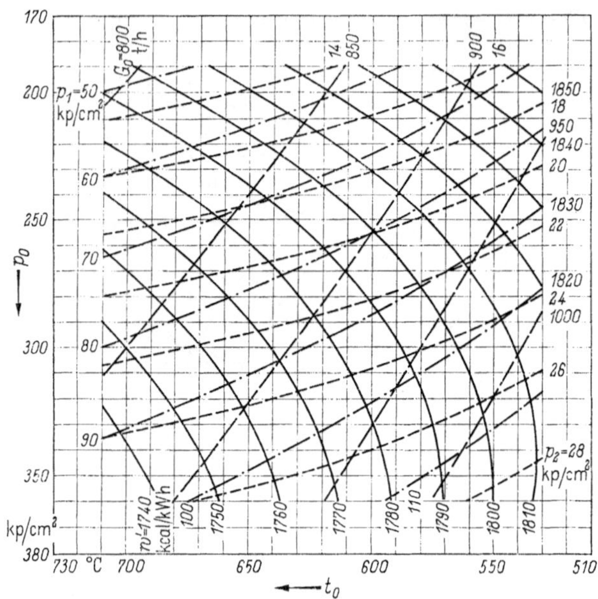

Bild 144. Kennfeld für w'_{opt}, $p_{1\,opt}$, $p_{2\,opt}$ und G_0, abhängig vom Frischdampfzustand p_0 und t_0, für konstante Werte von t_1 = 550 °C und t_2 = 550 °C.

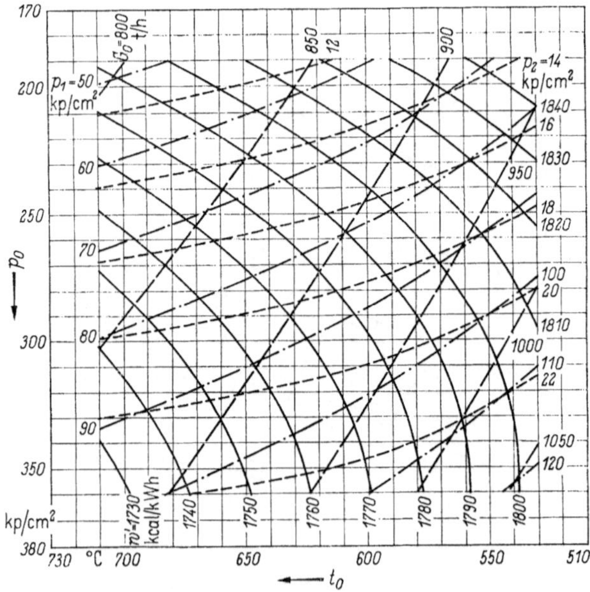

Bild 145. Kennfeld für w'_{opt}, $p_{1\,opt}$, $p_{2\,opt}$ und G_0, abhängig vom Frischdampfzustand p_0 und t_0, für konstante Werte von t_1 = 600 °C und t_2 = 500 °C.

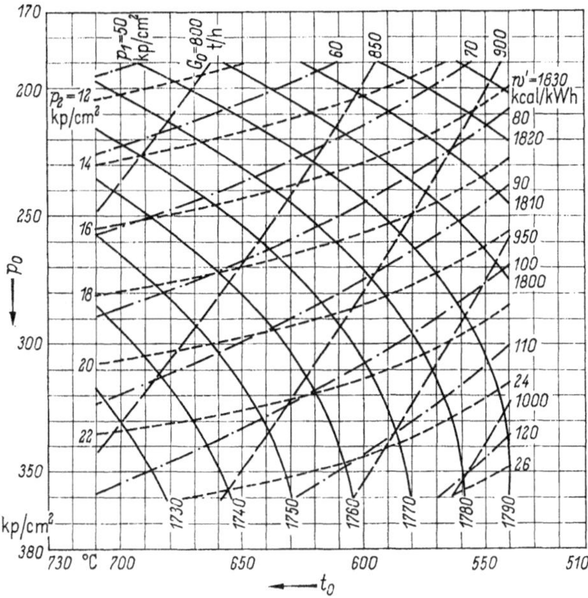

Bild 146. Kennfeld für w'_{opt}, $p_{1\,opt}$, $p_{2\,opt}$ und G_0, abhängig vom Frischdampfzustand p_0 und t_0, für konstante Werte von t_1 = 600 °C und t_2 = 550 °C.

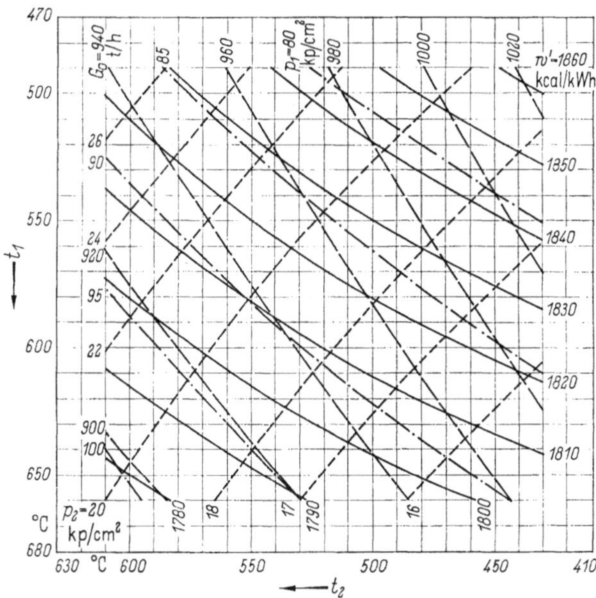

Bild 147. Kennfeld für w'_{opt}, $p_{1\,opt}$, $p_{2\,opt}$ und G_0, abhängig von der Austrittstemperatur des Dampfes aus dem ersten und zweiten Zwischenüberhitzer t_1 und t_2, für konstante Werte von p_0 = 250 kp/cm² und t_0 = 550 °C.

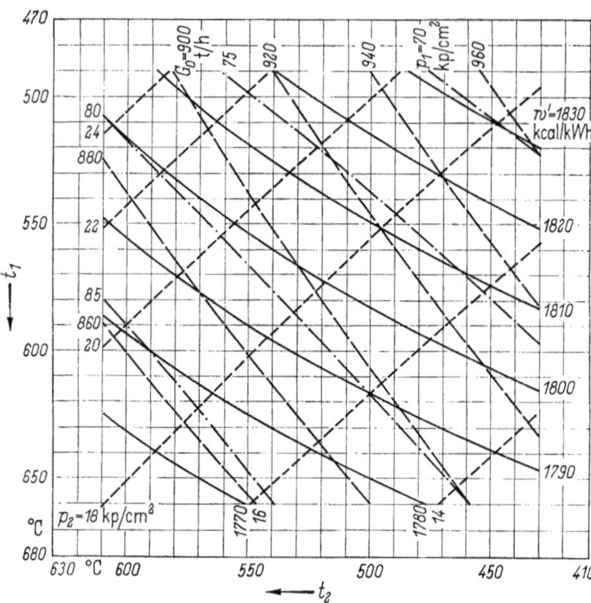

Bild 148. Kennfeld für w'_{opt}, p_{1opt}, p_{2opt} und G_0, abhängig von der Austrittstemperatur des Dampfes aus dem ersten und zweiten Zwischenüberhitzer t_1 und t_2, für konstante Werte von p_0 = 250 kp/cm² und t_0 = 600 °C.

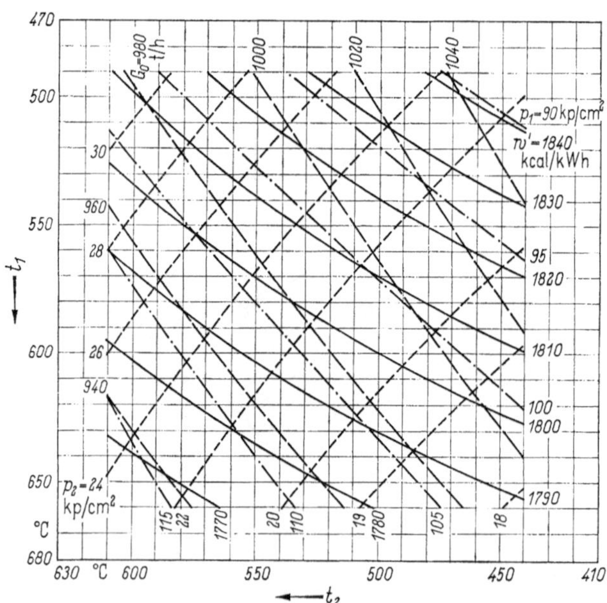

Bild 149. Kennfeld für w'_{opt}, p_{1opt}, p_{2opt} und G_0, abhängig von der Austrittstemperatur des Dampfes aus dem ersten und zweiten Zwischenüberhitzer t_1 und t_2, für konstante Werte von p_0 = 300 kp/cm² und t_0 = 550 °C.

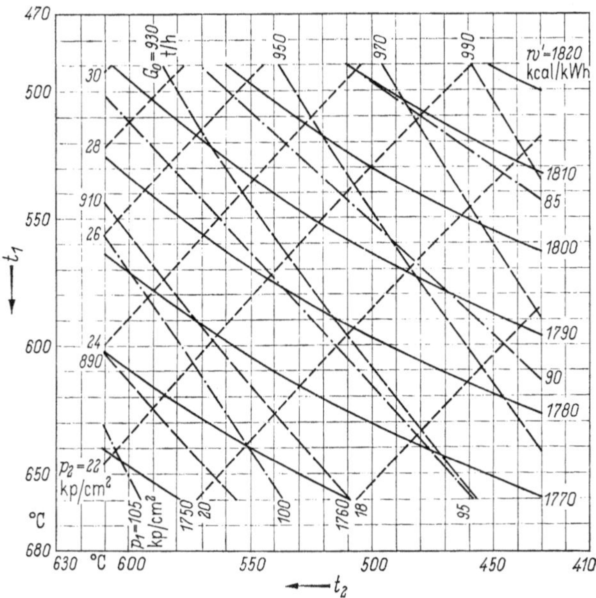

Bild 150. Kennfeld für w'_{opt}, p_{1opt}, p_{2opt} und G_0, abhängig von der Austrittstemperatur des Dampfes aus dem ersten und zweiten Zwischenüberhitzer t_1 und t_2, für konstante Werte von $p_0 = 300$ kp/cm² und $t_0 = 600$ °C.

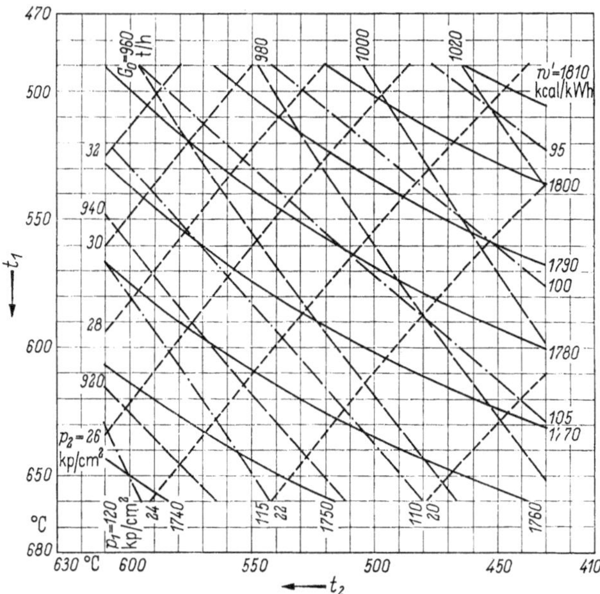

Bild 151. Kennfeld für w'_{opt}, p_{1opt}, p_{2opt} und G_0, abhängig von der Austrittstemperatur des Dampfes aus dem ersten und zweiten Zwischenüberhitzer t_1 und t_2, für konstante Werte von $p_0 = 350$ kp/cm² und $t_0 = 600$ °C.

In den Bildern 147 bis 152 sind die gleichen Ergebnisse über den Zwischenüberhitzertemperaturen t_1 und t_2 aufgetragen. In dieser Darstellung verlaufen die Linien für p_2 = const von links unten nach rechts oben. Die geringsten Werte für p_2 liegen bei hohem Wert für t_2 und geringem für t_1. Die Linien p_1 = const und G_0 = const verlaufen dagegen von

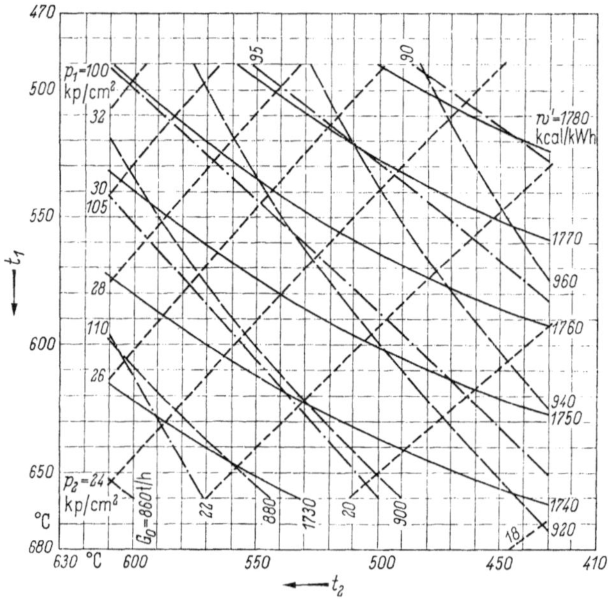

Bild 152. Kennfeld für w'_{opt}, p_{1opt}, p_{2opt} und G_0, abhängig von der Austrittstemperatur des Dampfes aus dem ersten und zweiten Zwischenüberhitzer t_1 und t_2, für konstante Werte von p_0 = 350 kp/cm² und t_0 = 650 °C.

links oben nach rechts unten. Die geringsten Werte für p_1 und die höchsten für G_0 liegen bei niedrigen Werten für t_1 und t_2.

Die hier angegebenen Diagramme werden allgemein verwendet werden können, wenn man einen Überblick über die auszuwählenden Parameter für eine neue Anlage schaffen will, deren exakte Durchrechnung dann unter Berücksichtigung der wirtschaftlichen Gegebenheiten durchgeführt werden muß. Bei der Vielzahl der Parameter, die bei der Planung eines Kraftwerksblocks berücksichtigt werden müssen, ist es nicht möglich, einen geschlossenen Ausdruck anzugeben, dessen Optimierung zugleich den wirtschaftlich günstigsten Prozeß darstellt. Statt dessen muß in Einzelschritten versucht werden, die Stromerzeugungskosten unter den jeweils gegebenen Bedingungen einem Minimum zu nähern.

6. Das Wärmeschaltbild und die Berechnung des Wärmekreislaufs. Der Einsatz digitaler Rechner

Nach der Auswahl der thermodynamischen Parameter für die zu errichtende Kraftwerkseinheit muß das Schaltbild dieser Anlage aufgestellt und für Wirtschaftlichkeitsüberlegungen durchgerechnet werden. Dazu müssen die Auslegungswerte der einzelnen Anlageteile vorgegeben oder aus anderen Rechnungen bekannt sein. Bei den Turbinen sind das die Wirkungsgrade und die Gefälle, bei den Pumpen die Wirkungsgrade und die erforderliche Druckerhöhung des Arbeitsmediums, bei den Regenerativ-Vorwärmern und sonstigen Wärmetauschern die Grädigkeit und die Art der Schaltung und bei den Rohrleitungen schließlich Druck- und Wärmeverluste. Außerdem müssen in dieses Schaltbild noch die Anlageteile eingeplant werden, die in dem Schaltbild für die Optimierungsrechnung nicht berücksichtigt worden sind. Dazu gehören u. a. Schwadenkühler, H_2-Kühler, Stopfbuchsendampfkondensatoren und, falls vorhanden, Anlagen für die thermische Aufbereitung des Zusatzwassers.

Die Rechnung muß dann die in den einzelnen Abschnitten strömenden Stoff- und Wärmemengen und den spezifischen Wärmeverbrauch für den thermodynamischen Prozeß ergeben.

Um aus diesem Wert den effektiven spezifischen Wärmeverbrauch von dem Brennstoff bis zu den Sekundärklemmen des Maschinenumspanners zu erhalten, muß er noch mit den Wirkungsgraden des Kessels, des Generators, des Maschinenumspanners, mit dem mechanischen Wirkungsgrad der Turbine und schließlich mit einem Faktor multipliziert werden, der den elektrischen Eigenbedarf berücksichtigt.

Bei den Angaben des thermodynamischen spezifischen Wärmeverbrauchs sollte der Eigenbedarf der Kesselspeisepumpen immer schon miteingerechnet sein, einmal, um so die Vergleichsmöglichkeit zwischen dampf- und elektrisch angetriebener Speisepumpe zu haben, andererseits aber auch, um überhaupt einen echten Vergleichswert für die Güte der einander gegenüber gestellten Turbinen zu erhalten. Da die Enthalpieerhöhung des Speisewassers in der Pumpe bei der Durchrechnung nämlich immer eingerechnet werden muß, soll die Regenerativ-Vorwärmung richtig berechnet werden, muß auch der Energieeinsatz, mit dem diese Enthalpieerhöhung durchgeführt wurde, berücksichtigt werden.

Da für die wirtschaftliche Beurteilung eines Kraftwerksblocks auch die mit ihm erzielbaren spezifischen Wärmeverbrauchszahlen bei Teillasten von Bedeutung sind, werden auch einige Teillastpunkte und somit eine Kurve $w = f(N)$ errechnet. Dazu muß bekannt sein, wie sich die Wirkungsgrade der Kraft- und Arbeitsmaschinen, die Grädigkeiten der Vorwärmer und die sonstigen Verluste bei Teillasten verändern.

Für diese Berechnung müssen aber auch noch Angaben zu der beabsichtigten Betriebsweise gemacht werden. So, ob die Anlage mit gleitendem oder festem Frischdampfdruck fahren soll, ob der Druck im Entgaser ebenfalls mit der Last gleiten oder starr bleiben soll, wie die Charakteristik des Zwischenüberhitzers aussehen wird usw.

Die Durchrechnung erfolgt dann über ein Iterationsverfahren. Da heute vielfach elektronische Rechner für diese Berechnungen verwendet werden, soll hier in kurzer Form der logische Ablauf einer solchen Kreisprozeßberechnung beschrieben werden. Dabei wird die Expansionslinie des Dampfes in der Turbine für alle Lastpunkte als gegeben vorausgesetzt. Die Turbinenhersteller werden die Durchrechnung der Turbine abgestimmt auf ihre Modelle, Schaufeln usw. ebenfalls mitrechnen lassen, während der Betreiber die verschiedenen Gegebenheiten einer Anzahl von Turbinenfabrikaten zu diesem Zweck nicht mitprogrammieren kann und demzufolge die Expansionslinie mit der Lage der Anzapfstufen, der Zwischenüberhitzung usw. aus den von der Turbinenfirma gegebenen Unterlagen einsetzt. Dazu gehören auch die Schaltung und Werte des Stopfbuchsenschemas.

Für die Rechnungen auf einem Digitalrechner sind verschiedene Unterprogramme erforderlich. Beispielsweise müssen gesuchte Zustandsgrößen aus den Zustandsgleichungen errechnet werden können. Außerdem sind die einzelnen Elemente, aus denen sich das Schaltbild zusammensetzt, häufig in immer gleicher Weise durchzurechnen. Da die Maschine das Schaltbild nicht in seiner Gesamtheit vor sich sehen kann, muß ihr noch etwas eingegeben werden, was man die Geometrie des Schaltbildes nennen könnte und was ihr ermöglicht, in Form von Zählungen die Zuordnung der Elemente zueinander und der verbindenden Rohrleitungen zu den Aggregaten aufzufinden und so die Ausgangsgrößen für die Berechnung in den Unterprogrammen zu liefern.

In dem Bild 153 ist ein Schaltbild dargestellt, in dem die in dem Prozeß vorkommenden Elemente einerseits und alle diese Elemente verbindenden Rohrleitungen andererseits numeriert sind.

Das Bild 154 zeigt ein stark vereinfachtes Rechenschema, nach dem die Iteration für den ganzen Kreislauf und die bei jedem Durchlauf erforderlichen inneren Iterationen über Vorwärmergruppen ausgeführt werden. Die verschieden großen Kästchen sollen lediglich einen mehr oder minder großen Rechenumfang in den einzelnen Gruppen symbolisieren.

In der ersten Stufe *1* wird die Anzahl der in dem zu berechnenden Schaltbild vorhandenen Elemente auf einen Zählspeicher gebracht. Darauf wird mit einer Näherungsfunktion die im Kondensator anfallende Kondensatmenge berechnet oder geschätzt, die als Ausgangsgröße für den Beginn der Iteration benötigt wird. Auf dem Speicher für die nächste

Gruppe *2* steht eingangs jeder Einzelrechnung die eintretende Wassermenge, die wiederum Eingangsmenge für die nächste Rechnung ist.

In *3* beginnt nun der Durchlauf durch die einzelnen Elemente, wobei eine Zählung dafür sorgt, daß sie alle durchgerechnet werden. Die für die Berechnung eines jeden Elementes erforderlichen Größen werden dann

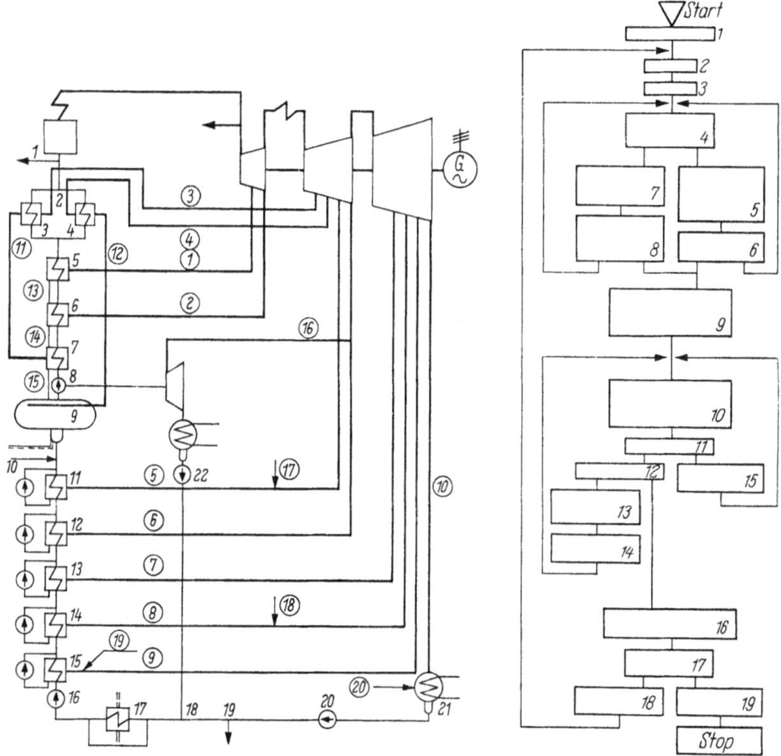

Bild 153. Schaltbild mit Numerierung der Elemente und Rohrleitungen.

Bild 154. Schema des Blockprogramms.

in einen Arbeitsspeicher *4* transportiert. Es wird nun geprüft, ob dem zu berechnenden Element Kondensat aus einem darüber liegenden Element zufließt oder nicht.

Ist das nicht der Fall, so läuft das Programm nach *5* weiter. Hier werden dann je nach der Typennummer des Elements mit den Eingabewerten unter Einsatz der Unterprogramme die gefragten Ausgangsgrößen Menge, Druck, Temperatur und Enthalpie des Speisewassers am Austritt berechnet. Bei Vorwärmern wird außerdem die niedergeschlagene Dampfmenge ermittelt. Die Ausgangsgrößen aus *5* werden als Eingangsgrößen für den nächsten Schritt weiter verwendet. Die Zählung wird um 1 erniedrigt und nach dem Rücksprung des Programms vor *4* wird das nächste

Element berechnet. Handelt es sich wiederum um ein Element, dem kein Heizkondensat zufließt, so wird unter Einsatz des entsprechenden Unterprogramms die Rechnung wieder in *5* durchgeführt. Fließt jedoch Heizkondensat zu, so läuft das Programm nach *7*, um zunächst die Ausgangsgrößen für eine hier eingeschaltete Iteration zu ermitteln. Für die Festlegung des inneren Iterationszyklus muß darüber hinaus geprüft werden, ob der in dem betrachteten Element niedergeschlagene Anzapfdampf aus einem der Regenerativ-Vorwärmung vorgeschalteten Enthitzer oder direkt von der Anzapfung aus der Turbine stammt, da der Iterationszyklus auch die Enthitzer mitumfassen muß. In dem Bild 155 ist ein solcher Iterationszyklus dargestellt. Bei dem Vorwärmer n angekommen, stellt der Rechner in *7* fest, aus wieviel Elementen der innere Iterationszyklus besteht. Da dem Element n Kondensat zufließt, muß geprüft werden, ob dem Element $n + 1$ (hier die Pumpe) ebenfalls Kondensat zufließt und ob der in diesem Element niedergeschlagene Anzapfdampf einen der Vorwärmstrecke vorgeschalteten Enthitzer durchfließt. Falls ja, wird das nächsthöhere Element untersucht usw. Fließt diesem Element kein Heizkondensat zu, so ist der Zyklus entweder geschlossen oder dieses Element ist kein mit Anzapfdampf beschickter Vorwärmer, sondern wie das Element $n + 1$ in dem Bild 155 beispielsweise eine Pumpe oder ein rauchgasbeheizter Vorwärmer usw. In diesem Fall wird das nächsthöhere Element noch auf Kondensatzufluß geprüft, um den inneren Iterationszyklus nicht fälschlich unterbrechen zu lassen. Ist der Bereich der Vorwärmstrecke, über den die innere Iteration durchgeführt werden muß, bekannt, dann beginnen die Rechnungen ausgehend von der Speisewassermenge G_n und der zugehörigen Enthalpie i_{wn} in *8*. Diese beiden Werte werden zwischengespeichert, damit sie als Ausgangsgrößen für jeden erneuten Durchlauf des inneren Iterationszyklus zur Verfügung stehen.

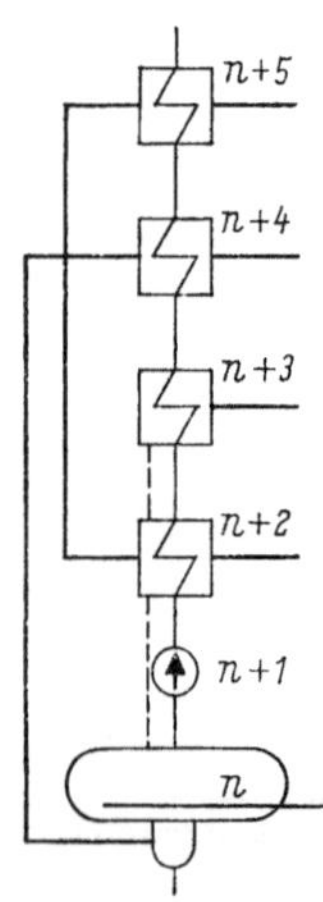

Bild 155. Bereich eines inneren Iterationszyklus.

Je nach der Schaltung der Enthitzer, die vor den oberen Vorwärmern liegen, lassen sich vor Beginn der Iteration noch die Austrittsenthalpien der aus ihnen austretenden Anzapfdampfströme ermitteln. Sind jedoch zwei Enthitzer hintereinander geschaltet, so wird bei dem oberen die Austrittsenthalpie des Heizdampfes an Hand der Kenndaten dieses Enthitzers, aber mit der gleichen Eintrittsenthalpie des Speisewassers wie sie bei dem darunter liegenden Enthitzer eingesetzt wird, in erster Näherung bestimmt. Danach beginnt der erste Iterationsschritt, wobei die einzelnen Elemente wieder mit denselben Unterprogrammen berechnet werden, wie dies in *5* und *6* geschah. Bei diesem ersten Iterationsschritt werden die zulaufenden Heizkondensatmengen gleich Null gesetzt. Im zweiten Schritt werden dann die beim ersten Durchgang ermittelten Anzapfdampfmengen als zulaufende Heizkondensatmengen eingesetzt. Außerdem wird die Austrittsenthalpie des Dampfes aus dem oder den oberen Enthitzern korrigiert. Diese innere Iteration wird so oft durchgeführt, bis sich keine der zu berechnenden Größen gegenüber der vorigen Rechnung mehr so ändert, daß die Differenz der Werte aus der letzten und der vorletzten Iteration eine gegebene Schranke überschreitet.

Ist so der Konvergenzpunkt der inneren Iteration erreicht, so springt das Programm wieder vor *4*, und die Rechnung wird weitergeführt wie bisher beschrieben, falls noch irgendwelche Elemente nicht berechnet worden sind. Diese Iterationszyklen werden im allgemeinen im Bereich der MD- und ND-Vorwärmer nötig, wenn das Kondensat für eine Gruppe von Vorwärmern umgepumpt wird, und im Bereich der HD-Vorwärmer, deren Heizkondensat in den Speisewasserbehälter zurückläuft und denen Enthitzer vorgeschaltet sind.

Am Ende der Vorwärmstrecke ergibt sich die Eintrittsenthalpie des Speisewassers in den Kessel i_{w0} und als Summe der Turbinenkondensate und Heizkondensate die Frischdampfmenge G_0.

Für die Durchrechnung der einzelnen Elemente kommt man mit geringem Formelaufwand aus, da bei Pumpen und Hilfsturbinen ohne Anzapfungen lediglich die Leistungen, bei Rohrleitungen Druck- und Wärmeverluste und bei dem Zusammenschluß von Rohrleitungen Mischungsvorgänge zu berechnen sind. Für die Rechnung von Teillasten sind noch die Kontinuitätsgleichung und das Mengendruckgesetz anzuwenden, letzteres in einer Form, die auch die Veränderlichkeit der Anzapfdampfmengen berücksichtigt. Außerdem werden Wasserdampftafeln und -diagramme oder beim Einsatz von Rechenmaschinen die programmierten Zustandsgleichungen angewendet.

Die Durchrechnung der verschiedenen Vorwärmer innerhalb der Vorwärmstrecke geschieht über die Wärmebilanz, die so zu programmieren ist, daß sie alle Möglichkeiten bei der Ausbildung und Anordnung der Vorwärmer umfaßt.

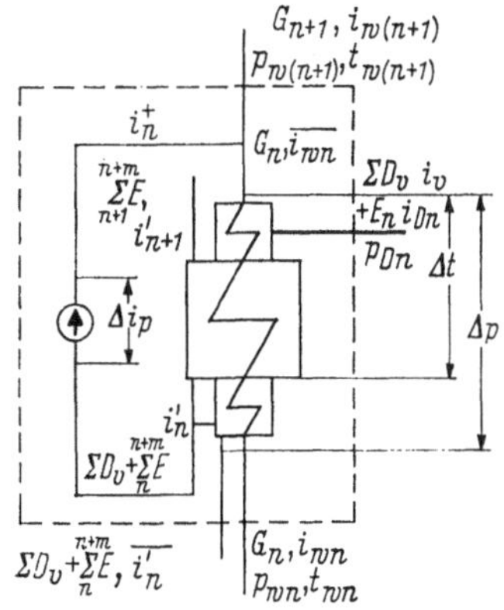

Bild 156. Vorwärmstufe mit zu- und abströmenden Wärmemengen.

Das Bild 156 stellt solch einen Vorwärmer dar, der innerhalb der Vorwärmstrecke alle Möglichkeiten hat. Die Rechenmaschine sucht an

Hand der eingegebenen Schaltung aus, welche im einzelnen Fall in Frage kommen und in die Rechnung einzusetzen sind. Berechnet wird E_n, die mit der Enthalpie i_{Dn} zuströmende Anzapfdampfmenge und die Menge G_{n+1} des aus der Bilanzhülle austretenden Speisewassers sowie die zugehörige Enthalpie $i_{w(n+1)}$. An weiteren Wärmemengen treten in die Bilanzhülle noch die Speisewassermenge G_n mit der Enthalpie i_{wn} ein, sowie gegebenenfalls zufließendes Heizkondensat mit der Menge $\sum_{n+1}^{n+m} E$ und der Enthalpie $i'_{(n+1)}$ und weitere Wärmemengen $\sum_1^q D_v i_v$, die beispielsweise von den Turbinenstopfbuchsen oder der thermischen Zusatzwasseraufbereitung stammen. Wird das Heizkondensat nicht umgepumpt, dann tritt neben der Speisewassermenge noch ein Teil oder die Summe der Heizkondensate des zugehörigen und höher liegender Vorwärmer $\sum_n^{n+m} E$ mit der Enthalpie i'_n gesondert aus der Bilanzhülle aus. Wird dagegen umgepumpt, so findet in der zugehörigen Pumpe für das Heizkondensat dieses Vorwärmers oder einer Reihe von Vorwärmern eine der Förderhöhe entsprechende Enthalpieerhöhung auf i_n^+ statt.

Mit den Bezeichnungen des Bildes 156 ergibt sich für die Wärmebilanz eines Oberflächenvorwärmers mit Umpumpen des Heizkondensats und herablaufendem Kondensat aus davor liegenden Vorwärmern

$$E_n i_{Dn} + \sum_1^q D_v i_v + \sum_{n+1}^{n+m} E\, i'_{(n+1)} + G_n i_{wn} + A_{Pu} - \Big(G_n \overline{i_{wn}} + \big(\sum_1^q D_v + \sum_n^{n+m} E\big)\, i_n^+\Big) = 0. \tag{321}$$

In der Gl. (321) sind bis auf E_n alle Größen vorgegeben, bekannt oder aus den Zustandsgleichungen zu ermitteln. So kann beispielsweise über die Grädigkeit Δt mit Hilfe der Zustandsgleichung für Wasser $\overline{i_{wn}}$ aus i'_n bestimmt werden, wobei sich i'_n selbst als Sättigungsenthalpie beim Anzapfdruck p_{Dn} ergibt, oder die erforderliche Pumpenarbeit A_{Pu} zur Druckerhöhung des Heizkondensats in der zugehörigen Pumpe wird aus $p_{Dn} - p_{w(n+1)} = \Delta p$ berechnet. G_{n+1} ergibt sich dann zu

$$G_{n+1} = G_n + \sum_n^{n+m} E + \sum_1^q D_v,$$

wobei die Summenausdrücke sich gegebenenfalls bis auf E_n vereinfachen, wenn kein Heizkondensat aus schaltungsmäßig höher liegenden Vorwärmern zufließt und $\sum_1^q D_v = 0$ ist. Die Enthalpie des Speisewassers am Austritt aus der Bilanzhülle folgt aus der Mischungsformel

$$i_{w(n+1)} = \frac{G_n \overline{i_{wn}} + \big(\sum_n^{n+m} E + \sum_1^q D_v\big)\, i_n^+}{G_{n+1}}. \tag{322}$$

Ein Oberflächenvorwärmer, der mit einem Kondensatkühler ausgestattet ist und dessen Heizkondensat abläuft, hat folgende Wärmebilanz

$$E_n i_{Dn} + \sum_1^q D_v i_v + \sum_{n+1}^{n+m} E\, i'_{(n+1)} + G_n i_{wn} - (G_n \bar{i}_{wn} + (\sum_1^q D_v + \\ + \sum_n^{n+m} E)\, \overline{i'_n}) = 0. \tag{323}$$

Die in den nächsthöheren Vorwärmer eintretende Speisewassermenge bleibt nach der Aufwärmung in diesem Vorwärmer mit G_n konstant. i_{wn} ergibt sich über p_{Dn} und Δt. Die im Kondensatkühler an das Speisewasser abgegebene Wärmemenge $(\sum_n^{n+m} E + \sum_1^q D_v)\,(i'_n - \overline{i'_n})$ wird über p_{Dn} und die Grädigkeit oder den Wirkungsgrad des Kondensatkühlers ermittelt.

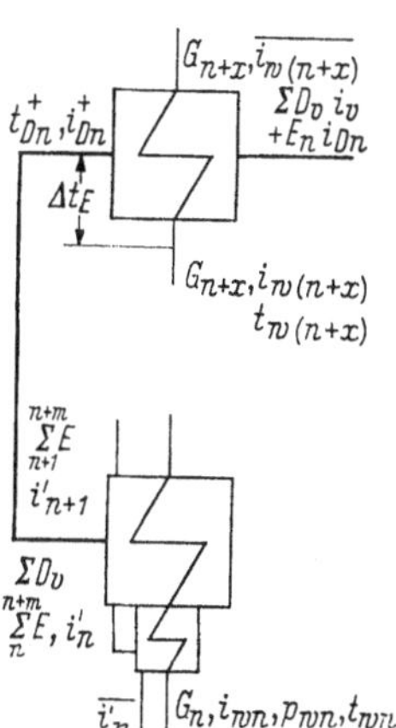

Bild 157. Vorwärmstufe, die von einem Enthitzer mit Anzapfdampf versorgt wird.

Ist dem Oberflächenvorwärmer ein Enthitzer vorgeschaltet, der im Speisewasserstrom vor dem höchsten Vorwärmer liegt, so wird nach dem Bild 157 mit $t_{w(n+x)}$ über die in diesem Bild definierte Grädigkeit des Enthitzers Δt_E ein t^+_{Dn} und mit p_{Dn} schließlich i^+_{Dn} ermittelt. Die Rechnung geht dann wie bei dem Oberflächenvorwärmer beschrieben weiter. Mit $E_n\,(i_{Dn} - i^+_{Dn})$ läßt sich außerdem die Aufwärmung, die die Speisewassermenge G_{n+x} mit der Eintrittsenthalpie $i_{w(n+x)}$ erfährt, ausrechnen. $i_{w(n+x)}$ ergibt sich aus dem Anzapfdruck $p_{D(n+x)}$ des höchsten Vorwärmers und dessen Grädigkeit. Sind mehrere Enthitzer hintereinander geschaltet, so muß die Iteration, wie schon beschrieben, in allen mit $i_{w(n+x)}$ als Ausgang für die Ermittlung der einzelnen $i^+_{D(n+k)}$ eingesetzt werden.

Kehren wir nun zu dem Bild 154 zurück. Nach Abschluß der Vorwärmrechnung ist die Frischdampfmenge G_0 bekannt, die Ausgangsgröße für die Leistungsbilanz ist. Diese Leistungsbilanz beginnt in *9*. Zu G_0 kommt noch i_0, die Frischdampfenthalpie, hinzu. i_0 wird über die Zustandsgleichungen aus p_0 und t_0 errechnet.

Es war zu Beginn dieser Beschreibung vorausgesetzt worden, daß die Expansionslinie des Dampfes in der Turbine bekannt sei. Dazu gehörten jedoch nicht die Enthalpieänderungen, die beispielsweise durch die Zumischung von Stopfbuchsendampf entstehen. Diese für die Leistungsbilanz der einzelnen zwischen den Anzapfungen liegenden Stufengruppen benötigten Enthalpien werden in *10* berechnet. Ebenso werden die durch die einzelnen Stufengruppen strömenden Dampfmengen ermittelt.

Bei der Zählung *11* sind die Stufengruppen vor und nach der Zwischenüberhitzung gekennzeichnet.

Nach einer Zählung in *12*, die das Ende der Leistungsbilanz bestimmt, wird in *13* mit den Dampfmengen und Enthalpien am Eintritt in jede Stufengruppe und den Enthalpien am Austritt aus dieser Stufengruppe die Leistungsbilanz jeder Stufengruppe aufgestellt. Die Austrittsenthalpie jeder Stufengruppe *14* ist Ausgang für die Leistungsbilanz der nächsten Stufengruppe.

Wird die Zwischenüberhitzung erreicht, so springt das Programm nach *15*. Nachdem die Leistungsbilanz für die letzte Stufengruppe vor der Zwischenüberhitzung errechnet worden ist, muß nun zunächst die Enthalpieerhöhung des Dampfes bei der Zwischenüberhitzung ermittelt werden. Diese Enthalpie nach Austritt aus dem Zwischenüberhitzer geht für die nächste Stufengruppe in die Leistungsbilanz ein.

In *16* wird aus den Leistungsbilanzen der einzelnen Stufengruppen die Gesamtleistung unter Berücksichtigung noch einzusetzender Wirkungsgrade ermittelt. Überschreitet die Differenz zwischen dieser Leistung und der vorgegebenen Leistung eine festgesetzte Schranke *17*, so werden in *18* die Ausgangsgrößen für die nächste Iteration über den Gesamtprozeß im Verhältnis dieser beiden Leistungen korrigiert. Diese Iteration konvergiert sehr rasch (3 bis 5 Umläufe).

Wird die Schranke in der Differenz zwischen der vorgegebenen und der errechneten Leistung unterschritten, so werden die Ergebnisse in *19* ausgeschrieben. Der Rechenvorgang ist beendet.

Da die Aufstellung eines Rechenprogramms sehr aufwendig und mit vielen Mühen verbunden ist, muß von vornherein darauf geachtet werden, daß es so allgemein wie möglich ausfällt und nicht auf einen oder einige spezielle Prozesse zugeschnitten ist. Mit einem solchen universellen Programm lassen sich dann auch noch Feinheiten in der Verbesserung des Prozeßwirkungsgrades untersuchen. Der generelle Vorteil eines solchen Programms ist jedoch überhaupt darin zu sehen, daß schon für die Auslegung des Kraftwerks wesentlich mehr gerechnet werden kann als es bei den umständlichen Durchrechnungen „von Hand" mit einem vertretbaren Einsatz von Ingenieuren und Zeit möglich war. Es darf andererseits nicht verkannt werden, daß dieses Durchrechnen „von Hand" zur Einarbeitung in die Zusammenhänge des Prozesses und zu seinem Verständnis für den neu mit dieser Materie Beschäftigten unerläßlich ist.

7. Der Zusammenhang zwischen dem spezifischen Wärmeverbrauch und dem Materialaufwand

7.1 Der Einfluß der thermodynamischen Auslegungswerte auf die leistungs- und die arbeitsabhängigen Kosten

Die für die Wirtschaftlichkeit einer Anlage maßgeblichen Erzeugungskosten teilen sich, wie im Abschnitt 1 dargelegt wurde, in die leistungs- und die arbeitsabhängigen Kosten auf. Der Hauptanteil der leistungsabhängigen Kosten besteht aus den kapitalabhängigen Kosten, wird also von den Investitionskosten abgeleitet. Bei den arbeitsabhängigen Kosten überwiegen dagegen die Brennstoffkosten. Beide Kostenanteile müssen betrachtet werden, soll für den jeweiligen Zweck und dem jeweiligen Stand der Technik entsprechend die wirtschaftlichste Anlage gefunden werden. Die beiden Kostenarten sind so miteinander verknüpft, daß im allgemeinen thermodynamisch hochwertige Anlagen mit niedrigem spezifischem Wärmeverbrauch, also niedrigem Brennstoffverbrauch, hohe Investitionskosten erfordern und umgekehrt. Es muß dem planenden Ingenieur immer wieder bewußt sein, daß er das Investitionskapital als ein Äquivalent für vorgetane Arbeit betrachten muß und daß sich ihm dann die Aufgabe stellt, mit einem insgesamt geringen Aufwand an Arbeit und Arbeitsvermögen des Brennstoffs ein Maximum an elektrischer Arbeit zu gewinnen.

Bei der Vielzahl der Parameter, die bei der Planung eines Kraftwerksblocks berücksichtigt werden müssen, ist es nicht möglich, einen geschlossenen Ausdruck anzugeben, dessen Optimierung zugleich den wirtschaftlich günstigsten Prozeß ergibt. Statt dessen muß in Einzelschritten versucht werden, die Stromerzeugungskosten unter den jeweils gegebenen Bedingungen einem Minimum zu nähern, angefangen von der Aufstellung von Kennfeldern des spezifischen Wärmeverbrauchs als Funktion der hauptsächlichen Parameter des Prozesses, wie sie für die Abschnitte 5.4 und 5.5 errechnet wurden.

Außer von den hauptsächlichen thermodynamischen Parametern des Prozesses hängt daher der effektive spezifische Wärmeverbrauch auch von der verfahrenstechnischen Güte, mit der die Umwandlung gelingt, ab. Diese verfahrenstechnische Güte wird beispielsweise von den Druckverlusten, die beim Transport des Arbeitsmediums und von Strömungsverlusten, die in den Turbinen, Pumpen und Gebläsen auftreten und den damit verbundenen Exergieverlusten bestimmt. Sie hängt aber auch von Wärmeverlusten ab, die zusätzlich zu der im Kondensator abgeführten Verlustwärme auftreten, sowie von Exergieverlusten, die beim Wärmetausch in den Vorwärmern, dem Dampferzeuger usw. durch die endliche Größe der Heizfläche entstehen. Schließlich ist auch noch der Eigenbedarfsanteil an elektrischer Arbeit zu berücksichtigen, der nicht im thermodynamischen Prozeß oder den bisher genannten verfahrenstechnischen Vorgängen begründet ist.

Das Verbessern des spezifischen Wärmeverbrauchs durch Anheben der mittleren oberen Temperatur der Wärmezufuhr von außen führt, wenn es über die Frischdampf- bzw. die Zwischenüberhitzungstemperaturen geht, zu dem Einsatz höherwertiger und damit teurer Stähle. Die Regenerativ-Vorwärmung erhöht dagegen den spezifischen Dampfverbrauch, also die Stoffströme, wozu bei sonst gleichen Verhältnissen größere Querschnitte erforderlich sind, also spezifisch mehr Material eingesetzt werden muß.

Die Verbesserung der Verfahrenstechnik erfordert ebenfalls in vielen Fällen den Mehreinsatz von Werkstoff. So steigen, sollen Druckverluste abgesenkt werden, ebenfalls die erforderlichen Querschnitte und damit der Werkstoffaufwand. Das gilt auch, wie schon erwähnt, bei Exergieverlusten, die bei Wärmetauschern, abhängig von der Größe der Heizflächen, auftreten.

Der Einsatz zusätzlicher Investitionen muß an den Stellen des Prozesses erfolgen, an denen der größte Gesamtnutzen erzielt wird, der nicht nur in einem Vermindern des spezifischen Wärmeverbrauchs, sondern auch in einem Steigern des Verfügbarkeitsgrades, in einem Absenken der An- und Abfahrverluste, einer Verbesserung der Regelfähigkeit, Erhöhen der Betriebssicherheit, Vermindern des Personal- und Reparaturaufwandes usw. liegen kann.

Die Verknüpfung zwischen einer Verbesserung des spezifischen Wärmeverbrauchs und einem Investitionsmehraufwand wurde über das effektive Kostenäquivalent β der Gl. (13) angegeben.

$$\beta = \frac{N_i p_w t'}{\alpha r(1+\varepsilon)}\, 10^{-6} \left[\frac{\mathrm{DMkWh}}{\mathrm{kcal}}\right]. \tag{13}$$

Die Bedeutung der einzelnen Größen wurde dort erläutert. Die Ausnutzungsdauer wird mit t' bezeichnet, um hier den Buchstaben, der eine Zeit angibt, vor den für die Temperaturen verwendeten Bezeichnungen abzuheben. Der Wert β gibt also an, mit welchem Kostenaufwand die Verbesserung des spezifischen Wärmeverbrauchs bei einer gegebenen Anlage im Höchstfall erkauft werden darf, soll durch die thermodynamische Verbesserung auch gleichzeitig eine wirtschaftliche Verbesserung erzielt werden. In der Praxis wird man immer ein Stück von der durch β gesetzten Kostengrenze entfernt bleiben müssen, um gegen Unwägbarkeiten gesichert zu sein.

Nun sind p_w und t' in der Gl. (13) über die Lebensdauer der Anlage oder die gerechnete Abschreibungszeit nicht konstant, sondern veränderlich, wobei t' in den ersten Jahren der Betriebszeit hohe Werte erhält, die mit zunehmendem Alter der Anlage abnehmen. Der Einfluß dieser Veränderlichkeit soll hier untersucht werden, obwohl es für einfachere Überlegungen voll ausreicht, mit der bequemeren Gl. (13) zu arbeiten und so bei kleineren Beträgen ein in erster Näherung hinreichend genaues Ergebnis zu erhalten.

Qualitativ ist der Verlauf der Ausnutzungsdauer über den Jahren der Betriebszeit in dem Bild 15 wiedergegeben. Da der idealisierte Verlauf der Glockenkurve in diesem Bild in Wirklichkeit bei dem einzelnen Kraftwerksblock nicht erreicht wird und in seinem Verlauf auch nicht vorhersehbar ist, soll die Annäherung durch eine Gerade, die durch den Anfang der Glockenkurve an deren Anschluß an das Stück $t'_k =$ const geht und sie nach der Abschreibungszeit ein zweites Mal schneidet, hinreichen (Bild 158). Durch Multiplikation der Ausnutzungsdauer der einzelnen Jahre mit der installierten Leistung ergibt sich dann die von dem betreffenden Kraftwerksblock abgegebene elektrische Arbeit.

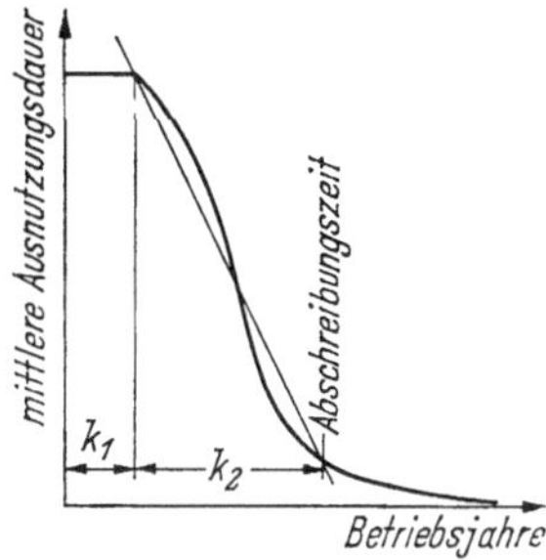

Bild 158. Vereinfachung der Darstellung des Verlaufs der Ausnutzungsdauer über den Betriebsjahren.

Mit p_w wird allgemein der zum Zeitpunkt der Untersuchung geltende Wärmepreis eingesetzt. Exakter ist es, die Wärmepreise der einzelnen Jahre als Glieder einer Zahlungsreihe aufzufassen, deren Gegenwartswert dividiert durch den Abschreibungszeitraum den mittleren Wärmepreis ergibt. Sind die Wärmepreise in den einzelnen Jahren p_{wk} und ist die Ausnutzungsdauer konstant gleich t'_k, so ergibt sich für das Produkt $p_w t'$ der Gl. (13) als Mittelwert

$$\overline{p_w\, t'} = \frac{p_{wk} t'}{m} \sum_{k_1=1}^{m} \frac{1}{(1+i_1)^{k_1}}. \tag{324}$$

m ist die Zeitspanne, während der $t' = t'_k =$ const, und i_1 ist der Zinssatz, mit dem sich das Kapital, das zur Brennstoffbeschaffung eingesetzt wird, verzinst. Nun steigen aber die Brennstoffpreise mit dem Lohn und anderen Kosten ebenfalls jährlich, beispielsweise um einen Satz i_2, und der Gegenwartswert der Zahlungsreihe erhöht sich dementsprechend auf

$$x_a = p_w \sum_{k_1=1}^{n} \left(\frac{1+i_2}{1+i_1}\right)^{k_1}. \tag{325}$$

Damit steigt auch der Wert für $\overline{p_w t}$.

Wird in dem Kurventeil abfallender Ausnutzungsdauer über der Abschreibungszeit der Kurvenverlauf durch die Gerade

$$t' = a - b\, k_2 \tag{326}$$

angenähert, wobei k_2 die Werte von $m + 1$ bis zum Ende der Abschreibungszeit n durchläuft, so ergibt sich für das Produkt $p_w\, t'$ im Jahr $m + 1$ der Wert

$$(p_w\, t')_{m+1} = [a - b\,(m + 1)]\, p_w \left(\frac{1 + i_2}{1 + i_1}\right)^{m+1} \tag{327}$$

usw., bis schließlich die Summe dieser Produkte mit

$$\frac{x_b}{n - m + 1} = \frac{p_w}{n - m + 1} \sum_{k_2=m+1}^{n} [a - b\,k_2] \left(\frac{1 + i_2}{1 + i_1}\right)^{k_2} \tag{328}$$

gebildet wird.

Aus den Gln. (325) und (328) folgt schließlich der Mittelwert für das Produkt $\overline{p_w\, t'}$ über den ganzen Abschreibungsbereich zu

$$\overline{p_w\, t'} = \frac{p_w}{n} \left\{ t'_k \sum_{k_1=1}^{m} \left(\frac{1 + i_2}{1 + i_1}\right)^{k_1} + \sum_{k_2=m+1}^{n} (a - b\,k_2) \left(\frac{1 + i_2}{1 + i_1}\right)^{k_2} \right\}. \tag{329}$$

In durchgerechneten Zahlenbeispielen ergaben sich mit $p_w\, t'$ nach der Gl. (329) eingesetzt in die Gl. (13) größenordnungsmäßig etwa 15% geringere Werte für das effektive Kostenäquivalent als mit den Ausgangswerten p_w ermittelt wurden.

7.2 Die Auswahl wirtschaftlicher Parameter

Ist so die Möglichkeit gegeben, das effektive Kostenäquivalent hinreichend genau zu bestimmen, so muß nun die Verknüpfung zwischen erreichbarer Verbesserung des spezifischen Wärmeverbrauchs und dazu notwendigem Mehraufwand hergestellt werden.

Wie das mit Hilfe der bisher dargestellten thermodynamischen Zusammenhänge geschehen kann, soll im folgenden an einigen Beispielen gezeigt werden.

Die für diese Darstellung verwendeten Diagramme aus dem Abschnitt 5.4 müssen dabei als Schnitte durch die n-dimensionale Fläche verstanden werden, die sich entsprechend der Anzahl der variierten Parameter ergab. Die so entstandenen Diagramme sollen die jeweils als variabel interessierenden Parameter erkennbar werden lassen, während die übrigen Parameter konstant gehalten werden. Es wird zu sehen sein, daß die Verwendung derartiger Diagramme die Auswahl wirtschaftlich günstiger Prozeßdaten erleichtert, da die Übersicht über die Optimierungsrichtung durch diese Kennfelder ermöglicht wird.

Zunächst zur Auswahl der Auslegungsgrößen im Zusammenhang mit der Auslegung der Frischdampfleitungen. Die rechnerisch erforderliche Wandstärke s_0 dieser Leitungen ergibt sich aus

$$s_0 = \frac{p d_a}{k_1 + p} = \frac{p d_i}{k_1}, \tag{330}$$

worin d_a und d_i in mm die Außen- bzw. Innendurchmesser der Leitungen sind, p ist der Betriebsdruck [kp/cm²], und $k_1 = 200\, k/s$ setzt sich aus dem Werkstoffkennwert k [kp/mm²] und dem Sicherheitswert s zusammen. Für die einzelnen Stähle werden $k/s = f(t)$ abhängig von der Betriebstemperatur angegeben.

Aus s_0 und d_i folgt der Materialquerschnitt des Rohres F_M zu

$$F_M = \frac{\pi}{4} \frac{p d_i^2}{k_1} \left(\frac{p}{k_1} + 2 \right). \tag{331}$$

Daraus wird mit der Kontinuitätsgleichung

$$F_M = \frac{G_0 v p}{w k_1} \left(\frac{p}{k_1} + 2 \right). \tag{332}$$

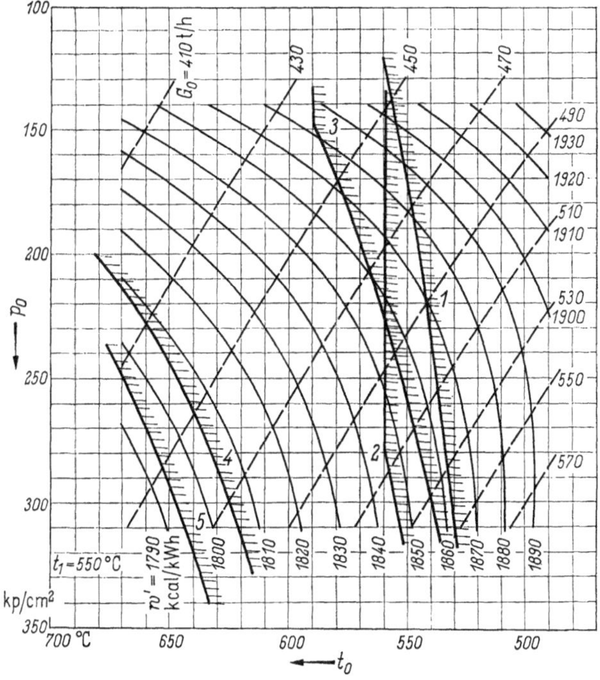

Bild 159. Grenzen der Verwendbarkeit verschiedener Stähle. *1* 13 CrMo 44; *2* 14 MoV 63; *3* 10 CrMo 910; *4* X 8 CrNiNb 1613; *5* X 8 CrNiMoNb 1616 bei $d_a/d_i = 1{,}7$.

G_0 [kg/h] ist hier die Frischdampfmenge, v [m³/kg] das spezifische Volumen und w [m/s] die Strömungsgeschwindigkeit des Dampfes. Um aus der Größengleichung (332) eine Zahlenwertgleichung zu machen, muß die rechte Seite noch mit 278 multipliziert werden.

Oftmals werden solche Untersuchungen über den erforderlichen Werkstoffquerschnitt auch für eine fest vorgegebene obere Strömungsgeschwindigkeit des Dampfes gemacht, dann ist w in der Gl. (332) konstant.

Bei dem Bild 159 sind in das Kennfeld nach dem Bild 118 für variable Frischdampf-Zustandsgrößen (p_0, t_0) und konstante Zwischenüberhitzung

$t_1 = 550$ °C die Grenzen eingezeichnet, bis zu denen heute auf der Frischdampfseite viel verwendete Stähle für die Dampfleitungen eingesetzt werden können [*29*]. In das Diagramm sind die Frischdampfmenge G_0 und der spezifische Wärmeverbrauch unter Einschluß der Speisepumpenarbeit w' eingetragen. Die Grenzen werden entweder von der Verzunderungsgefahr oder von der Walzbarkeit bei maximal $d_a/d_i = 1{,}7$ bestimmt. Die der Untersuchung zugrunde gelegte Strömungsgeschwindigkeit des Dampfes betrug 40 m/s. Werden bei der Betrachtung dieser Grenzen jeweils die Bereiche ausgeschieden, in denen nur noch geringe Verbesserungen des spezifischen Wärmeverbrauchs bei hohen Druckstei-

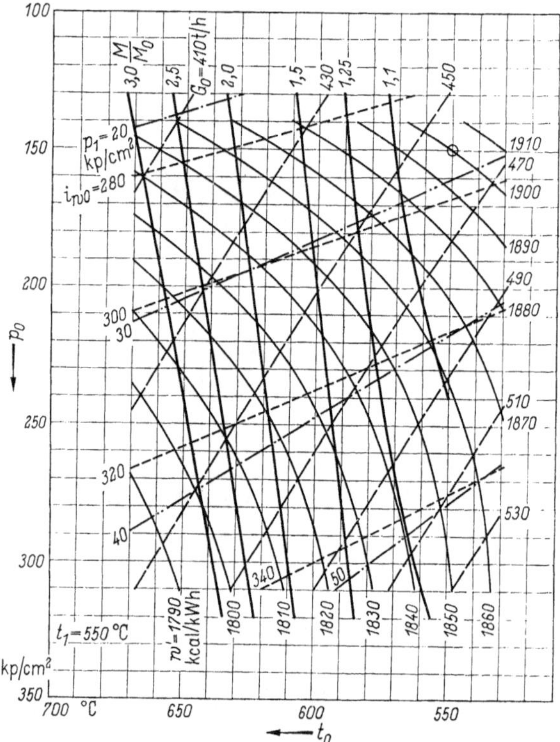

Bild 160. Materialaufwand für den Stahl X 8 CrNiMoNb 1616, bezogen auf den Auslegungszustand p_0 = 150 kp/cm², t_0 = 550 °C. G_0 = Frischdampfmenge in t/h bei N = 150 MW, p_1 = optimaler Trenndruck, i_{w0} = optimale Vorwärmenthalpie.

gerungen erzielt werden können, da die in diesen Bereichen gewonnenen Vorteile durch den mit dem Druck auf der Speisewasserseite steigenden Materialaufwand wieder aufgezehrt werden, so ergibt sich beispielsweise für den Stahl 13 CrMo 44 ein günstiger spezifischer Wärmeverbrauch des thermodynamischen Kreisprozesses von etwa 1870 kcal/kWh bei einem

Frischdampfdruck von rund 220 kp/cm² und einer Frischdampftemperatur von rund 540 °C. Bei dem 14 MoV 63 liegt dieser Wert bei rund 250 kp/cm² und 560 °C mit rund 1850 kcal/kWh etwas besser.

Die angegebenen Werte gelten für den Prozeß mit einfacher Zwischenüberhitzung. Die vorbenannten Grenzen werden außer dem Aufwand bei den Frischdampfleitungen auch den Materialaufwand im Kessel berücksichtigen.

Diese absoluten Grenzen interessieren bei Auslegungsrechnungen allerdings weniger als Untersuchungen über den Werkstoffaufwand bei dem einmal ausgewählten Werkstoff, der mit seinen Kapitalkosten gegenüber der möglichen Brennstoffeinsparung ausgewogen werden muß.

In das Bild 160 ist deshalb in das Kennfeld ebenfalls nach dem Bild 118 beispielsweise für den Stahl X 8 CrNiMoNb 1616 eine Anzahl von Linien eingezeichnet, die bei jeweils konstant gehaltenem Werkstoffaufwand für die Frischdampfleitungen die günstigsten Bereiche für die Frischdampfzustandsgrößen aufzusuchen ermöglichen. Außerdem kann über die Absenkung des spezifischen Wärmeverbrauchs beim Übergang von einer Linie gleichen Werkstoffverbrauchs zur links danebenliegenden ermittelt werden, ob dieser Mehraufwand über das Kostenäquivalent zu rechtfertigen ist. Die Linien gleichen Werkstoffaufwandes sind für Rohrquerschnitte bei ebenfalls gleichbleibender Strömungsgeschwindigkeit von 40 m/s mit den aus dem Diagramm ermittelten Frischdampfmengen gerechnet worden. In Anlehnung an die Erläuterungen zu dem vorigen Bild ist aus diesen Diagrammen abzulesen, daß

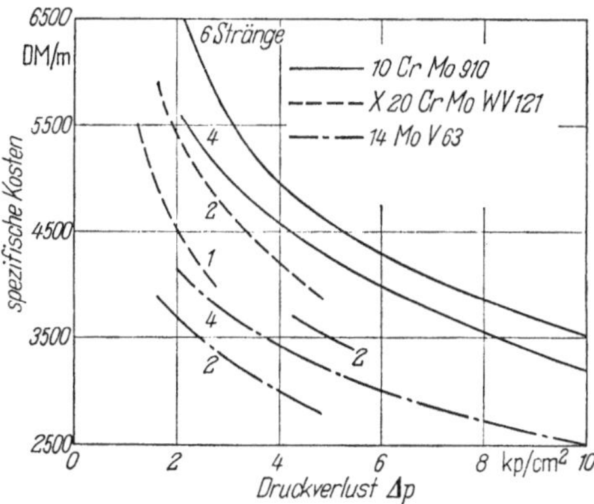

Bild 161. Spezifische Kosten der HD-Rohrleitung (Basis: 100 m einschließlich Krümmer, Armaturen usw.) [30].

für den untersuchten Stahl im Temperaturbereich von 600 bis 650 °C Frischdampfdrücke von 270 kp/cm² und darüber zu erwarten sind. Bei Anwenden der zweifachen Zwischenüberhitzung werden die Frischdampfdrücke jedoch auch noch beträchtlich über diese Werte steigen.

Bei großen Kraftwerkseinheiten läßt sich die Frischdampfmenge nicht mehr über eine Leitung transportieren, da das Widerstandsmoment dieser Leitung sonst so groß wird, daß die Kompensationsprobleme nicht mehr gelöst werden können. Das gilt für austenitische Stähle wegen deren höherer Wärmedehnung in verstärktem Maß. In diesem Fall wird die Frischdampfleitung dann in 2 oder 4 Strängen ausgeführt, die weicher und demzufolge mit geringerer gestreckter Rohrlänge zu verlegen sind. Nach der Gl. (332) ändert sich bei der Aufteilung einer Frischdampfleitung in mehrere Stränge der erforderliche Materialquerschnitt nicht. Trotzdem ist wegen der geringeren Bearbeitungskosten die einsträngige Leitung billiger als die mehrsträngige, wie auch das Bild 161 für das Beispiel eines 176 MW-Blockes mit einem Frischdampfzustand von $p_0 = 210$ kp/cm² und $t_0 = 550$ °C zeigt [*30*]. Im Einzelfall muß also die Einsparung durch leichtere Kompensation bei mehreren Strängen den ebenfalls erforderlichen höheren Bearbeitungskosten gegenübergestellt werden.

Die Bilder 159 und 160 zeigen Zusammenhänge zwischen dem Werkstoffaufwand, also dem Investitionsaufwand und damit dem Hauptteil der leistungsabhängigen Kosten einerseits und dem spezifischen Wärmeverbrauch und damit dem Hauptteil der arbeitsabhängigen Kosten andererseits. Diese Verknüpfung wird in Einzelfällen auch immer dann aufzusuchen sein, wenn es gilt, die verfahrenstechnische Güte des gewählten Prozesses durch einen höheren Werkstoffaufwand zu verbessern.

Die für große Blöcke erkennbare Steigerung der Frischdampfzustandsgrößen wird durch Senken des spezifischen Werkstoffaufwandes und Vermindern der Randverluste bei den dann üblichen großen Stoffströmen hervorgerufen. Inwieweit jedoch auch andere Auslegungswerte bedeutsam sind, soll hier an dem Beispiel der Auswahl der beiden Trenndrücke bei einem Prozeß mit zweifacher Zwischenüberhitzung erläutert werden.

Ausgehend von einem Prozeß mit einfacher Zwischenüberhitzung für einen 150 MW-Block mit einem Frischdampfdruck von 180 kp/cm² und Dampftemperaturen von 2×550 °C, wie er etwa heute üblich ist, ergibt sich eine Verbesserung im spezifischen Wärmeverbrauch bei dem Übergang auf einen Prozeß mit 320 MW und den Dampfdaten 250 kp/cm², 600 °C; 550 °C von ca. 100 kcal/kWh. Wird diesem Prozeß eine zweite Zwischenüberhitzung, ebenfalls bis auf 550 °C angehängt, so ist eine nochmalige Verbesserung von 30 bis 40 kcal/kWh zu erwarten. Diese Werte sollen hier als Richtwerte dienen; sie sind über das effektive Kostenäquivalent bei 320 MW, einer Ausnutzungsdauer von 5000 h und einem Wärmepreis von 8 DM/10^6 kcal so miteinander verknüpft, daß eine Verminderung im spezifischen Wärmeverbrauch bei der Prozeßauslegung um 10 kcal/kWh einem Senken der Investitionskosten um 900 000 DM gleichwertig ist.

Das Bild 144 zeigt, in welchen Bereichen der spezifische Wärmeverbrauch bei geänderten Frischdampfzustandsgrößen gegenüber dem obengenannten Prozeß verbessert werden kann. Es ist zu erkennen, daß bei gleichbleibender Frischdampftemperatur ein Anheben des Frischdampfdruckes gegenüber dem genannten Wert von 250 kp/cm² auf 350 kp/cm² einen um 23 kcal/kWh verbesserten spezifischen Wärme-

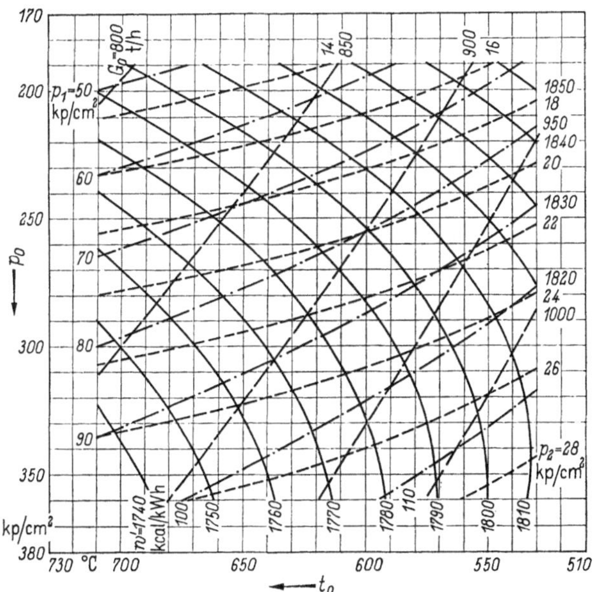

Bild 144 (von S. 182). Kennfeld für w'_{opt}, p_{1opt}, p_{2opt} und G_0, abhängig vom Frischdampfzustand p_0 und t_0, für konstante Werte von t_1 = 550 °C und t_2 = 550 °C.

verbrauch ergeben würde. Diese Differenz vergrößert sich für den wirklichen Prozeß noch durch Division mit dem Produkt der auf der Seite 152 angegebenen Wirkungsgrade.

Hat die Wirtschaftlichkeitsrechnung über das effektive Kostenäquivalent die Auslegungswerte ergeben, so liegen für den Dampferzeuger, die Rohrleitungen und die Turbine die Zustandsgrößen auf der Hochdruckseite fest. Nun müssen bei aus Werkstoffgründen gegebenen oberen Dampftemperaturen für die beiden Zwischenüberhitzungen die Trenndrücke gewählt werden. Dazu darf nicht nur die thermodynamisch optimale Zuordnung der Parameter, wie sie aus dem Bild 144 hervorgeht, allein betrachtet werden, sondern es muß der Bereich um dieses Optimum zur Auswahl der wirtschaftlich günstigsten Werte untersucht werden. Die Umgebung eines solchen thermodynamisch optimalen Punktes zeigt das Bild 135. Die Aufwärmung des Speisewassers ist für die dargestellten Werte jeweils bis zur Sättigungsenthalpie des ersten Trenndruckes durchgeführt. Die Stoffströme, die hier für eine Leistung von 320 MW errechnet worden sind, steigen dann in erster Linie mit wachsendem Trenndruck. Es ist zu erkennen, daß für praktische Auslegungsfälle ein Bereich inter-

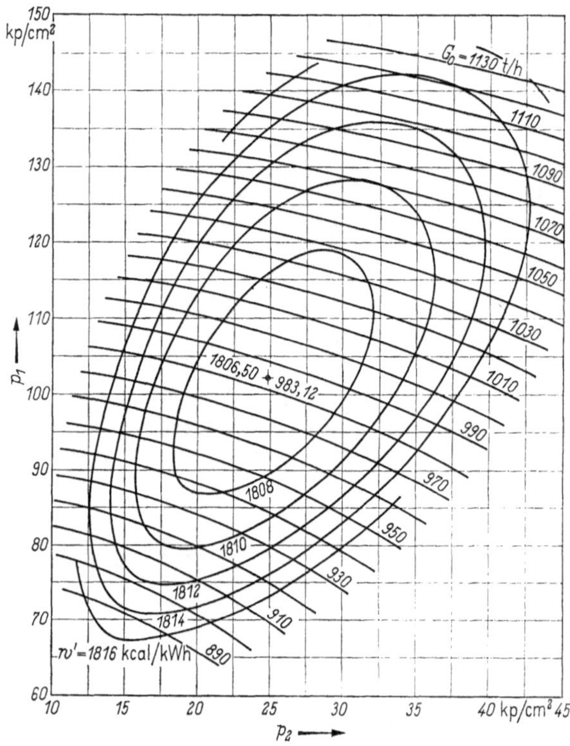

Bild 135 (von S. 175). Verlauf der Schichtlinien gleichen spezifischen Wärmeverbrauchs w' über den beiden Trenndrücken p_1 und p_2 für den Prozeß mit p_0 = 300 kp/cm², t_0 = 550 °C, t_1 = 550 °C, t_2 = 550 °C.

essiert, der, wie schon erwähnt, unterhalb des optimalen Punktes in der Nähe der Längsachse der Kurven gleichen spezifischen Wärmeverbrauchs oder rechts davon liegt. Werden die Auslegungswerte entlang der Längsachse verschoben, so ergibt beispielsweise ein um 4 kcal/kWh schlechterer Prozeß eine um 55 t/h geringere Frischdampfmenge. Der erste Trenndruck sinkt dabei um rund 20 kp/cm², womit ein Sinken der Speisewasser-Eintrittstemperatur am Kessel um ebenfalls 20 °C verbunden ist, und der zweite Trenndruck fällt auf 15 kp/cm², also 75% des Wertes, den er im Optimum haben würde. Die Wärmeaufnahme verlagert sich im Dampferzeuger entsprechend der gesunkenen Frischdampfmenge bei praktisch gleichbleibender von außen zugeführter Wärme etwas auf die beiden Zwischenüberhitzer.

Nun ist dieses Muscheldiagramm unter bestimmten Voraussetzungen, wie vorgegebenen Druckverlusten bei den beiden Zwischenüberhitzungen von je 10%, Art und Höhe der Vorwärmung und Höhe der Turbinenwirkungsgrade, errechnet worden. Eine Veränderung dieser Parameter würde von dem gezeigten Diagramm möglicherweise erheblich unterschiedliche Muscheldiagramme ergeben, d. h., daß sich für die Dampferzeuger bei gleichen Frischdampfzustandsgrößen und Dampftemperaturen auf der Zwischenüberhitzerseite für gleiche spezifische Wärmeverbrauchswerte erheblich voneinander abweichende Auslegungswerte ergeben können. Als Beispiel für den hier dargestellten Prozeß ist die Variation der Druckverluste bei den beiden Zwischenüberhitzungen durchgeführt worden.

Tabelle 5

Optimale Trenndrücke und spezifische Wärmeverbrauchswerte für unterschiedliche Druckverluste in beiden Zwischenüberhitzern

(Prozeß 350 kp/cm², 600 °C; 550 °C; 550 °C) [31]

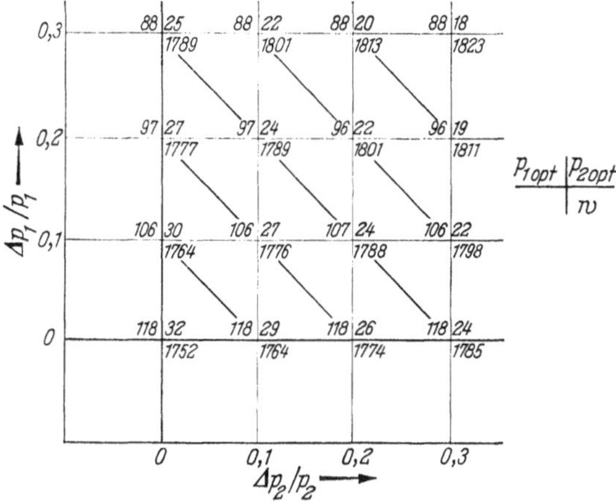

Die Ergebnisse dieser Optimierungsberechnungen sind in die Tabelle 5 eingetragen. Die einzelnen Punkte geben den spezifischen Wärmeverbrauch und die optimalen Trenndrücke im jeweiligen Bestpunkt an. Um jeden dieser Punkte ist ein Muscheldiagramm ähnlich dem des Bildes **135** zu denken. Entlang der eingezeichneten Diagonalen bleibt der spezifische Wärmeverbrauch und der zweite Trenndruck etwa konstant. Es muß also entlang einer solchen Diagonalen eine wirtschaftliche Lösung für den Dampferzeuger und die Rohrleitungen durch Ermitteln des jeweiligen Investitionsaufwandes errechnet werden, wobei die Auslegung in den einzelnen Punkten mit den zugehörigen Muscheldiagrammen und unter Beachtung des effektiven Kostenäquivalentes zu treffen ist.

Die Kenntnis solcher Zusammenhänge ermöglicht es, Einfluß auf die Schaltung der Zwischenüberhitzerheizflächen zu nehmen und beispielsweise einem der beiden Zwischenüberhitzer durch ein Ausgleichen der Charakteristik aus Berührungs- und Strahlungsheizfläche ein flaches Temperaturverhalten zu geben, wodurch bei zwar dann notwendigerweise etwas höherem Druckverlust auf der anderen Seite Einsparungen in der Heizfläche und im Regelaufwand zu erzielen sind.

Ebenso können mit solchen Rechnungen für das Teillastverhalten des Dampferzeugers Unterlagen darüber gewonnen werden, in welchem Lastbereich die Zwischenüberhitzertemperaturen zum Erhalt des insgesamt wirtschaftlichen Ergebnisses überhaupt konstant bleiben sollten. Mit sinkender Last nimmt der spezifische Wärmeverbrauch ohnehin in Form einer Hyperbel zu. Wenn nun die Zwischenüberhitzertemperaturen bei niedrigen Lasten absinken, so wird dadurch zusätzlich der spezifische Wärmeverbrauch im Teillastgebiet verschlechtert. Dabei steigt auch der für den Einsatz des Blockes bedeutungsvolle spezifische Zuwachs-Wärmeverbrauch an. Dennoch können niedrigere Erzeugungskosten eine solche Auslegung rechtfertigen.

Aus der Tabelle 5 ist auch zu erkennen, daß um 10% bei beiden Zwischenüberhitzungen erhöhte Druckverluste den spezifischen Wärmeverbrauch um 25 kcal/kWh anheben. Das würde bei diesem Prozeß auch eine von 600 auf 550 °C abgesenkte Frischdampftemperatur oder ein von 350 kp/cm² auf 250 kp/cm² verminderter Frischdampfdruck bewirken.

Das hier gebrachte Beispiel zeigt, daß noch erhebliche Möglichkeiten in der Verfeinerung der Auslegungsrechnungen und damit in der Verbesserung des Prozesses liegen. Da diese Arbeiten zeitraubend und aufwendig sind, wäre es zu wünschen, wenn sie jeweils für eine in der Auslegung gleichbleibende Reihe von Kraftwerksblöcken einmal gründlich durchgeführt werden könnten.

7.3 Exergieverluste und ihr Zusammenhang mit dem Werkstoffaufwand

Der Transport des Arbeitsmediums in Leitungen von begrenztem Querschnitt und die Einschnürungen durch Regelorgane bringen Druckverluste mit sich. Diese Druckverluste bedingen Exergieverluste in der Größe von $T_u \Delta s$.

Bei der Berücksichtigung der Druckverluste spielt nicht nur der Rohrleitungsquerschnitt, sondern auch die Rohrleitungslänge eine Rolle. Der Druckverlust in einer Leitung ist

$$\Delta p = \lambda \frac{L w^2}{2 g v d_i}, \tag{333}$$

woraus mit der Kontinuitätsgleichung folgt

$$\Delta p = \lambda \frac{L\,G_0^2 v_0}{2g\left(\frac{\pi}{4}\right)^2 d_i^5}\,, \tag{334}$$

worin λ der Reibungsbeiwert, L die Rohrlänge, d_i der Rohrinnendurchmesser und $G_0 v_0$ das strömende Volumen (hier beispielsweise für die Frischdampfleitung) sind.

Nach einer Umformung ergibt sich für die Fläche des lichten Rohrquerschnitts

$$F_i = \left(\frac{\lambda}{2g}\sqrt{\frac{4}{\pi}}\,\frac{L\,G_0^2 v_0}{\Delta p}\right)^{2/5}. \tag{335}$$

Wird dieser Ausdruck über die Kontinuitätsgleichung in die Gl. (332) eingesetzt, so ergibt sich

$$F_M = \left(\frac{\lambda}{2g}\sqrt{\frac{4}{\pi}}\,\frac{L G_0^2 v_0}{\Delta p}\right)^{2/5} \frac{p}{k_1}\left(\frac{p}{k_1} + 2\right). \tag{336}$$

Aus dieser Gl. (336) ist bei sonst festgehaltenen Parametern der Einfluß des Druckverlustes auf den Materialaufwand erkennbar. Andererseits ist aus den Gln. (172) bis (174) für unterschiedliche Prozesse über Δi_{sp} der Einfluß des Druckverlustes auf der Frischdampfseite auf den Prozeßwirkungsgrad bzw. den spezifischen Wärmeverbrauch zu errechnen, so daß über das effektive Kostenäquivalent auch in diesem Fall Aussagen über die wirtschaftlich günstigsten Abmessungen gewonnen werden können.

Bei dem Wärmeverbrauch im Kessel und in den Vorwärmern der Regenerativ-Vorwärmung kommen zu den Exergieverlusten, die durch Reibung im Arbeitsstoff bei seinem Transport auftreten, noch Exergieverluste durch Temperatursprünge hinzu. Diese Verluste an Arbeitsfähigkeit ergeben sich nach den Gln. (66) und (68) zu

$$\Delta a = T_k\, Q\, \frac{T_{1c} - T_{2c}}{T_{1c} T_{2c}}\,. \tag{337}$$

Der bei der Wärmeübertragung auftretende Exergieverlust ist demnach nicht nur von der Temperaturdifferenz der mittleren Temperaturen der Wärmezu- bzw. -abfuhr, sondern auch von ihrem Produkt abhängig. Der Exergieverlust nimmt also bei gleicher Differenz dieser beiden Temperaturen um so mehr ab, je höher das Temperaturniveau ist, auf dem die Wärmeübertragung stattfindet. Dieser Arbeitsverschleiß läßt sich nach den bereits hergeleiteten Beziehungen zu dem kalorischen Kostenäquivalent umrechnen. Das setzt allerdings die Kenntnis von T_{1c} und T_{2c} voraus.

Die Verknüpfung zum Werkstoffaufwand ergibt sich für die übertragene Wärmemenge nach der Gl. (222)

$$Q = \frac{kF(t_2 - t_1)}{\ln \dfrac{\Delta t_A}{\Delta t_E}}, \tag{222}$$

mit den Bezeichnungen des Bildes 83.

Für die Berechnung der wirtschaftlich optimalen Auslegung der Vorwärmer ist eine Verknüpfung der Heizflächenkosten, wie sie sich aus der Gl. (222) ergibt, mit Kostenfunktionen erforderlich. K_H sind die Heizflächenkosten, die auch als Funktion der Grädigkeit dargestellt werden können. Diese Kosten sinken mit wachsender Grädigkeit, also kleiner werdender Heizfläche. Umgekehrt sinken die beim Wärmeprozeß auftretenden Energieverluste mit geringer werdender Grädigkeit, also steigender Heizflächengröße. Die Exergieverlustkosten sollen mit K_E angegeben werden. Eine Kostenfunktion für die Exergieverluste verläuft also mit umgekehrter Tendenz wie die Kostenfunktion der Heizfläche. Das Bild 162a zeigt, wie durch Summation beider Kosten das Minimum der Gesamtkosten K_g und damit die wirtschaftliche Auslegung des Vorwärmers gefunden wird. Aus dem Bild 162b ist zu ersehen, wie die

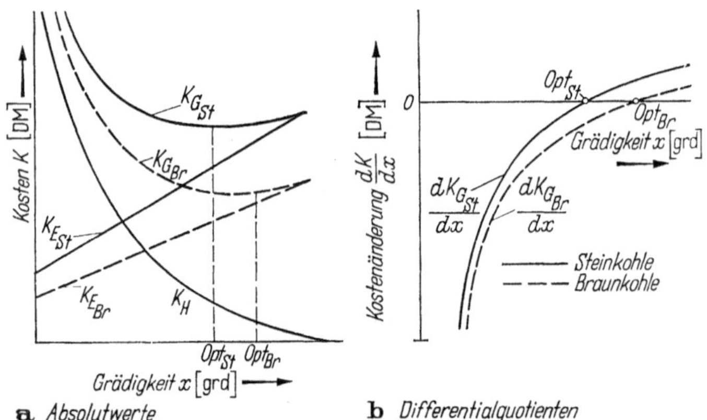

Bild 162a u. b. Kostenkurven und wirtschaftlich optimale Grädigkeit von Wärmetauschern bei verschiedenen Brennstoffpreisen [32].

Auslegungswerte sich abhängig von anders verlaufenden Exergie-Kostenkurven bei unterschiedlichen Brennstoffen (St = Steinkohle und Br = Braunkohle) ergeben. Bei gleichem Verlauf der Kostenkurven für die Heizflächen sind die wirtschaftlich optimalen Grädigkeiten für den teueren Brennstoff (Steinkohle) kleiner als für den billigeren Brennstoff (Braunkohle) [32].

Im Dampfkraftprozeß tritt der größte Exergieverlust bei der Dampferzeugung im Kessel auf. Bei der Verbrennung entstehen Rauchgase von sehr hohen Temperaturen. Demgegenüber sind die maximalen Temperaturen des erzeugten Dampfes gering. In der Brennkammer liegen die Werte für das Δt bei 1200 °C und mehr. Die Kessel mit einem höheren exergetischen Wirkungsgrad zu betreiben, würde bedeuten, daß mit den hohen Rauchgastemperaturen auch höhere als heute übliche Dampftemperaturen angewendet werden. Damit würde die mittlere obere Temperatur der Wärmezufuhr von außen und der Prozeßwirkungsgrad steigen. Die Grenzen dafür sind jedoch durch die Warmfestigkeit der Werkstoffe oder die Kosten für den Werkstoffaufwand gesetzt. Ist die thermische Bilanz der Dampferzeuger mit Wirkungsgraden um 92 bis 94% heute im Hinblick auf nur schwer weiter senkbare Verluste in den Abgasen bei sinnvollem Heizflächenaufwand oder in der Wärmeabstrahlung bei sinnvollem Isolieraufwand usw. als gut anzusehen, so wird der exergetische Wirkungsgrad in der weiteren Entwicklung des Dampfkraftwerksbaus noch zu steigern sein. Im Rahmen dieser Überlegungen wird bei öl- oder gasgefeuerten Kesseln an die Einschaltung einer Gasturbine in den Luft-Rauchgas-Kreislauf zu denken sein.

Weitere Wärmetauscher im Kreisprozeß sind die Regenerativ-Vorwärmer. Zu den Überlegungen im Abschnitt 5.2 soll hier im Zusammenhang der Betrachtung aller Wärmetauscher des Dampfkraftprozesses darauf hingewiesen werden, daß die Exergieverluste bei der Regenerativ-Vorwärmung wesentlich kleiner sind als im Kessel, da mit geringeren Temperaturdifferenzen gearbeitet wird. Durch die Aufteilung auf vorgeschaltete Enthitzergruppen und Vorwärmer werden die Exergieverluste weiter gemindert, so daß man sich bei hochwertigen Schaltungen heute allgemein im Bereich des optimalen Nutzens befindet, wenn thermodynamischer Gewinn und Investitionsaufwand gegeneinander aufgerechnet werden. Bei der Auswahl der Vorwärmendtemperatur des Speisewassers muß deren Einfluß auf den Heizflächenaufwand im Kessel immer mitberücksichtigt werden.

Der letzte Wärmetauscher im Kreisprozeß ist bei Flußwasserkühlung der Kondensator. Bei Rückkühlung sind es der Kondensator und der Kühlturm, von den sonst noch vorgeschlagenen Kühlverfahren abgesehen. An dieser Stelle des Kreisprozesses werden nach dem Kessel die größten Wärmemengen umgesetzt, da größenordnungsmäßig mehr als 50% der in den Kessel eingebrachten Brennstoffwärme auf dem niedrigstmöglichen Niveau an das Kühlwasser abgegeben wird. Den großen im Kondensator niedergeschlagenen Dampfmengen entsprechend, ist dem Wärmetausch im Kondensator erhöhte Aufmerksamkeit zu widmen, sollen an dieser Stelle nicht erhebliche Exergieverluste in Kauf genommen werden. Neben geringer Grädigkeit, also großer Heizfläche, sorgt man heute auch durch kontinuierliche Reinigungsverfahren für gleichmäßig gut bleibende Wärmeübertragungsverhältnisse.

Diese generellen Betrachtungen dürfen nicht darüber hinwegtäuschen, daß der Aufwand an Heizflächen bei den Wärmetauschern nie allein gesehen werden darf, da die geschaffenen Wärmeübertragungsverhältnisse auch immer mit Geschwindigkeiten, also Druckverlusten, gekuppelt sind. Diese Druckverluste führen zu Exergieverlusten oder zusätzlichem Aufwand bei den Kraftwerkshilfsmaschinen. Die große Anzahl der zu untersuchenden Parameter wird bei Untersuchungen dieser Art den Einsatz von Digitalrechnern erfordern.

Wärmeverluste an die Umgebung, die beim Transport des Dampfes am Kessel oder an der Turbine auftreten, sind über Exergieverluste ebenfalls nach der Gl. (337) zu bewerten. Setzt man $T_k = T_{2c}$, so wird aus dieser Gleichung

$$\Delta a = Q\left(1 - \frac{T_k}{T_{1c}}\right). \tag{338}$$

Q ist die Wärmemenge, die verloren geht, und T_{1c} ist die mittlere obere Temperatur des Prozesses, der mit dem Dampf, dessen Wärmeverluste bewertet werden, noch gefahren werden könnte.

7.4 Die Hilfsmaschinen des Dampfkraftprozesses

Neben den Speisepumpen, die im Verlauf dieses Buches mit ihrem Einfluß auf den Prozeßwirkungsgrad bereits behandelt worden sind, und den übrigen Pumpen des Prozesses, die in analoger Weise zu behandeln sind, beeinflußt noch eine andere größere Anzahl von Hilfsmaschinen mit ihrem Eigenbedarf den Prozeßwirkungsgrad.

In den Wasser-Dampf-Kreislauf müssen außer diesen Pumpen noch die Kühlwasserpumpen und, falls vorhanden, auch die Kühlturmventilatoren, eingerechnet werden. Bei den großen Fördermengen und den erforderlichen Förderhöhen verwendet man allgemein Propellerpumpen. Verstellbare Schaufeln verbessern die Anpassungsfähigkeit an wechselnde Betriebsverhältnisse. Der Kühlwasserstrom wird häufig abhängig von der gefahrenen Last und der Kühlwassertemperatur so geregelt, daß mit bestmöglichem Turbinenwirkungsgrad gefahren werden kann. Bei Frischwasserkühlung erfolgt die Kühlwasserversorgung im allgemeinen kraftschlüssig, d. h., das Ablaufrohr vom Kondensator mündet unterhalb der Wasseroberfläche in den Fluß ein. Die nach dem Einstellen des Kraftschlusses auftretende Heberwirkung kann von der geodätischen Förderhöhe abgezogen werden.

Die zweite große Gruppe der Hilfsmaschinen gehört zum Kohle-Rauchgas-Strom. Das sind die Kohlenstaubmühlen und die Gebläse für die Frischluft und das Rauchgas.

Der Leistungsbedarf der Mühlen N_m läßt sich wie folgt anschreiben:

$$N_m = \frac{wN}{H_u \eta_k} a_m \text{ [kW]}. \quad (339)$$

Darin ist w der spezifische Wärmeverbrauch unter Einschluß des sonstigen Eigenbedarfs und ohne den Kesselwirkungsgrad [kcal/kWh], N die Leistung des betrachteten Kraftwerksblocks [kW], H_u der untere Heizwert des Brennstoffs [kcal/kg], η_K der Kesselwirkungsgrad und a_m der Arbeitsbedarf der Mühlen einschließlich der gegebenenfalls vorhandenen Mühlengebläse je kg vermahlener Kohle [kWh/kg]. Aus der Gleichung ist zu erkennen, daß der Leistungsbedarf der Mühlen proportional mit dem spezifischen Wärmeverbrauch sinkt. Diese Abhängigkeit gilt für alle Hilfsmaschinen des Kohle-Rauchgaskreislaufs, während sie bei den Hilfsmaschinen des Wasser-Dampf-Kreislaufs nicht zutrifft, da dort beispielsweise die Leistungsaufnahme der Speisepumpe mit zunehmender Höhe der Regenerativ-Vorwärmung steigt, weil bei sinkendem spezifischem Wärmeverbrauch die Frischdampfmenge bei gleichbleibender Leistung des Blocks ansteigt.

In der Gl. (339) sind mit H_u und a_m weitere Faktoren maßgebend, die von der Beschaffenheit des Brennstoffs abhängen. a_m hängt dabei in erster Linie von der Mahlbarkeit der Kohle, der geforderten Mahlfeinheit des Staubes und dem Wirkungsgrad des Mühlensystems ab.

Die verwendeten Mühlensysteme sind aufzuteilen in Mahlbahnmühlen und Schläger- bzw. Schlagradmühlen. Bei einer Steinkohle mit einer Mahlbarkeit von 70 °H (Hardgrove) und einer Ausmahlung auf 25% Rückstand 0.09 DIN kann der spezifische Arbeitsbedarf a_m einer Mühle mit einem Vollastdurchsatz von 10 t/h im Mittel wie folgt eingesetzt werden [*33*]:

bei Mahlbahnmühlen zu etwa 13 kWh/t und
bei Schläger- und Schlagradmühlen zu etwa 17 kWh/t.

Angaben über den Arbeitsbedarf der verschiedenen Mühlensysteme müssen in einer allgemeinen Aussage jedoch immer als Richtwerte angesehen werden. Neben den Mühlensystemen, der Mahlbarkeit und der Ausmahlung sind noch eine Reihe anderer stark variierender Faktoren maßgeblich. So vergrößert im allgemeinen hoher Aschegehalt bei gleicher Mahlbarkeit den spezifischen Arbeitsbedarf. Er wächst außerdem mit zunehmender Feuchtigkeit der Rohkohle, weil dabei zur ausreichenden Trocknung in der Mühle die Temperatur und möglicherweise die Menge des Trocknungsmediums erhöht werden müssen, das von der Mühle ebenfalls zu fördern ist, sind nicht getrennte Mühlenluftgebläse vorhanden. Die aufzubringende Ventilationsarbeit hängt weiterhin von der Höhe des Vordrucks der Mühlenluft ab, von dem Wiederstand der Staubleitungen zwischen der Mühle und den Brennern, dem Brenner selbst und von der bei dem jeweiligen Brennstoff verlangten Einblaseluftmenge.

Für Braunkohle werden als Einblasemühlen nur Schläger- und Schlagradmühlen verwendet. Bei sandhaltiger rheinischer Braunkohle und mitteldeutscher Braunkohle haben sie bei einem Vollastdurchsatz von 25 t/h einen Arbeitsbedarf von etwa 7 kWh/t.

Die in die Kohle bei ihrer Zerkleinerung hineingesteckte Arbeit findet sich als Reibungswärme wieder. Sie wird, da sie in das System hineingegeben wird, mit dem Prozeßwirkungsgrad zurückgewonnen. Das gleiche gilt für die Anwärmung und Zersprühung beispielsweise von Heizöl.

Ebenso wird die Temperaturerhöhung, die die Frischluft bei ihrer Kompression im Frischlüfter erfährt, die Verbrennungstemperatur erhöhen. Die vom Frischlüfter aufgenommene Arbeit wird also gleichfalls mit dem Prozeßwirkungsgrad zurückgewonnen.

Der Arbeitsbedarf eines Gebläses ergibt sich aus

$$A_G = \frac{V \Delta p}{\eta_G}\,, \tag{340}$$

multipliziert mit dem Faktor $0{,}2722 \cdot 10^{-5}$ in der Dimension kW. V ist die Menge in m^3/h der Luft oder des Rauchgases, deren Pressung um Δp [mm WS] erhöht wird. Der Wirkungsgrad η_G ist das Produkt folgender Wirkungsgrade:

η_i = innerer Wirkungsgrad des Gebläses,

η_m = mechanischer Wirkungsgrad des Gebläses,

η_A = Wirkungsgrad des Antriebs.

Das für die Erzeugung des Dampfes zu fördernde stündliche Luftvolumen V errechnet sich aus

$$V_L = w\,N\,\frac{1}{H_u \eta_k}\,c\,\lambda_f\,L_0\,\frac{273 + t_L}{273}\left(1 + 0{,}012\,\frac{h}{100}\right)[\mathrm{m^3/h}]\,, \tag{341}$$

worin w wiederum der spezifische Wärmeverbrauch des betrachteten Prozesses unter Einschluß des sonstigen Eigenbedarfs ohne Berücksichtigung des Kesselwirkungsgrades und N die Blockleistung sind. H_u ist der untere Heizwert des Brennstoffes. c gibt das Vielfache der für die Verbrennung erforderlichen Luftmenge an, die vom Frischlüfter zu fördern ist. λ_f ist das Luftverhältnis im Feuerraum und L_0 der theoretische Luftbedarf für die Verbrennung von 1 kg Brennstoff [Nm^3/kg]. t_L ist schließlich die Temperatur der angesaugten Luft [°C] und h die Höhenlage der betrachteten Anlage über dem Meeresspiegel [m].

Die Größen c, λ_f und η_k hängen von der konstruktiven Ausbildung des Kessels, seiner Dichtheit, seiner Wärmedämmung, der Güte der Verbrennung usw. ab.

Für das vom Saugzuggebläse stündlich zu fördernde Rauchgasvolumen ergibt sich eine zur Gl. (341) analoge Gleichung

$$V_R = w\,N\,\frac{1}{H_u \eta_k}\,\varrho_a\,R_0\,\frac{273 + t_R}{273}\left(1 + 0{,}012\,\frac{h}{100}\right)\,[\mathrm{m^3/h}]. \qquad (342)$$

Darin ist

$$\varrho_a\,R_0 = (\lambda_a - 1)\,L_0 + R_0\ ,$$

wobei λ_a das Luftverhältnis im Abgas und R_0 die bei der Verbrennung von 1 kg Brennstoff mit $\lambda_a = 1$ entstehende Rauchgasmenge [Nm³/kg] ist. t_R ist die Rauchgastemperatur [°C]. Aus den Gln. (341) und (342) ist zu erkennen, daß die zu fördernde Luft- bzw. Rauchgasmenge ebenso wie es bei der Mahlarbeit festgestellt wurde, proportional vom erreichten spezifischen Wärmeverbrauch und der Leistung des Blocks abhängen. Da der spezifische Wärmeverbrauch bei Teillasten ansteigt, wird also relativ auch der Arbeitsbedarf der Mühlen und Gebläse ansteigen unabhängig von dem erhöhten Arbeitsverbrauch, der aus der Verschlechterung ihrer eigenen Wirkungsgrade resultiert. Thermodynamisch unterscheiden sich das Saugzuggebläse und der Frischlüfter dadurch, daß die Erhöhung des Wärmeinhalts der Frischluft bei der Kompression nicht verloren ist, sondern daß diese Wärmemenge mit dem Prozeßwirkungsgrad zurückgewonnen wird, während die Erhöhung des Wärmeinhaltes der Rauchgase im Saugzuggebläse lediglich zu einem Steigen der Abgastemperatur führt. Außerdem ist unabhängig von der Dichtheit des Kessels auch $V_R > V_L$, da einmal $t_R > t_L$ und zum anderen die Rauchgasmenge R_0 je kg verbrauchten Brennstoffs entsteht. Somit ist der Arbeitsbedarf für den Saugzug größer als für das Frischluftgebläse. Aus diesem Grund würden u. a. Kessel mit Überdruckfeuerungen Vorteile bieten können.

Bei der Auslegung der Gebläse muß nach den gesetzlichen Vorschriften ein Zuschlag von 10% auf den Förderstrom, der bei der höchsten Last des Kessels auftritt, für verschmutzte Heizflächen gemacht werden. Es ist vorteilhaft, diesen Zuschlag nicht zu klein zu wählen, damit auch bei instationären Vorgängen wie Lastwechseln immer mit ausreichendem Luftüberschuß bzw. dabei sogar mit entsprechenden Vorhalten gefahren werden kann, um Verschmutzungen und Korrosionen vorzubeugen.

Wie an diesen wenigen Beispielen gezeigt wurde, gibt es für den Eigenbedarfsanteil des Wasser-Dampf-Systems eine steigende Tendenz mit zunehmender Verbesserung des Prozesses durch höhere Frischdampfdrücke und durch die bei der Regenerativ-Vorwärmung spezifisch steigenden Förderströme. Auf der Luft-Rauchgasseite verhält sich dagegen der Eigenbedarf abhängig von den sonstigen Parametern proportional zu dem Prozeßwirkungsgrad. Die wichtigsten Hilfsmaschinen des Kraftwerks verbrauchen etwa 5 bis 6% des erzeugten Stromes. Das sind, bezogen auf 150 MW- oder 300 MW-Blöcke, beachtliche Leistungen, die verdeutlichen, daß der richtigen Auslegung auch dieses Teiles im Dampfkraftprozeß große Bedeutung zukommt.

8. Der kombinierte Dampf- und Gasturbinenprozeß

Bei der allgemeinen Betrachtung von Kreisprozessen ist im Abschnitt 4.1.2 schon darauf hingewiesen worden, daß bei gleichen oberen und unteren Temperaturen eines Dampfkraft- und eines Gasturbinenprozesses gemeinhin der Gasturbinenprozeß den schlechteren Wirkungsgrad haben wird. Das liegt an der bei ihm notwendigen isobaren Wärmeabfuhr, durch die sich eine wesentlich höhere mittlere Temperatur der Wärmeabfuhr nach außen ergibt, als sie der Dampfkraftprozeß mit seiner isotherm-isobaren Wärmeabfuhr aufweist.

Die Verbesserung des Gasturbinenprozesses durch prozeß-internen Wärmetausch bewirkt nun eine Steigerung der mittleren oberen Temperatur der Wärmezufuhr von außen T_{oc} und eine Senkung der mittleren unteren Temperatur der Wärmeabfuhr nach außen T_{uc}. Wird damit auch T_{uc} nicht den Wert von T_k erreichen, so ist es doch möglich, daß T_{oc} bei gleichen maximalen Temperaturen der Arbeitsmedien den entsprechenden Wert vergleichbarer Dampfkraftprozesse übersteigt, wie er mit häufig üblichen Werten für den Frischdampfdruck, die Speisewasser-Endenthalpie und gegebenenfalls den angewendeten Zustandsgrößen für die Zwischenüberhitzung erreicht werden kann.

In einem solchen Fall ist eine Verbesserung des Gesamt-Wirkungsgrades bei dem Zusammenschalten beider Prozesse zu einem kombinierten Prozeß dann zu erwarten, wenn die Abwärme des Gasturbinenprozesses im Dampfkreislauf noch ausgenutzt werden kann. Es ist denkbar, daß bei einem kombinierten Prozeß die insgesamt verloren gehende Abwärme nicht größer ist als in einem entsprechenden Dampfkraftprozeß, wenn es gelingt, die Abwärme des Gasturbinenprozesses in Rekuperations-Systemen unterzubringen. Bei dem wirklichen Prozeß wird allerdings die Rauchgaswärme am Kesselende nur zu einem geringeren Teil an die durch die Kompression erwärmte Luft abgegeben werden können. Um die gleiche Rauchgasaustrittstemperatur zu erreichen, müßte demzufolge ein Speisewasserteilstrom einige der oberen Vorwärmer des Speisewassers umgehen und in einem dem Eco vorgeschalteten Wärmetauscher diese Rauchgaswärme übernehmen. Dadurch würde jedoch beim Dampfkraftprozeß nicht das den jeweiligen Parametern entsprechende kleinste Mengenverhältnis, d. h. der größte Nutzen durch Anwenden der Regenerativ-Vorwärmung, erzielt, wodurch die im Kondensator an das Kühlwasser abgegebene Wärmemenge steigt und der Wirkungsgrad des Dampfteiles eines solchen Koppelprozesses verschlechtert würde.

Für Überlegungen über den gekoppelten Gasturbinen-Dampfkraftprozeß wird von dem Dampfkraftprozeß ausgegangen. Dabei müssen die Kesselverluste und der Energiebedarf der Kesselgebläse in die Betrachtung miteinbezogen werden, da an diesen Anlageteilen die Verknüpfung zum Gasturbinenprozeß stattfindet.

Der Prozeßwirkungsgrad über den so angegebenen Bereich wird

$$\eta_D = \eta_k (1 - \varepsilon_L) \eta_p' (1 - \varepsilon_{E'}), \tag{343}$$

worin η_k der Kesselwirkungsgrad und ε_L der Leistungsanteil, den die Gebläse verbrauchen, ist. $\varepsilon_{E'}$ ist dann der Leistungsanteil für den gesamten übrigen Eigenbedarf außer dem Leistungsbedarf der Speisepumpe, der in η_p' enthalten ist.

Aus der Vielzahl von Möglichkeiten, Gasturbinenprozesse und Dampfkraftprozesse verschiedenartiger Auslegungen miteinander zu koppeln, sollen im folgenden nur drei grundsätzliche Arten besprochen werden.

8.1 Der Prozeß mit aufgeladenem Kessel

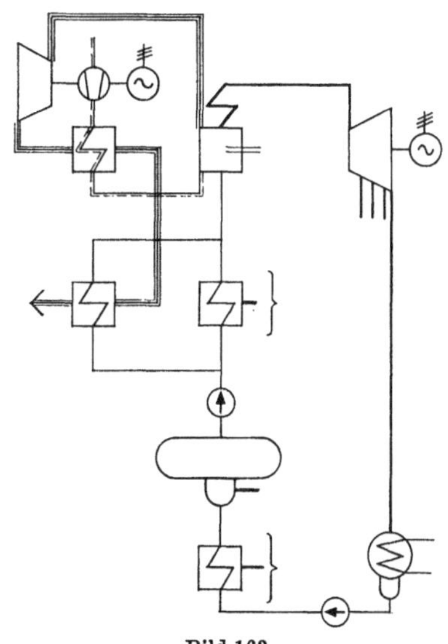
Bild 163.
Koppelprozeß mit aufgeladenem Kessel.

Bei diesem Prozeß ist die Gasturbine dem Kessel nachgeschaltet, während hinter die Gasturbine noch der Luftvorwärmer und der Eco geschaltet sind (Bild 163). Durch die besseren Wärmeübertragungsverhältnisse bei den unter Druck stehenden Rauchgasen können die erforderlichen Heizflächen kleiner gehalten und damit auch das Kesselvolumen verringert werden. Bei großen Einheiten wird das Problem der Abdichtung des Systems schwierig werden. Die Rauchgase werden im Kessel bereits bis auf eine der Gasturbine zuträgliche Temperatur abgekühlt. Da die Rauchgase mit der Beschaufelung der Gasturbine in Berührung kommen, eignet sich dieser Prozeß zunächst nur für Gas und für Öl nach entsprechender Aufbereitung (leichtes Heizöl). Schweres Heizöl bietet Schwierigkeiten, da die bei seiner Verbrennung freiwerdenden Vanadiumdämpfe bei ihrer Aufoxidation zu Vanadiumpentoxid oberhalb einer Betriebstemperatur von 600 °C die Bildung eines Oxidfilmes auf der Beschaufelung verhindern und damit eine Korrosion begünstigen.

Kohle wird vorerst wegen der erosiven Wirkung der Schlacke nicht verwendet.

8.2 Der Prozeß mit vorgeschalteter Gasturbine

Bei diesem Prozeß ist der Dampferzeuger als Abhitzekessel der Gasturbine nachgeschaltet. Es wird eine zusätzliche Brennkammer erforderlich, die mit so hohem Luftüberschuß betrieben wird, daß die in die Turbine eintretenden Rauchgastemperaturen die vom Werkstoff gesetzten Grenzen nicht überschreiten. Da bei der Verbrennung der in Frage kommenden Brennstoffe Temperaturen in der Größenordnung von 2000 °C auftreten, während die zulässige Eintrittstemperatur an der Turbine zwischen 650 °C und 750 °C liegt, sind zur ausreichenden Abkühlung der Gase Luftmengen beizumischen, die abhängig von dieser Temperatur und der Eintrittstemperatur der Kühlluft bei Werten für λ von 4 bis 6 liegen. Durch diesen Umstand verbraucht der Verdichter zu seinem Antrieb den größeren Teil der Turbinenleistung, während nur der Rest die Nutzleistung darstellt und damit die eigentliche Aufgabe der Anlage erfüllt. Das Verhältnis von Verdichterantriebsleistung zur Nutzleistung wird naturgemäß günstiger, wenn die zulässigen Gastemperaturen steigen. Beträgt in einem Beispielsfall das Verhältnis von Kompressor- zu Nutzleistung bei einer Gaseintrittstemperatur von 700 °C 2 : 1, so würde es sich bei einer Gaseintrittstemperatur von 1400 °C auf 1 : 1 vermindern.

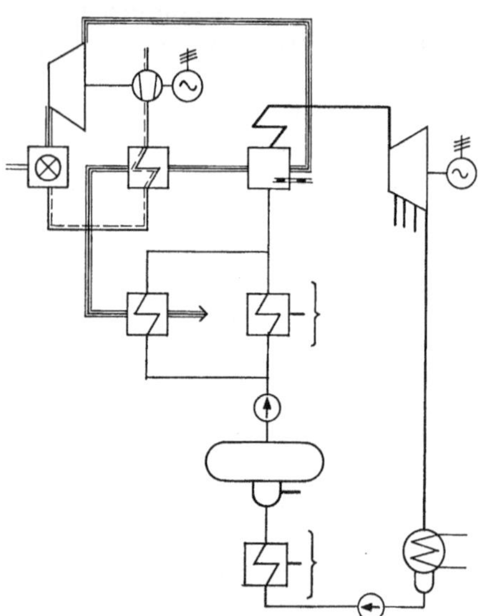

Bild 164. Koppelprozeß mit vorgeschalteter Gasturbine und zweiter Brennkammer.

Die Schaltung des hier besprochenen Prozesses macht eine zweite Brennkammer erforderlich (Bild 164). Die Luft durchströmt nach dem Austritt aus dem Kompressor den Luftvorwärmer, tritt in die erste Brennkammer ein, strömt als Rauchgas mit hohem Luftüberschuß von da zur Turbine und dann in den Dampferzeuger. Als Brennstoff im Dampferzeuger kann jeder der üblichen Brennstoffe verwendet werden. Denkbar ist eine Kombination unter Verwendung von Erdgas als Brennstoff für die Brennkammer der Gasturbine und von Steinkohle für den nachgeschalteten Dampferzeuger, falls Erdgas zunächst in Europa nicht in solchen Mengen erbohrt wird, daß ein beträchtlicher Teil der geforderten elektrischen Arbeit mit ihm allein gedeckt werden könnte.

Da der Druckverlust auf der Rauchgasseite des Dampferzeugers ohnehin durch einen entsprechend über dem Atmosphärendruck liegenden Austrittsdruck aus der Gasturbine überwunden werden muß, kommen durch die notwendige feine Durchmischung von Verbrennungsluft und Brennstoff und von heißen Rauchgasen und Kühlluft in der ersten Brennkammer möglicherweise noch auf die Nutzleistung erhebliche Druckverluste bei dieser Schaltung hinzu.

8.3 Der Prozeß mit vorgeschalteter Heißluftturbine

Bei diesem in dem Bild 165 dargestellten Prozeß kommen die Rauchgase mit der Beschaufelung der Gasturbine gar nicht in Berührung. Es treten also keine Erosions- oder Korrosionsprobleme auf. Es können alle Brennstoffe verwendet werden. In den Kessel ist ein Wärmetauscher einzubauen, in dem die Luft bis auf ihre maximale Temperatur aufgeheizt wird. Gegenüber dem reinen Heißluftprozeß hat dieser Koppelpro-

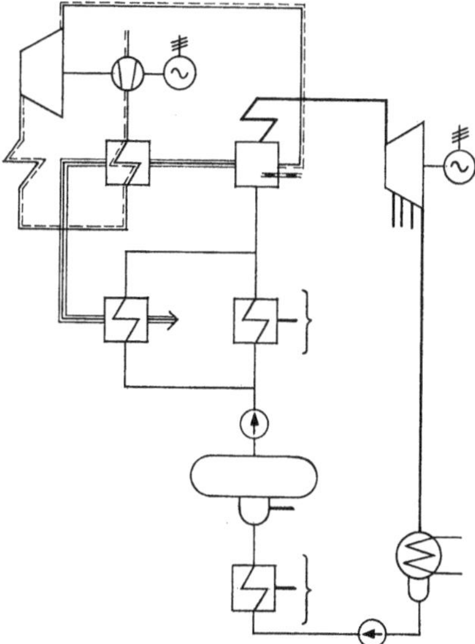

Bild 165. Koppelprozeß mit vorgeschalteter Heißluftturbine.

zeß den Vorteil, daß der Wärmetauscher nicht die Brennkammer des Kessels zu kühlen braucht, sondern daß hierzu noch das Wasser des Dampfkraftprozesses in der flüssigen Phase, also mit guten Wärmeübergangszahlen, verwendet werden kann. Während nämlich bei von Wasser durchflossenen Rohren Wärmeübergangszahlen in der Größenordnung von 10^4 kcal/m²h °C zu erreichen sind, wodurch bei einer Einstrahlung von beispielsweise 10^5 kcal/m²h in der Rohrwand gegenüber dem strömenden Medium nur Temperaturdifferenzen von 10 °C zu erwarten sind, ergeben sich für den Lufterhitzer unter vergleichbaren Umständen nur Wärmeübergangszahlen in der Größenordnung von 10^3 kcal/m²h °C, da nicht nur der Wärmeübergang an die Luft schlechter ist, sondern darüber hinaus auch der Druckabfall und damit die Strömungsgeschwindigkeiten klein bleiben müssen, weil der schon erwähnte hohe Anteil der Kompressionsleistung an der insgesamt erzeugten Leistung stark ins Gewicht fällt. Unter diesen Umständen würden sich bei der gleichen Einstrahlung von 10^5 kcal/m²h Temperaturdifferenzen zwischen der aufzuheizenden Luft und der Rohraußenwand von 100 °C ergeben.

Wie das Bild 165 zeigt, durchströmt bei diesem Prozeß die Luft nach ihrem Austritt aus dem Kompressor einen Luftvorwärmer. Anschließend wird sie in dem Lufterhitzer im Kessel auf ihre maximale Temperatur gebracht, expandiert dann in der Turbine und tritt schließlich als Verbrennungsluft in den Kessel ein.

Die insgesamt zu erwartenden Druckverluste sind auch in diesem Fall größer als bei dem unter 1 beschriebenen Prozeß.

Der zuerst genannte Prozeß weist gegenüber den beiden anderen neben geringeren Druckverlusten auch noch den thermodynamischen Vorteil auf, daß bei ihm den durch die Turbine strömenden Gasen schon die gesamte Brennstoffmenge zugemischt ist, wodurch der Massenstrom durch die Turbine gegenüber dem gleichbleibenden Luftstrom durch den Kompressor und damit der Nutzleistungsanteil der Turbine steigt.

8.4 Der Wirkungsgrad des Koppelprozesses

Seippel und Bereuter [*34*] haben zur Thermodynamik der kombinierten Gas- und Dampfkraftanlage analytische Zusammenhänge angegeben, die von der Bilanzierung der Wärmemengen und den Leistungen eines Dampfkraftprozesses und eines kombinierten Prozesses ausgehen.

In einer Dampfkraftanlage ist die vom Dampf aufgenommene Wärme $Q_{Zu\,D}$ gleich der im Dampferzeuger freigesetzten Wärme abzüglich der Verluste, die durch Unverbranntes in der Asche und durch Strahlung auftreten. Sie werden in einem Wirkungsgrad η_H berücksichtigt. Außerdem sind die Abgasverluste Q_v abzuziehen.

$$Q_{Zu\,D} = \eta_H\, B\, H_u - Q_v. \tag{344}$$

Bei der kombinierten Anlage wird von der im Kessel oder in der Brennkammer freigesetzten Wärme das Wärmeäquivalent der von der Gasturbine nach außen abgegebenen Wärmemenge nicht mehr für diese Dampferzeugung zur Verfügung stehen. Dafür wird ein Teil der Wärme, die die Luft bei der Kompression aufnimmt, in einem Rekuperations-System an den Dampfkreislauf abgegeben. Durch diese Temperaturerhöhung der Luft kann im Luftvorwärmer allerdings nur die um einen Betrag Q_R geringere Wärmemenge vom Rauchgas an die Verbrennungsluft abgegeben werden. Q_R wird statt dessen an einen Teilstrom des Speisewassers abgegeben, und es wird

$$Q_{Zu\,D} + Q_R = \eta_H B\, H_u - (Q_G - Q_K) - Q_v, \tag{345}$$

worin $Q_G = G_T h_T \eta_T$ das Wärmeäquivalent der in der Gasturbine erzeugten Leistung und $Q_K = G_K h_K \cdot 1/\eta_K$ das Wärmeäquivalent der vom Kompressor aufgenommenen Leistung bedeuten.

Die von diesen beiden Prozessen abgegebenen Leistungen sind einmal

$$Q_N = \eta_{th} Q_{Zu\,D} - Q_E \tag{346}$$

beim Dampfkraftprozeß. Es bedeuten Q_N das Wärmeäquivalent der vom reinen Dampfkraftprozeß abgegebenen Leistung, η_{th} den Prozeßwirkungsgrad bezogen auf die Klemmenleistung unter Einrechnung des Leistungsbedarfs der Speise- und der Kühlwasserpumpe und Q_E das Wärmeäquivalent des übrigen Eigenbedarfs.

Zum anderen ist die Leistung des kombinierten Prozesses

$$Q_{Nk} = \eta_{el}\,(Q_G - Q_K) + \eta_{th}\, Q_{Zu\,D} + \eta_R Q_R - Q'_E. \tag{347}$$

η_{el} ist der Wirkungsgrad des Generators der Gasturbinengruppe und η_R der thermische Wirkungsgrad der Abwärmeverwertung.

Die beiden Anlagen sollen für die gleichen Luftmengen verglichen werden, mit den Voraussetzungen, daß die beiden beteiligten Dampfkreisläufe gleich sind, daß die von außen zugeführten Wärmemengen und die nach außen abgeführten Abgasverluste ebenfalls gleich sind und daß die beiden für den sonstigen Eigenbedarf in den Gln. (346) und (347) angenommenen Größen einander gleich sind. Der Hauptanteil dieses außer in η_{th} schon enthaltenen Teils vom Leistungsbedarf des Eigenverbrauchs wird beim Dampfkraftprozeß (neben den Mühlen bei Kohlenstaubfeuerung) von den Gebläsen aufgenommen. Bei dem Gasturbinenprozeß wird der Expansionsenddruck soweit über dem Atmosphärendruck liegen, daß die Druckverluste im Rauchgassystem überwunden werden. Der Eigenbedarf für die Kesselgebläse und die geringere Nutzleistung durch höheren Expansionsenddruck beim Koppelprozeß heben sich also gegenseitig auf.

Unter diesen Voraussetzungen ergibt sich bei gleichem Luftdurchsatz als Leistungsgewinn beim Koppelprozeß gegenüber dem reinen Dampfkraftprozeß

$$Q_{Nk} - Q_N = (\eta_{el} - \eta_{th})\,(Q_G - Q_K) - (\eta_{th} - \eta_R)\, Q_R. \tag{348}$$

Da gleiche Wärmezufuhr vorausgesetzt war, bedeutet die Leistungssteigerung eine Erhöhung des Wirkungsgrades, die bezogen auf den Wirkungsgrad der Dampfkraftanlage wird:

$$\frac{\Delta\eta}{\eta_D} = (\eta_{el} - \eta_{th})\,\frac{Q_G - Q_K}{Q_N} - (\eta_{th} - \eta_R)\,\frac{Q_R}{Q_N}\,. \tag{349}$$

Der erste Ausdruck dieser Gleichung ist positiv, da $\eta_{el} > \eta_{th}$, während der zweite negativ ist, da $\eta_{th} > \eta_R$, weil Q_R mit einem schlechteren Rekuperationswirkungsgrad η_R ausgenutzt wird, als würde sie über den Luftvorwärmer mit dem Wirkungsgrad des Dampfkraftprozesses umgesetzt.

Wird die Rekuperationswärme nicht, wie es auch möglich wäre, in einem Abhitzekessel für einen weiteren Dampfkraftprozeß verwendet, sondern einem Teilstrom des Speisewassers des Dampfkraftprozesses zugeführt, so ist dieser Teilstrom so zu wählen, daß der Exergieverlust beim Wärmetausch zu einem Minimum wird. Mit Hilfe der Variationsrechnung läßt sich nachweisen, daß dieser Exergieverlust dann zu einem Minimum wird, wenn die Temperatur des Speisewasserteilstromes über der ausgetauschten Wärmemenge proportional zur Temperaturabnahme des Rauchgasstromes verläuft.

Der Wirkungsgrad der Rekuperation läßt sich über die Arbeitsfähigkeit der zu rekuperierenden Wärmemenge berechnen. Ist T_E die Eintrittstemperatur, T_A die Austrittstemperatur des Rauchgases und T_u die Umgebungstemperatur, so ist die Exergie der ausgetauschten Wärmemenge

$$E = Q_R\left(1 - \frac{T_u}{T_m}\right) = Q_R\eta_c\,, \tag{350}$$

worin $T_m = (T_E - T_A)/\ln(T_E/T_A)$ aus der mittleren logarithmischen Temperaturdifferenz die mittlere obere Temperatur eines vergleichbaren CARNOT-Prozesses mit dem Wirkungsgrad η_c angibt. Wird bei allgemeinen Untersuchungen die Stufung der Aufwärmung des Speisewassers außer acht gelassen und statt dessen der Verlauf der Speisewassertemperatur über der ausgetauschten Wärmemenge Q_R proportional zum Verlauf der Temperatur der Rauchgase gesetzt, so ist die Speisewasser-Eintrittstemperatur $T_E' = T_A - \Delta T$ und die Speisewasser-Austrittstemperatur $T_A' = T_E - \Delta T'$. Der Speisewasser-Teilstrom hat dann nach seiner Aufwärmung die Exergie

$$E' = Q_R\left(1 - \frac{T_u}{T_m'}\right) = Q_R\,\eta_c'\,, \tag{351}$$

mit $T_m' = \alpha(T_E - T_A)/\ln(T_E/T_A) = \alpha T_m$ dazugewonnen. α berücksichtigt die gegenüber dem Rauchgasstrom geringere mittlere Temperatur der Wärmeaufnahme im Speisewasser, die durch die Grädigkeit bedingt ist. Da die mittlere obere Temperatur der Wärmezufuhr von außen für den zugehörigen Dampfkraftprozeß T_{oc} wesentlich über T_m liegt, ist $\eta_c' < \eta_p$, wobei η_p der Wirkungsgrad des zugehörigen Dampfkraftprozesses bei reversiblen Zustandsänderungen ist. Wird η_c' nun noch mit einem Wirkungsgrad η' multipliziert, der die Verluste in einem mit der Wärmemenge Q_R durchgeführten wirklichen Prozeß berücksichtigt, so ist der Rekuperationswirkungsgrad

$$\eta_R = \eta_c' \eta'.$$

Geht die obere Temperatur einschließlich des für die Wärmeübertragung erforderlichen Temperaturgefälles über die Endtemperatur des Speisewassers hinaus, so wird mit dieser überschießenden Wärmemenge der gesamte Speisewasserstrom aufgewärmt. Diese Wärmemenge wird zu der im Kessel freigesetzten Wärme gerechnet.

Die Leistungsaufnahme des Kompressors ist

$$860\, N_k = G_K h_K \frac{1}{\eta_K} = G_K\, c_{p\,Km}\, (T_2 - T_1), \tag{352}$$

wobei die Indizes 1 und 2 die Stauzustände vor und nach der Kompressorbeschaufelung angeben. T_2 und T_1 hängen über die Beziehung

$$T_2 = T_1 \left(\frac{p_2}{p_1}\right)^{(m-1)/m} \tag{353}$$

zusammen, wobei es im Verdichterbau üblich ist, den Exponenten in der Gl. (353) mit dem polytropen Wirkungsgrad η_{pol} anzugeben, da dieser Wirkungsgrad nur die unmittelbar zur Deckung der Reibungsverluste aufzuwendende Leistung im Verhältnis zur vom Kompressor aufgenommenen Leistung berücksichtigt und somit ein Maß für die auftretenden Irreversibilitäten ist.

Mit

$$\eta_{pol} = A \frac{\int_1^2 v\,dP}{c_p(T_2 - T_1)}$$

ist

$$\frac{m-1}{m} = \frac{1}{\eta_{pol}} \frac{\varkappa - 1}{\varkappa} = \frac{R}{c_p} \frac{1}{\eta_{pol}}. \tag{354}$$

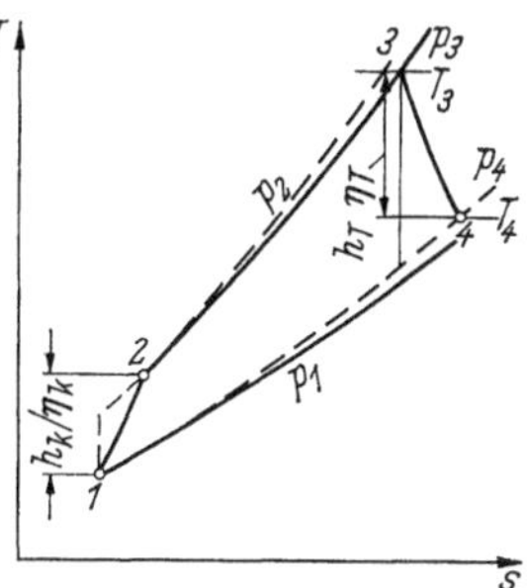

Bild 166.
Einfacher Gasturbinenprozeß.

Mit den Bezeichnungen des Bildes 166 ergibt sich die von der Gasturbine erzeugte Leistung zu

$$860\, N_T = G_T h_T \eta_T = G_T c_T T_m\, (T_3 - T_4), \tag{355}$$

worin

$$T_4 = T_3 \left(\frac{p_3}{p_4}\right)^{(1 - m_T)/m_T} \tag{356}$$

ist. m_T gibt den Polytropenexponenten der Expansion an, während er für die Kompression mit m angegeben wurde.

In dem Expansionsdruckverhältnis (p_3/p_4) sind gegenüber dem Kompressionsdruckverhältnis (p_2/p_1) die Druckverluste auf der Druckseite, also in den Rohrleitungen, im Luftvorwärmer, im Lufterhitzer oder, wenn vorhanden, in der Brennkammer enthalten. Auf der Abgasseite sind die Druckverluste auf der Rauchgasseite des Dampferzeugers, wenn sie nicht beim Vergleich mit dem reinen Dampfkraftprozeß gegen die dort notwendige Leistung für die Kesselgebläse herausgehoben werden sollen, des Luftvorwärmers, des Rekuperators und verbindender Rohrleitungen eingeschlossen.

Das optimale Kompressionsdruckverhältnis ergibt sich mit der Gl. (348) durch Differentiation und Nullsetzen

$$d\,(Q_{Nk} - Q_N) = d\,[(\eta_{el} - \eta_{th})\,(Q_G - Q_K) - (\eta_{th} - \eta_R)\,Q_R] = 0. \qquad (357)$$

Dabei ist zu unterscheiden, ob bei der Änderung von p_2/p_1 die Rekuperationsenergie Q_R variiert oder nicht. Sie variiert, wenn sie einen unabhängigen Dampfkraftprozeß speist oder wenn die Gastemperatur am Eintritt in den Rekuperator durch einen vorgeschalteten Rauchgas- und Luftvorwärmer bestimmt ist und dies die Anzapfdampfmengen beeinflußt. Dagegen ist Q_R invariabel, wenn die Gastemperatur nur durch die Endtemperatur des Speisewassers vorgeschrieben ist. In diesem Fall ergibt sich aus der Gl. (357)

$$d\,(Q_G - Q_K) = 0. \qquad (358)$$

Die günstigste Gasturbine ist die mit der maximalen Nutzleistung. So ist der Prozeß mit Aufladung des Kessels den beiden anderen zu Anfang dieses Abschnittes beschriebenen Prozessen überlegen, weil der in die Gasturbine eintretende Rauchgasstrom gegenüber dem im Kompressor zu verdichtenden Luftstrom um die benötigte Brennstoffmenge vergrößert ist.

Mit den Gln. (352) und (355) ergibt sich, nun bezogen auf den Durchsatz des Kompressors, da T_1 und T_3 als fest vorgegeben und somit konstant anzusehen sind,

$$d\,(Q_G - Q_K) = -\,c_{pKm}\,dT_2 - \frac{G_T}{G_K}\,c_{pKm}\,dT_4 = 0. \qquad (359)$$

Aus der Gl. (353) ergibt sich weiter durch Logarithmieren und anschließende Differentiation

$$\ln T_2 = \ln T_1 + \frac{m-1}{m}\ln \pi \qquad (360)$$

mit der Abkürzung π für p_2/p_1. Es ist dann

$$\frac{dT_2}{T_2} = \frac{m-1}{m}\,\frac{d\pi}{\pi},$$

und mit dem analogen Wert für dT_4 ergibt sich

$$d\,(Q_G - Q_K) = -\,c_{pKm}\left(\frac{m-1}{m}\right) T_2\,\frac{d\pi}{\pi} + \frac{G_T}{G_K}\,c_{pTm}\left(\frac{m_T-1}{m_T}\right)\frac{d\pi}{\pi} = 0. \tag{361}$$

Mit

$$\eta_G \equiv \frac{G_T}{G_K}\,\frac{c_{pTm}}{c_{pKm}}\,\frac{m\,(m_T-1)}{m_T\,(m-1)} \tag{362}$$

wird schließlich

$$T_2 = \eta_G T_4. \tag{363}$$

Mit Hilfe der Gln. (353) und (356) ergibt sich aus der Gl. (363) der Wert für das optimale Druckverhältnis, wenn noch

$$\varepsilon\,(p_2/p_1) = p_3/p_4$$

gesetzt wird, mit

$$(p_2/p_1)^{\left(\frac{m-1}{m}+\frac{m_T-1}{m_T}\right)} = \eta_G\,\frac{T_3}{T_4}\,\varepsilon^{-\left(\frac{m_T-1}{m_T}\right)}. \tag{364}$$

Auf die Veränderlichkeit der spezifischen Wärmen wurde bei der vorstehenden Ableitung keine Rücksicht genommen.

Ist dagegen Q_R variabel, dann wird auch η_R variabel. Es ist nun zweckmäßig, zur Vereinfachung der Rechnung den Randwert η_{Rv} einzuführen, der sich für die differentielle Wärmemenge dQ_R ergibt, die auf dem höchsten Temperaturniveau an der Rekuperation T_E ausgetauscht wird. Dann ergibt sich η_{Rv} ähnlich wie η_R aus der Gl. (350) ff., wenn statt $\left(1-\frac{T_u}{T_m}\right)$ der Wert $\left(1-\frac{T_u}{T_A}\right)$ eingesetzt wird. Definitionsgemäß folgt

$$d\,(\eta_R Q_R) = \eta_{Rv} dQ_R,$$

und da die Rekuperationswärmemenge gleich der Wärmemenge ist, die bei der Kompression von der Luft aufgenommen wird, folgt $dQ_R = dQ_K$, und es ergibt sich mit den Gln. (363), (364) und (348)

$$T_2 = \left(\frac{\eta_{el}-\eta_{th}}{\eta_{el}-\eta_{Rv}}\right)\eta_G T_u \tag{365}$$

und

$$(p_2/p_1)^{\left(\frac{m-1}{m}+\frac{m_T-1}{m_T}\right)} = \eta_G\,\frac{\eta_{el}-\eta_{th}}{\eta_{el}-\eta_{Rv}}\,\frac{T_3}{T_1}\,\varepsilon^{-\frac{m-1}{m}}. \tag{366}$$

Bei der Auswertung der letzten Gleichung ist zu beachten, daß das Kompressionsdruckverhältnis implizit in η_{Rv} enthalten ist.

Zusammenfassend ist zu den Gln. (364) und (366) zu sagen, daß das optimale Kompressionsdruckverhältnis steigt, wenn der Gasstrom durch die Gasturbine erhöht wird, wie der Einfluß von η_G mit dem Mengenverhältnis der Identität (362) zeigt, und daß es mit zunehmenden Druckverlusten (über den Einfluß von ε) oder steigendem Wirkungsgrad des zugehörigen Dampfkraftprozesses (Einfluß von η_{th}) sinkt.

Um Kriterien über die zweckmäßige Anwendung des gekoppelten Prozesses zu erhalten, ist es zweckmäßig, seinen Wirkungsgrad dem der ihn eingrenzenden Prozesse gegenüberzustellen. Das sind der reine Gasturbinenprozeß, bei dem die Abgaswärme soweit wie möglich, z. B. in einem Abhitzekessel für einen Dampfkraftprozeß, ausgenutzt wird, und der reine Dampfkraftprozeß.

Für den Gasturbinenprozeß mit Abhitzeverwertung (ohne weitere Brennstoffzufuhr im Dampferzeuger also) ergibt sich als Wärmebilanz

$$\eta_H \, B \, H_u - (Q_G - Q_K) - Q_R - Q_E = 0 \tag{367}$$

und als Wirkungsgrad

$$\eta_{GT} = \frac{Q_N}{Q_{Zu}} = \frac{\eta_{el}(Q_G - Q_K) + \eta_R Q_R - Q_E}{\dfrac{1}{\eta_H} Q_G} . \tag{368}$$

Wird nun, anstatt die gesamte Wärmezufuhr in der Brennkammer der Gasturbine zuzuführen, auch noch Brennstoffwärme im Dampferzeuger freigesetzt, wobei mit $B \, H_u = B_1 H_{u1} + B_2 H_{u2}$ die Gesamtwärmemenge konstant bleibt, so ist der Wirkungsgrad des Koppelprozesses

$$\eta = \frac{\eta_{GT} B_1 H_{u1} + \eta_{th} \eta_H B_2 H_{u2}}{\Sigma B H_u} \tag{369}$$

und somit

$$\eta - \eta_{GT} = (\eta_{th} \eta_H - \eta_{GT}) \frac{B_2 H_{u2}}{\Sigma B H_u} . \tag{370}$$

Es ist also nur dann von Vorteil, im Dampferzeuger noch Brennstoffwärme zuzuführen, wenn

$$\eta_{th} \eta_H > \eta_{GT}$$

ist. Andernfalls ist die Gasturbinenanlage mit Abhitzekessel die bessere Lösung.

Ein Kriterium für den Vergleich der kombinierten Anlage mit der reinen Dampfkraftanlage ergibt sich aus den Gln. (348) und (349)

$$\eta - \eta_0 = (\eta_{GT}^{+} - \eta_{th}) \frac{Q_G}{\Sigma B H_u} , \tag{371}$$

worin

$$\eta_{GT}^{+} = \frac{\eta_{el}(Q_G - Q_K) + \eta_R Q_R}{Q_G} \tag{372}$$

einem ideellen, für die Auffindung des Kriteriums gebildeten Wirkungsgrad entspricht.

Wird schließlich noch in der Gl. (370) $\eta_{GT}^{++} = \eta_{GT}/\eta_H$ eingesetzt, womit

$$\eta - \eta_{GT} = (\eta_{th} - \eta_{GT}^{++}) \frac{\eta_H B_2 H_{u2}}{\Sigma B H_u} \tag{373}$$

wird, so lassen sich folgende drei Kriterien anschreiben:

Ist $\eta_{th} > \eta_{GT}^{+}$, so ist die reine Dampfkraftanlage dem Koppelprozeß überlegen;
ist $\eta_{GT}^{+} > \eta_{th} > \eta_{GT}^{++}$, so ist die kombinierte Anlage mit Nachverbrennung, wie sie im vorstehenden behandelt wurde, von Vorteil;
ist schließlich $\eta_{GT}^{++} > \eta_{th}$, so ist die Gasturbinenanlage mit Abhitzeverwertung und ohne Nachverbrennung die beste Lösung.

SEIPPEL und BEREUTER geben als Ergebnis ihrer Untersuchung ein Diagramm (Bild 167) an, aus dem die Verbesserung des Wirkungsgrades eines kombinierten Prozesses gegenüber einem Dampfkraftprozeß, aufgetragen über dem Wirkungsgrad dieses Dampfkraftprozesses, zu ersehen ist. Eingetragen sind die Kurven für maximale Gastemperaturen von 600 und 750 °C. Die für heutige große Dampfkraftanlagen zu erwartenden Wirkungsgrade η_{th} liegen mit der für η_{th} eingangs dieses Abschnitts getroffenen Definition zwischen 40 und 45% bzw. noch etwas darüber. Es läßt sich mit einer Wirkungsgradberechnung leicht überschlagen, bis zu welchem Mehrkostenaufwand, abhängig von den sonstigen wirtschaftlichen Parametern, der kombinierte Prozeß von Interesse ist.

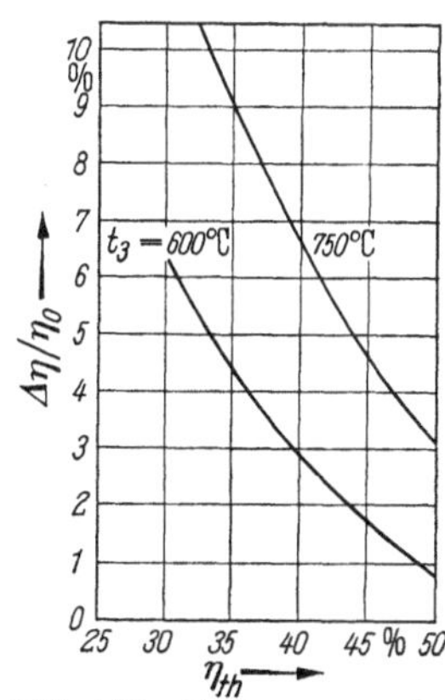

Bild 167. Verbesserung des Prozeßwirkungsgrades einer Dampfanlage durch Koppelung mit einer Gasturbine [34].

Aber auch der Bereich für niedrige Werte von η_{th}, in dem große Verbesserungen durch die Verbindung mit dem Gasturbinenprozeß erzielbar sind, sollte interessieren. Möglicherweise werden in der Zukunft ausgesprochene Spitzenkraftwerke gebaut werden müssen, deren Auslegung so geschehen muß, daß kurze An- und Abfahrzeiten und hohe Laständerungsgeschwindigkeiten zu erreichen sind. Hier bietet sich der einfache Dampfkraftprozeß mit geringer Vorwärmstufenzahl, großen Spielen in der Turbine, niedrigen Dampfzustandsgrößen, für größere Leistungen an, als sie heute bei reinen Gasturbinenanlagen möglich sind. Wird ein solcher einfacher Dampfkraftprozeß mit einem Gasturbinenprozeß gekoppelt, so lassen sich die erwähnten erheblichen Verbesserungen erzielen, wobei zu bemerken ist, daß die Gasturbinengruppe auch in der Koppelung mit dem Dampfkraftprozeß nicht ihre hohe Anfahrgeschwindigkeit verliert.

Für die Erzeugung von Spitzenstrom ist von DJORDJEVITCH noch eine andere Koppelung mit herkömmlichen Kraftwerken vorgeschlagen worden. Danach werden die Gasturbine und der Verdichter voneinander getrennt und der Verdichter mit einem eigenen Motor ausgerüstet. In Schwachlastzeiten wird mit preiswertem Schwachlaststrom die Luft verdichtet und gespeichert, um später in Spitzenlastzeiten in den zugehörigen Gasturbinen Spitzenstrom zu erzeugen. Da bei dem herkömmlichen Gasturbinenprozeß zwei Drittel der von der Gasturbine erzeugten Leistung zur Kompression der Verbrennungsluft benötigt werden, würde bei dieser Trennung die Gasturbine, die bei gleichzeitigem Antrieb des Kompressors 30 MW leistet, etwa das Dreifache an Spitzenstrom abgeben können. Die spezifischen Kosten für den maschinentechnischen Teil solch einer Anlage würden somit gering werden. Schwierigkeiten werden sich jedoch in der Beschaffung ausreichend großer Speicher ergeben. Da die bergmännische Schaffung dieser Speicher etwa in Felskavernen zu teuer würde, ist vorgeschlagen worden, als Speicher stillgelegte Bergwerke zu verwenden.

U. CLEVE schlägt vor, zur Erzeugung von Spitzenstrom eine herkömmliche Dampfkraftanlage mit einer Gasturbine so zu koppeln, daß die Abgase der Gasturbine in Spitzenzeiten die Vorwärmung des Speisewassers vom Entgaserzustand bis zur Vorwärmendtemperatur übernehmen. Dadurch werden die Hochdruckvorwärmer umgangen. Der hier zur Regenerativ-Vorwärmung nicht benötigte Anzapfdampf wird in der Turbine weiter entspannt. Einer weiteren, in gewisser Weise auch als kombinierter Dampf-Gasturbinenprozeß anzusprechenden Schaltungsmöglichkeit des Dampfkraftprozesses werden wir uns im Abschnitt 10 zuwenden.

9. Dampfkraftprozesse in Kernkraftwerken

9.1 Allgemeine Beschreibung der Kernreaktoren

Die bei Kernkraftwerken verwendeten Kreisprozesse unterscheiden sich von denen der mit fossilen Brennstoffen betriebenen Kraftwerke durch die andere Technik und Technologie der Dampferzeugung in den Reaktoren. Um diese Unterschiede erläutern zu können, sind zunächst einige Bemerkungen über Reaktoren erforderlich.

Sie werden nach folgenden Gesichtspunkten unterteilt:

a) nach dem verwendeten Kernbrennstoff wie Natururan, angereichertem Uran, Plutonium und Thorium,

b) nach dem Moderator wie leichtem oder schwerem Wasser, Graphit oder organischen Substanzen (Diphenyl, Terphenyl),

c) nach dem Kühlmittel, das die Wärme nach außen abführt, als gas- oder wassergekühlt oder gekühlt durch flüssiges Metall (Natrium oder eine eutektische Natrium-Kalium-Legierung),

d) nach der Struktur des Cores als homogener oder heterogener Reaktor,

e) nach dem zur Kernspaltung ausgenützten Energiebereich der Neutronen als thermischer, epithermischer, mittelschneller und schneller Reaktor,

f) nach dem Grad der Gewinnung neuen Spaltstoffes als Konverter oder Brüter.

Bei dem Bau von Reaktoren sind zwei einander gegensätzliche Faktoren aufeinander abzustimmen. Wegen der hohen Baukosten soll das Reaktorvolumen klein gehalten werden und die Wärmeabgabe somit bei hohen Wärmestromdichten in einem kleinen Volumen erfolgen. Andererseits dürfen gewisse, gemessen an konventionellen Kraftwerken noch niedrige, Temperaturen nicht überschritten werden, damit die Baustoffe der Reaktoren nicht unzulässig beansprucht werden.

Für den dem Reaktor nachgeschalteten Dampfkraftprozeß und im Hinblick auf eine wirtschaftliche Auswahl des Kernkraftwerkes sind folgende Punkte zu berücksichtigen:

a) Die thermische und werkstoffmäßige Beanspruchung des Reaktors, vornehmlich des Umhüllungsmaterials für die Brennstoffelemente. Diese werkstoffmäßige Beanspruchung wird durch die Einwirkung der Strahlung verstärkt. So werden die meisten Metalle durch Einwirkung schneller Neutronen härter. Die Spannungs-Dehnungskurven sind merklich verändert. Die stärkste Störung durch Neutronenabsorption ist die Bildung unlöslicher gasförmiger Elemente. Sie werden während der Bestrahlung stetig gebildet, bis sie hohe Drücke im Metall ausüben und es möglicherweise verzerren. Bei einem Abbrand von 1% enthält jeder Kubikzentimeter Uran (unter Normalbedingungen) 4,7 cm^3 an Edelgasen. Wenn der durch diese Gasblasen ausgeübte Druck die Elastizitätsgrenze überschreitet, verformt sich das Metall und schwillt.

Besonders bei thermischen Reaktoren erfordert der Neutronenhaushalt, daß der Wirkungsquerschnitt der zu verwendenden Werkstoffe beachtet wird. Als Baustoffe kommen Zirkon, Beryllium, Molybdän, Niob, Magnesium, austenitischer Stahl und Aluminium bzw. Legierungen, die diese Bestandteile hauptsächlich enthalten, in Frage, je nach der Art des Kühlmittels, wobei die Reihenfolge des korrosiven Angriffs über Kühlgas und Wasser bis zum flüssigen Metall zunimmt.

b) Die Auswirkung der Kühlmitteleintrittstemperatur und damit des umgewälzten Kühlmittelstromes auf die Größe und Baukosten des Reaktors und den erreichbaren Wirkungsgrad des Dampfkraftprozesses. Bei

Siedewasserreaktoren ohne Primär- und Sekundärkreislauf, ohne besondere Wärmetauscher also, ist diese Überlegung ebenfalls anzustellen.

c) Die Verwendung des Ein- oder Zweidruck-Dampfkreislaufes, die Verwendung von überhitztem und zwischenüberhitztem Dampf, der Einsatz der Regenerativ-Vorwärmung, fossiler Dampfüberhitzung mit und ohne Gasturbinenkreislauf sowie die Art und Anzahl der Zwischentrocknungen des Dampfes am Expansionsende.

d) Die Einflüsse und Aufteilung der Druckverluste des Kühlmittels im Reaktor, den Wärmetauschern und den Rohrleitungen sowie die Größe der Heizflächen in den Wärmetauschern im Zusammenhang mit Exergieverlusten und dem Investitionsaufwand.

Die Punkte b und c werden im weiteren Verlauf noch einer eingehenderen Betrachtung unterzogen.

Diese Gesichtspunkte haben bei den einzelnen Reaktortypen unterschiedliche Bedeutung. Im Rahmen dieses Buches sollen nur einige der Typen betrachtet werden, die heute insoweit über das Entwicklungsstadium hinaus sind, als sie in Kernkraftwerken mit größeren Leistungen betrieben werden.

Der Druckwasserreaktor ist ein thermischer, durch Wasser moderierter heterogener Reaktor, der auch durch Wasser gekühlt wird. Das Wasser gibt seine Wärme in Wärmetauschern ab, in denen Sattdampf erzeugt wird. Als Moderator kann leichtes oder schweres Wasser verwendet werden. Im ersten Fall muß der Brennstoff angereichert sein, im zweiten ist die Verwendung von Natururan möglich. Die Vorteile des Druckwasserreaktors liegen im billigen Moderator (bei H_2O), in der hohen Leistungsdichte, in großer Sicherheit und gegenüber Gas als Kühlmittel in geringer Umwälzarbeit. Demgegenüber ist die erzielbare Dampftemperatur durch die Abhängigkeit von Druck und Temperatur im Siedezustand begrenzt. Die Temperatur des Kühlmediums wird eine gewisse Spanne unterhalb der Siedetemperatur gehalten.

Der Siedewasserreaktor ist ebenfalls ein thermischer Reaktor, der durch Wasser gekühlt und moderiert wird, bei dem aber im Gegensatz zum Druckwasserreaktor das Wasser im Reaktorkern siedet und das Reaktorgefäß als Sattdampf verläßt. Als Moderator kann wiederum leichtes oder schweres Wasser verwendet werden, wobei im ersten Fall angereichertes Uran erforderlich ist. Der erzeugte Dampf könnte unmittelbar zum Antrieb der Turbine verwendet werden, doch werden häufig auch Wärmetauscher eingeschaltet, damit der Dampfkreislauf nicht kontaminiert wird.

Gegenüber dem Druckwasserreaktor hat der Siedewasserreaktor den Vorteil höheren Wirkungsgrades, da bei gleichem Druck im Reaktor die zugehörige Sattdampftemperatur erreicht wird, während beim Druckwasserreaktor die Verdampfung im Wärmetauscher bis auf eine einem geringeren Druck entsprechende Siedetemperatur erfolgt. Außerdem sind die spezifischen Stoffströme des Kühlmittels geringer, da im Siedewasserreaktor auch die Verdampfungswärme aufgenommen wird. So sinkt bei gleicher thermischer Leistung des Reaktors die erforderliche Pumpenarbeit und damit der Eigenbedarf.

Der Siedewasserreaktor muß jedoch im Hinblick auf seine Stabilität besonders sorgfältig entworfen werden, da Last- und Druckänderung über ein wechselndes Dampfvolumen im Reaktorkern stark auf die Reaktivität, also auf die Abweichung des Reaktors vom kritischen Zustand, einwirken können.

Durch den Siedevorgang mit seinen guten Wärmeübergangsverhältnissen lassen sich hohe Wärmestromdichten erzielen. Allerdings dürfen diese Wärmestromdichten nicht das kritische Maß überschreiten, bei dem es zur Filmverdampfung und der damit verbundenen Verschlechterung der Wärmeübergangszahlen kommt.

In den letzten Jahren sind Entwicklungen durchgeführt worden, die im Siedewasserreaktor gleichzeitig eine Dampfüberhitzung ermöglichen sollen. Unter Anwendung des Zwangsumlaufsystems können dabei die Überhitzerkanäle im Zentrum oder der Peripherie des Reaktors oder über den ganzen Reaktorkern verteilt untergebracht werden.

Wird die Überhitzerzone im Zentrum oder an der Peripherie des Reaktorkerns untergebracht, so ergibt sich die Kombination eines wassergekühlten mit einem gasgekühlten Reaktor. Siede- und Überhitzungszone unterscheiden sich dadurch, daß im Siedeteil des Reaktors das Wasser oder das Wasser-Dampf-Gemisch Kühlmittel und Moderator zugleich ist, während der Dampf in den Überhitzerkanälen nur als Kühlmittel und wegen seiner geringen Dichte nicht gleichzeitig als Moderator verwendet werden kann. So entstehen folgende Probleme [*35*]:

1. Trennung von Moderator und Kühlmittel in der Überhitzungszone,
2. Isolierung der vom Dampf durchströmten Kühlkanäle, um eine Verdampfung des Moderatorwassers zu verhindern,
3. ungleiches kernphysikalisches Verhalten beider Zonen,
4. Anwendung unterschiedlicher Brennelemente in der Siede- und der Überhitzungszone.

Bei gleichmäßiger Verteilung der Überhitzerkanäle treten wegen der verzweigten Dampfführung konstruktive Probleme auf, während sich die kernphysikalische Berechnung vereinfacht.

Die Anordnung einer Überhitzerzone im Zentrum des Reaktorkerns kann so erfolgen, daß der Neutronenfluß in der Überhitzerzone in radialer Richtung einen abgeflachten Verlauf annimmt. So kann durch die Erhöhung des mittleren Neutronenflusses über den ganzen Reaktor bei vorgegebener Leistung der Reaktor verkleinert werden. Ein Nachteil der zentralen Überhitzungszone ist, daß die hohe Heizflächenbelastung im Reaktorinnern wegen der schlechten Wärmeübertragungsverhältnisse bei Heißdampf zu hohen Oberflächentemperaturen führt.

Wird der Siedewasserreaktor dagegen als Zwangsdurchlaufsystem betrieben, dann durchströmt das Wasser den Reaktorkern in einem Durchlauf, wobei es hintereinander vorgewärmt, verdampft und überhitzt wird. Um den Reaktor einfach zu gestalten, müssen Brennelemente eingesetzt werden, die die Vorwärmung, Verdampfung und Überhitzung des eingespeisten Wassers in einem Kühlkanal erlauben. Hierzu eignen sich beispielsweise Brennelemente, die mit einem doppelwandigen Rohr umgeben sind. Das Doppelrohr dient als Trennwand zwischen Moderator und Kühlmittel. In der Überhitzungszone ist es gleichzeitig Isolierung. Zu diesem Zweck muß es mit einem isolierenden Medium wie stagnierendem Dampf gefüllt sein. Das eingespeiste Wasser ist im Raum um die Führungsrohre Moderator und nach Eintritt in das Brennstoffbündel Kühlmittel. Es ist problematisch, in allen Kanälen eine gleichmäßige Überhitzungstemperatur zu erreichen. Hinzu kommt die bei Zwangsdurchlaufsystemen bekannte Erscheinung von Strömungsinstabilitäten.

Im Vergleich zu den üblichen Druck- und Siedewasserreaktoren ist die Enthalpiedifferenz des Kühlmittels zwischen Kanaleintritt und Kanalaustritt groß. Bei einer Heißdampftemperatur von 520 °C ergeben sich beispielsweise bei einem Druck von 150 kp/cm² 424 kcal/kg und bei 200 kp/cm² 360 kcal/kg als Enthalpiedifferenz von der linken Grenzkurve bis zur Frischdampftemperatur.

Demgegenüber betragen die je kg Wasser übertragenen Wärmemengen in Druckwasserreaktoren nur 15 bis 25 kcal/kg und in Siedewasserreaktoren 40 bis 50 kcal/kg. Für die Erzeugung von Heißdampf in einem Zwangsdurchlauf-Reaktor sind also sehr lange und enge Kühlkanäle und extrem hohe Heizflächenbelastungen zu erwarten.

In England hat sich als weiterer Reaktortyp der gasgekühlte, graphitmoderierte Reaktor (NGR) besonders durchgesetzt. Es ist ein thermischer, heterogener Konverter, der mit Natururan betrieben wird. Die Brennstoffstäbe werden durch das Kühlgas (CO_2) gekühlt, das seinerseits seine Wärme wiederum in Wärmetauschern an Wasser abgibt und so Dampf erzeugt.

Der NGR wird mit relativ billigen Stoffen betrieben. Er ist betriebssicher. Seine Nachteile liegen in der geringen Leistungsdichte und in seiner großen kritischen Masse. Die Entwicklungstendenzen gehen in Richtung auf höhere Temperaturen und höhere Drücke.

Die höheren Drücke im Kühlgas sind erforderlich, da der Energieverbrauch der Kühlgasgebläse sich umgekehrt proportional zum Quadrat des Druckes verhält. Bei gasgekühlten Reaktoren wird zwischen 6 und

15% der erzeugten elektrischen Arbeit von den Kühlgasgebläsen aufgenommen.

Schließlich soll in dieser Reihe noch der Natrium-Graphit-Reaktor erwähnt werden. Er ist ebenfalls ein heterogener thermischer Reaktor, wie sein Name sagt, mit Graphit moderiert und durch Flüssigmetall Natrium oder Natrium-Kalium gekühlt. Die eutektische Legierung von Natrium und Kalium erscheint wegen ihres niedrigen Schmelzpunktes (— 11 °C) vorteilhaft (22% Na und 78% K).

Durch die Kühlung mit flüssigem Metall wird die Wärmeabfuhr aus dem Reaktor gegenüber anderen Systemen wesentlich verbessert. Andererseits muß wegen der schlechteren Neutronenökonomie mit schwach angereichertem Brennstoff gearbeitet werden. Die Umwälzung des Metalls geschieht durch elektromagnetische Pumpen.

Die Vorteile des Natrium-Graphit-Reaktors liegen darin, daß hohe Temperaturen und damit günstige Wirkungsgrade der nachgeschalteten Dampfkraftprozesse erreicht werden können, ohne daß das Kühlmedium unter Druck zu stehen braucht, da flüssiges Natrium unter Atmosphärenbedingungen erst bei 883 °C siedet. Dem stehen die Nachteile in technologischer Hinsicht entgegen, die sich bei der Arbeit mit flüssigen Alkalimetallen ergeben. Sie liegen neben ihrer Reaktion mit den Baustoffen darin, daß Natrium mit Wasser heftig exotherm reagiert und auch darin, daß es beim Durchfluß durch den Reaktor radioaktiv wird. So wird aus dem einzigen stabilen Natriumisotop ^{23}Na durch Neutroneneinfang das radioaktive Isotop ^{24}Na.

Wegen dieser Aktivierung des Metalls werden mehrere hintereinander geschaltete Kreisläufe verwendet. So wird beispielsweise auch mit mehreren ineinandergeschobenen Rohrsystemen gearbeitet, bei denen das mittlere Segment mit Quecksilber gekühlt ist, um bei einem Rohrschaden das Natrium nicht unmittelbar in den Wasserkreislauf zu bringen.

Diese wenigen Zeilen mögen hier zur Charakterisierung der verwendeten Reaktoren ausreichen. Es ließen sich noch eine Anzahl anderer Typen aufzählen, von denen im Hinblick auf den erreichbaren Prozeßwirkungsgrad beispielsweise der gasgekühlte Hochtemperaturreaktor der Arbeitsgemeinschaft BBC-Krupp erwähnt werden soll, da er Dampfzustandsgrößen erwarten läßt, die denen konventioneller Anlagen entsprechen.

Schließlich sei noch die Kombination von Reaktoren mit fossil beheizten Dampfüberhitzern genannt, die sowohl mit als auch ohne Einschaltung eines Gasturbinenprozesses denkbar ist.

9.2 Die Arten der möglichen Dampfkraftprozesse

Die thermische und werkstoffmäßige Beanspruchung des Reaktors, vornehmlich des Umhüllungsmaterials für die Brennstoffelemente, bestimmt u. a. die maximal im Kühlmedium erreichbare Temperatur und damit den möglichen thermodynamischen Prozeß. Neben der maximalen Temperatur ist allerdings noch die Höhe und der Verlauf der Wärmeabgabe des Spaltstoffelementes und die spezifische Wärme, der Massenfluß und die Eintrittstemperatur des Kühlmittels von Einfluß.

Da die Wärmeerzeugung in den einzelnen Kühlkanälen des Reaktors je nach deren Lage unterschiedlich ist, muß der Kühlmittelstrom so aufgeteilt werden, daß in den einzelnen Kanälen jeweils die maximale Oberflächentemperatur der Brennelemente auftritt.

So ergibt sich insgesamt die größte Temperatur für den Kühlmittelstrom. Das Bild 168 ergibt qualitativ den Verlauf der Wärmestromdichte, der Oberflächentemperatur des Brennelementes und der Kühlmitteltemperatur in einem Reaktorkühlkanal wieder [36]. Da die im Reaktor freiwerdende Wärmemenge dem Neutronenfluß proportional und demzufolge in der Mitte des Reaktors am größten ist, werden neben der unterschiedlichen Aufteilung des Kühlmittelstromes auch noch andere Maßnahmen zur Abflachung des Neutronenflusses und damit der Wärmequellenverteilung durchgeführt. Dazu gehört die Verwendung ungleichförmiger Gitter der Anordnung der Brennelemente oder die Anwendung von Reflektoren, die es gestatten, den äußeren Bereich des Reaktors, in dem geringerer Neutronenfluß herrscht, einzusparen.

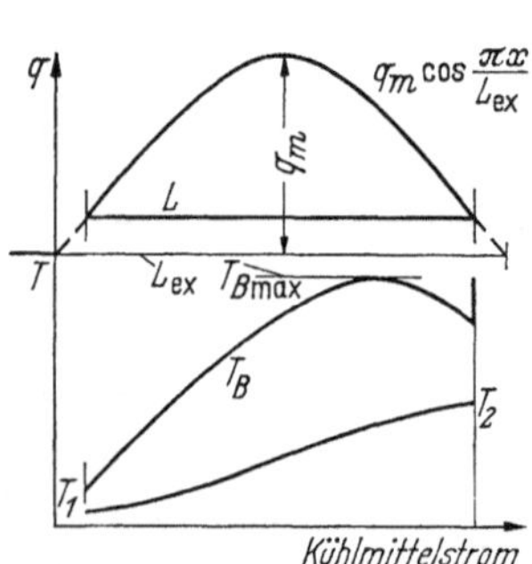

Bild 168. Verlauf der Wärmestromdichte q, der Oberflächentemperatur der Brennelemente T_B und der Kühlmitteltemperatur in einem Reaktorkanal [36].

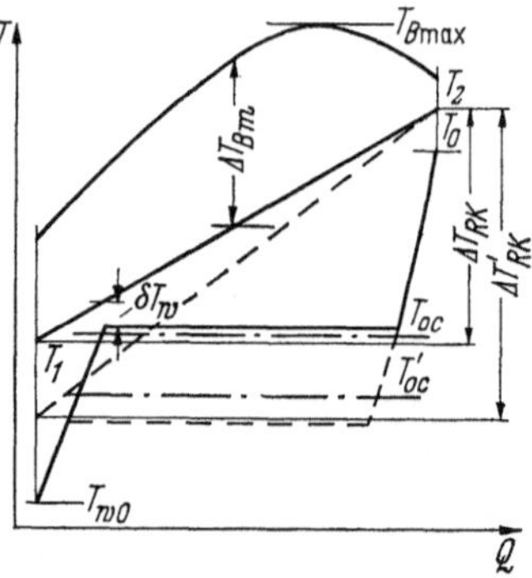

Bild 169. Temperatur-Wärmemengen-Diagramm mit dem Verlauf der Temperaturen am Brennelement, im Kühlmittel und beim Arbeitsmittel [37].

Die nachfolgenden Überlegungen gelten für alle Reaktoren, bei denen in außen stehenden Wärmetauschern der Dampf durch Wärmeabgabe des Kühlmediums erzeugt wird. Dabei ist es für diese Betrachtungen gleichgültig, ob das Kühlmittel Gas, Wasser oder flüssiges Metall ist.

Das Bild 169 zeigt ein Temperatur-Wärmemengen-Diagramm [37]. Die obere Kurve gibt die Temperatur der Umhüllung der Brennelemente an. Das Maximum dieser Temperatur liegt in Strömungsrichtung des Kühlmittels gesehen etwas hinter der Mitte des jeweiligen Kühlkanals. Dieser Wert ist durch die Warmfestigkeit der Brennelementumhüllungen begrenzt. Diese Kurven sind bereits in dem Bild 168 dargestellt worden. Sie sollen mit ihrer Beschriftung als Ausgang für die folgenden Ableitungen dienen. Bei konstanter spezifischer Wärme des Kühlmittels verläuft sein Temperaturanstieg über der ausgetauschten Wärmemenge linear. In das Bild ist ein einfacher Dampfkreislauf eingetragen. Die geringsten Temperaturdifferenzen zur Temperatur des Kühlmittels bestimmen den erforderlichen Heizflächenaufwand in den Wärmetauschern.

Die von einem Brennstab je Längenelement abgegebene Wärmemenge berechnet sich nach der Gl. (374) und dem Bild 168 zu

$$q = q_m \cos \frac{\pi x}{L_{ex}}, \tag{374}$$

darin bedeuten q_m die Wärmeabgabe des Längenelementes in der Mitte des Kanals, x die Länge des Elementes bis zum betrachteten Punkt und L_{ex} die extrapolierte Länge des Reaktorkerns. L_{ex} ist dabei die vergrößerte virtuelle Länge des Reaktorkerns, in der der Fluß bis auf den Wert Null abgesunken sein soll.

Die Aufwärmung des Kühlmittels, das mit der Temperatur T_1 in den Kanal eingetreten ist, läßt sich dann für jeden Querschnitt x des Kühlkanals berechnen, wenn der Massenfluß G und die spezifische Wärme c des Kühlmittels bekannt sind, zu

$$(T - T_1)\, Gc = q_m \int\limits_{-L/2}^{x} \cos \frac{\pi x}{L_{ex}}\, dx. \tag{375}$$

L ist die wirkliche Länge des Brennelementes.

Die Integration über die gesamte Länge des Brennelementes ergibt

$$\Delta T_{RK} = T_2 - T_1 = \frac{2 q_m L_{ex}}{Gc} \sin \frac{\pi L}{2 L_{ex}}\,. \tag{376}$$

Die Aufwärmspanne des Kühlmittels hängt also, wie zu erwarten war, umgekehrt proportional von der durchströmenden Menge und der spezifischen Wärme des Kühlmittels ab. Darüber hinaus sind mit q_m und L bzw. L_{ex} noch charakteristische Größen des Reaktors mitbestimmend.

Von der Gl. (376) ausgehend, läßt sich die Oberflächentemperatur des Brennelementes nach folgender Überlegung berechnen:

Die Temperaturdifferenz zwischen der Oberfläche des Brennelementes und dem Kühlmittel ist ΔT_B. Sie ist nach der Beziehung $Q = kF\, \Delta T_B$ proportional zur Wärmestromdichte, wenn bei geometrisch unverändertem Kühlkanal die Wärmeübergangszahl als konstant oder annähernd konstant angesehen wird. Damit ist ΔT_B aber auch analog zur Gl. (374)

$$\Delta T_B = \Delta T_{Bm} \cos \frac{\pi x}{L_{ex}}, \tag{377}$$

wenn ΔT_{Bm} die entsprechende Temperaturdifferenz in der Mitte des Kanals ist.

Mit der Integration der Gl. (375) zu

$$T - T_1 = \frac{q_m L_{ex}}{\pi G c}\left(\sin \frac{\pi x}{L_{ex}} + \sin \frac{\pi L}{2 L_{ex}}\right) \tag{378}$$

und der Gl. (376) ergibt sich

$$T - T_1 = \frac{\Delta T_{RK}}{2}\left(\frac{\sin(\pi x/L_{ex})}{\sin(\pi L/2 L_{ex})} + 1\right), \tag{379}$$

und da die Oberflächentemperatur des Brennelementes

$$T_B = T_1 + \Delta T_B,$$

folgt schließlich über

$$T_B - T_1 = T - T_1 + \Delta T_B$$

$$T_B = T_1 + \frac{\Delta T_{RK}}{2}\left(\frac{\sin(\pi x/L_{ex})}{\sin(\pi L/2 L_{ex})} + 1\right) + \Delta T_B \cos \frac{\pi x}{L_{ex}}. \tag{380}$$

Über eine Substitution, Differenzieren und Nullsetzen der Gl. (380) ergibt sich als Maximum für T_B der Höchstwert

$$T_{Bmax} = T_1 + \frac{\Delta T_{RK}}{2} + \Delta T_{RK} \sqrt{\left(\frac{\operatorname{cosec} \pi L/2 L_{ex}}{2}\right)^2 + \left(\frac{\Delta T_B}{\Delta T_{RK}}\right)^2}. \tag{381}$$

Dieser Höchstwert der Temperatur an der Oberfläche des Brennelementes T_{Bmax} tritt in einer Ebene auf, deren Abstand x von der Mittelebene bestimmt wird durch

$$x = \frac{L_{ex}}{\pi} \arctan\left(\frac{1}{2} \frac{\Delta T_{RK}}{\Delta T_B} \operatorname{cosec} \frac{\pi L}{2 L_{ex}}\right). \tag{382}$$

Wird in erster Näherung $\frac{L}{L_{ex}} \approx 1$ gesetzt, so ergibt sich aus der Gl. (381) schließlich

$$T_{Bmax} = T_1 + \frac{\Delta T_{RK}}{2} + \sqrt{\left(\frac{1}{2} \Delta T_{RK}\right)^2 + (\Delta T_B)^2}. \tag{383}$$

ΔT_{RK} ist bei gleicher Wärmefreisetzung im Reaktor abhängig von der Menge G und der spezifischen Wärme c des Kühlmittels. Soll bei gleichem T_2 der Wert für ΔT_{RK} sinken, so muß also die Kühlmittelmenge gesteigert werden. Damit steigt aber auch die erforderliche Pumpen- bzw. Gebläseleistung, und es müssen größere Querschnitte für die Kühlkanäle und die Rohrleitungen gewählt werden. Bei Gas als Kühlmittel schlägt sich der erhöhte Wert von T_1 über eine Vergrößerung des Eintrittsvolumens nochmals in einem höheren Leistungsbedarf des Gebläses nieder.

ΔT_B hängt von der Wärmeübergangszahl k und der Heizfläche der Brennelemente ab.

Diese stark vereinfachte Darstellung über die für die Auslegung des nachgeschalteten Dampfkraftprozesses wichtigen Temperaturen im Reaktor erlaubt es, nun Betrachtungen über die Art dieses Dampfkraftprozesses anzustellen.

Dazu soll wiederum das Bild 169 herangezogen werden.

Der Wirkungsgrad des in das Bild eingetragenen Eindruck-Prozesses hängt, wie es bei den herkömmlichen Prozessen ausführlich dargestellt wurde, von der mittleren oberen Temperatur der Wärmezufuhr von außen T_{oc} ab.

Wenn einerseits bei gleicher ausgetauschter Wärmemenge und gleicher oberer Temperatur des Kühlmittels T_2 der Wert für ΔT_{RK} umgekehrt proportional der durchgesetzten Kühlmittelmenge mit allen Folgen für den Eigenbedarf und den Bauaufwand des Reaktors ist, so steigt andererseits der Wirkungsgrad des nachgeschalteten Prozesses bei gleichen Differenzen des Arbeitsmittels von $T_0 - T_{w0}$ mit der Höhe des möglichen Frischdampfdrucks.

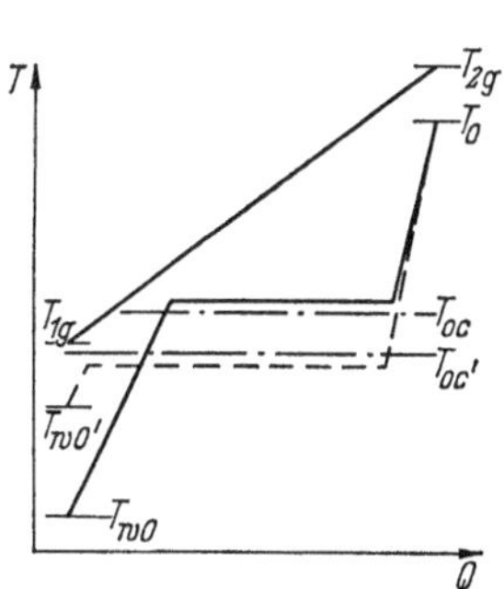

Bild 170. Bei gegebenem Verlauf der Kurve für die Aufwärmung des Kühlmittels sinkt der mögliche Frischdampfdruck mit steigender Vorwärm-Endtemperatur.

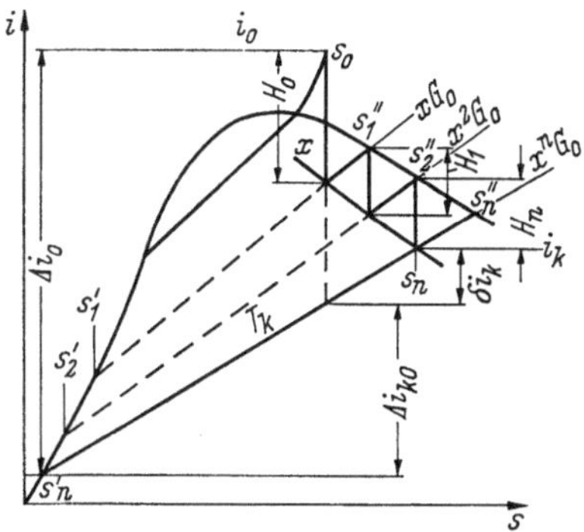

Bild 171. Darstellung eines Prozesses mit mechanischer Zwischentrocknung im i, s-Diagramm für adiabate Expansion.

Bleiben die Zustände des Kühlmittels mit T_2 und ΔT_{RK} gleich, so sinken nach dem Temperatur-Wärme-Diagramm des Bildes 170 mit steigender Höhe der Vorwärmtemperatur des Speisewassers T_{w0} die möglichen Frischdampfdrücke. Die Steigerung der mittleren oberen

Temperatur der Wärmezufuhr von außen durch die Regenerativ-Vorwärmung wird also durch den gleichzeitig sinkenden möglichen Frischdampfdruck vermindert oder aufgehoben. Durch die höheren Stoffströme und die Regenerativ-Vorwärmer werden die Investitionskosten dabei noch gesteigert. Andererseits sinkt bei gleicher abgegebener Leistung der im Kondensator niederzuschlagende Dampfanteil, für den bei seinem hohen Feuchtegehalt kalorische oder mechanische Zwischentrocknung durchgeführt werden muß.

Bei der mechanischen Zwischentrocknung wird die Trocknung durch Abscheiden der Flüssigkeitsteilchen erreicht. Setzen wir voraus, daß eine bestimmte Nässe des Dampfes wegen der Gefahr der Schaufelerosion nicht überschritten werden darf, so lassen sich an Hand eines in ein i, s-Diagramm nach dem Bild 171 eingetragenen Prozesses folgende Überlegungen anstellen.

Schreiben wir den Prozeßwirkungsgrad mit

$$\eta_p = 1 - \frac{Q_{Ab}}{Q_N + Q_{Ab}}$$

an, so ergibt sich für Q_N die Gleichung

$$Q_N = G_0 H_0 \eta_0 + x\, G_0 H_1 \eta_1 + x^2 G_0 H_2 \eta_2 + \cdots \tag{384}$$

mit G_0 als der Frischdampfmenge, und für Q_{Ab} folgt

$$Q_{Ab} = G_x\,(\Delta i_{k0} + \delta i_k),$$

worin $G_x = x^n G_0$ ist. Damit ergibt sich der Prozeßwirkungsgrad zu

$$\eta_{pm} = 1 - \frac{\Delta i_{k0} + \delta i_k}{\dfrac{H_0 \eta_0}{x^n} + H_m \eta_m \dfrac{1 - x^n}{x^n (1 - x)} + (\Delta i_{k0} + \delta i_k)}, \tag{385}$$

wenn hier zur Vereinfachung die $H_1 \eta_1 = H_2 \eta_2 = H_m \eta_m$ einander gleich gesetzt werden.

Mit

$$\frac{s - s'}{s'' - s'} = x$$

ergibt sich nach den Bezeichnungen des Bildes 171 für δi_k der Wert

$$\delta i_k = T_k\,[(s_n'' - s_n')\,x - s_n' - (s_1'' - s_1')\,x + s_1']. \tag{386}$$

Durch die einzelnen mechanischen Zwischentrocknungen wird die Enthalpie des Abdampfes um δi_k erhöht. Gleichzeitig wird die Abdampfmenge auf das x^n-fache der Frischdampfmenge vermindert. Die bei der Trocknung abgeschiedenen Wassermengen werden im Sättigungszustand der jeweiligen Isobaren, bei der die Trocknung stattfindet, wieder dem Speisewasser zugemischt.

Wird die Trocknung nicht jeweils bis zur Sattdampflinie durchgeführt, sondern nur von der maximal zulässigen Endnässe x_1 bis zu der Endnässe x_2, dann ist für x in der Gl. (385) statt dessen der Wert

$$1 - (x_2 - x_1)$$

einzusetzen.

Bei kalorischer Trocknung in den einzelnen Zwischenstufen wird (Bild 172) bei der Zustandsänderung von *1* nach *2* der gesamten Dampfmenge das Wärmegefälle Δi_{t1} und bei der Zustandsänderung von *3* nach *4* das Wärmegefälle Δi_{t2} zugeführt. Es ergibt sich dann der Prozeßwirkungsgrad

$$\eta_{pk} = 1 - \frac{\Delta i_0 + \delta i_k}{\Delta i_0 + \Delta i_{t1} + \Delta i_{t2} + \cdots} \tag{387}$$

oder mit

$$\eta_{pk} = 1 - \frac{Q_{Ab}}{Q_N + Q_{Ab}} = 1 - \frac{\Delta i_{k0} + \delta i_k}{H_0 \eta_0 + \Sigma H_m \eta_m + (\Delta i_{k0} + \delta i_k)}\,. \tag{388}$$

Da der Nenner der Gl. (388) größer ist als der Nenner der Gl. (385), ist der Prozeß mit mechanischer Zwischentrocknung also dem mit kalorischer Zwischentrocknung überlegen. Dieser letzte Prozeß hat bisher keine praktische Bedeutung erlangt.

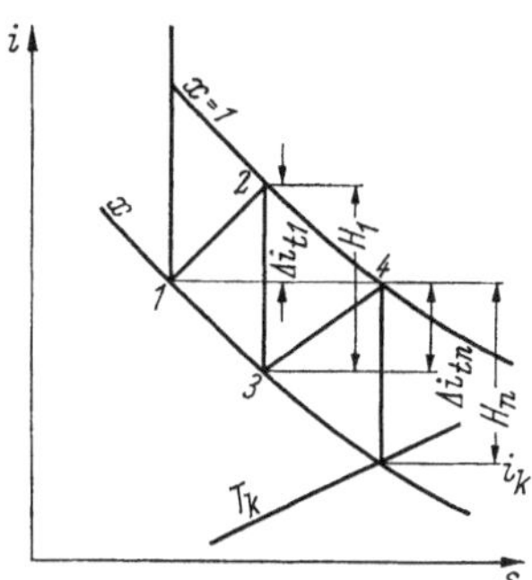

Bild 172. Wärmezufuhr bei Zwischentrocknung um Δi_{t1}, Δi_{t2}, Δi_{tn} zur Vermeidung zu großer Endnässe.

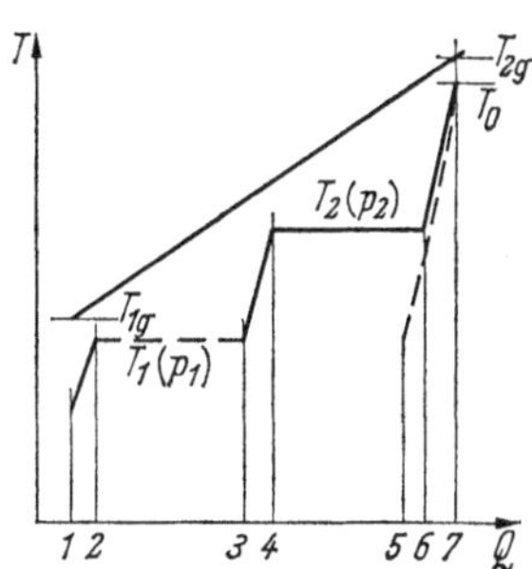

Bild 173. Darstellung eines Zweidruck-Prozesses im t, Q-Diagramm.

Für Optimierungsrechnungen lassen sich die Gln. (385), (387) und (388) etwa nach Art der Gl. (250) so ausweiten, daß der Einfluß einer Regenerativ-Vorwärmung, gegebenenfalls einer Zwischenüberhitzung und die Auswirkung der Speisepumpenarbeit berücksichtigt sind.

Neben der kalorischen Dampftrocknung durch isobare Wärmezufuhr, als einer besonderen Form der Zwischenerhitzung, steht als bedeutsamere Möglichkeit der Dampftrocknung die Wärmezufuhr durch Mischung des

Dampfes nach einem ersten Expansionsteil mit Heißdampf gleichen Drucks, das Zweidruck-Verfahren. Die Darstellung des Zweidruck-Prozesses in dem Bild 173 ist so zu verstehen, daß zunächst von *1* nach *2* das Wasser des Niederdruckdampfes bis zur Siedetemperatur erwärmt und dann von *2* nach *3* verdampft wird. Von *3* nach *4* wird das Wasser des Hochdruck-Prozesses bis zur Siedetemperatur erwärmt und dann von *4* nach *6* verdampft. Die Überhitzer sind parallel geschaltet (*5* nach *7* bzw. *6* nach *7*).

In dem Bild 174 ist der Zweidruck-Prozeß im i, s-Diagramm dargestellt. Es ist zu erkennen, daß mit dem Mengenverhältnis von Hochdruck- zu Niederdruckdampfmenge außer den Dampfzustandsgrößen am Anfang beider Prozesse ein neuer Parameter, nämlich das Mengenverhältnis beider Prozesse hinzukommt, wenn der Expansionsendpunkt durch Endnässe und erreichbares Vakuum festliegt. In der Gl. (65) und in dem Bild 46 kommt zum Ausdruck, daß bei einem Mischvorgang ein Exergieverlust eintritt. Die Vorteile des Zweidruck-Prozesses liegen darin, daß beim Hochdruck-Prozeß verhältnismäßig höhere Drücke und damit höhere mittlere Temperaturen der Wärmezufuhr von außen, also bessere Prozeßwirkungsgrade erreicht werden, u. a. auch dadurch, daß für den Hochdruck- und den Niederdruck-Prozeß die Regenerativ-Vorwärmung in stärkerem Maße als beim Eindruck-Prozeß angewendet werden kann. Aus der Darstellung des Zweidruck-Prozesses im i, s-Diagramm ist der Prozeßwirkungsgrad abzuleiten, wenn für den Einfluß der Regenerativ-Vorwärmung bei Anzapfentnahmen aus dem Niederdruckteil das Mengenverhältnis (s. Abschnitt 4.1.3)

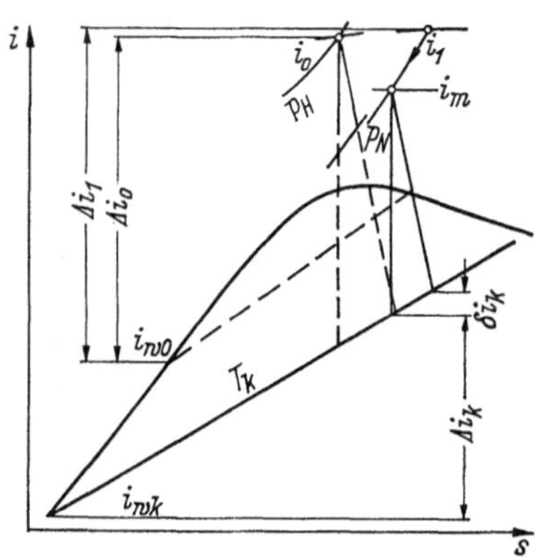

Bild 174. Der Zweidruck-Prozeß im i, s-Diagramm.

$$m = \frac{G_k}{G_0 + G_1}$$

angesetzt wird, worin G_k die Abdampfmenge, G_0 die Hochdruckdampfmenge und $G_0 + G_1$ die in den Niederdruckteil eintretende Dampfmenge ist. Mit den Bezeichnungen des Bildes 174 ist

$$Q_{Ab} = G_k\,(\Delta i_k + \delta i_k) = m\,(G_0 + G_1)\,(\Delta i_k + \delta i_k)$$

und

$$Q_{Zu} = G_0\,\Delta i_0 + G_1 \Delta i_1.$$

Wird nun für das Verhältnis der im Dampferzeuger gewonnenen Hochdruckdampfmenge G_0 zur erzeugten Niederdruckdampfmenge G_1 der Wert $\mu = \frac{G_0}{G_1} > 1$ eingesetzt, so ergibt sich für den Prozeßwirkungsgrad

$$\eta_{p2} = 1 - \frac{m(\mu + 1)(\Delta i_k + \delta i_k)}{\mu \Delta i_0 + \Delta i_1}. \qquad (389)$$

Setzen wir zur Vereinfachung nun $\Delta i_0 \approx \Delta i_1$, so folgt

$$\eta_{p2} = 1 - m\,\frac{\Delta i_k + \delta i_k}{\Delta i_0}. \qquad (390)$$

In diesem Fall ist der Wirkungsgrad des Zweidruck-Prozesses mit Regenerativ-Vorwärmung um den durch das Glied δi_k im Zähler der Gl. (390) hervorgerufenen Betrag geringer als der eines herkömmlichen Prozesses mit Regenerativ-Vorwärmung. Gegenüber dem vorher besprochenen Eindruck-Prozeß, der in seinen Dampfdaten durch die Höhe und maximale Differenz der Temperaturen des Kühlmittels stark beschränkt wird, hat der Zweidruck-Prozeß den Vorteil, daß er bei gleichem Expansionsendpunkt mit höherer Regenerativ-Vorwärmung und durch den höheren Druck bei einem Teil der Dampfmenge mit besserem Wirkungsgrad arbeitet.

Auch der bei herkömmlichen Dampfkraftwerken in früheren Abschnitten ausführlich behandelte Prozeß mit Zwischenüberhitzung des Dampfes ist durchführbar. Seine Berechnung geschieht, wie dort beschrieben.

Druckwasserreaktoren und Siedewasserreaktoren mit Wärmetauschern und ohne Dampfüberhitzung sind überlegungsmäßig gleich zu behandeln, wie es im vorhergehenden für Prozesse mit Dampfüberhitzung geschehen ist.

Wie schon erwähnt, werden neuerdings Siedewasserreaktoren geplant, bei denen der Dampf im Reaktor bis auf Temperaturen von 500 °C überhitzt wird. Die Prozesse, die bei solchen Dampfzuständen möglich sind, unterscheiden sich praktisch nicht mehr von denen in konventionellen Kraftwerken. Sie sind wie jene zu berechnen.

9.3 Einige Grundschaltungen bei Kernkraftwerken

Die vielfältigen Schaltungsmöglichkeiten, die sich bei den unterschiedlichen Reaktortypen ergeben, können nicht alle dargestellt werden.

Im folgenden sollen einige grundsätzliche Schaltungen aus der Vielzahl der Variationsmöglichkeiten beschrieben werden.

9.3.1 Direkter Kreislauf (Bild 175)

Bei diesem Kreislauf wird der Dampf im Reaktor erzeugt. Es handelt sich um einen Siedewasserreaktor ohne oder mit Dampfüberhitzung im

Reaktor. Der an das Symbol des Reaktors gezeichnete Umwälzkreislauf deutet an, daß der Reaktor im Zwangsumlauf betrieben wird. Ein hohes Umwälzverhältnis von beispielsweise 20 : 1 ermöglicht es, den Einfluß der Dampfblasenbildung auf die Moderatoreigenschaften des Wassers klein zu halten.

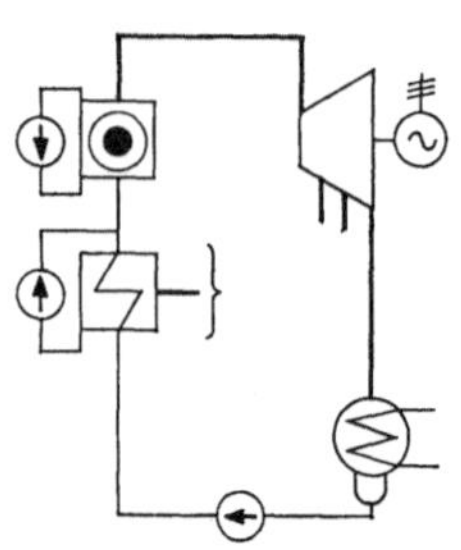

Bild 175. Grundschaltung eines direkten Kreislaufs.

Grundsätzlich ist bei der Kühlung durch Wasser die Wahl aller der Schaltungen möglich, die auch bei den konventionellen Dampferzeugern verwendet werden. Dazu gehören der Naturumlauf, der Zwangsdurchlauf und die Verfahren der indirekten Dampferzeugung beim SCHMIDT- und beim LÖFFLER-Kessel.

Der direkte Kreislauf hat keine Trennung des Kühl- und Arbeitsmittels. Demzufolge besteht die Gefahr der radioaktiven Verseuchung des gesamten Kreislaufs.

9.3.2 Indirekter Kreislauf (Bild 176)

Bei diesem indirekten Kreislauf wird der durch die Turbine strömende Dampf in dem Verdampfer, also in einem Sekundärkreislauf für das Arbeitsmittel erzeugt. Dieser Kreislauf eignet sich für alle Reaktortypen. Der Vorteil besteht darin, daß keine Vergiftung des Arbeitsmittelkreislaufs die Zugänglichkeit zur Turbine vermindert. Bei D_2O gekühlten und moderierten Reaktoren wird die Möglichkeit von Leckverlusten dieses teuren Stoffes gesenkt. Bei flüssigen Metallen muß schließlich der Wärmeaustauscher so ausgeführt werden, daß durch ein Leck nicht die heftig miteinander reagierenden Stoffe der Alkalimetalle und des Wassers in Berührung kommen. In diesem Fall wird auch ein Dreistoffwärmetauscher vorgesehen, bei dem beispielsweise in dem Röhrensystem die Wärme nur vom Alkalimetall über Quecksilber an das Wasser übertragen werden kann.

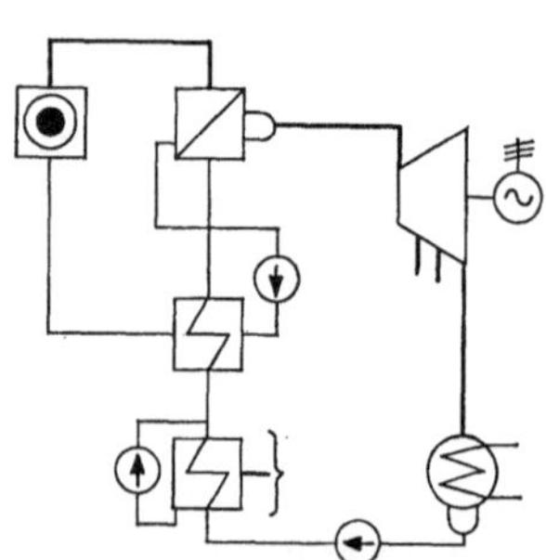

Bild 176. Grundschaltung eines indirekten Kreislaufs.

9.3.3 Indirekter Kreislauf mit fossiler Dampfüberhitzung (Bilder 177, 178, 179)

Bei der fossilen Überhitzung des in dem dem Reaktor nachgeschalteten Wärmetauscher erzeugten Dampfes geht es darum, das ausnutzbare

Gefälle zu vergrößern und zugleich den Expansionsendpunkt in ein Gebiet geringerer Endnässe zu verschieben (Bild 177). Der Wirkungsgrad einer solchen Anlage läßt sich durch Einschalten eines Gasturbinenprozesses (Bild 178) weiter verbessern. Allerdings darf nicht übersehen

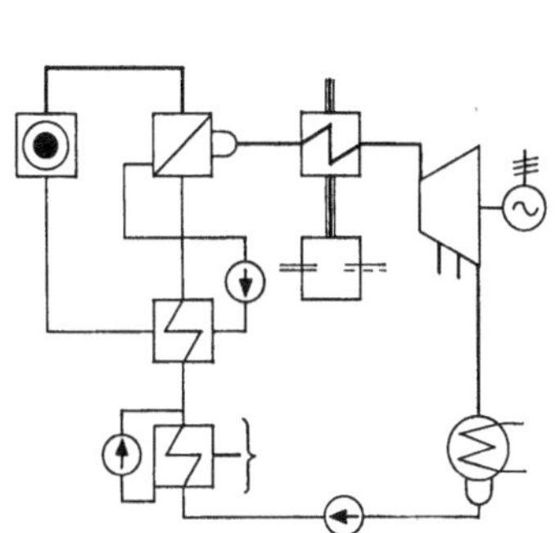

Bild 177. Dampfkreislauf mit indirekter Dampferzeugung und fossiler Dampfüberhitzung.

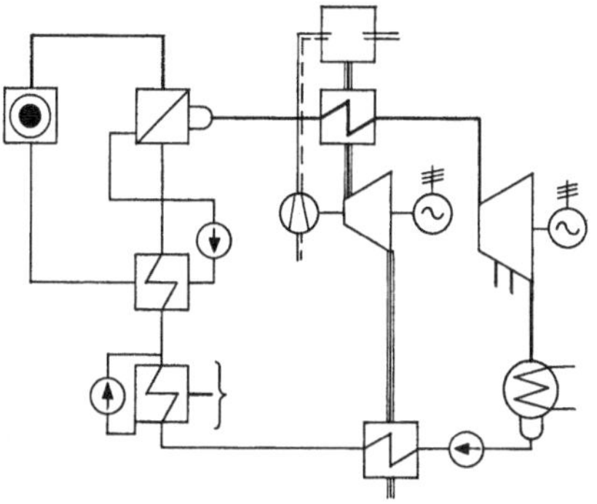

Bild 178. Dampfkreislauf mit indirekter Dampferzeugung und Einschaltung eines Gasturbinenkreislaufs zur fossilen Überhitzung des Dampfes.

werden, daß sowohl die einfache fossile Überhitzung als auch das Einschalten des Gasturbinenprozesses den Prozeß komplizieren und das Risiko einer Betriebsstörung erhöhen.

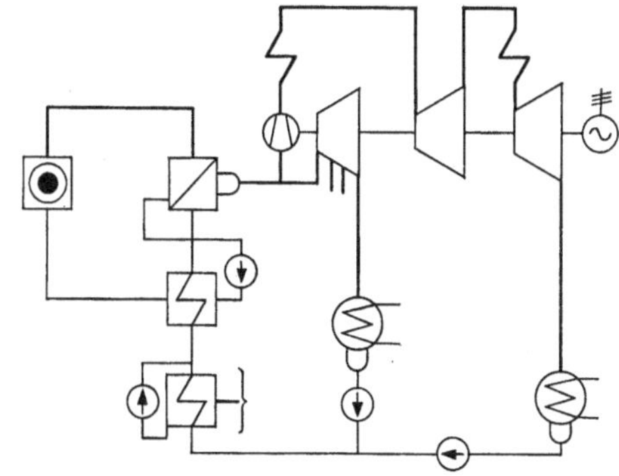

Bild 179. Dampfkreislauf mit Dampfkompression und fossiler Überhitzung und Zwischenüberhitzung des Dampfes.

Von der Luftkompression bei dem eingeschalteten Gasturbinenprozeß läßt sich zumindest gedanklich der Schritt zur Dampfkompression durchführen. Das Bild 179 zeigt einen solchen Prozeß. Der im Wärmetauscher erzeugte Dampf wird zu einem Teil für die Antriebsturbine des Dampfkompressors, ohne daß er fossil überhitzt wurde, abgezweigt. Diese Hilfsturbine ist gleichzeitig als Vorwärmturbine geschaltet, so daß die für die Regenerativ-Vorwärmung benötigten Anzapfdampfmengen nicht vorher überhitzt werden.

Der weitaus überwiegende Teil des Dampfes wird im Dampfkompressor auf ein höheres Druckniveau gebracht, fossil überhitzt und nach Expansion in der Hochdruck-Turbine zwischenüberhitzt. So ergeben sich für die Expansionslinien der Hauptdampfmengen Dampfzustandsgrößen, die auch bei herkömmlichen Prozessen angewendet werden.

9.3.4 **Der Zweidruck-Kreislauf** (Bild 180)

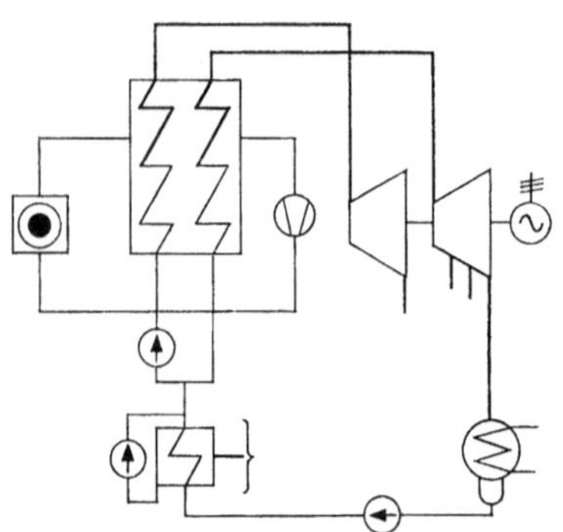

Bild 180. Grundschaltung für einen gasgekühlten Reaktor mit Zweidruck-Dampfkraftprozeß.

Bei gasgekühlten Reaktoren ergibt sich wegen der hohen Gebläseleistung im allgemeinen bei gleicher übertragener Wärmemenge aus Wirtschaftlichkeitsgründen eine kleinere umgewälzte Menge bei größerer Temperaturdifferenz im Gas zwischen dem Reaktorein- und -austritt. Nach dem im vorigen Abschnitt Gesagten läßt sich in diesem Fall eine Steigerung des Prozeßwirkungsgrades gleichzeitig verbunden mit kalorischer Dampftrocknung am Ende der Dampfexpansion erreichen.

9.3.5 **Kaskadenüberhitzer-Kreislauf** (Bild 181)

Bei Kreisläufen mit Alkalimetallen als Kühlmittel werden manchmal, wie schon erwähnt, Mehrfachkreisläufe verwendet, um Schäden durch die Reaktion von flüssigen Metallen mit Wasser zu vermeiden. Diese Kreisläufe sind mit der Anordnung verschiedener Wärmetauscher aus den bisher gezeigten Grundkreisläufen aufzubauen.

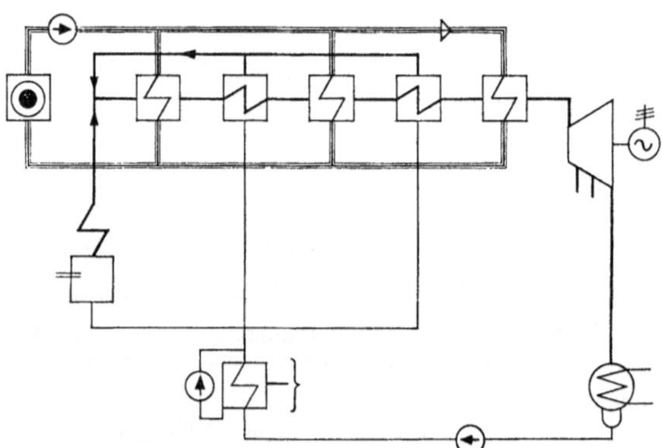

Bild 181. Kaskaden-Überhitzer, Dampfkreislauf für Reaktoren mit Flüssigmetallkühlung.

Die geringere Gefährdung, die bei dem Wärmetausch von Metallen an Dampf gegeben ist, führte zu dem Vorschlag der Kaskadenschaltung, die das Bild 181 zeigt. Dieser Kreislauf muß mit einem Hilfskessel angefahren werden. Nach jeder Wärmezufuhr durch Alkalimetall wird die erzielte Dampfüberhitzung durch Wassereinspritzung wieder rückgängig gemacht und so Stufe um Stufe Dampf erzeugt. Dieser Dampf wird an den Anfang des Prozesses geführt und durchströmt von da die Kaskade, bis er schließlich im letzten von Metall durchströmten Wärmetauscher überhitzt und zur Turbine geleitet wird.

Mit diesen wenigen Schaltungen und unter Berücksichtigung der für den konventionellen Dampfkraftprozeß gewonnenen Erkenntnisse lassen sich eine große Vielzahl von möglichen Prozessen zusammenstellen und berechnen.

Es ist anzunehmen, daß der schließlich in Großanlagen verwendete Prozeß zu einer einfachen Grundschaltung führen wird, soll nicht der Dampfkreislauf die Betriebsbereitschaft gefährden. Bei der durch die hohen Investitionskosten notwendigerweise hohen Ausnutzungsstundenzahl, die bei Kernkraftwerken erforderlich ist, hat die Betriebssicherheit hier eine noch über eine bei herkömmlichen Anlagen weit hinausgehende Bedeutung.

10. Der Dampfkraftprozeß mit vorgeschaltetem MPD-Generator

10.1 Ein neuer Vorschaltprozeß

Die meisten Überlegungen zur Verbesserung des Wirkungsgrades beim Dampfkraftprozeß sind darauf ausgerichtet, die mittlere obere Temperatur der Wärmezufuhr von außen anzuheben. Obgleich in den Brennkammern der Dampferzeuger Rauchgase mit Temperaturen in der Größenordnung von 1600 °C und mehr auftreten, sind die höchsten verwendeten Dampftemperaturen 650 °C und entsprechend dem physikalischen Verhalten des Wasserdampfes mit einer je nach dem Druck großen oder kleinen Verdampfungszone die mittleren oberen Temperaturen der Wärmezufuhr von außen T_{oc} damit noch wesentlich geringer. Eine beträchtliche Steigerung von T_{oc} und somit eine erhebliche Verbesserung des Prozeßwirkungsgrades ist für den herkömmlichen Dampfkraftprozeß nicht mehr zu erwarten. Schon geringe Steigerungen über die heute üblichen Werte bei den Frischdampftemperaturen um 540 °C bis 560 °C führen in das Gebiet der teuren austenitischen Stähle. Die Suche nach weiteren Verbesserungsmöglichkeiten der Umwandlung von Wärme in elektrischen Strom führte in jüngster Zeit zu einer Vielzahl von Vorschlägen, die Stromerzeugung direkt, also ohne die bisher übliche Zwischenstufe der mechanischen Energie durchzuführen. In dieses Gebiet gehört auch der magnetoplasmadynamische Generator (MPD-Generator).

Im Jahre 1907 wurde von Scherer ein MPD-Generator zum Patent angemeldet. Nach den die Theorie dieses Verfahrens beschreibenden Fachgebieten werden neben dem Ausdruck Magnetoplasmadynamik auch noch die Bezeichnungen Magnetohydrodynamik und Magnetogasdynamik verwendet.

Bei dem MPD-Verfahren strömt ein leitender Gasstrahl durch ein Magnetfeld. Dabei entsteht in ihm senkrecht zu den Kraftlinien des Magnetfeldes und zur Bewegungsrichtung des Gasstrahles ein elektrisches Feld. Wird dieses elektrische Feld über einen äußeren Widerstand kurzgeschlossen, so fließt in dem entstehenden Kreislauf ein Strom. Nach dem LENZschen Gesetz hat der induzierte Strom eine solche Richtung, daß er die Zustandsänderung, die ihn hervorruft, zu hemmen sucht, der Gasstrahl wird also gebremst. Das erzeugte elektrische Feld ist proportional dem Produkt aus der Geschwindigkeit des Leiters $\mathfrak{w}$, der Kraftflußdichte $\mathfrak{B}$ und dem Sinus des von beiden gebildeten Winkels φ

$$\mathfrak{E} = w\, B \sin\varphi = \mathfrak{w} \times \mathfrak{B}. \tag{391}$$

Da die Leitfähigkeit des Gases außer von anderen noch zu erörternden Einflüssen von seiner Temperatur abhängt, darf diese Temperatur am Ende der zur Beschleunigung des Gases erforderlichen verlustbehafteten Expansion nicht unter einen Wert von größenordnungsmäßig 2400 °K für die Ruhetemperatur absinken. Die an dieser Stelle des Prozesses aus dem MPD-Generator austretenden Gase geben ihre Wärme zunächst zur Erhitzung der Verbrennungsluft und dann an einen nachgeschalteten Gasturbinen- oder Dampfkraftprozeß ab.

10.2 Der MPD-Grundprozeß

Ist der Wirkungsgrad des vorgeschalteten MPD-Generators

$$\eta_V = \frac{860\, N_V}{Q_0}$$

und der Wirkungsgrad des nachgeschalteten Dampfkraftprozesses

$$\eta_N = \frac{860\, N_N}{Q_N},$$

worin Q_0 die von außen zugeführte Wärmemenge ist, so ergibt sich als Gesamtwirkungsgrad mit $Q_N = Q_0\,(1 - \eta_V)$

$$\eta_{ges} = 860\, \frac{N_V + N_N}{Q_0} = \eta_V + \eta_N - \eta_V \eta_N. \tag{392}$$

Bei Wirkungsgraden von $\eta_N = 40\%$ für konventionelle Anlagen lassen sich also Gesamtwirkungsgrade von mehr als 50% erreichen, sobald die Wirkungsgrade für die MPD-Generatoren 17% übersteigen.

Das Bild 182 zeigt die Wirkungsgradbereiche für den herkömmlichen Dampfkraftprozeß, den MPD-Generator mit angeschlossenem Dampfkraftprozeß sowie für einige andere zur Zeit diskutierte direkte Umwandlungsverfahren [*46*].

Der Grundprozeß des MPD-Generators ist der JOULE-Prozeß mit internem Wärmetausch, der im Bild 183 dargestellt ist. Der Wirkungsgrad dieses Prozesses hängt von den Isothermen oder Isobaren, zwischen denen die Expansion in der Turbine verläuft, ab.

$$\eta_p = 1 - \frac{T_2}{T_1} = 1 - \left(\frac{p_2}{p_1}\right)^{\frac{\varkappa-1}{\varkappa}}. \tag{98}$$

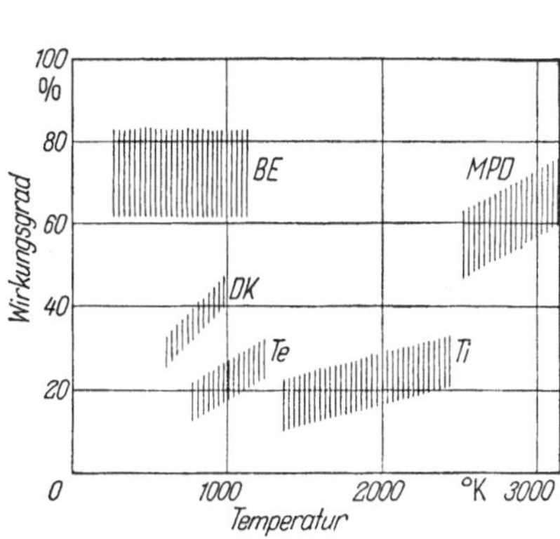

Bild 182. Wirkungsgradbereiche verschiedener Stromerzeugungsverfahren [*41*]. *BE* Brennstoffelement; *MPD* Magnetoplasmadynamisches Verfahren; *DK* Dampfkraftwerk; *Te* Thermoelement; *Ti* Thermionischer Wandler.

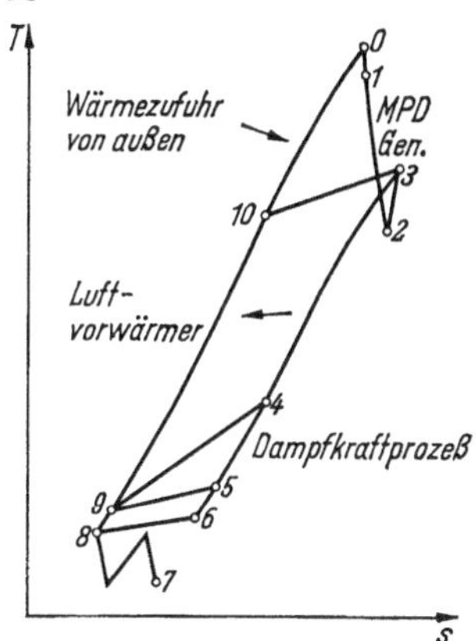

Bild 183. Der MPD-Prozeß mit Luftvorwärmung und Wärmeabgabe für einen nachgeschalteten Dampfkraftprozeß im T, s-Diagramm.

Der Wirkungsablauf beim MPD-Prozeß ist mit der Bezeichnung des Bildes 183 folgender:

Die Verbrennungsluft wird bei *7* angesaugt und in mehrstufiger Kompression auf *8* verdichtet. In verschiedenen Luftvorwärmern wird sie dann prozeß-intern auf *10* vorgewärmt und anschließend durch Wärmezufuhr von außen (Verbrennung fossiler Brennstoffe oder Wärme aus Kernenergie) auf die maximale Prozeßtemperatur bei *0* gebracht. Von diesem Punkt aus wird das nun leitende Rauchgas oder bei geschlossenen Prozessen ein anderes Arbeitsmittel in einer Düse beschleunigt und tritt bei *1* in den MPD-Generator ein. Die Expansionsarbeit von *1* nach *2* induziert den Strom, sie ist direkt erforderlich, die Geschwindigkeit des Gasstrahles gegen die nach dem LENZschen Gesetz hervorgerufene Bremswirkung aufrechtzuerhalten. Bei *2* tritt das Gas mit hoher Geschwindigkeit aus dem MPD-Generator aus, wird in einem Diffusor auf den Zustand bei *3* verzögert und gibt nun von *3* nach *4* seine Wärme zur Erhitzung der Verbrennungsluft an sie ab. Von *4* nach *5* schließlich strömt das Gas durch den Abhitzekessel, in dem der Dampf für den nachgeschalteten Dampfkraftprozeß erzeugt wird. Die restliche Spanne von *5* nach *6* dient schließlich wieder dazu, die Verbrennungsluft, und zwar von dem Zustand *8* auf den Zustand *9*, vorzuwärmen.

Im Gegensatz zum Gasturbinenprozeß mit zwei Adiabaten und prozeß-internem Wärmetausch, bei dem es auf einen guten Wirkungsgrad für den Wärmetauscher ankommt, wird hier die Temperaturdifferenz zwischen den Punkten *3* und *10* bestimmt durch die Geschwindigkeit des Gasstrahles und die zur noch hinreichenden Ionisation erforderliche Mindesttemperatur bei *2* sowie die zur Erzielung der maximalen Temperatur bei *0* notwendige Vorwärmung der Luft auf den zu *10* gehörenden Wert. Die hohe Temperaturdifferenz zwischen *3* und *10* erlaubt es, mit unter den gegebenen Umständen geringem Aufwand die erforderlichen Wärmetauscher zu bauen. Die entscheidende Verbesserung des Gesamtprozeßwirkungsgrades liegt in der Einschaltung des konventionellen Dampfkraftprozesses durch Wärmeabgabe von *4* nach *5* an die Abhitzeanlage zur Erzeugung des Dampfes. Dadurch wird die mittlere untere Temperatur der Wärmeabfuhr nach außen gesenkt und der Prozeßwirkungsgrad angehoben.

10.3 Die physikalischen Grundlagen der Direktumwandlung im MPD-Generator

Die Magnetoplasmadynamik war in der Vergangenheit in erster Linie ein in der Astrophysik angewendeter Zweig der Naturwissenschaften. Sie ist im Bereich der sogenannten Hochtemperaturplasmen bei Kernfusionen und im Bereich der Niedertemperaturplasmen bei den MPD-Generatoren in das Blickfeld der Ingenieure gerückt.

Die bei der Herleitung der grundlegenden Formeln erforderliche Verknüpfung von elektromagnetischen Einheiten mit mechanischen Einheiten und Wärmeeinheiten läßt es zumindest für Dimensionsbetrachtungen wünschenswert erscheinen, alle Größen in einem einzigen Einheitensystem zu haben. Wählt man dafür das technische Maßsystem (m — kp — s), so geht zwar die Anschaulichkeit für die elektromagnetischen Größen verloren, dem Wärmetechniker bleibt jedoch der Vorteil, die übrigen Größen in gewohnten Maßsystemen zu behalten. In der nachfolgenden Tabelle wurden die elektromagnetischen Einheiten aus dem CGS-System in das technische Maßsystem durch die Umformung

$$\mathrm{kg} \equiv \mathrm{m}^{-1}\,\mathrm{kp}\,\mathrm{s}^{-2}$$

übergeführt.

Wird ein Leiter durch ein elektrisches und magnetisches Feld bewegt, so wirkt auf ihn die LORENTZ-Kraft

$$\mathfrak{P} = m\,\frac{d\mathfrak{w}}{dt} = Ze\,(\mathfrak{E} + \mathfrak{w} \times \mathfrak{B}). \tag{393}$$

Tabelle 6

	Bezeichnung	Dimension
Kraft, Gewicht	G	kp
Arbeit, Wärmemenge	A, Q	mkp
Leistung	N	$\mathrm{mkps^{-1}}$
Enthalpie*	i	m
Druck	p	$\mathrm{m^{-2}kp}$
Masse	m	$\mathrm{m^{-1}kps^2}$
Dichte	ϱ	$\mathrm{m^{-4}kps^2}$
Entropie	s	$\mathrm{mgrd^{-1}}$
Spez. Wärme bei p = const	c_p	$\mathrm{mgrd^{-1}}$
Gaskonstante	R_g	$\mathrm{mkpgrd^{-1}}$
Spannung	U	$\mathrm{mkp^{1/2}s^{-1}}$
Elektr. Feldstärke	$\mathfrak{E}$	$\mathrm{kp^{1/2}s^{-1}}$
Stromstärke	J	$\mathrm{kp^{1/2}}$
Stromdichte	j	$\mathrm{m^{-2}kp^{1/2}}$
Magn. Induktion	$\mathfrak{B}$	$\mathrm{m^{-1}kp^{1/2}}$
Elektr. Widerstand	R	$\mathrm{ms^{-1}}$
Elektr. Leitfähigkeit	σ	$\mathrm{m^{-2}s}$
Geschwindigkeit	w	$\mathrm{ms^{-1}}$
Beschleunigung	b	$\mathrm{ms^{-2}}$

* Gemeint ist hier, wie im ganzen Buch, die Enthalpie bezogen auf die Gewichtseinheit, also die Intensitätsgröße. Die Enthalpie J hat dagegen die Dimension einer Arbeit.

Darin ist Ze die Ladung in As bzw. $\mathrm{kp^{1/2}s}$. Die anderen Größen sind nach der Tabelle 6 bekannt. Der induzierte Strom beträgt

$$i = \frac{1}{R}\left(U + B\,\frac{dF}{dt}\right), \tag{394}$$

worin F die von der magnetischen Induktion durchsetzte Fläche ist. In Übereinstimmung mit dem LENZschen Gesetz, wonach die induzierte Spannung so gerichtet ist, daß das magnetische Feld eines durch sie erzeugten Induktionsstromes der Ursache entgegenwirkt, muß in der Gl. (394) U ein negatives Vorzeichen haben. Das gleiche gilt, wenn anstatt der Gl. (394) die Beziehung für die Stromdichte angeschrieben wird, mit demnach

$$\mathfrak{j} = \sigma\,(\mathfrak{w} \times \mathfrak{B} - \mathfrak{E}) \tag{395}$$

oder

$$j = \sigma\,(wB - E) \tag{396}$$

mit $\mathfrak{w} \perp \mathfrak{B}$.

σ, die elektrische Leitfähigkeit des Plasmas, spielt also eine entscheidende Rolle. Darüber wird später noch geschrieben werden. Wenn sich ein stromdurchflossener Leiter, hier die Gasschicht, quer durch ein Magnetfeld bewegt, so wirkt auf ihn die bremsende Kraft $\mathfrak{j} \times \mathfrak{B}$, die stromaufwärts gerichtet ist. Das Auftreten dieser Raumkraft (kp m^{-3}) ist bei der Magnetoplasmadynamik neu gegenüber der Gasdynamik [*39*].

Diese Raumkraft entspricht bei konstanter Strömungsgeschwindigkeit und bei Vernachlässigung der Reibung dem Druckabfall im Gas mit

$$\frac{dP}{dx} = \mathfrak{j}\, B. \tag{397}$$

Die Analogie zur konventionellen Stromerzeugung wird an dieser Stelle offensichtlich. Dort verrichtet das expandierende Gas mechanische Arbeit an den Turbinenschaufeln. Diese mechanische Arbeit wird über die Turbinen- und Generatorwelle übertragen und im Generator, in dem elektrische Leiter durch Magnetfelder bewegt werden, in elektrische Arbeit umgeformt.

Mit dem Strom, der in dem elektrisch leitenden Gas induziert wird, ist wie bei einem festen Leiter ein JOULEscher Verlust verbunden. Er ist genau wie ein Reibungsverlust im strömenden Gas oder wie Wärmeverluste nicht vermeidbar, soll aber hier der Einfachheit der Gleichungen halber vernachlässigt werden.

Die Energiegleichung lautet, wenn wir Strömungs- und Wärmeenergie zusammenfassen:

$$\frac{w}{v}\,\frac{d}{dx}\left(\frac{w^2}{2g} + c_p\, T\right) = \frac{w}{v}\,\frac{di}{dx} = \mathfrak{j} \cdot \mathfrak{E}. \tag{398}$$

Darin ist v das spezifische Volumen [m^{3}kp^{-1}]. In dieser Gleichung wird w^2 durch Division mit der Erdbeschleunigung in die Dimension der spezifischen Enthalpie i [m] umgeformt.

$\mathfrak{j} \cdot \mathfrak{E}$ ist die je Volumeneinheit des Generators abgegebene elektrische Leistung.

Der Zustandsverlauf bei der Expansion des Gases im MPD-Generator wird durch den polytropen Wirkungsgrad der Expansion gekennzeichnet

$$\eta_{pol} = \frac{di}{v\, dp} = \varepsilon. \tag{399}$$

Mit $di = c_p\, dT$ ergibt sich nach der Integration für den polytropen Zustandsverlauf

$$\varepsilon = \frac{\varkappa}{\varkappa - 1}\,\frac{\ln \dfrac{T_2}{T_1}}{\ln \dfrac{p_2}{p_1}}. \tag{400}$$

Aus dieser Gleichung wird schließlich

$$\frac{T_2}{T_1} = \left(\frac{p_2}{p_1}\right)^{\frac{\varkappa-1}{\varkappa}\,\varepsilon} \tag{401}$$

für den Temperaturverlauf. $\varkappa$ ist der Isentropenexponent.

Aus den Gln. (397) und (398) folgt für

$$\varepsilon = \frac{j E v}{v w j B} = \frac{E}{w B} \,. \tag{402}$$

ε hängt damit von den elektrischen und magnetischen Größen und der Strömungsgeschwindigkeit des Gases ab.

Mit ε nach der Gl. (402) und der Gl. (396) ergibt sich für die Stromdichte

$$j = \sigma\, w\, B\, (1 - \varepsilon). \tag{403}$$

Bei gegebenem Expansionsverlauf hängt damit die erzielbare Stromdichte von der magnetischen Induktion, der Gasgeschwindigkeit und der elektrischen Leitfähigkeit ab.

Für die elektrische Leistungsdichte ist dann

$$\frac{d N_{el}}{d V} = j\, E = \sigma\, w^2 B^2 \varepsilon\, (1 - \varepsilon), \tag{404}$$

während die Dichte der Expansionsleistung des Gases sich anschreiben läßt zu

$$\frac{d L_{ex}}{d V} = w\, j\, B = \sigma\, w^2 B^2\, (1 - \varepsilon). \tag{405}$$

Die Differenz der beiden Ausdrücke nach den Gln. (404) und (405) ist die Joulesche Wärme. Die drei letzten Gleichungen sind im Bild 184 dargestellt. Die abgegebene elektrische Leistung hat bei $\varepsilon = 0{,}5$ ein Maximum. In diesem Gebiet beträgt jedoch der Wirkungsgrad auch nur 50%. Für $\varepsilon \to 1$ geht auch der Wirkungsgrad theoretisch gegen 1. Der Generator erhält dann allerdings so große Abmessungen, daß die in Wirklichkeit unvermeidbaren Reibungs-, Wärme- und Magnetverluste hohe Werte annehmen. Die günstigen Werte für ε liegen im Bereich zwischen 0,8 und 0,9.

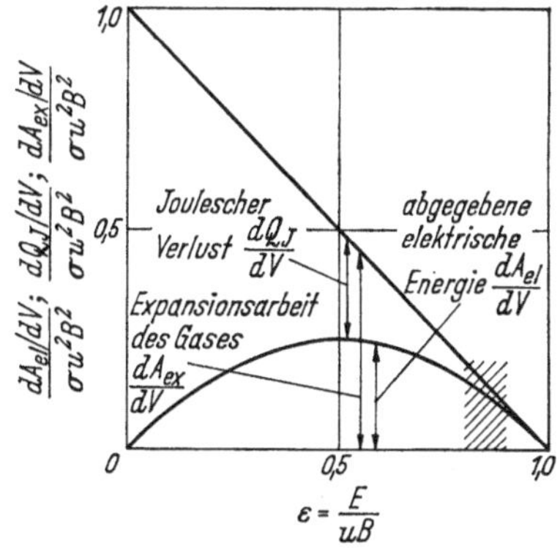

Bild 184. Der Einfluß von ε auf die Energieumsetzung, wenn nur der Joulesche Verlust berücksichtigt wird [*39*].

Einen Ausdruck für die Länge des MPD-Generators, abhängig von den wesentlichen Prozeßdaten, erhält man durch Integration der Gl. (397), wenn für j die Gl. (396) und für E die Gl. (402) eingesetzt und eine Beziehung für P_2 als $f\,(P_1)$ aus der Gl. (401) hergeleitet wird mit [*40*].

$$L = \frac{P_1}{(1 - \varepsilon)\sigma w B^2} \left[1 - \left(\frac{T_2}{T_1}\right)^{\frac{\varkappa}{\varkappa - 1}\varepsilon}\right]. \tag{406}$$

Die Gl. (405) gilt für einen Generator, bei dem der Axialstrom gleich Null ist. Dieser Generator ist praktisch mit segmentförmigen Elektroden herstellbar. Würde die Wandlerstrecke aus nur einem Elektrodenpaar bestehen, so würde infolge des HALL-Effektes bei Belastung des Generators eine Spannung in Strömungsrichtung induziert, die über die Elektroden kurzgeschlossen wird. Der HALL-Effekt wirkt sich dann wie eine Verminderung der elektrischen Leitfähigkeit aus. Das Auftreten von HALL-Strömen reduziert deshalb die Nutzleistung dieses Generators.

Das OHMsche Gesetz heißt unter Berücksichtigung des HALL-Effektes

$$\mathfrak{j} = \sigma\,(\mathfrak{w} \times \mathfrak{B} + \mathfrak{E}) - (\omega\tau/B)\,\mathfrak{j} \times \mathfrak{B}, \tag{407}$$

woraus sich für die Axialkomponente der Wert

$$j_x = \frac{\sigma}{1 + \omega^2\tau^2}\,[\omega\tau\,(\omega B - E_y) - E_x] \tag{408}$$

ergibt, d.h., der HALL-Strom ist außer von σ und $\omega\tau$ von dem Produkt aus der Gasgeschwindigkeit und der Stärke des magnetischen Feldes abhängig. Die Zyklotronfrequenz ω ist für Elektronen definiert zu

$$\omega = \frac{e w B}{m c}, \tag{409}$$

worin außer den bekannten Größen e die Elementarladung, m die Masse und c die Lichtgeschwindigkeit sind. τ ist die mittlere Zeitspanne, die zwischen zwei Elektronenkollisionen liegt, also der reziproke Wert der Stoßfrequenz. Diese Stoßfrequenz ergibt sich aus der mittleren freien Weglänge l im Gas zu

$$1/\tau = v_{th}/l.$$

Neben dem Vorschlag zur Ausschaltung des HALL-Effektes läßt sich dieser HALL-Effekt selbst auch für den Bau eines Generators ausnutzen. Solch ein HALL-Generator besteht z. B. aus einem koaxialen Kanal mit einem radial gerichteten Magnetfeld. Am Eingang und Ausgang der Wandlerstrecke befinden sich die Elektroden. Die Wände bestehen aus isolierendem Material. Dieser Generator ist bei niedrigen Plasmadichten vorteilhaft, da in diesem Fall die HALL-Spannung groß wird.

Die Leistungsdichte für den HALL-Generator ergibt sich analog zu der Gl. (405)

$$\frac{dL}{dV} = \frac{(\omega\tau)^2}{1 + (\omega\tau)^2}\,\sigma\,w^2 B^2\,\varepsilon\,(1 - \varepsilon). \tag{410}$$

Während bei dem Generator mit segmentförmigen Elektroden der polytrope Wirkungsgrad $\eta = \varepsilon$ ist, wird in diesem Fall [*41*]

$$\eta = \frac{(\omega\tau)^2\,(1 - \varepsilon)}{\frac{1}{\varepsilon} + (\omega\tau)^2}. \tag{411}$$

Neben den rein physikalischen Schwierigkeiten, die bei dem Bau der MPD-Generatoren zu erwarten sind, ist bei den bisher beschriebenen Typen infolge der ungünstigen Verhältnisse von Volumen zu Oberfläche mit großen Wärmeverlusten zu rechnen. Um sie zu reduzieren, wurden auch andere Generatortypen vorgeschlagen, beispielsweise der Wirbelgenerator.

Wird die Leistung über Elektroden abgeführt, so werden materialseitig extreme Anforderungen an die Elektroden gestellt. Diese Schwierigkeiten lassen sich umgehen, wenn die Leistung induktiv ausgekoppelt wird (Transformatorprinzip). Der hauptsächliche Nachteil des Induktionswandlers liegt in den geringen Wirkungsgraden.

Ein weiteres Gebiet der MPD-Generatoren, das aber hier nicht behandelt werden soll, ist die direkte Erzeugung von Wechselstrom oder die Umwandlung des erzeugten Gleichstroms in Wechselstrom.

10.4 Der Einfluß der Stoffwerte auf die Ausbildung des MPD-Generators

Das Bild 185 gibt die erforderliche Länge der Wandlerstrecke, abhängig von der elektrischen Leitfähigkeit des Plasmas und der magnetischen Feldstärke für eine Leistung von 100 MW an [*42*].

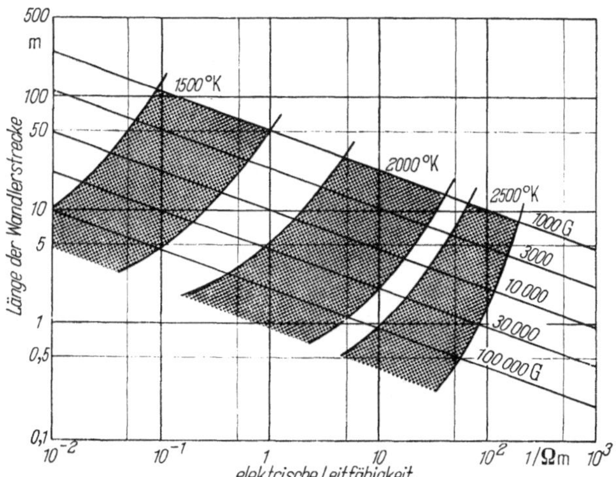

Bild 185. Erforderliche Länge eines MPD-Generators für 100 MW als Funktion der Plasmaleitfähigkeit [*42*].

Für eine maximale Leistungsdichte des Generators sind die elektrische Leitfähigkeit σ, die Geschwindigkeit des Plasmastrahles w und die Stärke des Magnetfeldes B möglichst groß zu wählen.

Für die Herstellung der erforderlichen Leitfähigkeit kommt in erster Linie die thermische Ionisation in Frage. Das Ionisationspotential, also die Energie, die zur Ionisierung eines Atoms oder Moleküls durch die Abtrennung eines Elektrons erforderlich ist, im allgemeinen des am leichtesten lösbaren Elektrons der äußersten Hülle, wird durch die Spannung gemessen, die ein Elektron frei durchlaufen muß, um im Elektronenstoß das betreffende Atom oder Molekül ionisieren zu können. Entsprechend dem Schalenaufbau der Elektronenhüllen liegen die Maxima der Ionisierungspotentiale bei den Edelgasen und die Minima bei den Alkali-Metallen. So ist bei

He	$E_i = 24.58$ eV,
Ne	$E_i = 21.559$ eV

und bei

Na	$E_i = 5.138$ eV,
K	$E_i = 4.339$ eV,
Cs	$E_i = 3.9$ eV.

Die gewöhnlichen Gase wie Luft, CO und CO_2 haben ebenfalls relativ hohe Ionisierungspotentiale. Diese Gase sind also erst bei sehr hohen Temperaturen ausreichend thermisch zu ionisieren. Aus diesem Grund sollen Dämpfe der Alkalimetalle in geringer Menge (0,1 bis 1,0%) zugegeben und so eine genügende Leitfähigkeit bei Temperaturen, die werkstoffseitig noch beherrschbar und wirtschaftlich vertretbar sind, hergestellt werden.

Die von SAHA angegebene Gleichung, die eine Anwendung des Massenwirkungsgesetzes auf die Ionisation darstellt, erlaubt es, für eine gegebene Temperatur das thermodynamische Gleichgewicht zwischen neutralen Atomen, Ionen und freien Elektronen in einem hocherhitzten Gas zu berechnen. Es ist

$$\frac{n_i^2}{1 - n_i^2}\, p = \frac{(2\pi m)^{3/2}}{h^3} (kT)^{5/2} e^{-\frac{E_i}{kT}}. \tag{412}$$

Darin bedeutet n_i den Anteil aller Gasatome bzw. Moleküle, der ionisiert ist, p den Gasdruck, E_i das Ionisierungspotential, h das PLANCKsche Wirkungsquantum, k die BOLTZMANNsche Konstante, T die absolute Temperatur und m die Ruhemasse des Elektrons.

Bei einfach ionisierten Gasen, wie sie im Temperaturbereich von 3000 °C bis 5000 °C auftreten, ist die Anzahl der Elektronen gleich der Anzahl der Ionen $n_e = n_i$.

Damit wird

$$\frac{n_e^2}{n_a} \sim T^{3/2} e^{E_i/kT}. \tag{413}$$

n_a ist die Anzahl der neutralen Atome bzw. Moleküle. Die elektrische Leitfähigkeit σ ist dann das Produkt aus der Elementarladung, der

Konzentration der Elektronen n_e und der Beweglichkeit b. Die Beweglichkeit ist wiederum eine Funktion u. a. der mittleren freien Weglänge und der mittleren Elektronengeschwindigkeit.

Der Ionisationsgrad liegt auch bei Gasen, die mit Alkalien besät sind, nur bei einigen Prozent.

Das Bild 186 gibt die elektrische Leitfähigkeit eines geimpften (1% K) Argonplasmas als Funktion der Temperatur mit dem Druck als Parameter wieder.

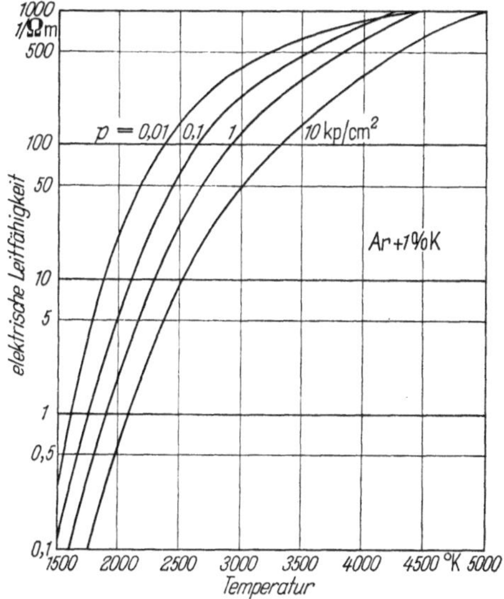

Bild 186. Elektrische Leitfähigkeit eines geimpften (1% K) Argon-Plasmas als Funktion der Temperatur mit dem Druck als Parameter [42].

Sie steigt mit abnehmendem Druck wegen der dabei wachsenden Beweglichkeit.

Luft, die etwa 1% Kalium enthält, hat bei einem Druck von 1 kp/cm² und bei einer Temperatur von etwa 3000 °K eine Leitfähigkeit von etwa 1 $\Omega^{-1}m^{-1}$. Das ist in der Größenordnung der Leitfähigkeit bestleitender wäßriger Elektrolytlösungen bei Zimmertemperatur.

Die untere Grenze der erforderlichen Plasmatemperatur ist dadurch festgelegt (s. a. Bild 185), daß für einen praktisch verwendbaren Generator σ mindestens 10 $\Omega^{-1}m^{-1}$ betragen muß. Wird dem Gas Cäsium beigemischt, so sind etwa 2200 °K und bei Kalium etwa 2800 °K zur Erzeugung einer ausreichenden Leitfähigkeit erforderlich. Cäsium, das in Form von CsCl beigemischt wird, ist teuer. Es kommt daher in erster Linie für geschlossene Kreisläufe in Frage. Bei offenen Kreisläufen läßt sich dagegen ein Verlust des Kaliums, beigemischt etwa in K_2CO_3, vertragen. Die obere Arbeitstemperatur ist durch die Warmfestigkeit der Werkstoffe der Brennkammer begrenzt.

Die Möglichkeit, praktisch verwertbare MPD-Generatoren bauen zu können, hängt davon ab, ob Werkstoffe, die den geforderten Temperaturen standhalten (Leiter und Isolatoren), entwickelt werden. Eine Kühlung der mit dem Gas in Berührung stehenden Wände bedeutet einen erheblichen Leistungsverlust.

Um die genannten Verbrennungstemperaturen erreichen zu können, ist eine Vorwärmung der Luft bis in die Größenordnung von 1200 °C erforderlich. Dabei muß die Wärme von einem durch die Alkalimetalle besonders korrosiven Rauchgas an die Luft nach ihrer Kompression, also bei einer Druckdifferenz von größenordnungsmäßig 10 kp/cm² zwischen Gas und Luft, abgegeben werden. Da metallische Werkstoffe diesen Verhältnissen nicht gewachsen sind, ist keramischen Werkstoffen besondere Bedeutung beizumessen. Von den denkbaren Rekuperatoren ist bei den letzteren noch zu unterscheiden zwischen Rekuperatoren, die wie bei der Hüttenindustrie üblich durch zeitliche Aufeinanderfolge des Rauchgas- und Luftstromes funktionieren, und solchen, bei denen der keramische Wärmeträger aus dem heißen Rauchgasstrom in den aufzuheizenden Luftstrom transportiert wird.

Eine Möglichkeit, eine ausreichende Verbrennungstemperatur ohne die sehr hohe Luftvorwärmung zu erreichen, liegt in der Verbrennung mit Luft, die mit Sauerstoff angereichert ist, oder mit reinem Sauerstoff. In diesem Fall kann der Wärmetauscher bei geringeren Temperaturen arbeiten oder entfallen. Die erforderliche Kompression sinkt.

Die für die Gewinnung des Sauerstoffs nötigen Kälteanlagen können gleichzeitig zur Kühlung der Magnete mitverwendet werden, wenn Supraleiter angewendet werden.

Vorschläge, flüssiges Erdgas einzusetzen, sind ebenfalls gemacht worden. Mit ihm steht ein Brennstoff zur Verfügung, der keinen Schwefel oder sonstige korrosive Beimengungen enthält, der leicht zu handhaben ist und außerdem in einer Zwischenstufe bei der Kühlung der Magnete eingesetzt werden könnte.

Wie die Gl. (405) und das Bild 185 zeigen, hängt die erreichbare Leistungsdichte bei dem Wandler stark von der Größe des zu verwirklichenden magnetischen Feldes ab. Die bekannten Ferromagnetika zeigen bei ca. 20000 Gauß Sättigung. Ein weiteres Steigern des Erregerstromes in der Spule bringt keine Erhöhung der Induktion mehr. Mit Luftspulen lassen sich Felder der magnetischen Induktion von 30000 Gauß erreichen. Allerdings sind die Ohmschen Verluste sowie die Streuverluste des Feldes dann so groß, daß bei einem Kraftwerk von 500 MW Leistung bereits 8% der Leistung zur Aufrechterhaltung des Magnetfeldes verbraucht werden. Es läßt sich abschätzen, daß das Verhältnis der Magnetverluste zur Generatorleistung dieser umgekehrt proportional ist. Bis vor einigen Jahren bestand kaum Hoffnung, Felder mit mehr als 20000

Gauß mit Supraleitern zu erzeugen, da die bekannten Supraleiter in Feldern dieser Größenordnung wieder normal leitend wurden. 1961 gelang es, mit Drähten aus einer Niob-Zinn-Legierung (Nb_3 Sn) bei Strömen von über 10^5A/cm^2 mit Feldern von 88000 Gauß noch im supraleitenden Gebiet zu bleiben [*43*].

10.5 Grundschaltungen bei Kraftwerken mit MPD-Generatoren

Ähnlich wie bei Gasturbinenprozessen muß auch bei Prozessen mit MPD-Generatoren zwischen geschlossenen und offenen Kreisläufen unterschieden werden.

Bei geschlossenen Kreisläufen kommen in erster Linie gasgekühlte Reaktoren für das Aufheizen des Arbeitsmittels in Frage. Graphitmoderierte Reaktoren mit Heliumkühlung könnten möglicherweise Temperaturen bis 1500 °K erlauben. Da in diesem Bereich auch bei entsprechender Impfung Helium—Cäsium oder Argon—Cäsium nicht mit hinreichender thermischer Ionisation gearbeitet werden kann, müßte eine Ionisation durch Elektronenstrahl-Injektion durchgeführt werden. Auch Photoionisation wurde vorgeschlagen. Die MPD-Generatoren mit offenen Kreisläufen arbeiten wegen der Wärmeleitungsverluste nur im Bereich großer Leistungen wirtschaftlich. Nach dem Stand der Entwicklung werden diese offenen Systeme zuerst zum Einsatz kommen.

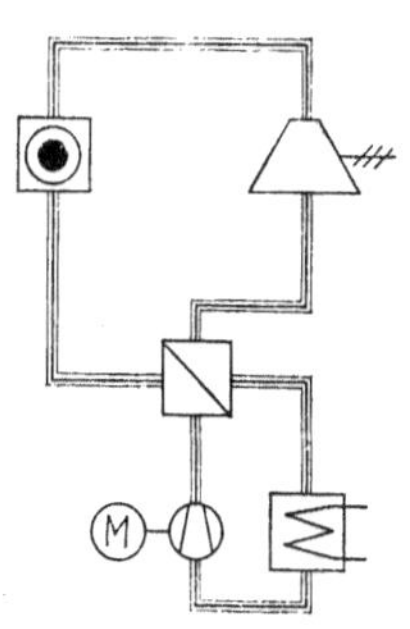

Bild 187. Geschlossener MPD-Prozeß unter Verwendung eines Reaktors mit Luftvorwärmung.

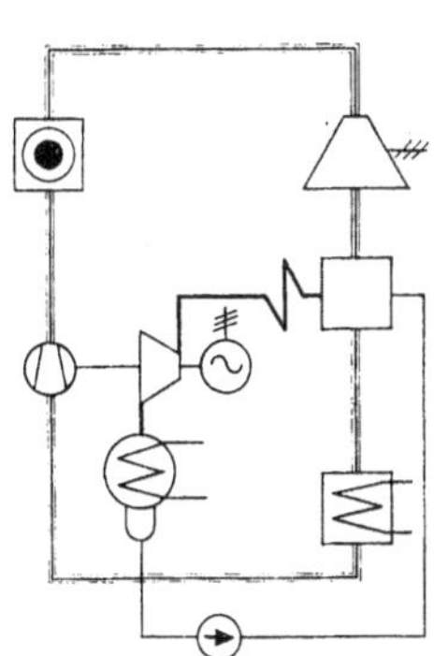

Bild 188. Geschlossener MPD-Prozeß mit nachgeschalteter Dampfkraftanlage.

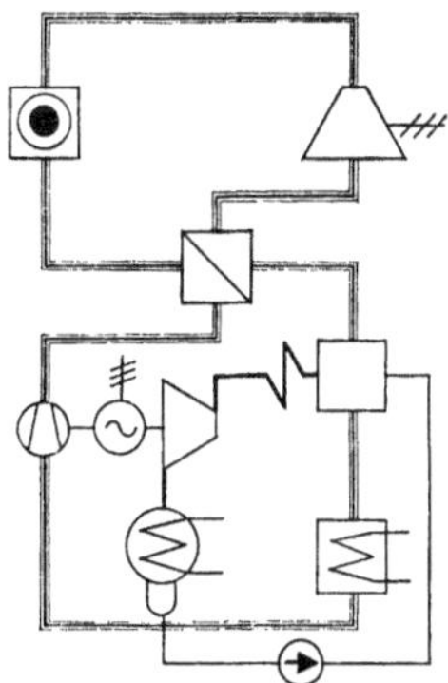

Bild 189. Geschlossener MPD-Prozeß mit Luftvorwärmung und nachgeschaltetem Dampfkraftprozeß.

Die Entwicklung geschlossener Kreisläufe steckt noch in der Grundlagenforschung. Es wird damit gerechnet, daß geschlossene Kreisläufe bei Arbeitstemperaturen von rund 2000 °K einen höheren Wirkungsgrad als mögliche offene Kreisläufe ergeben. Damit hat der geschlossene Kreislauf in Verbindung mit Kernreaktoren besonders günstige Zukunftsaussichten.

Grundsätzliche Schaltungen geschlossener Prozesse mit MPD-Generatoren sind aus den Bildern 187 bis 189 zu erkennen.

In dem Bild 187 ist dabei ein Prozeß angegeben, der ohne einen weiteren nachgeschalteten Prozeß die Abwärme im Arbeitsgas nach dem MPD-Generator an das komprimierte Frischgas abgibt.

In dem Bild 188 fehlt der Rekuperator, dafür ist ein Dampfkraftprozeß nachgeschaltet. Das Bild 189 gibt schließlich die Kombination beider Möglichkeiten an. Das aus dem MPD-Generator austretende Gas gibt auf hohem Temperaturniveau einen Teil seiner Wärme an das komprimierte Frischgas ab, um anschließend in einem Abhitzekessel Dampf für den nachgeschalteten Dampfkraftprozeß zu erzeugen.

Die im Dampferzeuger dem Gas nicht entzogene Wärme muß zumindest bis auf Umgebungsniveau im Gaskühler abgeführt werden, um die Kompressionsarbeit klein zu halten. Ähnlich wie bei den im Zusammenhang mit den Bildern 169 und 170 angestellten Überlegungen für die Ausbildung des Dampfkraftprozesses bei Kernkraftwerken muß auch jetzt überlegt werden, wie nach den entsprechend der Wärmeabfuhr von *4* nach *5* in dem Prozeß nach dem Bild 183 gegebenen Verhältnissen der beste Gesamtprozeß ausgebildet wird. Ist die Eintrittstemperatur des aus dem MPD-Generator kommenden Gases in den Dampferzeuger hoch, so kann entsprechend den heute üblichen Dampfdrücken und -temperaturen ein Prozeß mit Zwischenüberhitzung gewählt werden (Bild 190). Die Temperatur des mit T_2 in den Gaskühler eintretenden Gases ist gering.

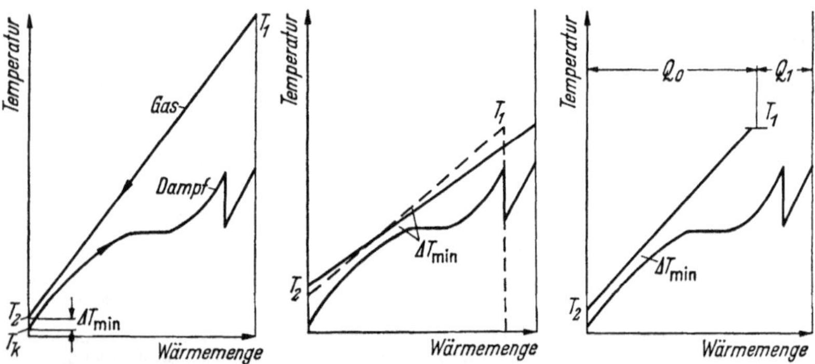

Bild 190. Temperaturverlauf im Gas und im Dampf bei hohem T_1.

Bild 191. Auswahl des Dampfprozesses bei verhältnismäßig niedrigem T_1.

Bild 192. Aufteilung der Dampferzeugung auf Wärme aus den Abgasen des MPD-Generators und direkt im Reaktor durchgeführter Aufwärmung.

Bei kleinerem T_1 ist, wie es das Bild 191 darstellt, mit Rücksicht auf einen geringeren Wert von T_2 möglicherweise zu überlegen, ob für den nachgeschalteten Dampfkraftprozeß noch die Zwischenüberhitzung gewählt werden soll. Eine weitere Möglichkeit bliebe noch entsprechend dem Bild 192, die Überhitzung des Dampfes und die Zwischenüberhitzung nicht durch das aus dem MPD-Generator kommende Gas, sondern direkt im Reaktor durchzuführen. JENNY, ROSNER und NABHOLZ [44] haben in diesem Zusammenhang Untersuchungen an einem Prozeß angestellt, wie ihn das Bild 183 wiedergibt. Für einen nachgeschalteten Dampfkraftprozeß mit einem Frischdampfdruck von ca. 183 kp/cm² bei 560 °C und einem Zwischendampfdruck von ca. 46 kp/cm² bei 560 °C ergaben sich bei einer maximalen Temperatur T_1 von 1773 °K die im Bild 194 dargestellten Wirkungsgradkurven, aufgetragen über dem Druckverhältnis $\pi_K = p_1/p_2$ der Gasdrücke am Ein- und Austritt aus dem MPD-Generator. Der Wirkungsgrad des MPD-Generators einschließlich der Ein- und Auslaßverluste, Reibungsverluste, Verluste durch vagabundierende Ströme usw. wurde dabei zwischen $\eta_M = 0{,}7$; $0{,}75$ und $0{,}8$ variiert. $K_c = 0$, worin K_c ein Koeffizient ist, der die Intensität der Kühlung der Wände des MPD-Generators angibt, sagt aus, daß das Beispiel ohne Kühlverluste gerechnet wurde (Bild 194). Zum Vergleich ist ein unter ähnlichen Bedingungen (Schaufelkühlung mit Dampferzeugung $K_c = 0{,}5$) arbeitender Gasturbinen-Dampfkraftprozeß in das Bild eingetragen. Das Beispiel ergab also für den kombinierten Prozeß mit Einschaltung der Gasturbine noch eine geringe Überlegenheit. Dazu ist allerdings zu sagen, daß die

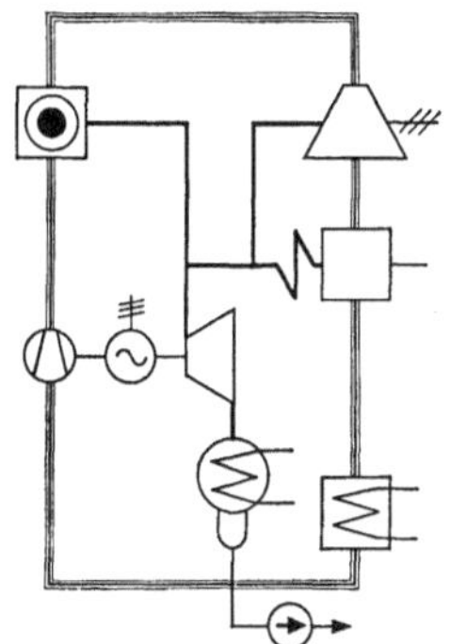

Bild 193. Geschlossener MPD-Prozeß mit nachgeschaltetem Dampfkraftprozeß, Teildampferzeugung im Reaktor und Dampferzeugung bei der Kühlung des MPD-Generators.

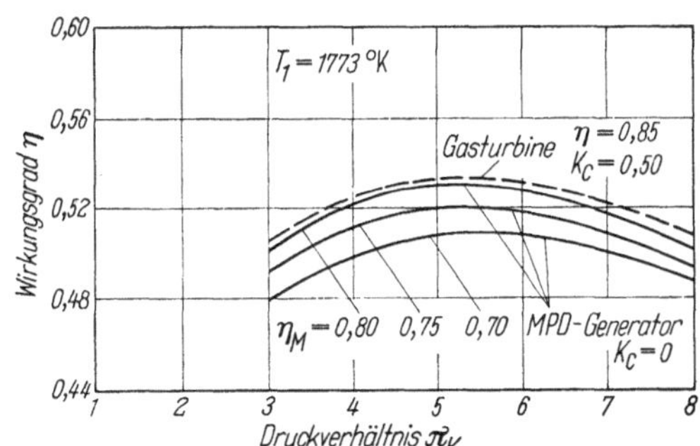

Bild 194. Wirkungsgrad des kombinierten MPD-Generators mit Dampfkraftprozeß, aufgetragen über dem Druckverhältnis des Arbeitsgases [44].

Tendenz bei MPD-Prozessen zu wesentlich höheren Temperaturen als in dem Beispiel angenommen geht, in Bereiche also, die der Gasturbine bei ihrer neben der thermischen auch mechanisch hohen Belastung verschlossen bleiben müssen.

Das Bild 195 zeigt für das Beispiel mit $\eta_M = 0{,}7$ des Bildes 194 die Veränderungen im Verlauf der Wirkungsgradkurven, wenn $K_c > 0$. Der Wert von K_c wird dabei aus der Gl. (414) bestimmt.

$$K_c = \frac{T_w}{\eta_{pol}} \frac{St_m c_{pm} F}{f \int_1^2 v\, dp} . \tag{414}$$

Darin bedeutet T_w die Wandtemperatur des MPD-Generators, η_{pol} den polytropen Expansionswirkungsgrad, c_{pm} die mittlere spezifische Wärme, F die gekühlte Fläche des Generators, f seinen mittleren freien Querschnitt und $\int_1^2 v\, dp$ die polytrope Expansionsarbeit. St als STANTON-Zahl wurde mit

$$St = \frac{0{,}04}{Re^{0,2} Pr^{0,69}}$$

eingesetzt.

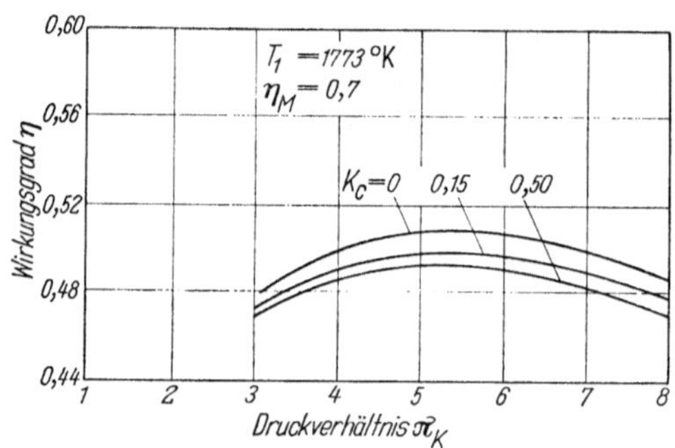

Bild 195. Veränderung des Wirkungsgrades für den Gesamtprozeß bei verschiedenen Werten für K_c [*44*].

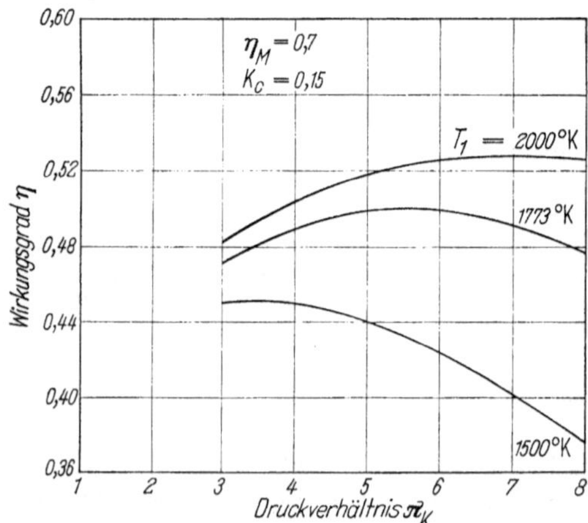

Bild 196. Einfluß der maximalen Temperatur und des Druckverhältnisses im Arbeitsgas auf den Prozeßwirkungsgrad [*44*].

Das Bild 196 zeigt schließlich den Einfluß der maximalen Temperaturen T_1 auf den erzielbaren Gesamtwirkungsgrad, aufgetragen über dem Druckverhältnis.

Die in den Diagrammen der Bilder 194 bis 196 wiedergegebenen Kurven sollen in diesem Zusammenhang nur qualitativ betrachtet werden. Interessant ist, daß erhebliche Veränderungen von η_M und K_c sich verhältnismäßig gering auswirken.

Bei dem Einsatz fossiler Brennstoffe ist zwar grundsätzlich über einen entsprechenden Wärmetauscher auch ein geschlossener Kreislauf denkbar. Die dabei zu erwartenden Schwierigkeiten auf der Werkstoffseite werden in diesem Fall jedoch den offenen Prozeß als bestmöglichen ergeben.

Die grundsätzliche Schaltung eines solchen Prozesses gibt das Bild 197 wieder. In dieser Schaltung ist der Wärmetauscher, der zur Abkühlung der Rauchgase von *3* nach *4* (Bild 183) und zur Aufheizung der Verbrennungsluft bis zum Punkt *10* erforderlich ist, wegen der bei ihm notwendigen werkstoffmäßig hochwertigen Auslegung teuer. Außerdem muß ein verhältnismäßig großer Kompressor in diesem Kreislauf betrieben werden, dessen Antriebsleistung größenordnungsmäßig etwa 20% der nach außen abgegebenen Leistung beträgt.

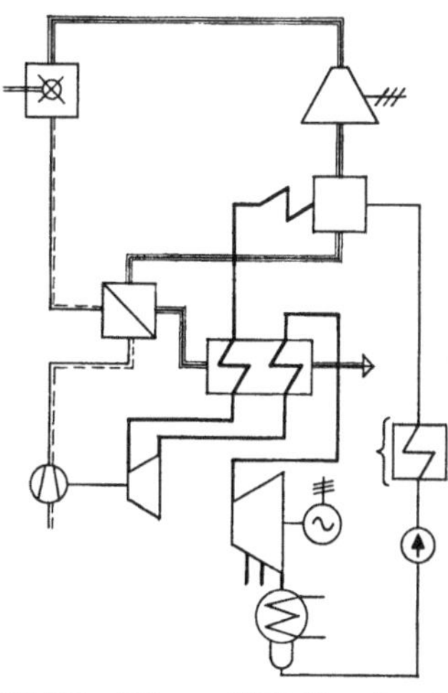

Bild 197. Offener MPD-Prozeß mit Luftvorwärmer und nachgeschaltetem Dampfkraftprozeß mit Zwischenüberhitzung und Regenerativ-Vorwärmung.

Wird statt normaler Außenluft mit Sauerstoff angereicherte Luft verwendet, so sind bei der Verbrennung die zur thermischen Ionisation benötigten Temperaturen ohne eine sehr hohe Luftvorwärmung erreichbar. Der Wärmetauscher Rauchgas-Verbrennungsluft kann entfallen. Statt dessen tritt das Gas mit der dem Punkt *3* (Bild 183) entsprechenden höheren Temperatur in den Dampferzeuger ein. Werkstoffseitig ist die hohe Temperatur hier leichter zu beherrschen, da die Abkühlung in dem mit Verdampferheizfläche ausgebildeten Teil erfolgt. Die im Kreisprozeß erforderte Kompressorleistung sinkt, da die zu komprimierende Gasmenge durch die Sauerstoffanreicherung geringer geworden ist.

Ein anderer Weg, die erforderliche Kompressorleistung zu senken, liegt darin, die Luft oder die mit Sauerstoff angereicherte Luft vor der Kompression zu kühlen. In diesem Zusammenhang ist vorgeschlagen worden, flüssiges Erdgas, das für den Transport verflüssigt werden mußte, einzusetzen. Eine Lösung, die selbstverständlich nur dort in Frage kommt, wo flüssiges Erdgas die wirtschaftlichste Form des Erdgases ist. Gleichzeitig könnte das flüssige Erdgas auch zur Kühlung des Magneten herangezogen werden, wie schon erwähnt wurde.

Die kurzen Ausführungen über den MPD-Generator im Rahmen dieses Buches sollten von diesem bedeutenden neuen Verfahren einen Eindruck geben, ohne daß die außerordentlichen Schwierigkeiten, die bis zu seinem Einsatz in der Großanlage noch zu überwinden sein werden, gering bewertet werden. In den Vereinigten Staaten sollen bereits 1970 Kraftwerke mit MPD-Generatoren arbeiten, und das Advisory Committee on New Methods of Power Generation schätzt, daß bis 1980 etwa 6% des elektrischen Energiebedarfs der USA durch MPD-Generatoren gedeckt wird.

11. Sonderformen des Dampfkraftprozesses

11.1 Besondere Dampfkraftprozesse mit Wasser als Arbeitsmedium

Der Versuch, den Prozeßwirkungsgrad bei der Energieumformung anzuheben, führte in der Vergangenheit auch zur Entwicklung einer Anzahl anderer Prozesse, die dem herkömmlichen Dampfkraftprozeß oftmals thermodynamisch überlegen sind, sich dann aus Kostengründen oder betrieblichen Schwierigkeiten jedoch nicht in größerem Umfang einführen ließen. Aus der Gruppe der Wasserdampf-Kreisprozesse gehören hierher beispielsweise

der Field-Prozeß,

der Sonnefeld-Prozeß und

der Doppel-Dampfkreislauf.

Diese drei Verfahren folgen dem gleichen Gedanken, nämlich dem herkömmlichen Dampfkraftprozeß mit isotherm-isobarer Wärmeabfuhr den Gasturbinenprozeß zu überlagern. Field hat unter voller Ausnutzung aller denkbaren thermodynamischen Möglichkeiten solch einen „Superregenerativ-Prozeß“ beschrieben.

Dieser in dem Bild 198 dargestellte Prozeß besitzt allerdings wenig praktische Bedeutung, da sein Wirkungsgrad durch die Irreversibilitäten, die bei der Dampfkompression auftreten, durch seine betrieblichen Schwierigkeiten und durch den erforderlichen hohen Investitionsaufwand mit dem herkömmlicher Dampfkraftwerke nicht konkurrieren kann. Die in dem Bild dargestellte ursprüngliche Version ist verschiedentlich abgewandelt worden.

Das Grundprinzip läßt sich nach dem Bild 198 erklären. Dem Dampf wird die Wärme durch eine Vielzahl von Zwischenüberhitzungen bei der höchsten Temperatur des Prozesses annähernd isotherm zugeführt. Dem nach der letzten Zwischenüberhitzung in die Nachschaltturbine eintretenden Dampfstrom wird bei *7* eine Anzapfdampfmenge entnommen, um das Speisewasser von *13* nach *14* zu erwärmen. Der aus der nächsten Anzapfstufe *8* entnommene Dampf dient dazu, den bei *17* eintretenden überhitzten Frischdampf in einer Serie von Wärmetauschern weiter zu überhitzen. Der bei *8* entnommene Anzapfdampf wird dabei stufenweise

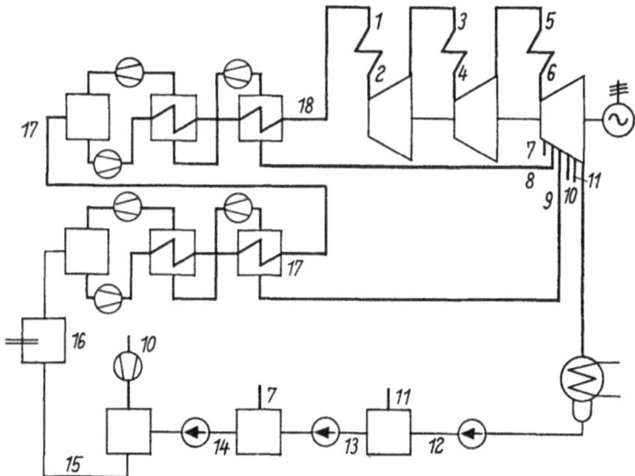

Bild 198. Vereinfachtes Schaltbild des Superregenerativ-Prozesses.

auf den Frischdampfdruck komprimiert, gibt jeweils in den nachgeschalteten Vorwärmern einen Teil seiner Wärme an den Frischdampfstrom ab, um schließlich im letzten Vorwärmer dem Frischdampfstrom zugemischt zu werden. Die Überhitzung des Frischdampfes von *16* auf *17* geschieht auf gleiche Weise mit Anzapfdampf, der bei *9* der Nachschaltturbine entnommen wird. Die Regenerativ-Vorwärmung geschieht mit Anzapfdampf, der bei *11*, *7* und *10* in der genannten Reihenfolge entnommen wird. Der bei *10* entnommene Dampf wird durch Verdichter auf den Frischdampfdruck gebracht und ermöglicht so die Vorwärmung des Speisewassers bis auf die zum Frischdampfdruck gehörende Sättigungsenthalpie. Der Grad, der mit einem solchen Prozeß erzielbaren Reversibilität hängt außer von hohen Wirkungsgraden bei den Kompressoren, Turbinen und beim Dampferzeuger auch von geringen Druckverlusten in den Leitungen und geringen Grädigkeiten bei den Wärmetauschern, zwei an sich gegenläufigen Vorgängen, ab und nicht zuletzt von einer feinen Stufung des Vorwärm- und Dampfüberhitzersystems. In diese Überlegung gehörte für die Regenerativ-Vorwärmung noch eine Enthitzerschaltung, wie sie das Bild 199 darstellt, da mit solch einer Schaltung, allerdings auch mit hohem Investitionsaufwand, das höchste Maß an Reversibilität erzielt wird.

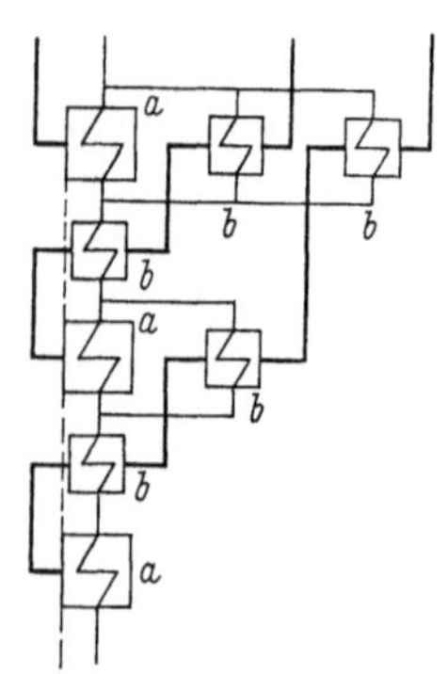

Bild 199. Kaskadenartige Enthitzerschaltung zur Erzielung maximaler Reversibilität bei der Regenerativ-Vorwärmung. *a* Vorwärmer, *b* Enthitzer.

Das Bild 200 stellt eine vereinfachte Form eines Rückverdichtungsprozesses dar, der ebenfalls von FIELD angegeben worden ist. Dem durch die Umrandung gekennzeichneten geschlossenen Kreislauf wird nach der Expansion des Dampfes im Vorschaltteil der Hauptturbine, also vom Punkt D' an, Wasser eingespritzt. Der Teil des Dampfes, der als Einspritzwasser benötigt wird, expandiert in der Nachschaltturbine weiter, wird als Kondensat gewonnen, durch eine Regenerativ-Vorwärmung bis unterhalb der Sättigungsenthalpie des zu Punkt D' gehörenden Drucks aufgewärmt und dann dem Gasturbinenkreislauf zugemischt.

Von POLLOCK [*45*] wurde ein weiterer Prozeß mit Rückwärmeverwertung angegeben. Dabei wird aus der Abwärme des Rückverdichtungs-

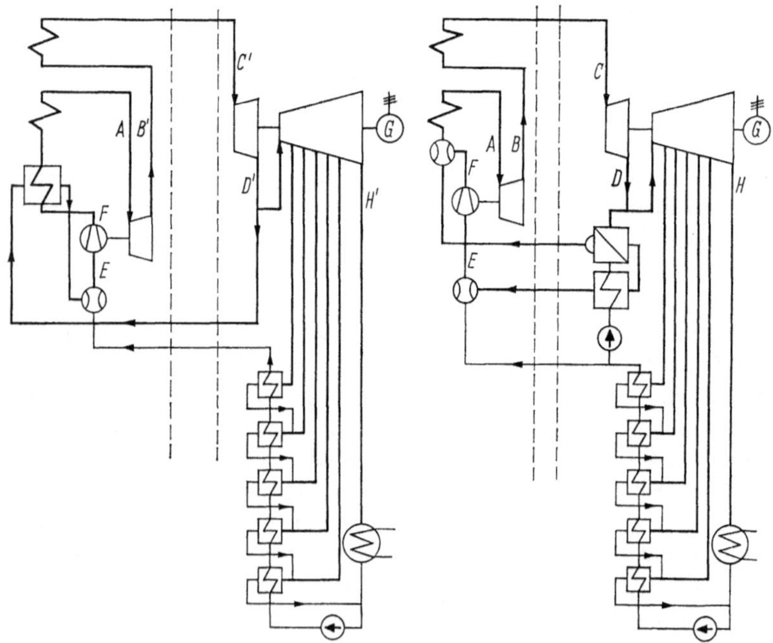

Bild 200. Wärmeschaltbild eines Rückverdichtungsprozesses nach FIELD [*45*].

Bild 201. Wärmeschaltbild eines Doppel-Dampfkreislaufs (DDK) [*45*]. Die Buchstaben bezeichnen Betriebspunkte.

prozesses Sattdampf erzeugt, der den Druck des verdichteten Umlaufdampfes erreichen oder übersteigen kann (Bild 201). Der so erzeugte Zusatzdampf wird dem vom Verdichter kommenden Umlaufdampf beigemischt und durchströmt mit diesem gemeinsam den Dampferhitzer. Nach der Expansion in der Hochdruckturbine wird der Zusatzdampf gemeinsam mit dem Teil des Umlaufdampfes, der für die spätere Einspritzung kondensiert werden muß, über die Niederdruckturbine der Kondensation zugeführt. Es sind also auch hier ein Kondensationsprozeß und ein Rückverdichtungsprozeß einander überlagert.

Das Verfahren wurde als Doppeldampfkreislauf bezeichnet. Es unterscheidet sich von dem vorher genannten FIELD-Prozeß zunächst durch die geringere Eintrittstemperatur am Dampferhitzer. Darüber hinaus hat dieser Prozeß wegen des geringeren Anteils der Verdichterleistung an der Gesamtleistung eine geringere Empfindlichkeit des Gesamtwirkungsgrades bei Änderung des Teilwirkungsgrades. In dem Bild 202 ist dieser Doppeldampfkreislauf in einem i, s-Diagramm dargestellt. Die wiedergegebenen Zustandsänderungen gelten nicht für die gleichen Mengen. Die jeweils strömenden Dampf- und Wasseranteile sind auf die Umlauf-

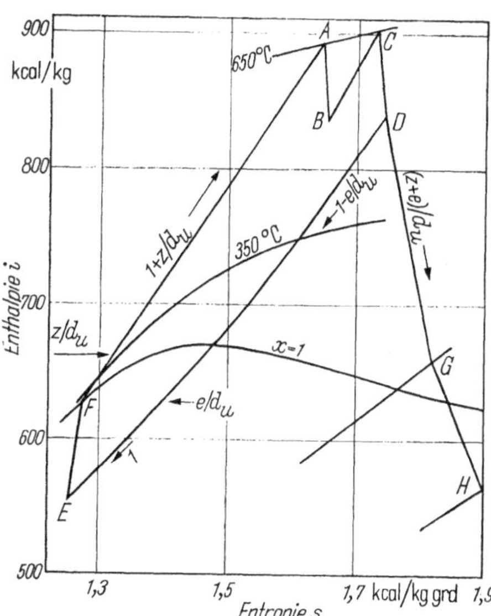

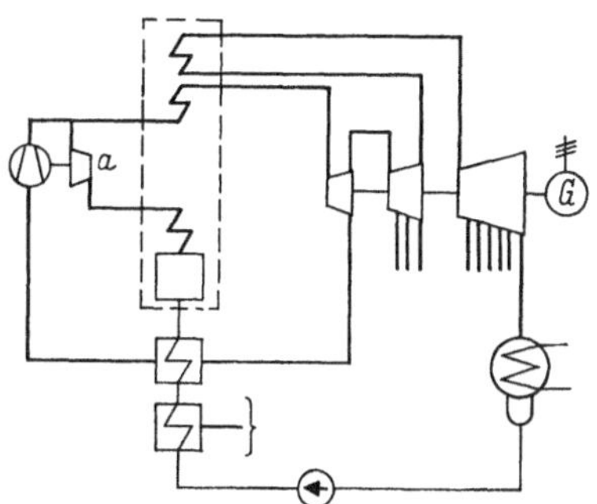

Bild 203. Schematische Darstellung des SONNEFELD-Prozesses [*46*]. *a* Vorgeschaltete Gasturbine.

Bild 202. Doppeldampfkreislauf im i, s-Diagramm [*45*]. d_u Spezifische Umlaufdampfmenge in kg/kWh; z Spezifische Zusatzdampfmenge in kg/kWh; e Spezifische Einspritzwassermenge in kg/kWh (d_u, z und e stellen Zahlenwerte dar).

dampfmenge bezogen an die betreffenden Kurventeile angeschrieben. Für den vorher behandelten FIELD-Prozeß gilt dieses i, s-Diagramm mit $z = 0$.

Beide Rückverdichtungsprozesse unterscheiden sich von herkömmlichen Dampfkraftprozessen dadurch, daß der normale Dampferzeuger durch einen Dampfüberhitzer ersetzt werden muß. Ein betrieblich schwieriger Umstand, der zusammen mit der stark steigenden Hochdruckdampfmenge bei gleicher abgegebener Leistung zu hohen Investitionskosten auf der Frischdampfseite führt.

Eine einfachere Form eines Rückverdichtungsprozesses stellt schließlich der SONNEFELD-Prozeß dar (Bild 203) [*46*].

Bei ihm ist das Verhältnis von Umlaufdampfmenge zu kondensierender Dampfmenge zu einem höheren Anteil für den Kondensationsprozeß verschoben. So ergibt sich eine Schaltung mit einem herkömmlichen Dampferzeuger. Die Frischdampfmenge steigt allerdings auch hier gegenüber einem konventionellen Prozeß gleicher Leistung an.

11.2 Regenerativ-Vorwärmung mit Sekundärdampferzeugung

Neben den Enthitzerschaltungen, die im Abschnitt 5.2.7 beschrieben worden sind, wurden bisher auch sogenannte Vorwärmturbinen vorgeschlagen, die bei Prozessen mit mindestens einer Zwischenüberhitzung angewendet werden können. Bei diesen Prozessen wird der aus der Vorschaltturbine austretende Dampf zu einem größeren Teil durch die Zwischenüberhitzung und dann in die Nachschaltturbine gefahren, während der für die Regenerativ-Vorwärmung an den einzelnen Anzapfstufen bestimmte Dampf nicht zwischenüberhitzt wird, sondern in der Vorwärmturbine bis zu den Entnahmestellen weiter expandiert. Der so für die Regenerativ-Vorwärmung verwendete Dampf ist weniger überhitzt, als würde er der Nachschaltturbine entnommen, wodurch sich geringere Exergieverluste beim prozeßinternen Wärmetausch ergeben (s. a. S. 123).

Die Exergieverluste bei der Regenerativ-Vorwärmung lassen sich jedoch auch vermindern, wenn der an der Turbine entnommene Anzapfdampf seine Überhitzungswärme an einen unter einem höheren Druck stehenden Teilstrom des Speisewassers abgibt, diesen Teilstrom verdampft und ihn auf eine in Abhängigkeit vom Heizflächenaufwand noch wirtschaftlich mögliche Temperatur, die um ΔT unter der Temperatur des Anzapfdampfes liegt, erhitzt. Dieser Dampf kann auf verschiedene Weise nutzbar gemacht werden. So könnte er beispielsweise in einer zusätzlichen Turbine bis auf den Anzapfdruck wieder expandieren und so Arbeit verrichten. Abhängig vom Ausgangsdruck dieses in die Regenerativ-Vorwärmung eingeschalteten Sekundär-Dampfkraftprozesses kann der Expansions-Endpunkt in der Sekundärturbine in der Nähe der Sattdampflinie bei der zum Anzapfdruck gehörenden Isobaren liegen. Der aus der Sekundärturbine austretende Dampf und der enthitzte Anzapfdampf stehen somit als Sattdampf oder nur gering überhitzter Dampf für die Vorwärmung des Speisewassers in der entsprechenden Stufe zur Verfügung. Bei Kraftwerksblöcken großer Leistung, die in Zukunft erwartet werden können, steigen die Anzapfdampfmengen zu Werten, die auch bei Sekundärkreisläufen Dampfmengen erwarten lassen, die dieses Verfahren wirtschaftlich machen. Die Grundschaltung ist aus den Bildern 204 und 205 zu ersehen. Das Speisewasser wird durch die Regenerativ-Vorwärmung vom Punkt *1* bis zum Punkt *4* vorgewärmt. Der Dampf expandiert vom Punkt *5* bis zum Punkt *6* der Vorschaltturbine. Er wird, nachdem

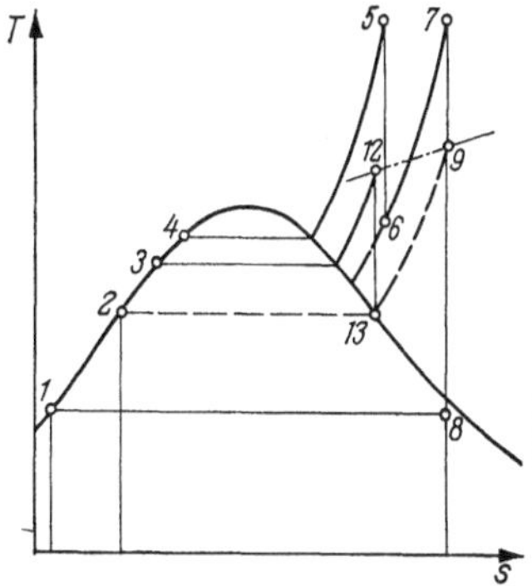

Bild 204. Durch den bei Punkt *9* entnommenen Anzapfdampf wird aus einem Speisewasserteilstrom Dampf vom Zustand bei Punkt *12* erzeugt, der wiederum bis auf den Zustand bei Punkt *13* expandieren kann.

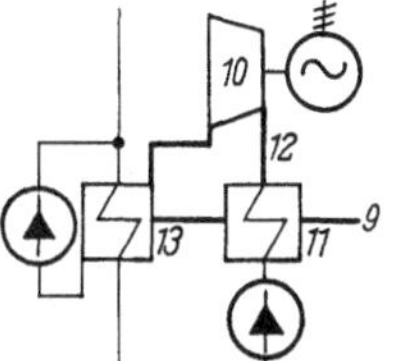

Bild 205. Grundschaltung der Sekundärdampferzeugung durch Anzapfdampf.

er die Vorschaltturbine verlassen hat, im Zwischenüberhitzer bis zum Punkt *7* überhitzt und expandiert danach in der Nachschaltturbine bis auf den Druck im Kondensator bei Punkt *8*. Für die Entnahme beim Punkt *9* soll nun der Sekundärdampfkreislauf eingeschaltet werden. Der an diesem Punkt der Nachschaltturbine entnommene Anzapfdampf strömt in den Sekundärdampferzeuger *11* und verdampft und überhitzt dort den Teilstrom bis auf den Punkt *12*. Dieser Dampf wird in der Sekundärturbine bis auf den Punkt *13* entspannt und verrichtet dabei Arbeit. Bei der Dampferzeugung im Sekundärdampferzeuger wird der Anzapfdampf ebenfalls bis auf den Punkt *13* enthitzt. Der so enthitzte Anzapfdampf und der in der Sekundärturbine entspannte Dampf geben dann in dem zugehörigen Vorwärmer ihre Verdampfungswärme an das Speisewasser ab.

Gegenüber einer Enthitzerschaltung hat diese Schaltung den Vorteil, daß nicht nur eine Enthitzung des Dampfes bis zur Temperatur des Speisewassers aus dem höchsten Vorwärmer erfolgt, sondern daß ein großer Teil der Überhitzungswärme des Anzapfdampfes im Sekundärkreislauf in Arbeit umgesetzt wird. Dadurch, daß die zur Vorwärmung des Speisewassers zur Verfügung stehende Dampfmenge in der Nähe des Sattdampfzustandes liegt und die Überhitzungswärme nicht mehr für die Vorwärmung eingesetzt werden kann, steigt die entsprechende Anzapfdampfmenge. Dieses Verfahren läßt sich in alle Anzapfdampfströme geschaltet denken, die wesentlich überhitzt aus der Nachschaltturbine entnommen werden. Der Prozeßwirkungsgrad erhöht sich dann zusätzlich durch die größere Dampfmenge, die im Hochtemperaturbereich des

Prozesses bis zu den Anzapfdampfpunkten umläuft und Arbeit verrichtet, ohne daß die in den Kondensator strömende Dampfmenge und damit die am Prozeßende verlorengehende Wärmemenge steigt.

Gegenüber der Vorwärmturbine hat der Sekundärkreislauf den Vorteil, daß durch ihn auch Anzapfdampfströme, die bei hohen Drücken entnommen werden, mit geringerem Exergieverlust als bisher enthitzt werden können und daß der Frischdampfdruck des Sekundärkreislaufs frei wählbar ist, z. B. so, daß bei der Dampfexpansion in der Turbine des Sekundärkreislaufs ein vorgegebener Expansions-Endpunkt beispielsweise im Bereich der Sattdampfkurve bei der zum Anzapfdruck gehörenden Isobaren erreicht wird.

Diese Grundschaltung zur Verbesserung der Regenerativ-Vorwärmung durch einen Sekundärkreislauf läßt sich vielfältig variieren. Der in den Sekundärdampferzeugern gewonnene Dampf kann schließlich auch wieder der Hauptturbine bei der entsprechenden Druckstufe zugeführt werden, wodurch die Sekundärdampfturbinen erspart werden können. Ebenso könnten die Anzapfdampfströme Sekundärdampf verschiedener Druckstufen erzeugen, ähnlich wie es bei den Kernreaktoren, die im Zweidruckverfahren Dampf erzeugen, beschrieben wurde. Es läßt sich mit Hilfe einer einfachen Exergiebetrachtung nachweisen, daß durch dieses Verfahren eine Verbesserung des Prozeßwirkungsgrades in der Größenordnung von 1/2 bis 1% zu erreichen ist.

11.3 Besondere Dampfkraftprozesse mit Wasser und/oder anderen Stoffen als Arbeitsmedien

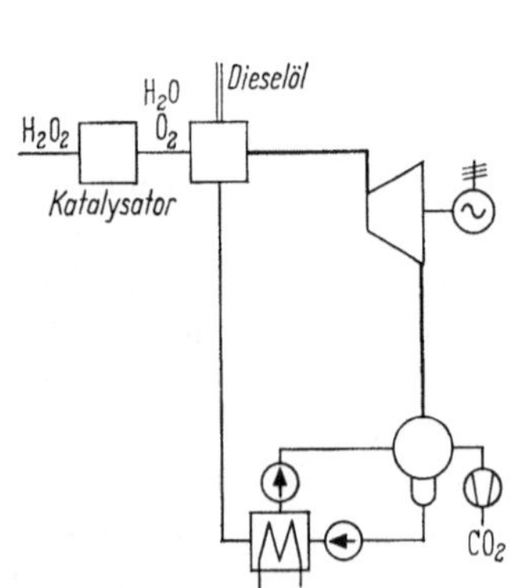

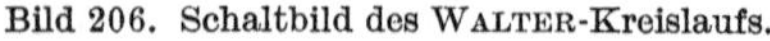
Bild 206. Schaltbild des Walter-Kreislaufs.

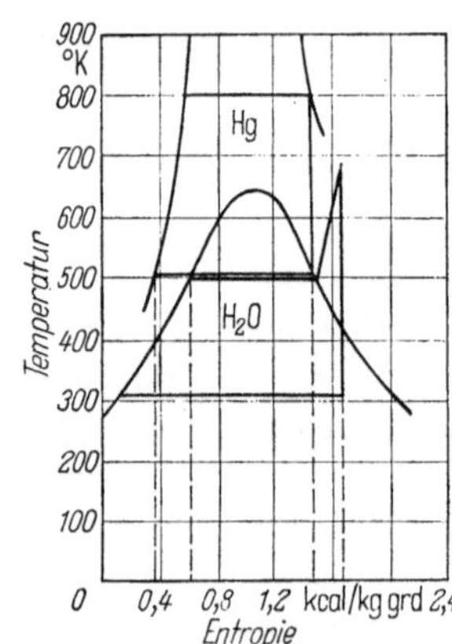

Bild 207. Der Hg/H_2O-Zweistoffprozeß von Emmet.

In diesem Zusammenhang soll als ein etwas ungewöhnlicher Kreislauf der Walter-Prozeß erwähnt werden. Er wurde als Unterwasserantrieb deutscher Unterseeboote im zweiten Weltkrieg entwickelt.

Bei diesem Kreislauf, der im Bild 206 dargestellt ist, wurden Wasser, Wasserstoffsuperoxid und Diesel-Brennstoff im Verhältnis 12 : 9 : 1 verwendet. Das Superoxid wurde über einen Katalysator geschickt und trat in Wasserdampf und Sauerstoff aufgespalten in die Brennkammer ein. Hier wurde Dieselöl zugegeben und zur Kühlung Wasser aus dem Kreislauf eingespritzt und so verdampft und überhitzt. Das neben dem Wasserdampf im Kondensator anfallende Kohlendioxid wurde in einem Verdichter komprimiert und aus den Booten gedrückt.

Wenn auch dieser Kreislauf wegen der hohen Kosten für das Wasserstoffsuperoxid keine wirtschaftliche Bedeutung hat, so ist er doch ein Beispiel dafür, wie eine in sich geschlossene Kraftanlage geschaffen werden kann, die von der Erdatmosphäre unabhängig ist. Der Prozeß selbst läßt sich als Sonderform eines Zweistoffprozesses ansprechen.

Eine andere Form eines Zweistoffprozesses ist der von EMMET vorgeschlagene Quecksilber-Dampfkraftprozeß. Das Quecksilber wird dabei im oberen Temperaturbereich eingesetzt und das Wasser im unteren Gebiet (Bild 207). Der Quecksilber-Kondensator ist gleichzeitig Wasserverdampfer. Da die Kondensationswärme des Quecksilbers wesentlich kleiner ist als die Verdampfungswärme des Wassers, muß etwa das 8- bis 10-fache des Wassergewichtes an Quecksilbergewicht umlaufen. SALISBURY errechnet für EMMET-Anlagen bei einem Quecksilber-Frischdampfzustand von 35 kp/cm² 650 °C und einem Wasser-Frischdampfzustand von 42 kp/cm² und 650 °C einen spezifischen Wärmeverbrauch von 2160 kcal/kWh.

Der günstigste Kreisprozeß für eine Dampfkraftanlage ist ohne Zweifel der Sattdampfprozeß, bei dem die Verdampfungswärme bei der werkstoffseitig möglichen Höchsttemperatur zugeführt und der Anteil des flüssigen Gebietes weitgehend ausgeschaltet ist. Ein Arbeitsmittel, das für einen solchen im Naßdampfgebiet möglichen Prozeß in Frage kommt, müßte nach BLENKE folgende Forderungen erfüllen [47]:

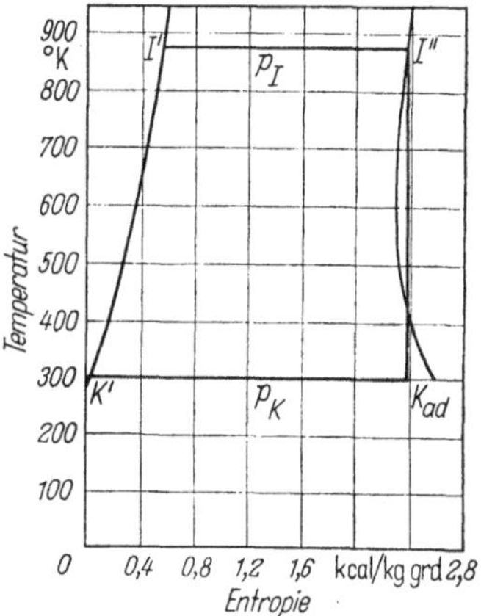

Bild 208. Der Dampfkraftprozeß mit idealem Arbeitsmittel.

1. Die kritische Temperatur müßte weit über der höchstzulässigen Prozeßtemperatur liegen, so daß bei dieser noch eine möglichst große Verdampfungswärme vorhanden wäre.

2. Der Arbeitsstoff müßte über die höchste Prozeßtemperatur hinaus chemisch beständig, ungiftig, nicht aggressiv gegen Kessel und Turbinenbaustoffe und möglichst billig sein.

3. Der höchsten Temperatur des Prozesses müßte ein nicht zu hoher, der niedrigsten Temperatur ein nicht zu kleiner Sättigungsdruck entsprechen.

4. Die linke Grenzkurve müßte im T, s-Diagramm möglichst steil verlaufen.

5. Die rechte Grenzkurve müßte im Bereich zwischen höchster und tiefster Temperatur so verlaufen, daß die verlustbehaftete Expansion, ausgehend vom Sättigungszustand, zum größten Teil im Heißdampfgebiet stattfände und nur am Ende wenig in das Naßdampfgebiet hineinreichte.

Ein solches ideales Arbeitsmittel ist im Bild 208 dargestellt. Es hat nicht an Überlegungen gefehlt, es nutzbar zu machen. Das Bild 209 stellt die im Rahmen solcher Untersuchungen betrachteten Grenzkurven für Quecksilber, Antimonbromid, Diphenyl und Wasser dar.

Quecksilber und Antimonbromid kommen als alleinige Arbeitsmittel für Kondensationsbetrieb besonders wegen der Abweichung von den Forderungen 3 und 5 im niederen Temperaturgebiet nicht in Frage und genügen auch der Forderung 2 nur schlecht. Dagegen erfüllen sie die Forderungen 1 und 4 verhältnismäßig gut.

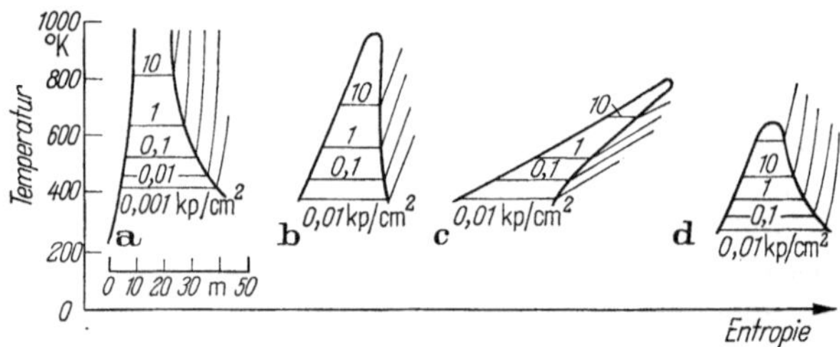

Bild 209a–d. Die Grenzkurven verschiedener Arbeitsmittel. a) Quecksilber; b) Antimonbromid $SbBr_3$; c) Diphenyl; d) Wasser.

Diphenyl erfüllt alle fünf Forderungen nur in geringem Maß und ist besonders für die Kondensation bei Umgebungstemperatur nicht geeignet, da in diesem Fall der Kondensatordruck viel zu klein und außerdem der Abdampf zu hoch überhitzt wäre. Nachteilig ist aber auch, daß die höchste Temperatur der Wärmezufuhr mit Rücksicht auf die Beständigkeit des Arbeitsmittels auf 400 °C beschränkt ist.

Alle in diesem Abschnitt aufgeführten Verfahren haben praktisch bisher keine oder nur geringe Bedeutung erreicht, sie sollten jedoch im Auge behalten werden, da heute noch unbekannte Aufgaben vielleicht einmal Lösungen fordern, zu denen diese Prozesse ein Beitrag sein können.

12. Ausblick

Das Bild 210 zeigt ein Schema der Energieumwandlung, an dessen Seiten die Umwandlung von potentieller Energie in Wasser- oder Windkraftanlagen oder von chemischer Energie in elektrische Energie dargestellt ist. Die drei Energieformen sind an die Spitzen des Dreiecks angetragen. Jeder durch den Mittelpunkt des Dreiecks führende Prozeß wird durch das Verhältnis der mittleren oberen Temperatur der Wärmezufuhr von außen zur mittleren unteren Temperatur der Wärmeabfuhr nach außen, also durch den zweiten Hauptsatz der Thermodynamik im Wirkungsgrad bestimmt. Jeder an einer der Dreiecksseiten ablaufende Prozeß weist dagegen diese Beschränkung nicht auf. Sein Wirkungsgrad ist nur von Reibungsverlusten und Stromwärmeverlusten im Fall der

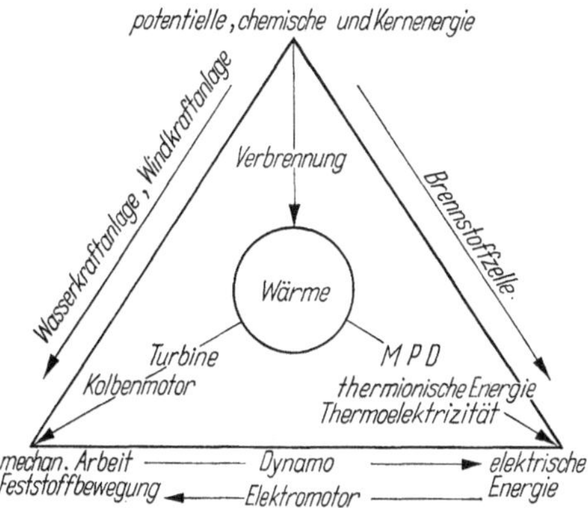

Bild 210. Schema der Energieumwandlung.

elektrischen Energie abhängig. Sowohl die herkömmliche Methode der Stromerzeugung über Dampf als auch die anderen in diesem Buch beschriebenen Verfahren gehen durch den Mittelpunkt des Dreiecks. Der Unterschied des MPD-Verfahrens gegenüber den anderen liegt darin, daß die mechanische Energiestufe bei ihm ausfällt und die mittlere obere Temperatur der Wärmezufuhr von außen erheblich gesteigert wird [*48*].

Durch die Entwicklung in der modernen Physik, besonders in der Kerntechnik und der Raumfahrttechnik werden häufiger bisher unbekannte Umwandlungsverfahren in das Blickfeld des Interesses gerückt. Die Entdeckung dieser Verfahren zur Stromerzeugung liegt meistens eine oder mehrere Generationen zurück. Technologische Schwierigkeiten, unvollkommene Leistungsfähigkeit, kurze Lebensdauer und hohe Kosten verhindern lange Zeit die technische Nutzung. Erst wenn plötzlich neue Werkstoffe, neue theoretische oder experimentelle Forschungsergebnisse auftreten und vor allem wenn ein spezifisch auf die neue Methode zugeschnittener Verwendungszweck auftaucht, wird das Verfahren aufgegriffen, durchgearbeitet und angewendet. In dieses Gebiet gehören die galvanischen Brennstoffzellen, die thermoelektrische Stromerzeugung, thermionische Konverter, Isotopenbatterien und andere Verfahren [*49*].

Aber nicht nur diese außerhalb des Bereichs des normalen Kraftwerksbaus liegenden Verfahren, sondern auch die in diesem Buch beschriebenen Gebiete können vor Augen führen, daß sich die Technik der Stromerzeugung im Augenblick in einer dynamischen Epoche ihrer Weiterentwicklung befindet.

Werden jedoch schließlich nur die konventionellen Kraftwerke betrachtet, so ist für die nächsten Jahre in Deutschland mit einer Steigerung der Blockgröße auf 300 MW, 600 MW und in einzelnen Fällen darüber hinaus zu rechnen. Dabei werden die Wasserdampf-Kreisprozesse in den hochwertigsten Anlagen so ausgelegt sein, daß sich spezifische Wärmeverbrauchszahlen im Bestlastpunkt von ungefähr 2000 kcal/kWh erreichen lassen. Allerdings werden diese Anlagen auf der Frischdampfseite mit hochwertigen Stählen ausgerüstet werden müssen.

Neben dieser Vervollkommnung der Technik der Stromerzeugung auf der thermodynamischen Seite wird eine weitgehende Rationalisierung durch weiteren Ausbau der Regelsysteme einschließlich der Anwendung elektronischer Rechner den Einsatz einzelner Blöcke, ganzer Kraftwerke und Kraftwerksgruppen mit optimaler Wirtschaftlichkeit ermöglichen. Darüber hinaus wird durch diese Automatik die Betriebssicherheit der Versorgungsnetze weiter stabilisiert.

Neben der Kohle wird in zunehmendem Maß Kernenergie und weiter steigend das Erdöl und das Erdgas als Rohenergie zum Einsatz kommen. Wurde noch vor einigen Jahren eine Energielücke befürchtet, so stehen wir heute vor der Tatsache, ein reichliches Angebot von Rohenergie zu haben, so daß gepaart mit einem sinnvollen Investitionsprogramm jeder auch noch so dynamisch ansteigende Stromverbrauch befriedigt werden kann.

Schrifttum

[1] MANDEL, H.: Perspektiven der Strombedarfsdeckung der Bundesrepublik Deutschland in den 70er Jahren. „Energieversorgung", Vortragsreihe der Phoenix-Rheinrohr AG. anläßlich der Hannover-Messe 1965, S. 1—33.
[2] BUND, K. H.: Die Energieträger in der Stromerzeugung der Zukunft. Elektrizitätswirtsch. 63 (1964) 445—451.
[3] KIRCHMAYER, L. K., A. G. MELLOR, J. F. O'MARA u. J. R. STEVENSON: Die wirtschaftliche Größe von Dampfkraftwerkseinheiten. Arch. Energiewirtsch. (1956) 469—486; Übersetzung aus: Combustion 26, Nr. 8 (1955) 57—64.
[4] REESE, H. R.: Advance Developments in Component Design for Large Steam Turbines, vorgetragen vor „The American Power Conference" in Chikago am 31. 3. 1959.
[5] DRANSFIELD, F., u. L. LAMB: Die 500-MW-Sätze des Central Electricity Generating Board (CEGB). Mitt. Ver. Großkesselbes. Heft 92 (1964) 309—325.
[6] KRIESE, S.: Planung moderner Dampfkraftwerke. Energie 14 (1962) 298—316.
[7] FRANCK, C. C.: Superpressure Steam Turbines. Combustion 27, Nr. 5 (1955) 40—48.
[8] DANGL, K.: Ziele und Grenzen für das Hochdruckkraftwerk. Mitt. Ver. Großkesselbes. Heft 31 (1954) 265—278.
[9] SCHÄFF, K.: Die vollkommene und die stufenförmige Speisewasservorwärmung. Arch. Wärmewirtsch. Dampfkesselw. 21 (1940) 101—104.
[10] SCHÄFF, K.: Günstigste Stufenunterteilung und günstigster Vorwärmgrad bei der Speisewasservorwärmung. Arch. Wärmewirtsch. Dampfkesselw. 21 (1940) 173—176.
[11] BARTLETT, R. L.: Steam Turbine Performance and Economics, New York/Toronto/London: McGraw-Hill 1958.
[12] SPENNEMANN, L.: Gegenwärtiger Stand der Energieerzeugung in Wärmekraftwerken und voraussichtliche Entwicklung bis 1975, Dortmund: Selbstverlag Vereinigte Elektrizitätswerke Westfalen 1961.
[13] KROMS, A.: Lastplan der Energieaggregate. Energie 14 (1962) 317—325.
[14] KROMS, A.: Kostenangaben über neue amerikanische Dampfkraftwerke. Elektrizitätswirtsch. 59 (1960) 9—13.
[15] SCHRÖDER, K.: Die Auswirkungen des Brennstoffs auf den Kraftwerksbau. BWK 14 (1962) 530—536.
[16] ROSAHL, O.: Ölfeuerungen für Dampfkessel. Techn. Mitt. 51 (1958) 326—336.
[17] SPANGEMACHER, K.: Berechnung eines Kühlteiches. Mitt. Ver. Großkesselbes. Heft 42 (1956) 150—155.
[18] ODENTHAL, A., u. K. SPANGEMACHER: Der Kühlturm im Dampfkraftprozeß. BWK 11 (1959) 456—562.
[19] FRATZSCHER, W.: Die grundsätzliche Bedeutung der Exergie für die technische Thermodynamik. Wiss. Z. techn. Hochsch. Dresden 10 (1961) 159—181.
[20] KINKELDEY, L.: Die Wahl des geeigneten Druckes bei der Anzapfvorwärmung. Wärme 57 (1934) 433—436.
[21] KNIZIA, K.: Die Ermittlung des optimalen Wirkungsgrades von Hochdruck-Hochtemperatur-Dampfkraftprozessen. Dürr-Mitt. Nr. 7 (1961) 1—28.

[22] SALISBURY, J. K.: Steam turbines and their Cycles, New York: John Wiley & Sons, 1950.

[23] SCHÄFF, K.: Einfluß des Expansionsverlaufs in der Turbine auf die Wärmeersparnis bei Zwischenüberhitzung. Arch. Wärmewirtsch. Dampfkesselw. 24 (1943) 153–158.

[24] NOVAK, H.: Enthitzer in Vorwärmanlagen von Dampfkraftwerken. BWK 13 (1961) 316–319.

[25] KNIZIA, K.: Ergebnisse zur Thermodynamik des Dampfkraftprozesses mit einfacher Zwischenüberhitzung und Regenerativ-Vorwärmung. Elektrizitätswirtsch. 61 (1962) 559–567, 604–615.

[26] HOTES, H.: Gleichungen und Rechenverfahren zur Bestimmung der Zustandsgrößen von Wasserdampf und Wasser auf digitalen Rechenautomaten, Diss. Techn. Hochschule Hannover 1959.

[27] HOTES, H.: Wasserdampftafel der Allgemeinen Elektrizitätsgesellschaft, München: R. Oldenbourg 1960.

[28] KNIZIA, K.: Ergebnisse zur Thermodynamik des Dampfkraftprozesses mit zweifacher Zwischenüberhitzung und Regenerativ-Vorwärmung. Elektrizitätswirtsch. 63 (1964) 155–164.

[29] KNIZIA, K.: Sonderarmaturen in Hochdruckkraftwerken. Techn. Mitt. 55 (1962) 527–535.

[30] KOCH, W.: „Kraftwerk Westfalen" — ein neues Kraftwerk der VEW. Elektrizitätswirtsch. 62 (1963) 177–189.

[31] KNIZIA, K.: Der Dampferzeuger als Teil großer Kraftwerksblöcke. Referat der Steinmüller-Tagung „Neuere Erkenntnisse für die Auslegung von Dampfkesseln" Gummersbach, Juni 1965.

[32] BERGMANN, E., u. K. R. SCHMIDT: Zur kostenwirtschaftlichen Optimierung der Wärmetauscher für die regenerative Speisewasservorwärmung im Dampfkraftwerk — ein Störungsrechenverfahren mit der Exergie. In: Energie und Exergie, Düsseldorf: VDI-Verlag 1965, S. 63–89.

[33] BOESE, R.: Beitrag zur Frage des Eigenbedarfs der Kesselanlagen in großen Dampfkraftwerken. AEG-Mitt. 50 (1960) 245–258.

[34] SEIPPEL, G., u. R. BEREUTER: Zur Technik kombinierter Dampf- und Gasturbinenanlagen. BBC-Mitt. 47 (1960) 783–799.

[35] ZWICKLER, R.: Studien zur Frage des leichtwassermoderierten Zwangsdurchlauf-Reaktors mit Überhitzung bei unterkritischem Druck, Diss. Techn. Hochschule Darmstadt 1963.

[36] HALL, W. B.: Wärmeübertragung bei Reaktoren, Braunschweig: Friedr. Vieweg & Sohn 1962.

[37] MARGEN, P. H.: Optimierung von Kernenergiekraftwerken, Braunschweig: Friedr. Vieweg & Sohn 1962.

[38] WOOTTON, W. R.: Dampfkreisläufe für Kernkraftwerke, Braunschweig: Friedr. Vieweg & Sohn 1962.

[39] JENNY, E.: Die vier wichtigsten Methoden der direkten Energie-Umwandlung. Schweiz. Bauztg. 79 (1961) 383–390.

[40] ROSA, R. J.: Physical Principles of Magnetohydrodynamic Power Generation. Physics of Fluids 4 (1961) 182–194.

[41] SUTTON, G. W., u. P. GLOERSEN: Magnetohydrodynamic and Propulsion. Combustion 33, Nr. 4 (1961) 44–50.

[42] PFENDER, E.: Neuere Entwicklungen auf dem Gebiet der Magneto-Hydrodynamik. Umschau 64 (1964) 329–333.

[43] GRASSMANN, P.: Starke Magnetfelder durch Supraleitung. Umschau 64 (1964) 38–41.

[*44*] JENNY, E., M. ROSNER u. H. NABHOLZ: Efficiency of closed loop MHD-generators utilizing thermal non-equilibrium ionisation. International Symposium on Magnetohydrodynamic Power, Generation Session 8, Paper 106, 1964.

[*45*] POLLOCK, B.: Die Rückverdichtung bei Dampfkreisprozessen. BWK 12 (1960) 304–311.

[*46*] SCHÄFF, K.: Die Weiterentwicklung des Dampfkraftwerks und Ausblick auf andere Möglichkeiten der Stromerzeugung. Z. VDI 104 (1962) 1795–1834.

[*47*] BLENKE, H.: Verbesserungsmöglichkeiten beim Dampfkraftprozeß durch neue Arbeitsmittel und Verfahren. BWK 3 (1951) 401–406.

[*48*] THRING, M. W.: Alternative Methods of Generating Electricity from Fossil Fuels. Steam Engineer 32, Heft 371 (1962) 3–9.

[*49*] EULER, J.: Neue Wege zur Stromerzeugung, Frankfurt a. M.: Akademische Verlagsgesellschaft 1963.

Namen- und Sachverzeichnis

Abdampfenthalpie 128, 131
Abdampffluten 15
Abdampfmenge 44
Abdampfquerschnitt 51
Abfahrzeit 225
Abfallkohle 30
Abgase 30
Abgastemperatur 35, 37, 97, 174
Abhitzekessel 216, 220, 245, 256
Abhitzeverwertung 224
Abscheideleistung 41
Abschreibung 6
Abschreibungszeitraum 197
Abwärmemenge 107
Abwärmespanne 128
ACKERET-KELLER-Prozeß 69
Adiabaten 56, 61, 71
Äquivalenz von Wärme und mechanischer Energie 55
Alkalimetalle 240, 252
—, flüssige 231
Aluminium 227
Anergie 68, 87
Anfahrzeiten 21, 225
Anlagekosten, spezifische 6
Annuitätsmethode 9
Antimonbromid 268
Antriebsturbine 136
Anzapfdampf 77, 190
Anzapfdampfmenge 170
Anzapfdruck 114
Anzapfung 103
Arbeit, technische 56
Arbeitsmaschinen, periodisch funktionierende 68
Arbeitsvermögen 55
Arbeitsverschleiß 62, 67, 207
Argon 255
Argonplasma 253
Aschemenge 32, 35
Aufwärmspanne 116
Ausdehnungsarbeit 58
Ausgangszustand 57
Auslegung eines Grundlastwerkes 8
Auslegungsgrößen, Auswahl 198
—, optimale 134, 166
Auslegungsrechnungen 215
Auslegungsvakuum 51
Auslegungswerte, thermodynamische 195
Ausnutzungsdauer 6, 10ff., 24, 196
Ausnutzungsgrad 114
Ausnutzungsstundenzahl 22/23
Austenit 135

Bedienungskosten 7
Bekohlung 32
Bekohlungszeit 33
Belastung 22
Belastungsdiagramm 24
Benutzungsdauer 11, 24
BEREUTER 218, 225
Berührungsheizfläche 206
Beryllium 227
Beschaufelung 126, 217
Bestlast 27
Bestpunkt 205
Betrieb, instationärer 25
Betriebsweise, geschlossene 74
—, offene 74
Betriebszeit 25
Bilanzhülle 192
BLENKE 267
Blockgröße, Steigerung 270
Blockkraftwerk 39
Blockprogramm 189
BOLTZMANNsche Konstante 252
Braunkohle 31
Braunkohlenkraftwerke 30
Braunkohlenrevier, rheinisches 31
Brennelement, wirkliche Länge 233
Brennelementumhüllung 233
Brennkammer 216
—, zweite 216
Brennstoff 32
Brennstoffbündel 230
Brennstoffeigenschaften 32, 35
Brennstoffkosten 5, 195

Brennstofflagerung 32
Brennstoffmenge, verfügbare 30
Brennstoffversorgung 32
Brennstoffzellen, galvanische 270
Brüter 227
Bund 2

Cäsium 253, 255
Cardanosche Formel 139
Carnot 57, 59ff.
Carnot-Faktor 67ff.
Carnot-Prozeß 59, 61, 64, 75, 159
Christaller 23
Clausius 61
Clausius-Carnot-Beziehung 62
Clausius-Rankine-Prozeß 74ff., 88, 96
—, Carnotisierung 78
Cleve 226
Core 227

Dampf, stagnierender 230
Dampfblasenbildung 240
Dampferzeuger 72
Dampfexpansion 76
Dampfkompression 241
Dampfkraftprozeß 74
—, besonderer 266
—, Sonderformen 260
— mit idealem Arbeitsmittel 267
— in Kernkraftwerken 226
Dampfmenge 179
Dampfnässe 76
Dampftrocknung 237
Dampfüberhitzersystem 261
Dampfüberhitzung 229
—, fossile 240
Dampfverbrauch 47
Dangl 19
Diffusion 48
Digitalrechner 188
—, Verwenden 138
Diphenyl 226, 268
Direktumwandlung 246
Diskontierungsfaktor 9
Djordjevitch 226
Doppel-Dampfkreislauf 260
Dreistoffwärmetauscher 240
Druck 189
—, kritischer 120
Druckabfall des Dampfes 129
Druckerhöhung, verlustlose 136
— des Heizkondensats 192
— des Speisewassers 93
Druckgefälle 60
Druckverhältnis 257
—, optimales 74, 223
Druckverlust 136, 168, 261
—, Einfluß 133
—, Variation 205
— in den Entnahmeleitungen 113, 116
— auf der Frischdampfseite 133, 152
— auf der Hochdruckseite 171
— auf der Rauchgasseite 217
— im Rauchgassystem 219
— bei einer Regenerativ-Vorwärmung aus Mischvorwärmern 117
— im Zwischenüberhitzer 132
— in beiden Zwischenüberhitzern, unterschiedlicher 205
— auf der Zwischenüberhitzerseite 133, 142, 152
Druckwasserreaktor 228, 239
Durchsatzgewicht 168

Edelgase 227, 252
Eigenbedarf, elektrischer 6, 187
Eigenbedarfsanteil 37
— für einen Kessel 37
Eigenverbrauchsgrad 152
Eindruck-Prozeß 235
Einheiten, elektromagnetische 246
—, mechanische 246
Einheitensystem 246
Einheitsgröße 16
Einspritzkondensation 43
Einstrahlung 218
Elastizitätsgrenze 227
Elektronenkollision 250
Elektronenstoß 252
Elektronenstrahl-Injektion 255
Elementarladung 250
Elemente, unlösliche gasförmige 227
Emmet 266
Endnässe 48, 122
Endvorwärmung 112
— des Speisewassers 97
Energie, chemische 269
—, elektrische 68, 269
—, freie 65
—, innere 56
—, potentielle 269
Energieprinzip 55

Energiesatz der Mechanik 54
Energieumwandlung, Schema 269
Energieverlust 57
Engpaßleistung 6
Entgaser 188
Entgasungstemperatur 124
Enthalpie 56
—, freie 65
— des Speisewassers 189
Enthalpiegefälle, adiabates 88
Enthitzer 102, 124, 190, 193
Enthitzerschaltung 124, 261
Enthitzerteil 118
Enthitzungszone 118, 125
Entnahme beim Trenndruck 120
Entnahmedampfmenge 103
Entnahmemenge 116
— beim Trenndruck 122
Entnahmestufe 103
Entropie 61 ff.
Entropievermehrung 62
Entstaubung, elektrische 42
—, mechanische 42
Erdgas 31, 216
—, flüssiges 254, 260
Erdöl 31
Erosionsgefahr 126
Erzeugungskosten 5, 195
Exergie 64 ff., 220
Exergieverlust 63, 195, 206, 264
Exergieverlustkosten 208
Expansion, adiabate 58
—, Endpunkt der verlustbehafteten 144/145
—, Polytropenexponenten 222
—, reibungsbehaftete 66
—, verlustbehaftete 127
—, vielstufige 71
Expansionsarbeit, polytrope 258
Expansionsdruckverhältnis 222
Expansionsenddruck 219
Expansionsendpunkt 77, 126, 137
Expansionsleistung des Gases 249
Expansionslinie 116, 154
— im Δi_D, i_w-Diagramm, Verlauf 112
Expansionsverlauf 145
Expansionswirkungsgrad, polytroper 258

Feld, elektrisches 246
—, magnetisches 246
Ferromagnetika 254
Festdruckbetrieb 28
Feuchte, relative 50
Feuchtlufttemperatur 47, 50
FIELD-Prozeß 260
Filmverdampfung 229
Flüssigkeitsoberfläche 48
Flußwasserkühlung 43, 209
Förderhöhe, geodätische 210
Förderleistung, spezifische 33
FRANCK 17
FRATZSCHER 66
Frischdampfdruck 75, 154, 179
—, gleitender oder fester 188
—, absolutes Optimum 180
Frischdampfleitung 201
Frischdampfmenge 137, 146, 152, 154, 172
—, Linien gleicher 180
Frischdampftemperatur 135, 154 ff.
Frischdampfzustandsgröße 180
Frischlüfter 212
Frischwasser 168
Frischwasserkühlung 51

Gas, ideales 56
Gasstrahl 244
Gastemperatur, zulässige 216
Gasturbine 22, 257
—, Grundprozeß 69
Gasturbinenanlagen 21
Gasturbinen-Dampfkraftprozeß 257
Gasturbinenprozeß 69, 74, 214, 241, 260
—, Abwärme 214
—, einfacher 221
—, verlustbehafteter 72
Gauß 254
GAY-LUSSAC 57
Gebläse, Arbeitsbedarf 212
— für die Frischluft 210
— für das Rauchgas 210
Gefälle 168
—, isentropes 144
Gefälleverlust 28
Gegenstromverfahren 118
Gegenwartswert einer Zahlungsreihe 9, 197
Generator, magnetoplasmadynamischer 243
Gesamtentstaubungsgrad 41
Gesamtgefälle 84, 128

Gesamtgefälle, umsetzbares 127
Gesamtheizfläche 115
Gesamtvorwärmspanne 104ff., 114
—, optimale 123
Gesamtvorwärmstufenzahl 123
Gesamtwirkungsgrad 244
— des Speisepumpenaggregates 168
Gestehungskosten 24
Gestehungspreis 10
GIBBSsches Potential 65
Gitter, ungleichförmiges 232
Gleichgewichtszustände 60
Gleitdruckbetrieb 27
Glockenkurve 197
GOUY 63, 65
GOUY-STODOLAsche Gleichung 63
Grädigkeit 49, 108, 113, 187, 192, 208, 261
—, negative 118
—, optimale 208
—, wirtschaftlich optimale 208
— des Enthitzers 193
Graphit 226
Größe, extensive 85
—, spezifische 85
Grundschaltung bei Kernkraftwerken 239
— bei MPD-Generatoren 255

H_2-Kühler 187
HALL-Effekt 250
HALL-Ströme 250
Hauptsatz der Thermodynamik, erster 54
— der Thermodynamik, zweiter 54, 57, 269
Heberwirkung 210
Heißdampf 140
Heißdampfgebiet 145
Heißluftprozeß 217
Heizdampf 103
Heizflächenaufwand 209, 264
Heizflächenbedarf, spezifischer 114
Heizflächenkosten 208
Heizkondensat 107ff., 190, 193
—, Umpumpen 110
Heizkondensatkühler 108
Heizwert 30, 33
—, unterer 32
— des Brennstoffs 87
Helium 255
Heliumkühlung 255
HELLER 43, 54
HELMHOLTZ 55, 65
Herstellungskosten 38
Hilfsmaschinen 210
Hochdruckanlagen 126
Hochdruckvorwärmer 124
Hochtemperaturplasma 246
Höchstlast 6
Höchstleistung, abgegebene 6
HORNER-Schema 139
HOTES 139, 145, 171

Idealprozeß 59
Immission 42
Induktion 254
—, magnetische 247
Induktionsstrom 247
Induktionswandler 251
Inversion 43
Investitionsaufwand 260
Investitionskapital 9
Investitionskosten 22, 195
Investitionszeitpunkt 8
Ionisation, thermische 251, 259
Ionisationsgrad 253
Ionisationspotential 251
Irreversibilität 67, 221, 260
i, *s*-Diagramm, Operation im 138
Isentrope 56, 61, 144
Isentropenexponent 248
Isobare 71, 85, 154
—, Divergenz 143
Isokline 85
Isotherme 57, 85, 144
Isotopenbatterie 270
Iterationsverfahren 139, 188
Iterationszyklus, innerer 190

Jahreskosten, spezifische kapitalabhängige 6
Jahresmittelwert des spezifischen Kohleverbrauchs 21
— des spezifischen Wärmeverbrauchs 21
JENNY 257
JOULE 55
JOULE-Prozeß 71, 74, 245
JOULEscher Verlust 248
JOULEsche Wärme 249
JÜRGES 45

Kalium 253
Kalkulationszinsfuß 8
Kaltwassertemperatur 48, 52
Kapitaldienst 8ff.
Kaskadenüberhitzer-Kreislauf 242
Kennfelder 166, 180
— des spezifischen Wärmeverbrauchs 134, 147, 195
Kennzahl für die Gesamtheizfläche 115
Kernbrennstoff 40, 226
Kernfusion 246
Kernreaktor 226
Kerntechnik 269
Kessel, Aufladung 222
Kesselbunker 35
Kesselleistung 97
Kesselspeisepumpen, Eigenbedarf 187
Kesselwirkungsgrad 97, 152, 215
KINKELDEY 78
KIRCHMAYER 15
KOCHsche Zustandsgleichungen 138
Kohle-Rauchgaskreislauf 211
Kohlenstaubmühlen 210
Kohleverbrauch, spezifischer 34
Kompression 66
—, adiabate 58
—, isotherme 58
—, verlustbehaftete 74
—, vielstufige 71
Kompressionsdruckverhältnis 222
—, optimales 223
Kompressionsleistung 218
Kompressor 216
Kompressorleistung 259
Kondensat 102
Kondensation 44, 136
Kondensationswärme 48
Kondensatkühler 108ff., 193
Kondensatmenge 188
Kondensator 209
Kondensatorkühlfläche 50
Kontinuitätsgleichung 191, 199, 207
Konversionsverfahren 22
Konverter 227
—, thermionischer 270
Koppelprozeß mit vorgeschalteter Gasturbine 216
— mit aufgeladenem Kessel 215
Kosten, arbeitsabhängige 6, 195
—, kapitalabhängige 6, 195
—, leistungsabhängige 6
Kostenäquivalent, effektives 11, 196
—, kalorisches 10, 207
Kostendegression mit zunehmender Blockleistung 16
Kostenformel 6
Kostenfunktion 208
Kraftbegriff 55
Kraftschluß 210
Kraftwerksblöcke 22
Kraftwerkshilfsmaschinen 210
Kreislauf, direkter 239
—, indirekter 240
—, geschlossener 255
—, offener 255
Kreisprozeß 57, 64, 209
Kreisprozeßberechnung 188
KRIESE 17, 168
KROMS 32
Kühlgasgebläse 230
Kühlgrenze 49
Kühlgrenzabstand 49
Kühlmittel 227
Kühlmittelmenge 234
Kühlteich 45
Kühlteichgröße 46
Kühlturm 43, 48
Kühlturmauslegung 50
Kühlturmventilator 210
Kühlwasserbedarf 43
Kühlwasserbeschaffung 43
Kühlwassermenge 44, 48ff.
Kühlwasseroptimierung 52
Kühlwasserpumpe 210
Kühlwasserverlust 48
Kühlwasservielfaches 44
Kühlzonenbreite 49

Ladung 247
Laständerungsgeschwindigkeit 225
Lastbereich 26
Lastpunkte 188
Lastverteilung 30
Lastwechseln 213
Laufwasserkraftwerke 21, 23
Leckverlust 240
Leerlaufverbrauch 28
Leistung, elektrische 26
—, installierte 6
Leistungsanteil der Gebläse 215
Leistungsbedarf der Speisepumpe 92
Leistungsbilanz 193

Leitfähigkeit, elektrische 247
— des Gases 244
LENZsches Gesetz 244ff.
LEWISsche Beziehung 45
LÖFFLER-Kessel 240
LORENTZ-Kraft 246
Luftbedarf, theoretischer 212
Luftdurchsatz des Kühlturms 50
Lufterhitzer 218
Luftkondensation 43, 52
Luftmenge 35
Luftspulen 254
Luftturbinenprozeß 69
Luftüberschuß 213, 216
Luftverhältnis 212
Luftvorwärmer 215, 219
LUSSAC 57

Magnesium 227
Magnet, Kühlung 254, 260
Magnetfeld 244
Magnetogasdynamik 244
Magnetohydrodynamik 244
Magnetoplasmadynamik 243
Mahlbahnmühlen 211
MANDEL 2
Maschinenumspanner 26
Massenstrom durch die Turbine 218
Massenwirkungsgesetz 252
Maßsystem, technisches 246
Materialaufwand 195
MAYER 55
Mehrfachkreislauf 242
Mehrwellenmaschinen 15
Mehrwellensätze 16
MELANsche Kennziffer 136, 141
Menge 189
Mengendruckgesetz 191
Mengenverhältnis 83, 101, 104, 108, 137, 169, 223/224
MERKELsche Hauptgleichung 45
Metall, flüssiges 227
Mischungsformel 192
Mischvorgang 63, 191
Mischvorwärmer 78, 102, 106
Mitteldruckanlagen 126
Modell für Serienrechnung 138
Moderator 226, 229
Moderatoreigenschaften 240
Molybdän 227
MPD-Generator 243
—, geschlossene Prozesse mit 256
MPD-Grundprozeß 244
MPD-Prozeß, geschlossener 255
—, offener 259
Mühlen, Leistungsbedarf 211
Mühlengebläse 211
Müll 40
Muscheldiagramm 152, 172, 205

NABHOLZ 257
Nachschaltturbine 121, 136
Nachverbrennung 225
Naßdampfgebiet 65, 85, 140
Naßdampfteil 75
Natrium 227
—, flüssiges 231
Natrium-Graphit-Reaktor 231
Natrium-Kalium-Legierung, eutektische 227
Naturumlauf 240
Natururan 226
Netzbelastung 24
Neutronen, schnelle 227
Neutronenabsorption 227
Neutronenfluß 229
—, mittlerer 229
Neutronenhaushalt 227
Neutronenökonomie 231
NEWTONsche Interpolationsformel 162
NEWTONsches Näherungsverfahren 146
Niedertemperaturplasma 246
Niob 227
Niob-Zinn-Legierung 255
Nutzarbeit, mechanische 68
Nutzleistung 216

Oberflächenvorwärmer 102, 106, 193
— mit ablaufendem Kondensat 108
— mit Umpumpen 192
ODENTHAL 50, 54
OHMsches Gesetz 250
OHMscher Verlust 254
Optimierungsrechnung 168, 187, 205
Optimum, thermodynamisches 180
—, wirtschaftliches 180
— des spezifischen Wärmeverbrauchs 180

Parameter, Auswahl wirtschaftlicher 198
—, thermodynamisches 158
Perpetuum mobile 55
Phasenübergangsgebiet 65

Photoionisation 255
PLANCKsches Wirkungsquantum 252
PLANK 66
Plasmaleitfähigkeit 251
Plutonium 226
POLLOCK 262
Potential, thermodynamisches 65
Primäreinbindung 41
Primär-Energieträger 2
Primärkreislauf 228
Propellerpumpe 210
Prozeß, heterogener 69
—, irreversibler 60
—, kombinierter 214
—, magnetoplasmadynamischer 22
—, reversibler 60, 68
— mit vorgeschalteter Gasturbine 216
— mit vorgeschalteter Heißluftturbine 217
— mit aufgeladenem Kessel 215
— mit isentroper Kompression des Naßdampfes 98
Prozeßtemperatur, obere 154
Prozeßwirkungsgrad 70, 137, 146, 169
Psychrometer 49
Pumpen, elektromagnetische 231
Pumpspeicherkraftwerke 21
Pumpspeicherwerk 23

Quecksilber 231, 268
Quecksilber-Dampfkraftprozeß 267

RANKINE 55
RANT 66
Rationalisierung 270
Rauchgase 32
Rauchgasmenge 35, 213
Raumfahrttechnik 269
Reaktivität 229
Reaktor, epithermischer 227
—, gasgekühlter 242
—, gasgekühlter, graphitmoderierter 230
—, heterogener 227ff.
—, homogener 227
—, mittelschneller 227
—, schneller 227
—, Teildampferzeugung im 257
—, thermischer 227ff.
Reaktorkanal 232
Reaktorkern 229
Reaktorkern, extrapolierte Länge 233
Reaktorvolumen 227
Rechenschema 188
Rechner, digitaler 187
—, elektronischer 270
Reflektor 232
Regelsystem 270
Regenerativ-Vorwärmung 19, 76, 88, 96, 169, 190
—, Ersparnis durch 105
—, unendlich-stufige 78, 101
—, wirtschaftliche Auslegung 116
— bei zwischenüberhitzten Prozessen 118
— mit Sekundärdampferzeugung 264
Reibungsbeiwert 207
Reibungsverlust 221, 269
Reingasstaubgehalt 41
Rekuperationsenergie 222
Rekuperationssystem 214, 219
Rekuperationswärme 220, 223
Rekuperationswirkungsgrad 220ff.
Rekuperativ-Vorwärmung 97
Rekuperator 256
Reserve 20
—, laufende 21
Reservefaktor 6, 10
Reversibilität 261
Rohenergie 3, 31
Rohgasstaubgehalt 41
ROSNER 257
Rückkühlkreislauf 48
Rückkühlung 51, 209
Rückverdichtungsprozeß 262
Ruhetemperatur 244

Sättigungsenthalpie 192
Sättigungstemperatur, Kondensat 49/50
SAHA 252
SALISBURY 267
Sammelschienenkraftwerk 39
Sattdampflinie 145
Sattdampfprozeß 267
Sauerstoffanreicherung 259
Saugzuggebläse 42, 213
SEIPPEL 218, 225
Sekundär-Dampfkraftprozeß 264
Sekundärkreislauf 228, 240
Sekundärturbine 264
Selbstreinigungskraft, biologische 44, 51

Serienrechnung 171
Siedevorgang 229
Siedewasserreaktor 228, 239
Siedezustand 75
SONNEFELD-Prozeß 260, 264
Spaltstoffelemente 232
SPANGEMACHER 45ff., 50, 54
Speicher 226
Speicherkraftwerke 21
Speisepumpe 122, 136, 210
—, Einfluß 132
Speisepumpenleistung 77, 93, 132, 155
Speisewasser-Endenthalpie 147
—, optimale 154
Speisewassertemperatur 124
Speisewasservorwärmtemperatur 101
Speisewasservorwärmung 180
—, Optimum 101, 178
—, Optimum der Höhe 104
Spitzendeckung 21
Spitzenkraftwerke 22, 225
Spitzenlast 11
Superregenerativ-Prozeß 260
Supraleiter 254ff.

SCHACK 46
SCHÄFF 19, 112, 121
Schaltbild 188
—, Geometrie 188
Schaltung 97
Schaufelkühlung mit Dampferzeugung 257
SCHERER 243
Schlackenwärmeverluste 37
Schlägermühlen 211
Schlagradmühlen 211
SCHMIDT-Kessel 240
Schornsteinhöhe 42
SCHRÖDER 35
Schüttgewicht 33
Schwachlaststrom 226
Schwadenkühler 187
Schwefelsäuretaupunkt 35

Stahl, austenitischer 202, 227
STANTON-Zahl 258
Startbereitschaft 23
Staubauswurf, spezifischer 41
Steinkohle 31
Steinkohleeinheiten 2
Steuern 6
Stillstandsverlust 25
STODOLA 63
Stoffströme 196
Stoffwerte 251
Stopfbuchsdampf-Verluste 152
Stopfbuchsendampf 193
Stopfbuchsendampfkondensator 187
Stopfbuchsenschema 188
Stoßfrequenz 250
Strahlungsheizfläche 206
Streuverluste 254
Ströme, vagabundierende 257
Strömungsinstabilität 230
Strom, induzierter 247
Strombedarfsentwicklung in der Bundesrepublik Deutschland 2
Stromdichte 247
Stromerzeugung, thermoelektrische 270
Stromerzeugungskosten 195
Stromwärmeverlust 269
Stufengruppen 193
Stufenunterteilung, graphische Verfahren 112
Stufung der Entnahmen 118

TAYLORscher Satz 80, 104
Teillast 191
Teillastpunkt 187
Teilstrom 126
— des Speisewassers 219
Temperatur 189
— am Brennelement 232
— der feuchten Luft 48
— des feuchten Thermometers 48
Temperaturdifferenz, logarithmische 50, 220
Temperaturgefälle 60
Temperaturverlauf in einem Oberflächenvorwärmer 114
Temperatur-Wärmemengen-Diagramm 232
Terphenyl 226
Thermionischer Wandler 245
Thermodynamik, charakteristische Funktionen 64
Thermoelement 245
Thorium 226
Tilgung 6
Transportleistung 33
Trenndruck 84, 126, 136, 153, 179, 204
—, erster 167, 180
—, zweiter 167, 174, 180

Trenndruck, optimaler 84, 127, 136, 153ff., 180, 205
Trenndrucknetz 123
Trocknung, kalorische 237
Turbinenstopfbuchsen 192
Turbinenwirkungsgrad 73, 136, 141, 152, 168
Typennummer des Elements 189

Übergang, reversibler 65
Überhitzerkanal 229
Überhitzung des Wasserdampfes 74
Überlast 28
Umgebungsluft 49
Umgebungstemperatur 3, 44, 87
Umhüllungsmaterial 227
Umlaufdampf 263
Umwälzarbeit 228
Umwälzkreislauf 240
Umwandlungsverfahren 269
Unterhaltungskosten 7
Unterprogramm 188, 190
Uran 226

Vakuum 47ff.
Vanadiumpentoxid 215
VDI-Wasserdampftafeln 138
Ventilationsarbeit 211
Ventilatorantrieb 50
Ventilatorkühlturm 49, 52, 168
Verbrennungsluft 219
Verbundbetrieb 24
Verdampfer 240
Verdampferheizfläche 259
Verdampfungswärme 48, 81
Verdichter 216
Verdichterantriebsleistung 216
Verdichterleistung 263
Verdunstung 48
Verdunstungseffekt 53
Verdunstungszahl 45ff.
Vergleichsprozeß 106
— der Gasturbine, idealer 70
Verlust 87
— durch Grädigkeit 152
— an den Vorwärmern 152
Verlustwärme 43
Verlustwärmemenge 107
Verwandlungsgröße 61
Verzinsung 6
Verzinsungsfaktor 8
Verzunderungsgefahr 200

Volumen, spezifisches 168
Vorratshaltung 32
Vorschaltanzapfungen 120
Vorschaltprozeß 120
Vorschaltturbine 121, 136
Vorwärmendtemperatur 209
Vorwärmer 189
—, Charakteristik teilbeaufschlagter 114
—, rauchgasbeheizter 190
Vorwärmerauslegung 104
Vorwärmergruppen 188
Vorwärmermantel 124
Vorwärmerschaltung mit Mischvorwärmern 103
Vorwärmerstrang 103
Vorwärmerstraßen 125
Vorwärmrechnung 193
Vorwärmspanne 101, 112, 123
—, Aufteilung 111
Vorwärmstrecke 190
Vorwärmstufen, Anzahl 97, 104, 106, 136, 154, 167
Vorwärmsystem 261
Vorwärmturbine 122, 264
Vorwärmung, endlich-stufige 101
—, unendlich-stufige 99, 104

Wärme 87
—, mittlere spezifische 131, 258
—, spezifische 45, 56
— der Rauchgase und der Luft, spezifische 73
Wärmeabfuhr, isobare 43, 74, 214
—, isotherm-isobare 74, 260
Wärmeäquivalent, elektrisches 87
—, mechanisches 55
Wärmeaustausch, prozeß-interner 70, 99
Wärmebelastung, spezifische 45
Wärmebeweglichkeit 21
Wärmebilanz 100, 191, 193
Wärmedurchgangszahl 114
Wärmedurchsatz 49
Wärmeeinheiten 246
Wärmegefälle 59
Wärmekraftmaschinen 59
Wärmekreislauf, Berechnung 187
Wärmemenge, Bilanzierung 218
—, reduzierte 61
—, zugeführte 26

Wärmepreis 7, 10, 31, 197
—, mittlerer 197
Wärmeprozeß 208
Wärmerückgewinn 74
Wärmeschaltbild 90, 187
Wärmestromdichte 227, 229
Wärmetausch 118
—, prozeß-interner 214
Wärmeträger, keramischer 254
Wärmeübergangszahl 45, 217
Wärmeübertragung 66
Wärmeverbrauch, optimaler spezifischer 147, 152
—, spezifischer 7, 24ff., 28, 87, 166
—, stündlicher 28
—, thermodynamischer spezifischer 187
—, Höhenschichtlinie des spezifischen 179
—, Niveaulinien des spezifischen 162
—, Schichtlinien gleichen spezifischen 148
— bei zweifacher Zwischenüberhitzung, spezifischer 166
Wärmeverbrauchszahlen, spezifische 172
Wärmeverlust 195
Wärmezufuhr, isobare 128
— bei der Zwischenüberhitzung 132
WALTER-Prozeß 266
Walzbarkeit 200
Wanderungsgeschwindigkeit 41
Wandlerstrecke 250ff.
Warmwassertemperatur 50
Wasser, schweres 226, 228
Wasserdampf 65
Wasserdampfkreisprozeß 69, 75
Wasserdarbietung 23
Wassereinspritzung 242
Wasserkraftspeicherwerke 23
Wasserstoffsuperoxid 267
Wasserumlauf 50
Weglänge, mittlere freie 250
Werkstoffaufwand 152, 201, 206
—, Linien gleichen 201
Werkstoffkennwert 199
Werkstoffquerschnitt, erforderlicher 199
Widerstand, äußerer 244
Wiedergewinnungsfaktor 9ff.
Windkraftanlagen 269
Wirbelgenerator 251
Wirkungsgrad 55, 87, 179
—, exergetischer 88
—, innerer 136
—, maximaler 57, 101
—, polytroper 221, 248
—, thermischer 59
—, thermodynamischer oder exergetischer 69
— der Abwärmeverwertung, thermischer 219
— bei Energieumformung 68
— des Generators 152
— des Kondensatkühlers 193
— des Koppelprozesses 218, 224
— der Speisepumpe 136
— der Speisepumpe, innerer 168
— des Transformators 152
— des Turbosatzes, mechanischer 152
— des Wärmetauschers 72
Wirkungsgradoptimum, theoretisches 57
Wirkungsgradverbesserung 180
Wirkungsquerschnitt 227
Wirtschaftlichkeit, optimale 270
— einer Anlage 195
Wirtschaftlichkeitsrechnung 203

Zählspeicher 188
Zahlungsreihe 9
Zirkon 227
Zusatzwasseraufbereitung, thermische 192
Zustandsänderung 56
—, inverse 59
—, isobare 65
—, isotherme 64
—, isotherm-isobare 65
—, isotherme, isobare, isochore, adiabate 56
Zustandsdiagramm 57
Zustandsfläche 60
Zustandsgleichung 138, 188, 192
— für Heizdampf 140
— für flüssiges Wasser 140
Zustandsgröße 56, 138, 188
Zustandsverlauf, polytroper 248
Zuwachskosten 25
Zuwachsrate 2
Zuwachswärmeverbrauch, spezifischer 27ff., 206
Zwangsbelüftung 49

Zwangsdurchlauf 240
Zwangsdurchlaufkessel 38
Zwangsdurchlauf-Reaktor 230
Zwangsdurchlaufsystem 230
Zwangsumlauf 240
Zwangsumlaufsystem 229
Zweidruck-Dampfkreislauf 228, 238, 242
Zweigturbine 136
Zweistoffprozeß 267
Zweiwellenanordnung 15
Zwischenerhitzung 71
Zwischenkühlung 71
Zwischentrocknung, kalorische 236ff.
—, mechanische 236ff.
— des Dampfes 228
Zwischenüberhitzerdampfmenge 121
Zwischenüberhitzertemperatur 155, 186
Zwischenüberhitzung 76, 82
—, einfache 18, 134
—, zweifache 19, 166ff.
—, ein- und zweifache 126
—, mehrfache 18
—, zweite 174
Zyklotronfrequenz 250

Mercedes-Druck, Berlin